U0686982

办公软件
从入门到精通
Word 卷

▶ 谭立新 于思博 / 主编

汕頭大學出版社

图书在版编目(CIP)数据

办公软件从入门到精通. Word 卷／谭立新，于思博
主编. -- 汕头：汕头大学出版社，2020.9(2022.7 重印)
ISBN 978-7-5658-4102-6

Ⅰ. ①办… Ⅱ. ①谭… ②于… Ⅲ. ①办公自动化 –
应用软件②汉字信息处理系统 Ⅳ. ①TP317.1

中国版本图书馆 CIP 数据核字(2020)第 156170 号

办公软件从入门到精通. Word 卷
BANGONG RUANJIAN CONG RUMEN DAO JINGTONG. Word JUAN

主　　编：谭立新　于思博
责任编辑：黄洁玲
责任技编：黄东生
封面设计：松　雪
出版发行：汕头大学出版社
　　　　　广东省汕头市大学路 243 号汕头大学校园内　邮政编码：515063
电　　话：0754 – 82904613
印　　刷：三河市宏顺兴印刷有限公司
开　　本：880mm×1270mm　1/32
印　　张：18
字　　数：348 千字
版　　次：2020 年 9 月第 1 版
印　　次：2022 年 7 月第 3 次印刷
定　　价：128.00 元(全 3 册)
ISBN 978-7-5658-4102-6

版权所有，翻版必究
如发现印装质量问题，请与承印厂联系退换

前 言

Word、Power Point（简称 PPT）、Excel，不知何时，这些林林总总的办公软件已经成为当代职场工作人员的必备技能。

但是这些你会吗？你是否经常加班工作到深夜，文案改了一遍又一遍，最终却因为搞不定一个小小的办公软件而功亏一篑。入职时间越来越长，新人越来越多，感觉自己永远也跟不上时代的步伐，常被复杂的图表搞得晕头转向，怎么也搞不懂那些需要测算的数据，新人信手拈来的软件工作技巧，自己却苦苦摸不到头绪，特别是向领导汇报工作时，经常被批"懒人一个""做得太差了"。最终，只能看着新人一个个地高升，被后浪一次次地拍在沙滩上。

如何是好？

其实，只要搞定常用的办公软件，就会变得很简单。提升工作效率，得到领导赏识，升职加薪，一切都不是梦。

本套丛书将以用好最常用的办公组件 Word、Excel 和 PPT 为目标，采用图文并茂的方式，不仅介绍这些软件的基本功能，给出提高效率的方法，更重要的是，结合现代办公和职场的要求，教会读者优化和美化文稿、表格或者演讲幻灯片，使文稿、表格或者演讲幻灯片变得更加工整、漂亮，甚至令人耳目一新，让你在学习和工作中脱颖而出，占尽先机。

在编写上，本套丛书由浅入深、由易到难、详细且系统地讲解了三大组件的操作技巧，使初学者能够快速掌握 Word、Excel、

PPT 的使用方法、操作技巧、分析处理问题等技能。

在内容上，均以办公软件的头际操作为案例，且注重实用性，使读者在对实际案例进行操作的过程中能够学以致用，熟练掌握三大组件的操作与应用。

在体例上，本套丛书的操作步骤基本都配有具体的操作插图。使读者在学习的过程中，能够更直观、更清晰、更精准地掌握具体的操作步骤和方法，使得枯燥的知识更加有趣，增强了可读性。

同时，本套丛书还开设了"技巧升级"内容板块作为补充，从而大大提高了本书的实用性，助力读者轻松搞定常见的办公软件的应用问题。

总之，在本套丛书的编写过程中，编者竭尽所能地为读者提供更丰富、更全面、更易学的办公软件知识点和应用技能。希望本套丛书能够帮助读者，以最短的时间由入门级菜鸟晋升为商务办公高手。

2020 年 6 月

目　录

扫码点目录听本书

第1章　熟悉Word用户页面

第2章　基础入门——制定档案管理制度

第3章 初级排版——制定个人年度工作计划

第4章 图文混排——制作宣传海报

第5章 高级排版——制作商业计划书

第 1 章

熟悉 Word 用户页面

想要熟练使用 Word 软件，熟练掌握其用户页面尤为重要，它是一切操作的基础。在实际操作的过程中，相信很多用户都有过明明记得某个功能区或者按钮就在当前页面上，但就是找不到的情况，为了避免这种情况的发生，提高工作效率，我们先从认识用户页面讲起。

扫码收听全套图书　　　扫码点目录听本书

1.1 开始窗

无论是从 Windows 开始菜单还是其他位置的快捷方式打开 Word，用户首先看到的就是如下图所示的开始窗。通常，我们可以把它看作是一个"打开和新建文档"的窗口。

随着 Word 版本的不断升级，开始窗的功能也越来越多越来越实用，其主要的功能有：

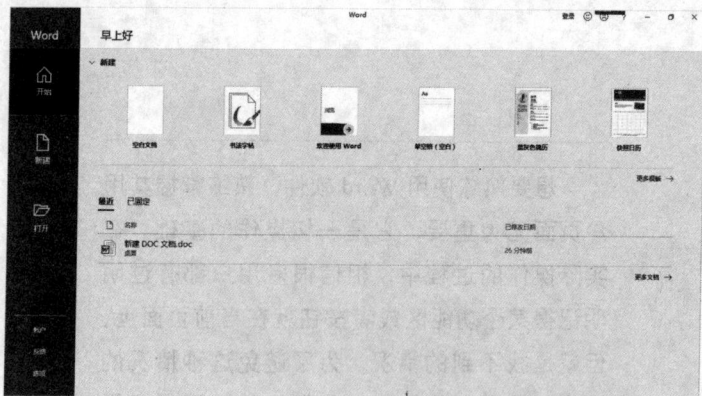

◆新建：即新建文档，此处列出了几个常用的模板，供用户快捷使用。点击【更多模板】，用户可以看见更多的形式各样的模板，如果 Word 所提供的模板还不能满足用户的使用需求，还可以在联网的情况下，搜索微软或第三方提供的文档模板。

◆最近：按照时间模式"天""昨天""本周"的形式列出最近使用的文档，点击任何最近使用的文档，即会进入这一文档的编辑界面。用户还可以点击【更多文档】，根据存储路径去找寻已储存的文档。

◆已固定：固定所需文件，方便以后查找。鼠标悬停在某个文件上方时，单击显示的图钉图标。

◆登录：单击"登录"，即会进入 Microsoft 账号的登录界面，用户输入自己的账号后，可以使用一些联网的功能，比如云共享。

1.2 编辑界面

打开已建立的文档，或者新建文档后，即可进入"编辑界面"。这是 Word 最重要的工作界面，日常的编辑、排版、修改、审阅等工作均在这一界面上进行。

这一界面提供了文档浏览、编辑与各种操作控件选择与切换的窗口。

◆文字（数据）显示区：这是工作的主空间，即窗口中间的空白区域，这个区域文字或图片等其他对象的显示比例受缩放比例的影响。

◆迷你工具栏：在文字显示区选定文字或其他对象时，Word 会自动弹出一个跟随式工具栏，这个工具栏由与选定对象相关的常用选项的操作控件构成。

◆右键菜单：点击鼠标右键，系统即会弹出与选中的对象或光标停留处相匹配的操作菜单，其中包含了更为丰富的常用选项功能。同时也会弹出迷你工具栏。

◆文件标签：这是"文件窗"的标签。"文件窗"是一个Word文档操作的集成平台，不仅提供正在操作的Word文档的基本信息展示，还给出了"新建""保存""另存为""打印"等操作选项，并且提供了"文档保护""文档检查""文档管理"以及组件"选项"等操作的入口。

◆快速访问工具栏：包括"保存""撤销"等按钮，可自定义。当用户点击旁边的下拉按钮时即可新增"新建""打开""打印预览"等功能。

◆功能区选项卡：提供各种快捷操作功能按钮、选择框等，以便用户进行更为复杂的操作和设置。各式各样的控件被仔细分类和分组后放在了不同的选项卡中，我们点击相应的"功能区选项卡"，即可打开拥有不同功能控件的选项卡。其一般采用"自动隐藏"模式，可以在其上单击鼠标右键，将其"添加到快速访问工具栏"，从而简化操作。

◆对话框启动器：点击后弹出一个详细的相关选项设置窗口，显示选项卡相关模块更多的选项。选项卡的大多数"组"都具有自己的对话框启动器，这也是在Word操作中经常用到的。

◆导航栏：一方面提供了一个在文档中快捷搜索文字的途径，更重要的是，会根据文档的标题，以树形结构的方式显示文档结构，点击文档结构的任何位置，系统就会自动将"文字（数据）显示区"的内容切换到这个位置。这对于处理大型文档特别有用。

◆状态栏：显示文档或其他被选定的对象的状态，主窗口页面设置状态。

◆视图切换：切换文字（数据）显示区的视图模式。

◆显示比例：可以根据需求调整文字（数据）显示区的显示比例，便于阅读与编辑。

W

第 *2* 章

基础入门——制定档案管理制度

档案管理是企业日常管理中的一项重要工作。使用 Word，用户可以轻松制定公司档案管理制度，充分发挥档案的作用，全面提高档案管理水平，有效地保护及利用档案。

2.1 文档的基本操作

文档的基本操作主要包括新建文档、保存文档、打开文档和关闭文档等。

2.1.1 新建文档

用户可以使用 Word 方便快捷地新建多种类型的文档，如空白文档、基于模板的文档、博客文档以及书法字帖等。

1. 新建空白文档

启动 Word 应用程序以后，系统会进入【文件窗】，在其中的列表中会有一排常用的文档格式，点击【空白文档】即可。除此之外，用户还可以使用以下方法新建空白文档。

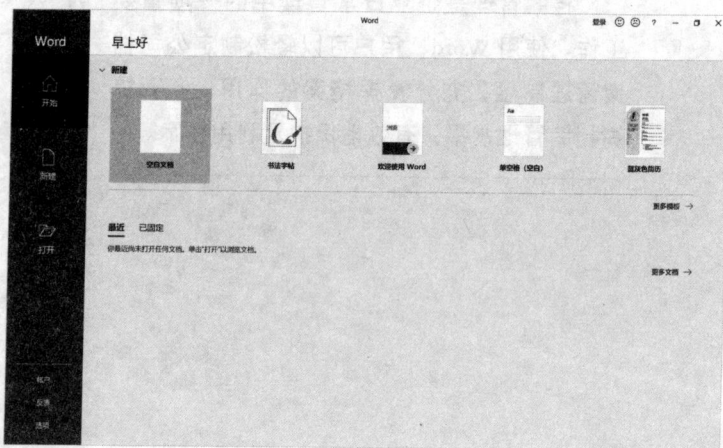

◆使用【新建】按钮

单击【快速启动栏】中的【新建】按钮。如果【快速启动栏】中没有，点击【快速启动栏】最右侧的下三角按钮，在下拉菜单中点击【新建】后，前方会显示对号，【快速启动栏】上也将同步显示【新建】按钮。

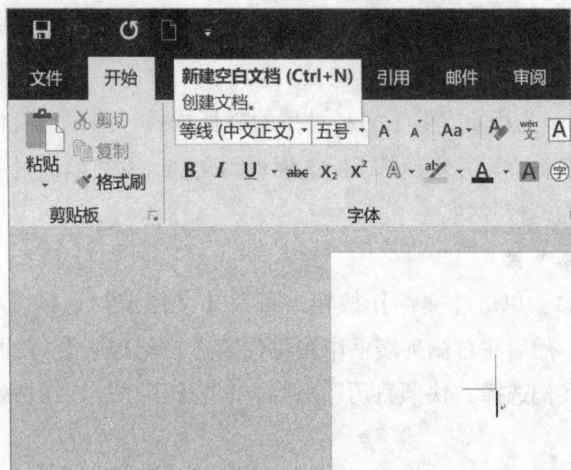

◆使用【文件】按钮

单击【文件】按钮，进入【文件窗】，选择【新建】菜单项，然后在右侧列表框中选择【空白文档】选项即可。

TIPS：

按下【Ctrl】+【N】组合键即可创建一个新的空白文档。

2. 新建基于模板的文档

Word 为用户提供了多种类型的模板样式，用户可以根据需要选择模板样式并新建基于所选模板的文档，并可以通过联网获取更多的模板样式。

具体步骤

Step1：单击【文件】按钮，回到【文件窗】选择【新建】菜单项，然后在右侧列表框中根据需要选择已经安装好的模板，在此，我们选择"快照日历"，然后单击【创建】按钮，效果如图所示。

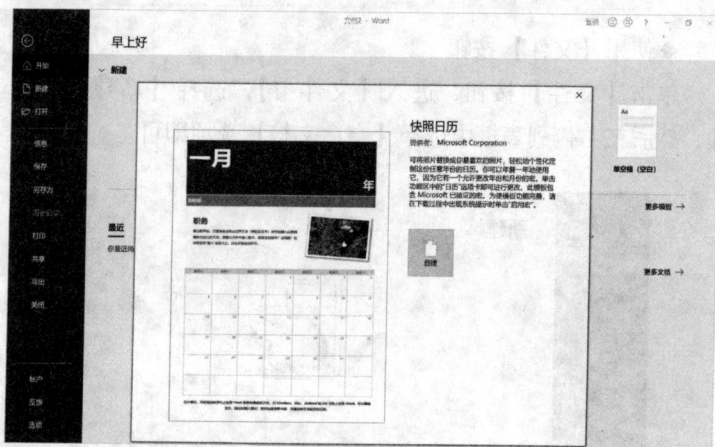

如果用户想要使用更多的模板，可以在"搜索联机模板"中输入想要模板的关键字，然后点击搜索按钮即可搜索出相关的模板，随后点击创建即可。日常工作中，个人简历是每个职场人都经常用到的，在此，我们搜索"简历"，即可得到下图所示的模板。联机模板的设置大大简化了工作的复杂性，让用户的工作更加方便快捷。

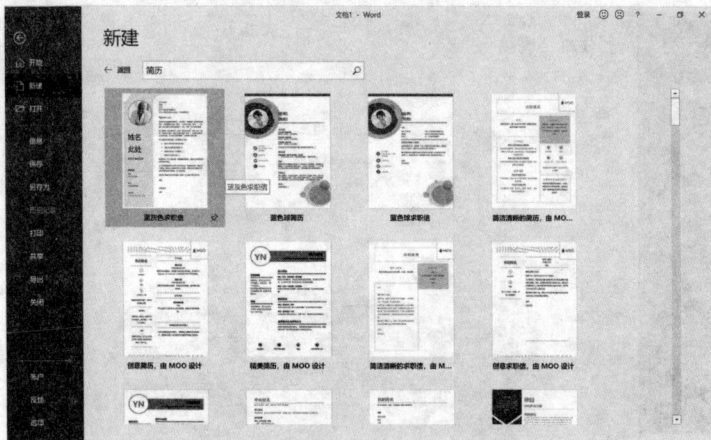

2.1.2 保存文档

在编辑文档的过程中，可能会出现断电、死机或系统自动关闭等情况。你是否为这种情况捶胸顿足、懊悔不已过？为了避免不必要的损失，用户应该及时保存文档。到底如何保存文档才能将损失降到最小呢？下面就一起来看看吧！

1. 保存新建的文档

新建文档以后，用户可以将其保存起来。

方法1 在快速启动栏单击【保存】按钮，或者使用【Ctrl】+【S】组合键也可以达到相同的效果。

方法2 单击【文件】按钮，返回【开始窗】点击【保存】，弹出【另存为】对话框，在右侧的【保存位置】列表框中选择保存位置，在【文件名】文本框中输入文件名，然后单击【保存】按钮即可。

在此，我们选择"桌面"选择"档案管理"文件夹，将文件名命名为"档案管理制度"，点击【保存】即可。

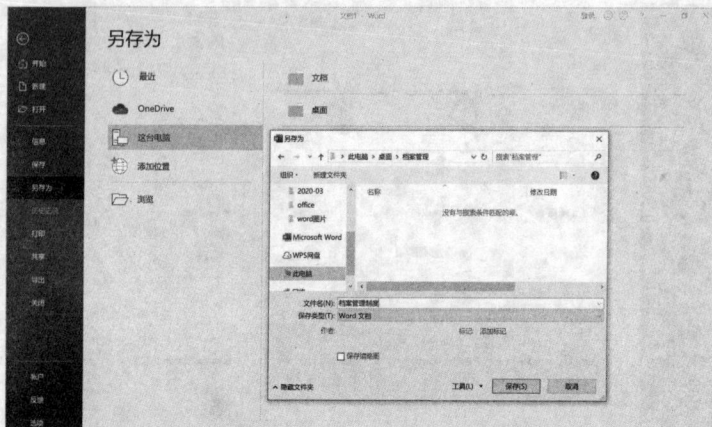

2. 保存已有的文档

用户对已经保存过的文档进行编辑之后，可以使用以下几种方法保存。

方法1▶ 单击【快速访问工具栏】中的【保存】按钮。

方法2▶ 单击【文件】按钮，回到【文件窗】，选择【保存】菜单项。

3. 将文档另存

用户对已有文档进行编辑后，可以另存为同类型文档或其他类型的文件。

◆另存为同类型文档

单击【文件】按钮，在左侧菜单中选择【另存为】菜单项，弹出【另存为】对话框，在【保存位置】列表框中选择保存位置，在【文件名】文本框中输入文件名，然后单击【保存】按钮即可。

◆另存为其他类型文件

同上，单击【文件】按钮，在左侧菜单中选择【另存为】菜单项，弹出【另存为】对话框，在【保存位置】列表框中选择保存位置，在【文件名】文本框中输入文件名后，单击【保存类型】下拉菜单，在列表框中选择要保存的文件类型，然后单击【保存】按钮即可。

4. 设置自动保存

使用 Word 的自动保存功能，可以在断电或死机的情况下最大限度地减少损失。

具体步骤

Step1：单击【文件】按钮在 Word【文件窗】中，左侧菜单中最底部选择【选项】菜单项。

Step2：弹出【Word 选项】对话框，在左侧菜单中切换到【保存】选项卡，在存文档组合框中的【将文件保存为此格式】下拉列表中选择文件的保存类型，这里选择【Word 文档(＊.docx)】，然后选中【保存自动恢复信息时间间隔】复选框，并在其右侧的微调框中设置文档自动保存的时间间隔，这里将时间间隔设为"10 分钟"。设置完毕，单击【确定】按钮即可。

2.1.3 打开和关闭文档

在编辑文档的过程中，经常会用到打开和关闭文档的操作。

用户可以通过如下方式打开和关闭 Word 文档。

1. 打开文档

打开文档的常用方法包括以下几种。

◆双击文档图标

在要打开的文档的图标上双击鼠标左键即可。

◆使用鼠标右键

在要打开的文档的图标上单击鼠标右键，然后从弹出的快捷菜单中选择【打开】菜单项，即可以打开该文档。

2. 关闭文档

关闭文档的常用方法包括以下几种。

◆使用【关闭】按钮

使用【关闭】按钮关闭 Word 文档是最为常用的一种关闭方法。直接单击 Word 文档窗口右上角的【关闭】按钮即可关闭。

◆使用快捷菜单

在标题栏空白处单击鼠标右键，然后从弹出的快捷菜单中选择【关闭】菜单项即可关闭 Word 文档。

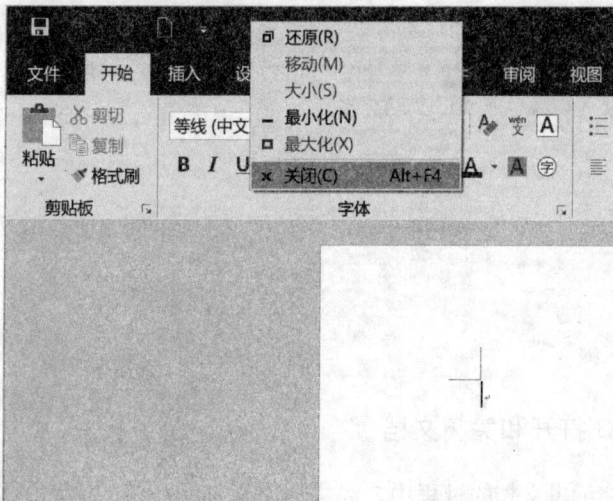

◆使用【文件】按钮

单击【文件】按钮，然后从左侧菜单中选择【关闭】菜单项即可关闭 Word 文档。

◆使用程序按钮

在任务栏中在要关闭的 Word 程序按钮上单击鼠标右键，然后在弹出的快捷菜单中选择【关闭窗口】菜单项即可关闭 Word 文档。

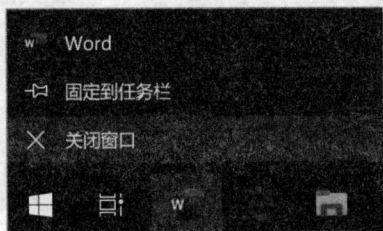

2.2 文本的基本操作

文本处理是 Word 最重要的功能之一，接下来就介绍如何在 Word 文档中输入文本、选定文本和编辑文本等内容。

2.2.1 输入文本

文本的类型多种多样，接下来介绍如何在 Word 文档中输入中文、数字以及日期等对象。

1. 输入中文

新建一个 Word 空白文档后，用户就可以在文档中输入中文了。

具体步骤

Step1：打开本实例的原始文件"档案管理制度"，然后切换到任意一种汉字输入法。

Step2：单击文档编辑区，在光标闪烁处输入文本内容，例如"×××公司档案管理制度实施细则"，然后按下【Enter】键将光标移至下一行行首。

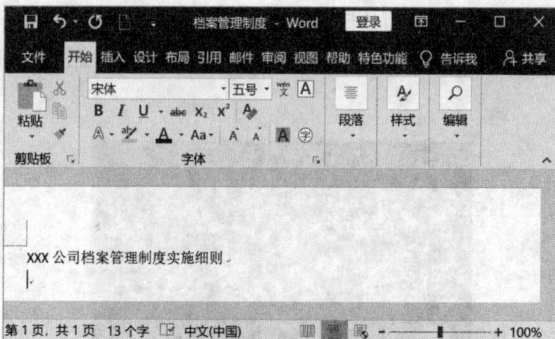

Step3：接下来输入公司档案管理制度的主要内容即可。

2. 输入数字

在编辑文档的过程中，如果用户需要用到数字内容，只需利用数字键直接输入即可。

具体步骤

Step1：将光标定位在文本"的"和"小"之间，然后按下相应的数字键即可。在此，我们输入数字"24"。

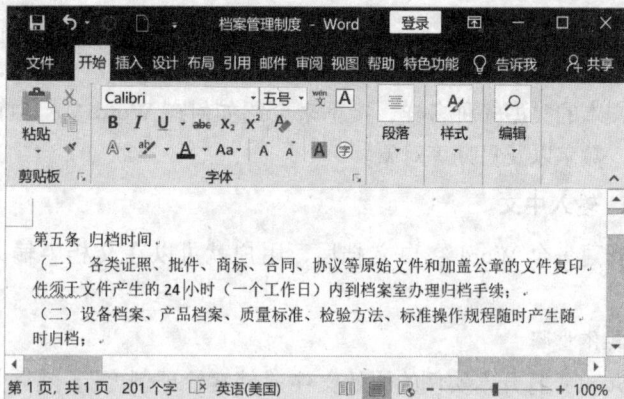

Step2：使用同样的方法输入其他所要输入的数字。

3. 输入日期和时间

用户在编辑文档时往往需要输入日期或时间，如果用户要使用当前的日期或时间，则可使用 Word 自带的插入日期和时间功能。

具体步骤

Step1：将光标定位在文档的最后一行行首，然后切换到【插入】选项卡，在【文本】组中单击【日期和时间】按钮。

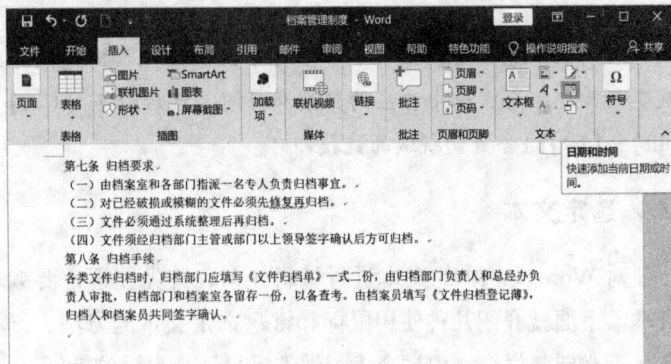

Step2：弹出【日期和时间】对话框，在【可用格式】列表框中选择一种日期格式，例如选择【2020 年 4 月 9 日星期四】选项。

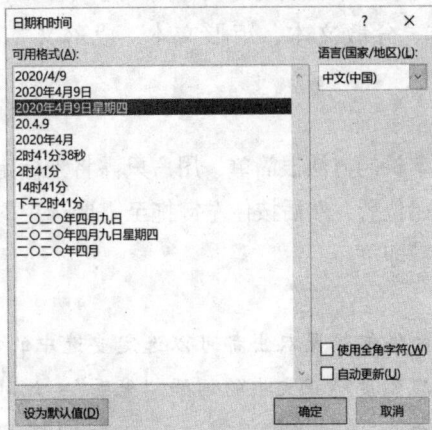

Step3：单击【确定】按钮，当前日期插入到了 Word 文档中。

TIPS：

用户还可以使用快捷键输入当前日期和时间。

◎按下【Alt】+【Shift】+【D】组合键，即可输入当前的系统日期；

◎按下【Alt】+【Shift】+【T】组合键，即可输入当前的系统时间；

◎文档录入完成后，如果不希望其中某些日期和时间随系统的改变而改变，那么选中相应的日期和时间，然后按下【Ctrl】+【Shift】+【F9】组合键切断域的链接即可。

2.2.2 选定文本

在对 Word 文档中的文本进行编辑之前，首先要选定要编辑的文本。下面就介绍几种使用鼠标和键盘选定文本的方法。方法很多，没必要都学会，根据个人习惯选择最适合自己的就好。

1. 使用鼠标选定文本

鼠标是选定文本最常用的工具，用户可以使用它选取单个字词、连续文本、分散文本、矩形文本、段落文本以及整个文档等。

◆选定单个字词

选定单个字词的方法很简单，用户只需将光标定位在需要选定的字词的开始位置，然后按住左键拖至需要选定的字词的结束位置，释放左键即可。

TIPS：

在词语中的任何位置双击都可以选定要选中的词语，例如，选定"档案管理制度"正文中的词语"采购"，此时被选定的文本会呈反色显示。

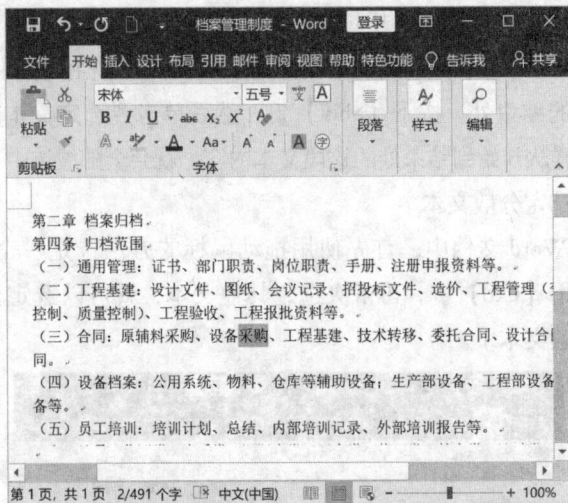

第二章 档案归档

第四条 归档范围

（一）通用管理：证书、部门职责、岗位职责、手册、注册申报资料等。

（二）工程基建：设计文件、图纸、会议记录、招投标文件、造价、工程管理（控制、质量控制）、工程验收、工程报批资料等。

（三）合同：原辅料采购、设备采购、工程基建、技术转移、委托合同、设计合同。

（四）设备档案：公用系统、物料、仓库等辅助设备；生产部设备、工程部设备备等。

（五）员工培训：培训计划、总结、内部培训记录、外部培训报告等。

◆ 选定连续文本

Step1：使用鼠标选定连续文本，用户只需将光标定位在需要选定的文本的开始位置，然后按住左键不放拖至需要选定的文本的结束位置释放即可。

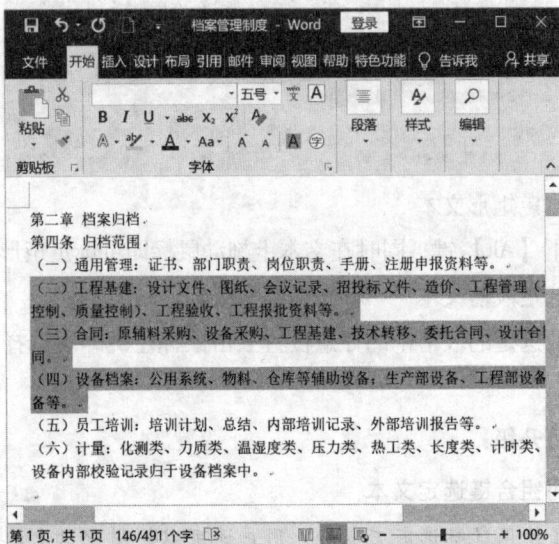

第二章 档案归档

第四条 归档范围

（一）通用管理：证书、部门职责、岗位职责、手册、注册申报资料等。

（二）工程基建：设计文件、图纸、会议记录、招投标文件、造价、工程管理（控制、质量控制）、工程验收、工程报批资料等。

（三）合同：原辅料采购、设备采购、工程基建、技术转移、委托合同、设计合同。

（四）设备档案：公用系统、物料、仓库等辅助设备；生产部设备、工程部设备备等。

（五）员工培训：培训计划、总结、内部培训记录、外部培训报告等。

（六）计量：化测类、力质类、温湿度类、压力类、热工类、长度类、计时类、设备内部校验记录归于设备档案中。

Step2：如果要选定超长文本，只需将光标定位在需要选定的文本的开始位置，然后用动条代替光标向下移动义档，直到看到想要选定的结束处。按下【Shift】键，然后单击要选定文本的结束处，这样从开始到结束处的这段文本内容，就会全部被选中。

◆选定分散文本

在 Word 文档中，首先使用拖动鼠标的方法选定一个文本，然后按下【Ctrl】键，再依次选定其他文本，就可以选定任意数量的分散文本了。

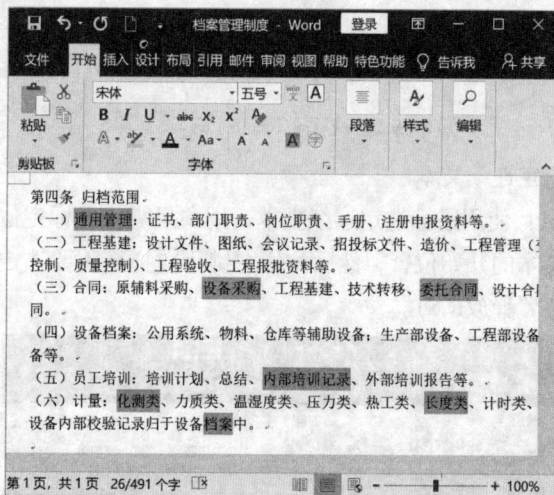

◆选定矩形文本

按下【Alt】键，同时在文本上拖动鼠标即可选定矩形文本。

◆选定段落文本

在要选定的段落中的任意位置三击鼠标左键即可选择整个段落文本。

技巧升级：

使用组合键选定文本

除了使用鼠标选定文本外，用户还可以使用键盘上的组合键选取文本。在使用组合键选择文本前，用户应该根据需要将光标定位在适当的位置，然后再按下相应的组合键选定文本。

选取文本的常用组合键如下表所示。

快捷键	功能
【Ctrl】+【A】	选择整篇文档
【Ctrl】+【Shift】+【Home】	选择光标所在位置至文档开始处的文本
【Ctrl】+【Shift】+【End】	选择光标所在位置至文档结束处的文本能
【Alt】+【Ctrl】+【Shift】+【PageUp】	选择光标所在位置至本页开始处的文本
【Alt】+【Ctrl】+【Shift】+【PageDown】	选择光标所在位置至本页结束处的文本
【Shift】+↑	向上选中一行
【Shift】+↓	向下选中一行
【Shift】+←	向左选中一个字符
【Shift】+→	向右选中一个字符
【Ctrl】+【Shift】+←	选择光标所在位置左侧的词语
【Ctrl】+【Shift】+→	选择光标所在位置右侧的词语

2. 使用选中栏选定文本

所谓选中栏就是 Word 文档左侧的空白区域。

◆选择行

将鼠标指针移至要选中行左侧的选中栏中，然后单击鼠标左键即可选定该行文本。

◆选定段落

将鼠标指针移至要选中段落左侧的选中栏中，然后双击鼠标左键即可选定整段文本。

◆选定整篇文档

将鼠标指针移至选中栏中，然后三击鼠标左键即可选择整篇文档。

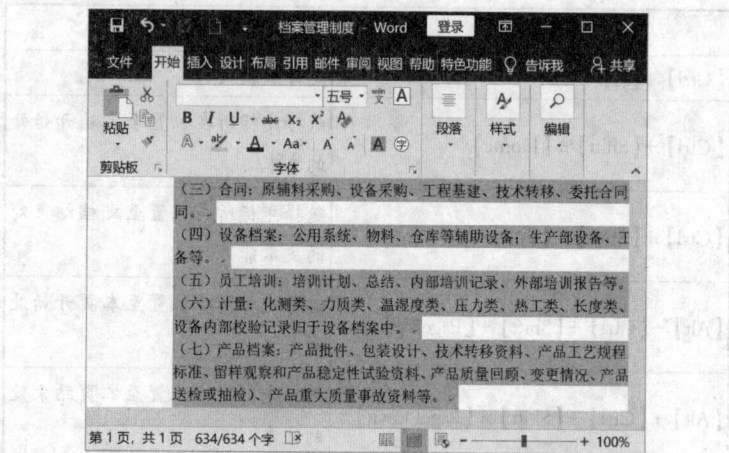

3. **使用菜单选定文本**

使用【开始】选项卡【编辑】组中的【选择】按钮，可以选定全部文本或格式相似的文本。

Step1：切换到【开始】选项卡，在右侧的【编辑】组中单击【选择】按钮，在弹出的下拉列表中选择【全选】选项，此时即可选定整篇文档。

Step2：在上述操作中，如选择【选定所有格式类似的文本（无数据）】选项，即可选定格式类似的文本。

2.2.3 编辑文本

文档的编辑操作一般包括复制、粘贴、剪切、查找、替换、改写以及删除文本等内容。接下来分别进行介绍。

1. 复制文本

"复制"是指把文档中的一部分"拷贝"一份，然后放到其他位置的操作，而所"复制"的内容仍按原样保留在原位置。

◆利用 Windows 剪贴板

剪贴板是 Windows 的一块临时存储区，可以保存一些内容，用户可以在剪贴板上对文本进行集制、粘贴或剪切等操作。

方法1▶打开本实例的原始文件，选择文本"为加强公司档案管理工作"，然后在选定文本区域上单击鼠标右键，在弹出的快捷菜单中选择【复制】菜单项。

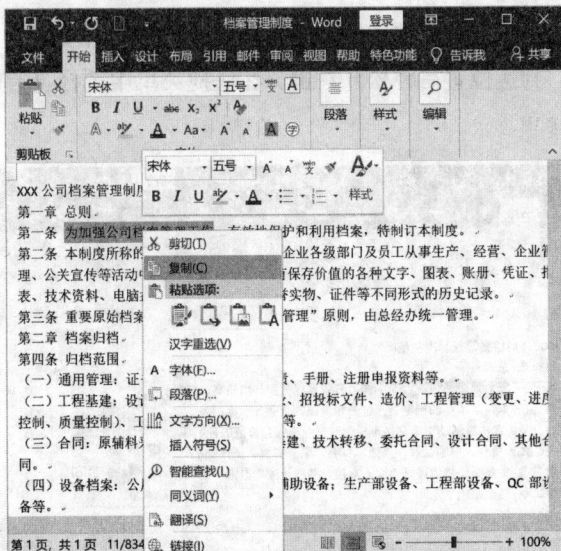

方法 2 选择文本"为加强公司档案管理工作",然后切换到【开始】选项卡,在【剪贴板】组中单击【复制】按钮。

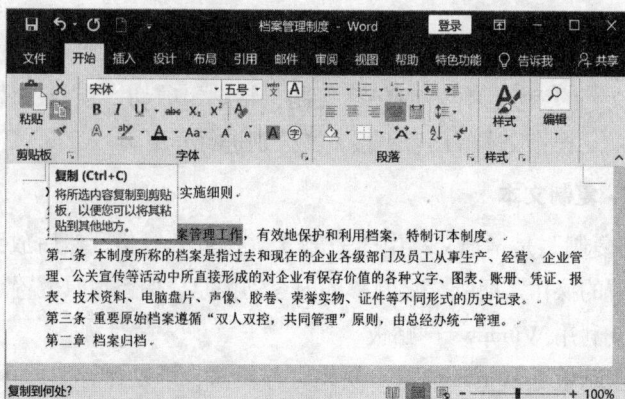

◆左键拖动

将鼠标指针放在选中的文本上,按下【Ctrl】键,同时按鼠标左键将其拖动到目标位置。

◆右键拖动

将鼠标指针放在选中的文本上,同时按住鼠标右键向目标位置拖动,到达位置后,松开右键,在快捷菜单中选择【复制到此位置】菜单项。

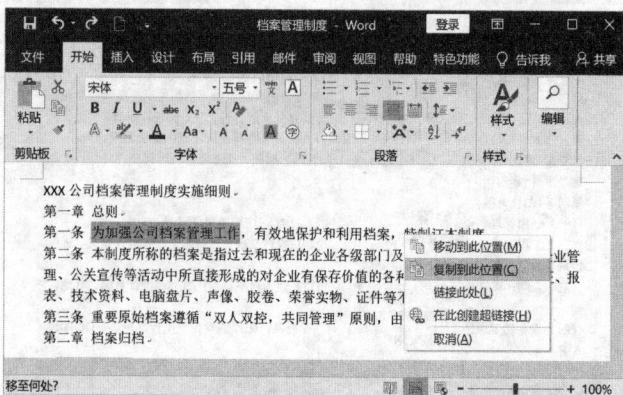

2. 粘贴文本

复制文本以后，接下来就可以进行粘贴了。常用的粘贴文本的方法有以下几种。

◆使用鼠标右键菜单

复制文本以后，用户只需在目标位置单击鼠标右键，在弹出的快捷菜单中选择【粘贴选项】菜单项中任意的一个选项即可。

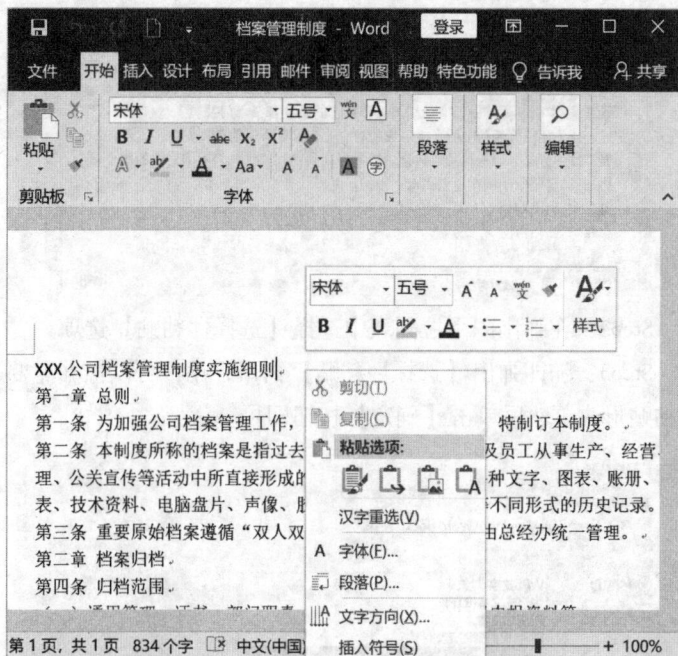

◆使用剪贴板

利用 Windows 的剪贴板，用户可以选择粘贴选项，进行选择性粘贴或设置默认粘贴。

Step1：复制文本以后，切换到【开始】选项卡，在【剪贴板】组中单击【粘贴】按钮下方的下拉按钮，在弹出的下拉列表中选择【粘贴选项】选项中任意的一个粘贴按钮即可。

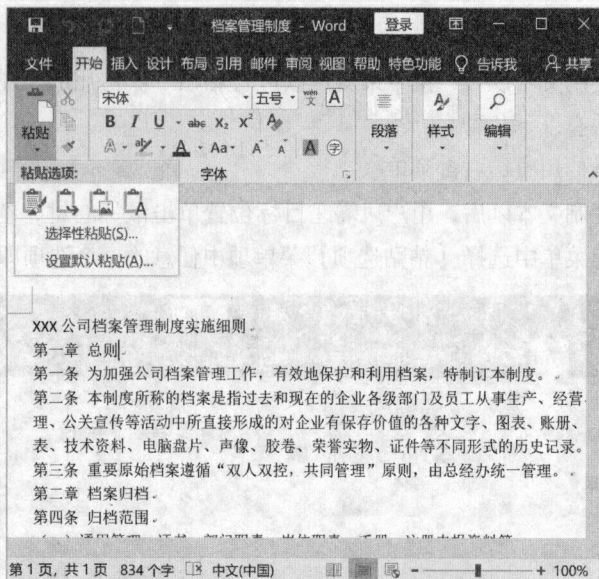

Step2：在弹出的下拉列表中选择【选择性粘贴】选项。

Step3：随即弹出【选择性粘贴】窗口，用户可以根据需要选择粘贴形式，然后单击【确定】按钮即可。

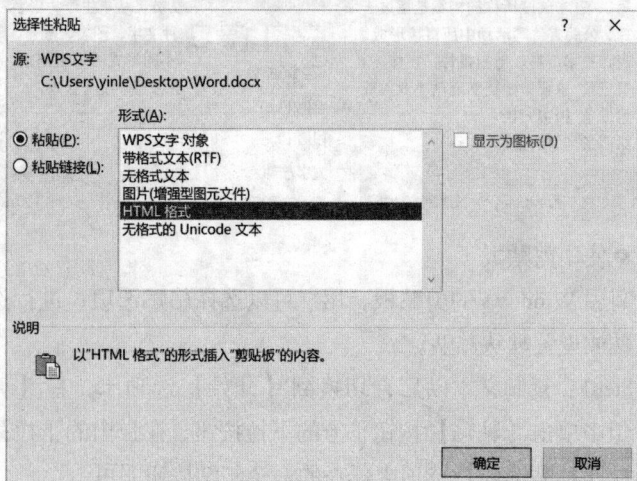

Step4：在弹出的下拉列表中选择【设置默认粘贴】选项。

Step5：随即弹出【Word 选项】对话框，切换到【高级】选项卡，在【剪切、复制和粘贴】组合中设置默认的粘贴方式即可。

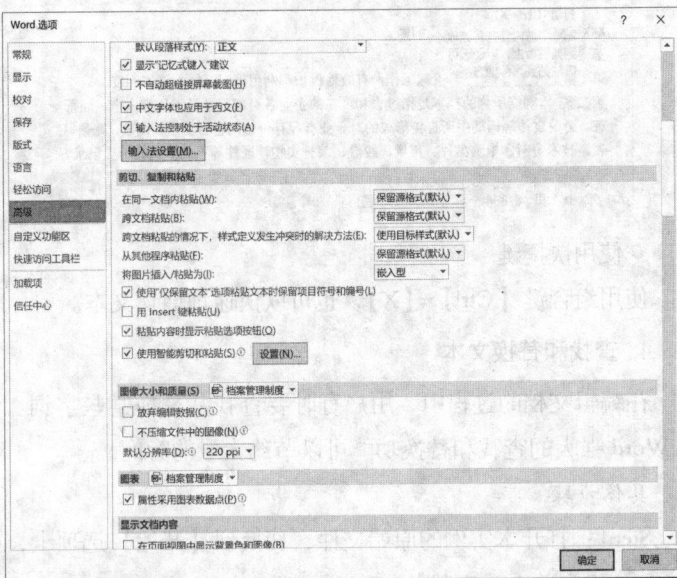

3. 剪切文本

"剪切"是指把用户选中的信息放入剪切板中，单击"粘贴"后又会出现一份相同的信息，原来的信息会被系统自动删除。

◆使用鼠标右键菜单

选中要剪切的文本，然后单击鼠标右键，在弹出的快捷菜单中选择【剪切】菜单项即可。

◆使用【剪切】按钮

选中文本以后，切换到【开始】选项卡，在【剪贴板】组中单击【剪切】按钮即可。

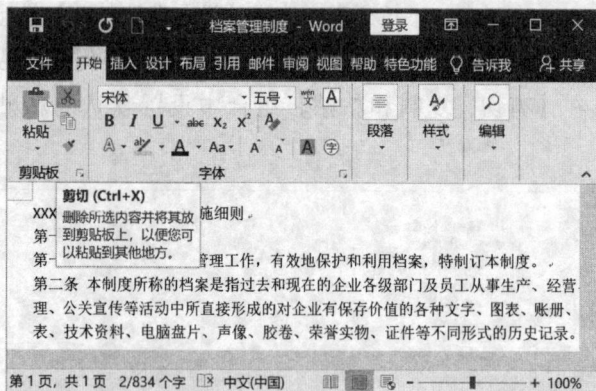

◆使用快捷键

使用组合键【Ctrl】+【X】，也可以快速地剪切文本。

4. 查找和替换文本

在编辑文档的过程中，用户有时要查找并替换某些字词。使用 Word 强大的查找和替换功能可以节约大量的时间。

具体步骤

Step1：打开本实例的原始文件，切换到【开始】选项卡，在【编辑】组中单击【查找】按钮。

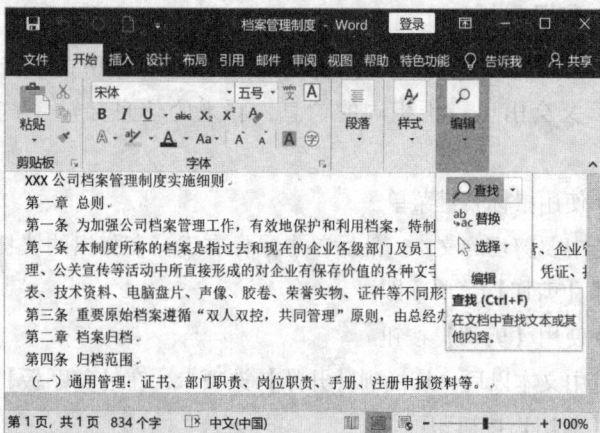

Step2：弹出导航窗格，在查找文本框中输入要查找的文本"归档"，按下【Enter】键，随即在导航窗格中查找到了该文本所在的页面和位置，同时文本"归档"在 Word 文档中呈反色显示。

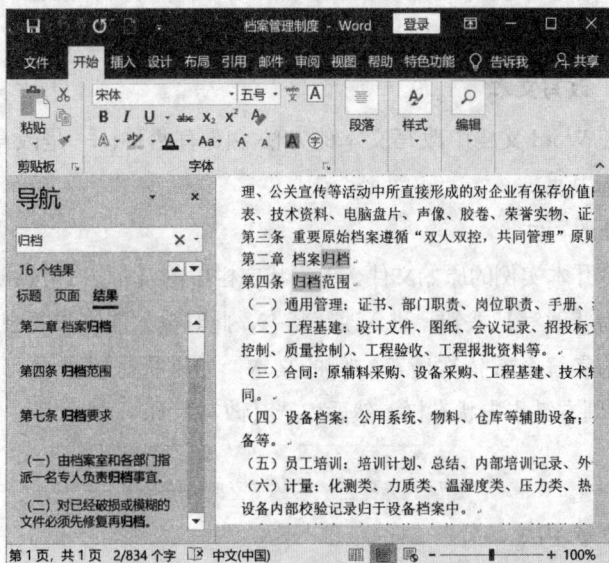

Step3：如果用户要替换相关的文本，可以在【编辑】组中单击【替换】按钮。

Step4：弹出【查找和替换】对话框，自动切换到【替换】选项卡，然后在【查找内容】文本框中输入要查找的文本"制度"，在【替换为】文本框中输入"方案"。

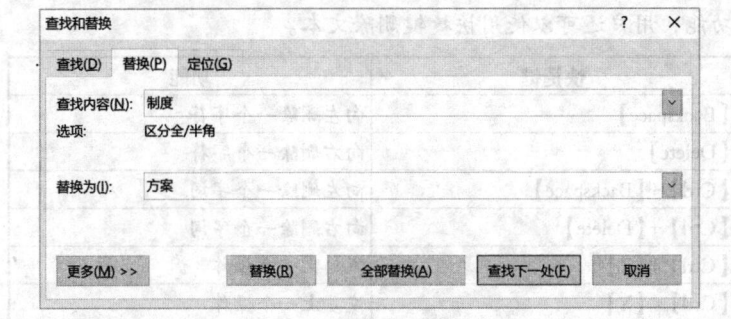

Step5：单击【全部替换】按钮，弹出提示对话框，提示用户已完成替换，并显示替换结果。

Step6：单击【确定】按钮，然后单击【关闭】按钮，返回Word 文档中。

5. 改写文本

在 Word 文档中改写文本的方法主要有两种，一是改写法，二是选中法。

◆改写法

打开本实例的原始文件，单击状态栏中的【插入】按钮，随即变为【改写】按钮，进入改写状态，此时输入的文本将会按照相等的字符个数依次覆盖右侧的文本。如果状态栏中没有【改写】，则右键点击状态栏，然后勾选【改写】即可。

第1页，共1页 834 个字 □ 中文(中国) 插入

◆选中法

首先用鼠标选中要替换的文本，然后输入需要的文本，按下空格键，此时新输入的文本会自动替换选中的文本。

技巧升级：

删除文本

删除是指将已经不需要的文本从文档中清除。除了使用剪切功能，用户还可以使用快捷键删除文本。

快捷键	功能
【Backspace】	向左删除一个字符
【Delete】	向右删除一个字符
【Ctrl】+【Backspace】	向左删除一个字词
【Ctrl】+【Delete】	向右删除一个字词
【Ctrl】+【Z】	撤销上一个操作
【Ctrl】+【Y】	恢复上一个操作

2.3 文档的视图操作

文档的视图操作主要包括切换视图模式、显示与隐藏操作、调整视图比例以及文档窗口操作等内容。

2.3.1 文档的视图方式

Word 提供了多种视图模式供用户选择，包括"页面视图""阅读版式视图""Web 版式视图""大纲视图"和"草稿视图"5 种视图模式。

1. 页面视图

"页面视图"是 Word 的默认视图方式，可以显示文档的打印外观，主要包括页眉、页脚、图形对象、分栏设置、页面边距等元素，是最接近打印结果的视图方式。

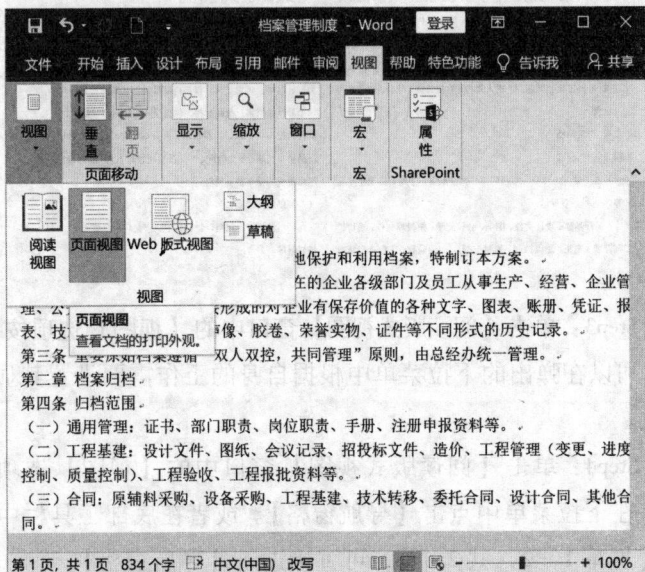

2. 阅读版式视图

"阅读版式视图"是以图书的分栏样式显示 Word 文档，"文件"按钮、功能区等窗口元素被隐藏起来。在"阅读版式视图"中，用户还可以通过"阅读版式视图"窗口上方的各种视图工具和按钮进行相关的视图操作。

具体步骤

Step1：切换到【视图】选项卡，在【文档视图】组中单击【阅读版式视图】按钮，或者单击视图功能区中的【阅读版式视图】按钮。

Step2：将文档的视图方式切换到阅读版式视图，效果如图所示。

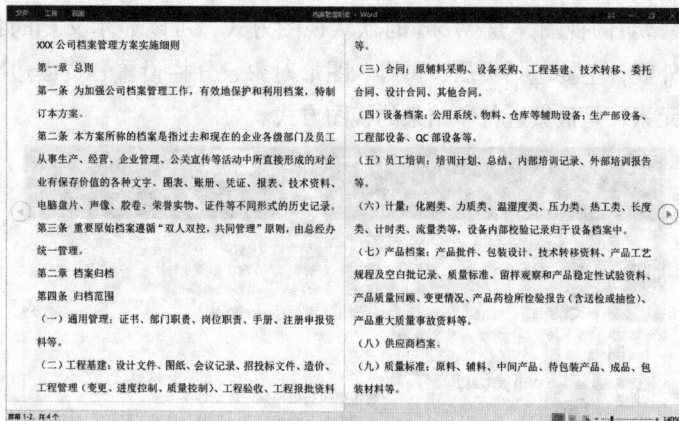

Step3：单击【阅读版式视图】窗口中的【视图】选项按钮，用户可以在弹出的下拉菜单中根据自身的工作需要设置其显示属性。

Step4：单击【阅读版式视图】窗口中的【视图】选项按钮，在下拉菜单中点击【导航窗格】。或者在底部工具栏中点击【屏幕 1-2，共 2 个】，可直接进入【导航窗格】。

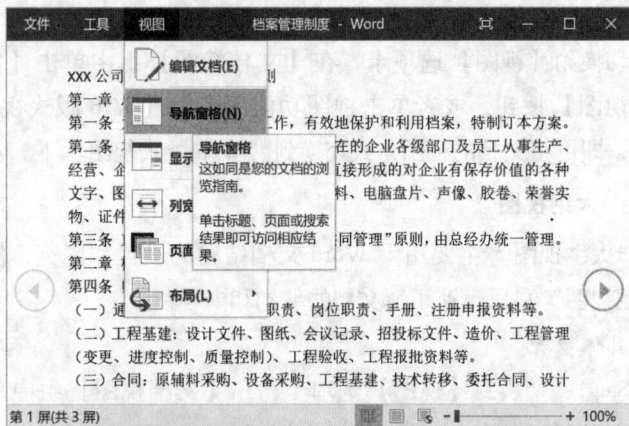

XXX 公司

第一章

第一条

第二条

经营、企

文字、图

物、证件

第三条

第二章

第四条

（一）通

（二）工程基建：设计文件、图纸、会议记录、招投标文件、造价、工程管理（变更、进度控制、质量控制）、工程验收、工程报批资料等。

（三）合同：原辅料采购、设备采购、工程基建、技术转移、委托合同、设计

第1屏(共3屏)   100%

屏幕 1-2, 共 2 个

文档当前的页码。单击或点击可打开导航窗格。

Step5：利用导航窗格，用户可以浏览文档标题和文档页面，还可以搜索文档。

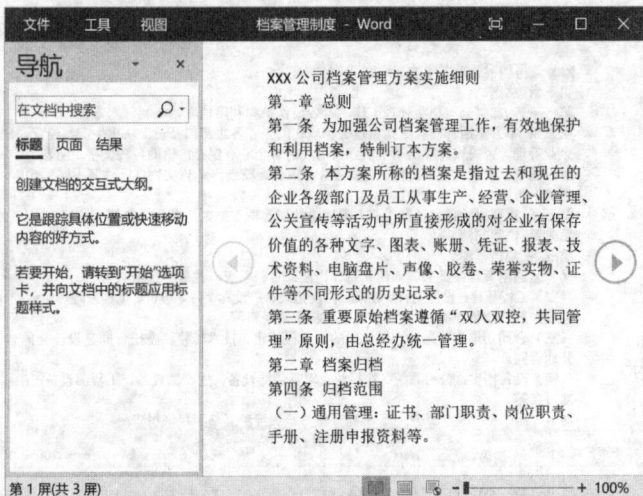

导航

在文档中搜索

标题　页面　结果

创建文档的交互式大纲。

它是跟踪具体位置或快速移动内容的好方式。

若要开始，请转到"开始"选项卡，并向文档中的标题应用标题样式。

XXX 公司档案管理方案实施细则

第一章 总则

第一条 为加强公司档案管理工作，有效地保护和利用档案，特制订本方案。

第二条 本方案所称的档案是指过去和现在的企业各级部门及员工从事生产、经营、企业管理、公关宣传等活动中所直接形成的对企业有保存价值的各种文字、图表、账册、凭证、报表、技术资料、电脑盘片、声像、胶卷、荣誉实物、证件等不同形式的历史记录。

第三条 重要原始档案遵循"双人双控，共同管理"原则，由总经办统一管理。

第二章 档案归档

第四条 归档范围

（一）通用管理：证书、部门职责、岗位职责、手册、注册申报资料等。

第1屏(共3屏)   100%

3. Web 版式视图

"Web 版式视图"以网页的形式显示 Word 文档，适用于发

送电子邮件和创建网页。

切换到【视图】选项卡，在【文档视图】组中单击【Web版式视图】按钮，或者单击视图功能区中的【Web版式视图】按钮，即可将文档的视图方式切换到"Web版式视图"下。

4. 大纲视图

"大纲视图"主要用于 Word 文档结构的设置和浏览，使用"大纲视图"可以迅速了解文档的结构和内容梗概。

具体步骤

Step1：切换到【视图】选项卡，在【文档视图】组中单击【大纲视图】按钮，或者单击视图功能区中的【大纲视图】按钮。此时，即可将文档切换到【大纲视图】下。

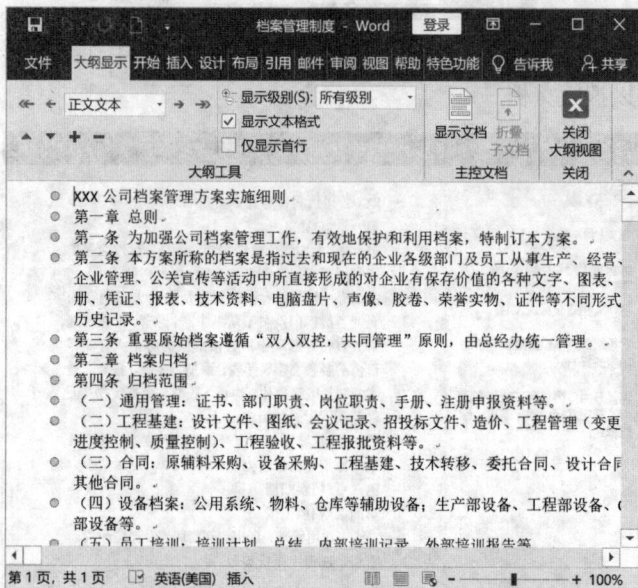

Step2：切换到【大纲】选项卡，在【大纲工具】组中单击【大纲级别】按钮【正文文本】右侧的下三角按钮，用户可以在弹出的下拉列表中为文档设置或修改大纲级别，设置完毕，

单击【关闭大纲视图】按钮，自动返回进入大纲视图前的视图状态。

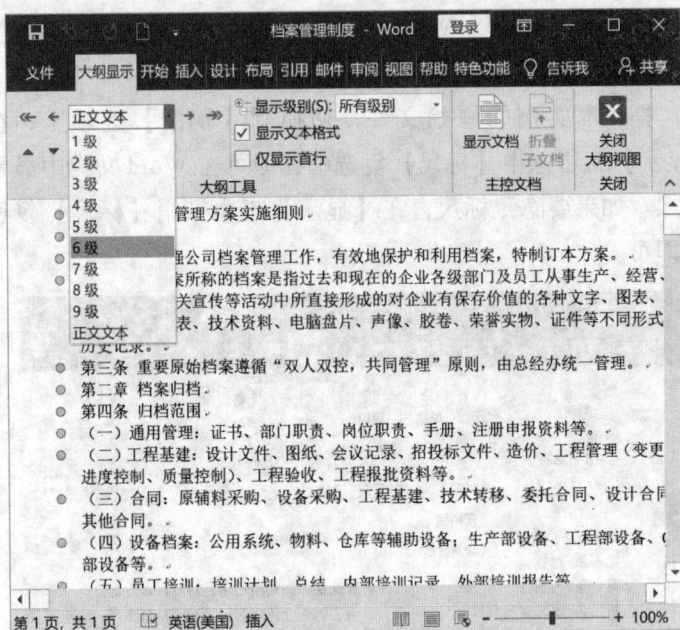

5. 草稿视图

"草稿视图"取消了页面边距、分栏、页眉页脚和图片等元素，仅显示标题和正文，是最节省计算机系统硬件资源的视图方式。

具体步骤

切换到【视图】选项卡，在【文档视图】组中单击【草稿】按钮，或者单击视图功能区中的【草稿】按钮，将文档的视图方式切换到草稿视图下。

2.3.2 文档显示和隐藏操作

在 Word 文档窗口中，用户可以根据需要显示或隐藏标尺、网格线和导航窗格。

1. 显示和隐藏标尺

"标尺"是 Word 编辑软件中的一个重要工具，包括水平标尺和垂直标尺，用于显示 Word 文档的页边距、段落缩进、制表符等。

具体步骤

打开本实例的原始文件，切换到【视图】选项卡，在【显示】组中选中【标尺】复选框，即可在 Word 文档中显示标尺。如果要隐藏标尺，在【显示】组中撤销【标尺】复选框即可。

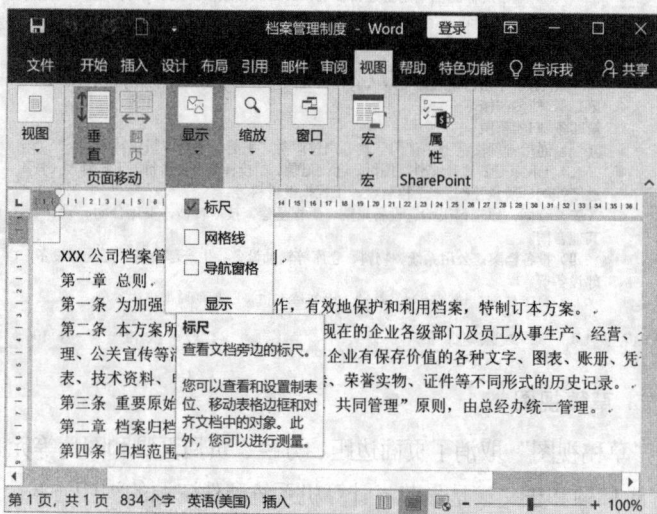

2. 显示和隐藏网格线

"网格线"能够帮助用户将 Word 文档中的图形、图像、文本框、艺术字等对象沿网格线对齐，在打印时网格线不被打印出来。

具体步骤

在【显示】组中选中【网格线】复选框，即可在 Word 文档中显示网格线。如果要隐藏网格线，在【显示】组中撤销【网格线】复选框即可。

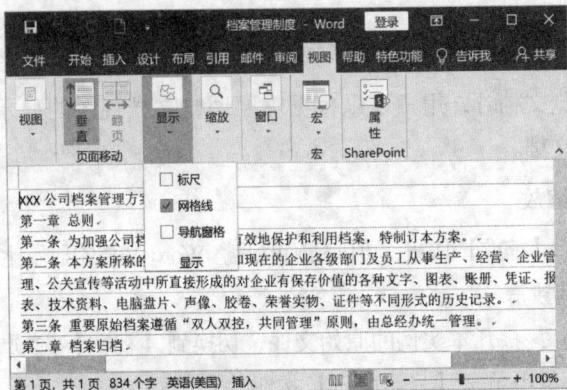

3. 显示和隐藏导航窗格

"导航窗格"主要用于显示 Word 文档的标题大纲，用户单击其中的【标题】可以展开或收缩下一级标题，并且可以快速定位到标题对应的正文内容，还可以显示 Word 文档的缩略图。

具体步骤

在【显示】组中选中【导航窗格】复选框，即可在 Word 文档中显示导航窗格。如果要隐藏导航窗格，在【显示】组中撤销【导航窗格】复选框即可。

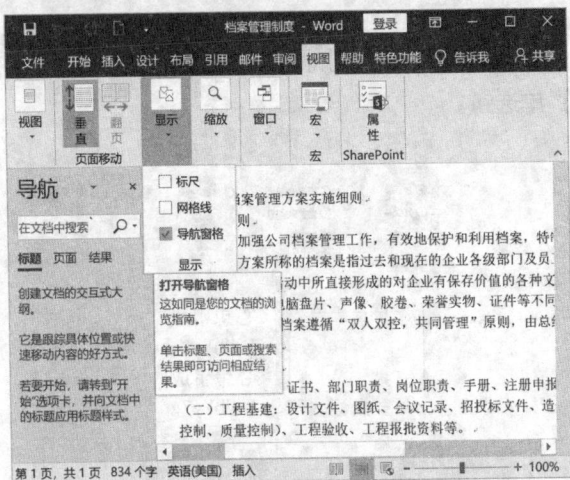

2.3.3 缩放文档

浏览文档时，用户可以根据需要调整文档视图的显示比例，即缩放文档。

1. 缩放

使用【缩放】按钮，可以精确地调整 Word 文档的显示比例。

具体步骤

Step1：打开本实例的原始文件，切换到【视图】选项卡，在【缩放】组中单击【显示比例】按钮。

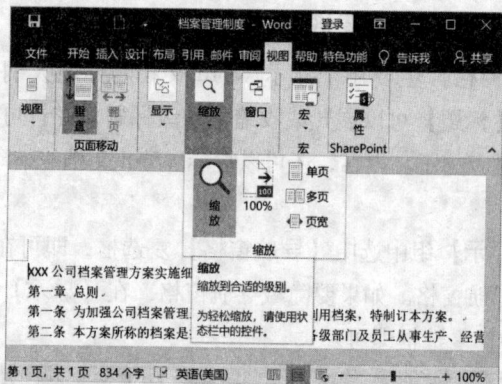

Step2：弹出【缩放】对话框，在【缩放】组合框中选中【200%】单选钮。

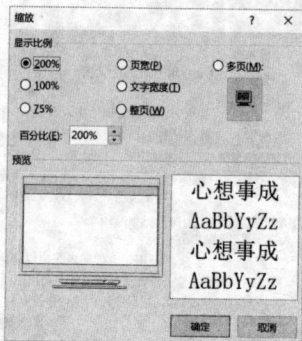

Step3：单击【确定】按钮，返回 Word 文档即可。

TIPS：

另外，用户还可以单击文档窗口右下角的"显示比例"区域中的【100%】按钮，或直接单击【缩小】按钮和【放大】按钮，来调整文档的缩放比例。

2. 设置正常大小

具体步骤

切换到【视图】选项卡，在【显示比例】组中单击【100%】按钮。此时文档的显示比例就恢复了正常大小。

3. 设置单页显示

具体步骤

在【缩放】组中单击【单页】按钮。单页显示的效果如图所示。

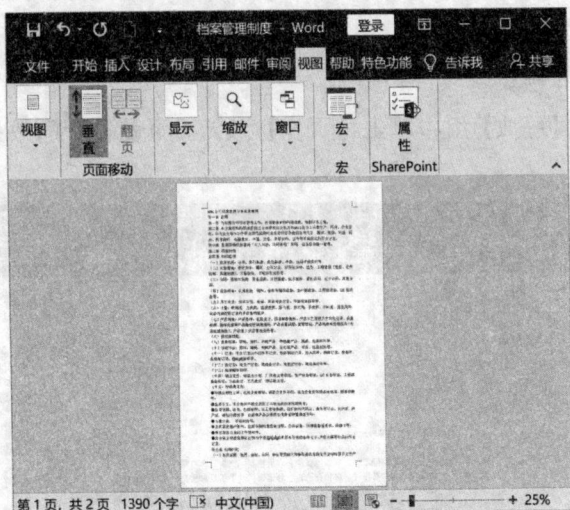

4. 设置双页显示

具体步骤

在【缩放】组中单击【双页】按钮。双页显示的效果如图所示。

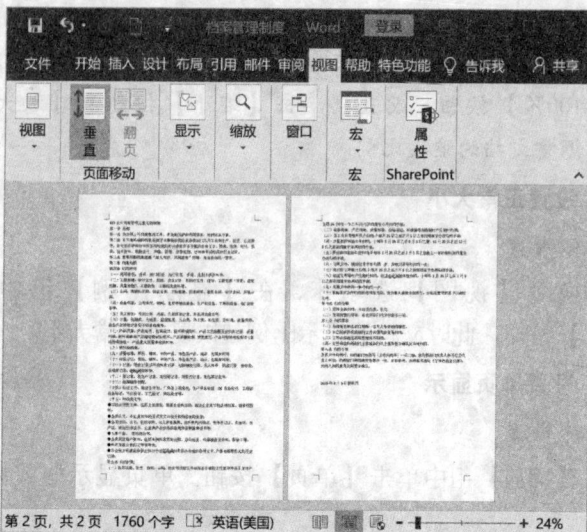

5. 设置页宽显示

具体步骤

在【缩放】组中单击【页宽】按钮。页宽显示的效果如图所示。

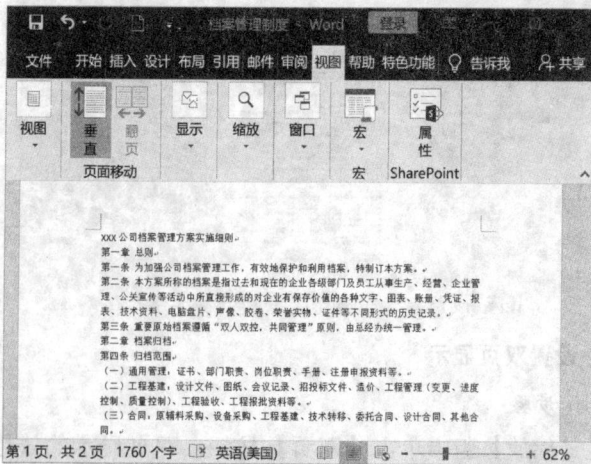

2.3.4 文档窗口的操作

文档窗口的操作主要包括缩放文档窗口、移动文档窗口、切换文档窗口、新建文档窗口、排列文档窗口、拆分文档窗口以及并排查看文档窗口等。

1. 缩放文档窗口

在编辑和浏览文档的过程中，用户经常用到文档窗口的缩放操作。

◆向下还原窗口

具体步骤

Step1：打开本实例的原始文件，单击文档窗口的右上角中的【向下还原】按钮。

Step2：此时文档窗口向下还原，并自动缩小到合适的大小。之前的【向下还原】按钮变成了【最大化】按钮。

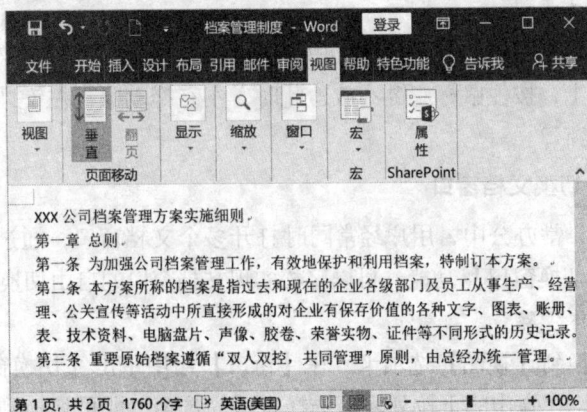

◆最小化窗口

具体步骤

最小化窗口的操作方法非常简单，用户只需单击文档窗口的右上角中的【最小化】按钮口，此时即可将 Word 文档最小化到桌面的任务栏上。

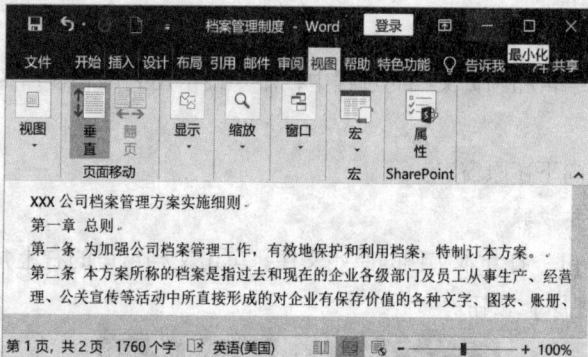

◆最大化窗口

具体步骤

向下还原窗口后，之前的【向下还原】按钮回变成了【最大化】按钮回。此时，单击【最大化】按钮即可实现文档窗口的最大化。

2. 移动文档窗口

具体步骤

将文档窗口向下还原后，用户只需将鼠标指针定位在文档的标题栏上，按住鼠标左键不放，此时，左右拖动鼠标左键即可移动文档窗口。

3. 切换文档窗口

在日常办公中，用户经常同时打开多个文档窗口，通过文档中的【切换窗口】功能，可以轻松实现文档窗口的自由切换。

具体步骤

切换到【视图】选项卡，在【窗口】组中单击【切换窗口】按钮一，在弹出的下拉列表中选择合适的选项，即可切换到相应的文档。

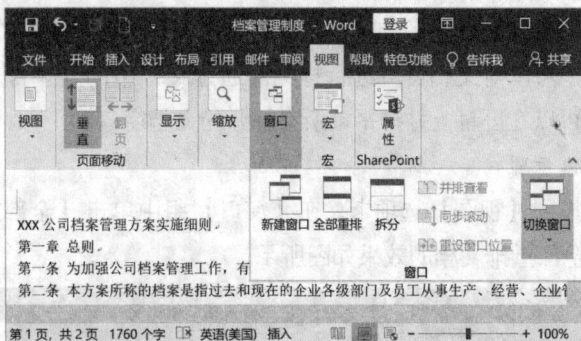

4. 新建文档窗口

通过文档中的【新建窗口】功能，可以轻松打开一个包含当前文档视图的新窗口。

具体步骤

切换到【视图】选项卡，在【窗口】组中单击【新建窗口】按钮。此时即可创建一个包含当前文档视图的新窗口。

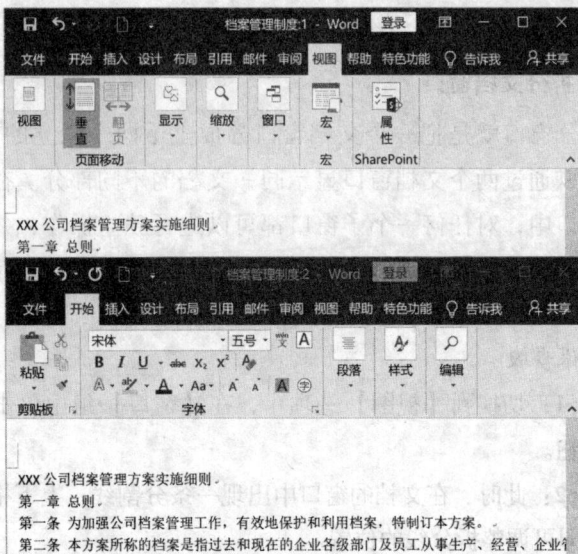

5. 排列文档窗口

当用户同时打开多个文档时，为了方便比较不同文档中的内容，用户可以对文档窗口进行排列。通过文档中的【全部重排】功能，可以在屏幕上并排平铺所有打开的文档窗口。

具体步骤

切换到【视图】选项卡，在【窗口】组中单击【全部重排】按钮。全部重排文档的效果如图所示。

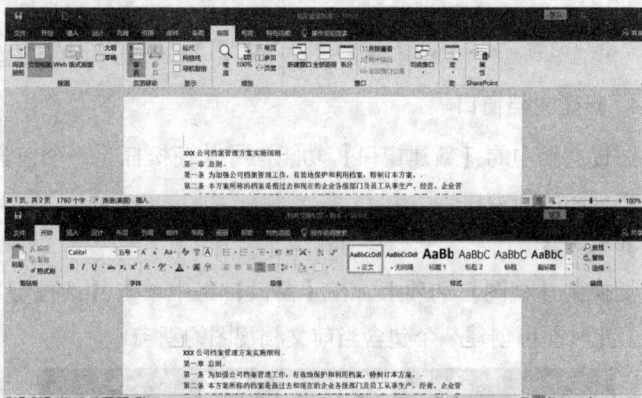

6. 拆分文档窗口

拆分窗口就是把一个文档窗口分成上下两个独立的窗口，从而可以通过两个文档窗口显示同一文档的不同部分。在拆分出的窗口中，对任何一个子窗口都可以进行独立操作，并且在其中任何一个窗口中所做的修改将立即反映到其他的拆分窗口中。

具体步骤

Step1：切换到【视图】选项卡，在【窗口】组中单击【拆分】按钮。

Step2：此时，在文档的窗口中出现一条分割线，上下拖动鼠标指针即可调整拆分线的位置。

Step3：调整完毕，单击鼠标左键，此时即可把一个文档窗口分成上下两个独立的窗口。

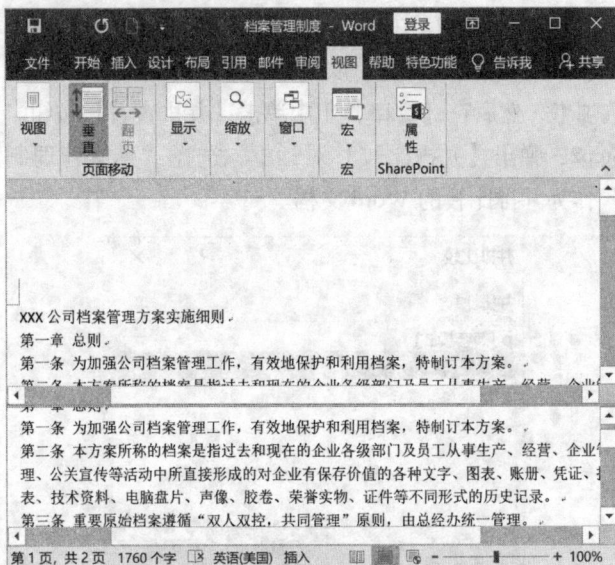

Step4：如果要取消拆分，在【窗口】组中单击【取消拆分】按钮即可。

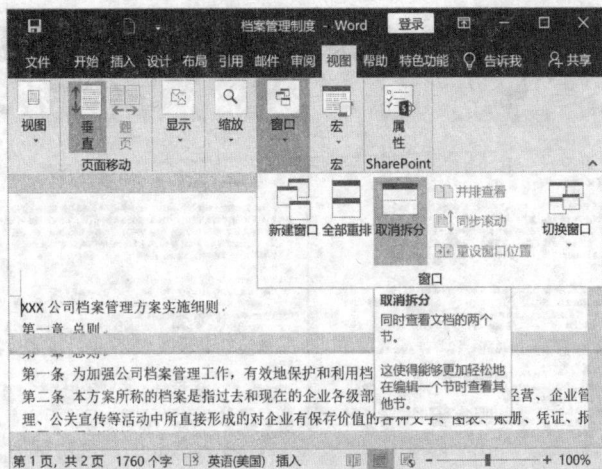

7. 并排查看文档窗口

Word 具有多个文档窗口并排查看的功能，通过多窗口并排查看，可以对不同窗口中的内容进行比较。

Step1：打开两个或两个以上 Word 文档窗口，切换到【视图】选项卡，然后在【窗口】组中单击【并排查看】按钮。

Step2：弹出【并排比较】对话框，选择"档案管理制度 - 副本"作为并排比较的 Word 文档。

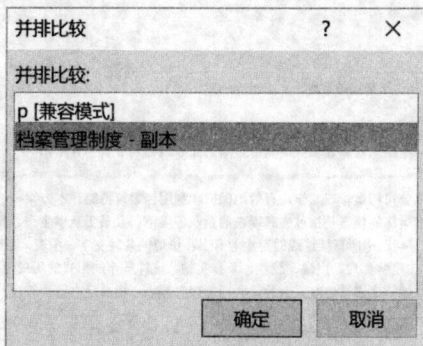

Step3：单击【确定】按钮，此时即可同时查看打开的两个或多个文档。

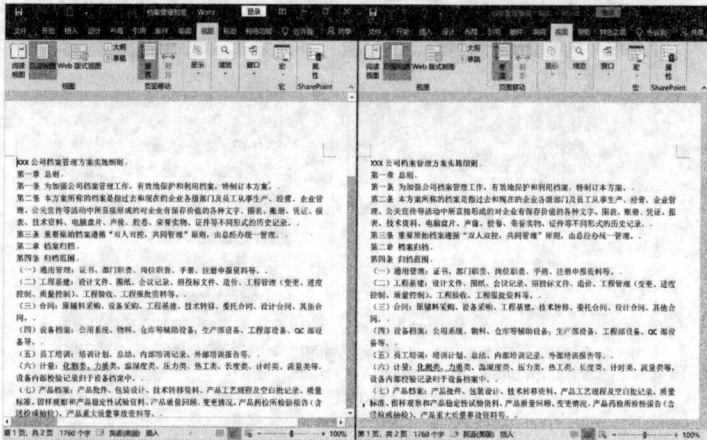

Step4：此时【窗口】组中自动选中【同步滚动】按钮。

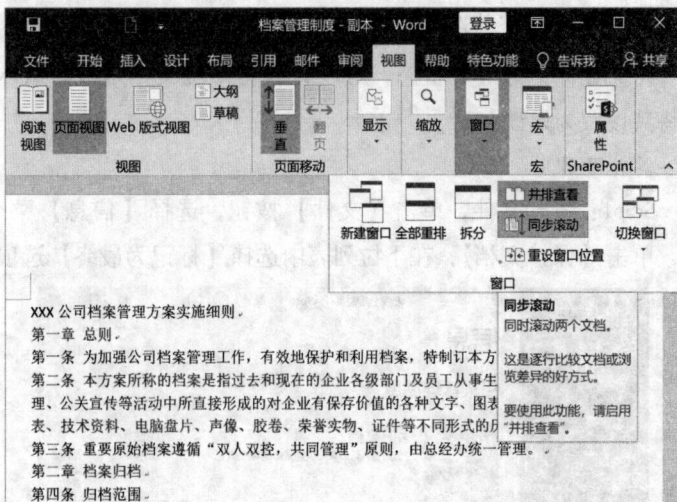

Step5：拖动滚动条或滑动鼠标即可实现在滚动当前文档时，另一个文档同时滚动。

TIPS：

如果用户要取消并排查看，在任意一个文档的【视图】选项卡中，单击【并排查看】按钮即可。

2.4 保护文档

用户可以通过设置只读文档、设置加密文档和启动强制保护等方法对文档进行保护，以防止无操作权限的人员随意打开或修改文档或文件的泄密。

2.4.1 设置只读文档

只读文档是指开启的文档处在"只读"状态，无法被修改。

设置只读文档的方法主要有以下两种。

1. 标记为最终状态

将文档标记为最终状态，可以让读者知晓文档是最终版本，并将其设置为只读。

具体步骤

Step1：打开文件，单击【文件】按钮，选择【信息】菜单项，单击【保护文档】，在下拉列表中选择【标记为最终】选项。

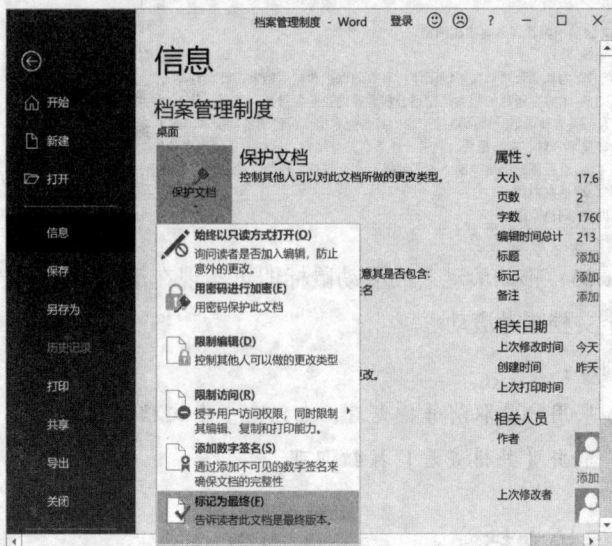

Step2：弹出对话框，提示用户"此文档将先被标记为终稿，然后保存"。

Step3：单击【确定】按钮，弹出对话框，提示用户"此文档已被标记为最终状态……"，单击【确定】按钮即可。

Step4：再次启动文档，弹出提示对话框，并提示用户"作者已将此文档标记为最终版本以防止编辑"，此时文档的标题栏上显示"只读"，如果要编辑文档，单击【仍然编辑】按钮即可。

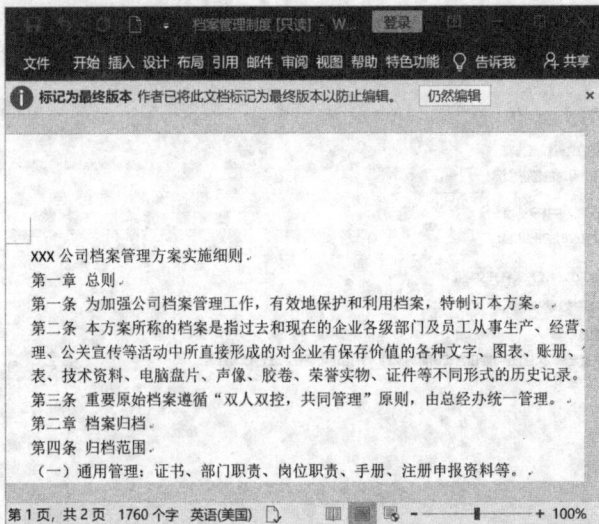

XXX 公司档案管理方案实施细则。
第一章 总则。
第一条 为加强公司档案管理工作，有效地保护和利用档案，特制订本方案。
第二条 本方案所称的档案是指过去和现在的企业各级部门及员工从事生产、经营、理、公关宣传等活动中所直接形成的对企业有保存价值的各种文字、图表、账册、表、技术资料、电脑盘片、声像、胶卷、荣誉实物、证件等不同形式的历史记录。
第三条 重要原始档案遵循"双人双控，共同管理"原则，由总经办统一管理。
第二章 档案归档。
第四条 归档范围。
（一）通用管理：证书、部门职责、岗位职责、手册、注册申报资料等。

2. 使用常规选项

具体步骤

Step1：单击【文件】按钮，在左侧菜单栏中选择【另存为】菜单项。

Step2：选择存储路径后，在【另存为】对话框，单击【工具】按钮，在弹出的下拉列表中选择【常规选项】选项。

Step3：弹出【常规选项】对话框，选中【建议以只读方式打开文档】复选框。

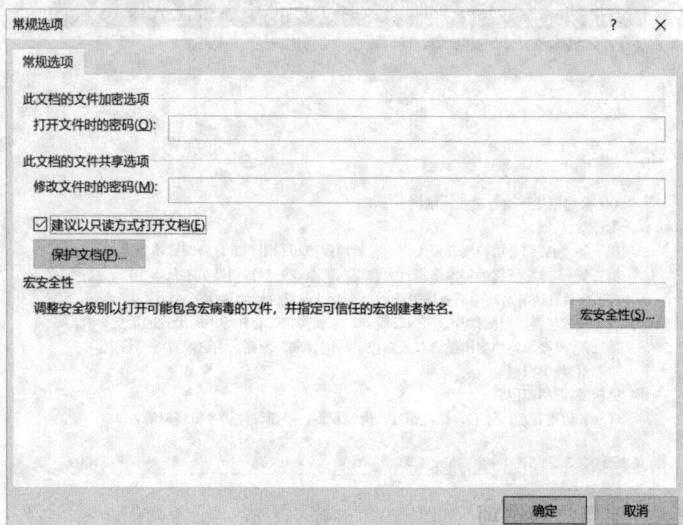

Step4：单击【确定】按钮，返回【另存为】对话框，然后单击【保存】按钮即可。再次启动该文档时会提示用户"作者希望您以只读方式打开该文件，除非您需要进行更改，是否以只读方式打开？"

Step5：单击【是】按钮，启动 Word 文档，此时该文档处于"只读"状态。

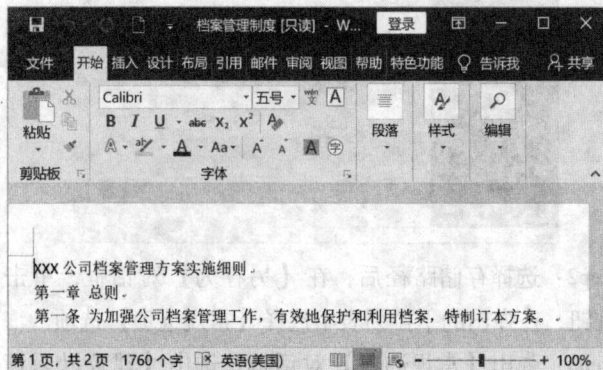

2.4.2 设置加密文档

在日常办公中,为了保证文档安全,用户经常会设置加密文档。设置加密文档包括设置文档的打开密码与修改密码。

具体步骤

Step1:打开本实例的原始文件,单击【文件】按钮,在左侧菜单栏中选择【信息】菜单项,然后单击【保护文档】按钮,在弹出的下拉列表中选择【用密码进行加密】选项。

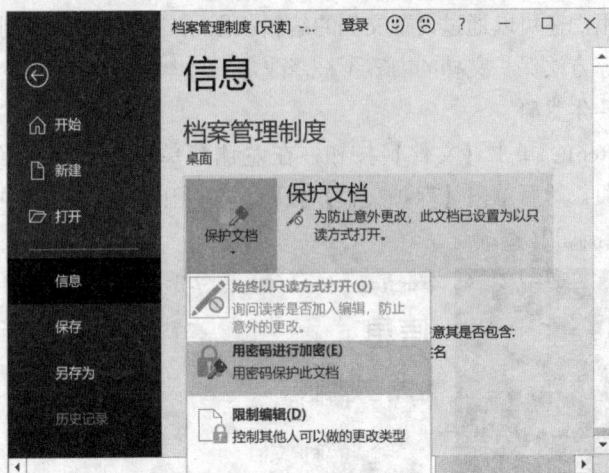

Step2:弹出【加密文档】对话框,在【密码】文本框中输入"123456",然后单击【确定】按钮。

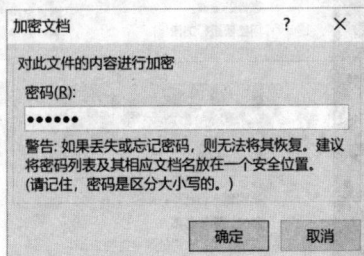

Step3:弹出【确认密码】对话框,在【重新输入密码】文

本框中输入"123456"，然后单击【确定】按钮。

Step4：再次启动该义档时弹出【密码】对话框，在【请键入打开文件所需的密码】文本框中输入密码"123456"，然后单击【确定】按钮即可打开 Word 文档。

Step5：如果密码输入错误，会弹出对话框，提示用户"密码不正确，Word 无法打开文档"。

2.4.3 启动强制保护

用户还可以通过设置文档的编辑权限，启动文档的强制保护功能等方法保护文档的内容不被修改。

具体步骤

Step1：单击【文件】按钮，在左侧菜单栏中选择【信息】菜单项，然后单击【保护文档】按钮，在弹出的下拉列表中选择【限制编辑】选项。

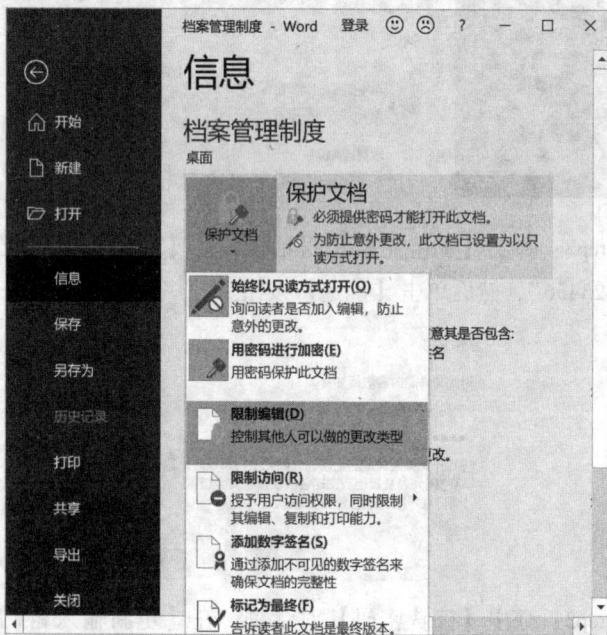

Step2：在 Word 文档编辑区的右侧会出现一个【限制编辑】窗格，在【2. 编辑限制】组合框中选中【仅允许在文档中进行此类型的编辑】复选框，然后在其下方的下拉列表中选择【不允许任何更改（只读）】选项。

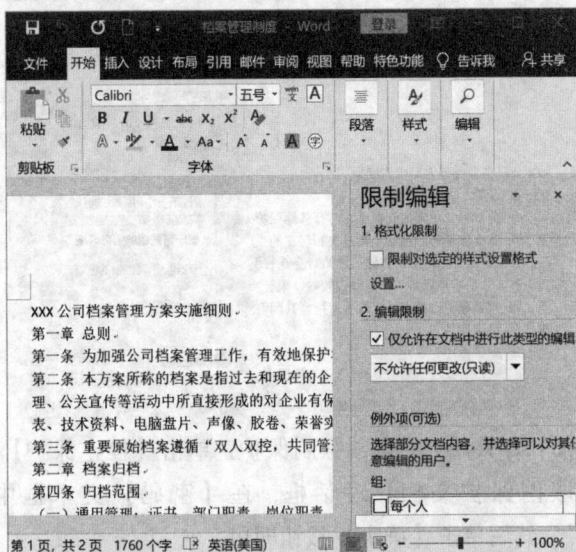

Step3：单击【是，启动强制保护】按钮，弹出【启动强制保护】对话框，在【新密码】和【确认新密码】文本框中分别输入"123456"。

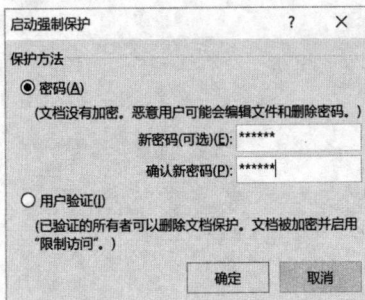

Step4：单击【确定】按钮，返回 Word 文档中，此时，文档

处于保护状态。

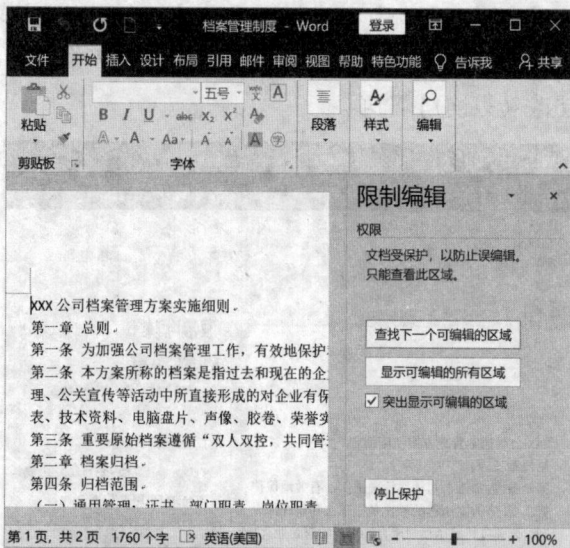

Step5：如果用户要取消强制保护，单击【停止保护】按钮，弹出【取消保护文档】对话框，在【密码】文本框中输入"12356"，然后单击【确定】按钮即可。

第 *3* 章

初级排版——制定个人年度工作计划

工作计划是每个人日常工作的指南针，对日常办公既有指导作用，又有推动作用。做好工作计划，是建立正常工作秩序，提高工作效率的重要手段。本章以制定个人工作计划为例，介绍如何在 Word 文档中进行初级排版。

3.1 设置版心

版心设置实际上就是 Word 文档中的页面设置，主要包括设置纸张大小、设置页边距、设置版式、设置文档窗格等内容。

3.1.1 设置纸张大小

纸张是设置版心的基础，Word 为用户提供了多种常用的纸张类型，用户既可以根据需要选择合适的纸型，也可以自定义纸张大小。

具体步骤

打开本实例的原始文件，切换到【布局】选项卡，在【纸张大小】下拉列表中选择【A4】选项，此时，文档宽为"21 厘米"，高为"29.7 厘米"，且自动应用于整个文档。

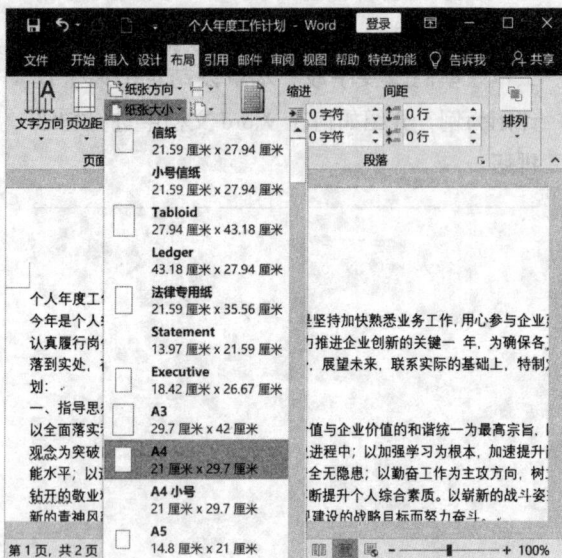

3.1.2 设置页边距

页边距通常是指页面四周的空白区域。通过设置页边距，可以使 Word 文档的正文部分与页面边缘保持比较合适的距离。

具体步骤

Step1：打开本实例的原始文件，切换到【布局】选项卡，单击【页面设置】组中的【页边距】按钮，然后在弹出的下拉列表中选择【自定义边距】选项。

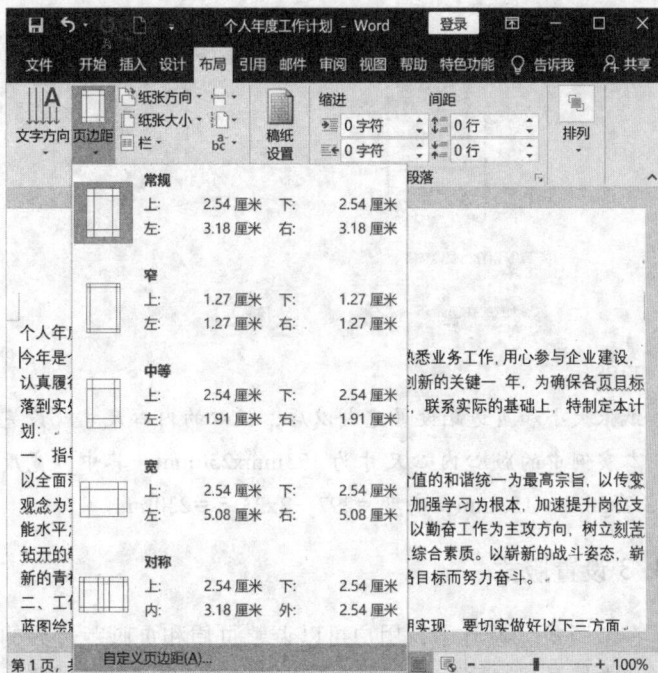

Step2：弹出【页面设置】对话框，切换到【页边距】选项卡，在【页边距】组合框中的【上】和【下】微调框中输入"2.35"，在【左】和【右】微调框中输入"2.85"，其他选项保存默认，设置完毕单击【确定】按钮即可。

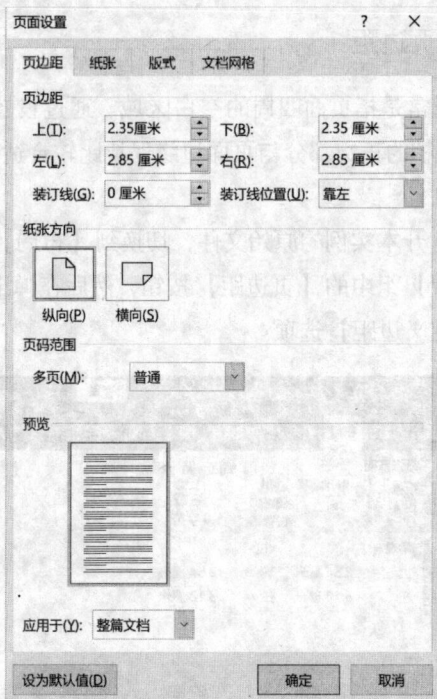

TIPS：

纸张大小和页边距设置完成以后，版心的内心尺寸就设完成了，本实例中的版心内心尺寸为153mm×230mm，其中，宽度＝210－2×28.5＝153mm，高度＝297－2×23.5＝230mm。

3.1.3 设置版式

在"版式"设计中，用户可以调整页眉和页脚距边界的距离，通常是页眉的数值要小点，意味着它靠近纸张的上边缘。如果是正反打印，则可以设置奇偶页不同的页眉和页脚。

具体步骤

Step1：打开本实例的原始文件，切换到【页面布局】选项卡，单击【页面设置】组中右下角的【对话框启动器】按钮。

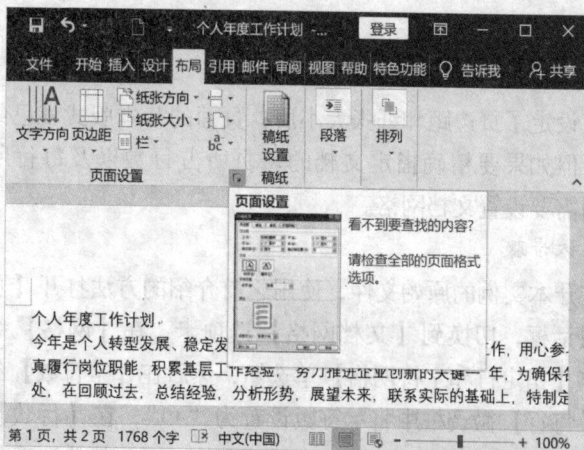

Step2：弹出【页面设置】对话框，切换到【版式】选项卡，分别在【页眉】和【页脚】微调控框中输入"1.5 厘米"和"1.75 厘米"，设置完毕单击【确定】按钮即可。

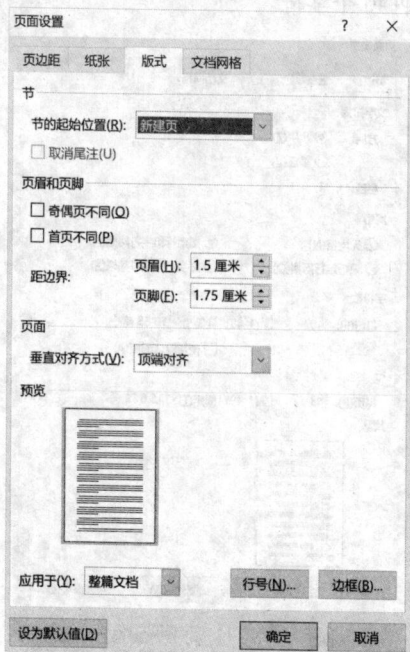

3.1.4 设置文档网格

在设定了页边距和纸张大小后，页面的基本版式就已经被确定了，但如果要精确指定文档的每页所占行数以及每行所占字数，则需要设置文档网格。

具体步骤

打开本实例的原始文件，使用之前介绍的方法打开【页面设置】对话框，切换到【文档网格】选项卡，在【网格】组合框中选中【指定行和字符网格】单选钮，然后在【字符数】组合框中的【每行】微调框中将字符数设置为"40"，在【行数】组合框中的【每页】微调框中将行数设置为"43"，其他选项保持默认。设置完毕单击【确定】按钮即可。

按上述方法设置后，Word 文档的每页最多可输入 43 行内容，每行最多可容纳 40 个字符。

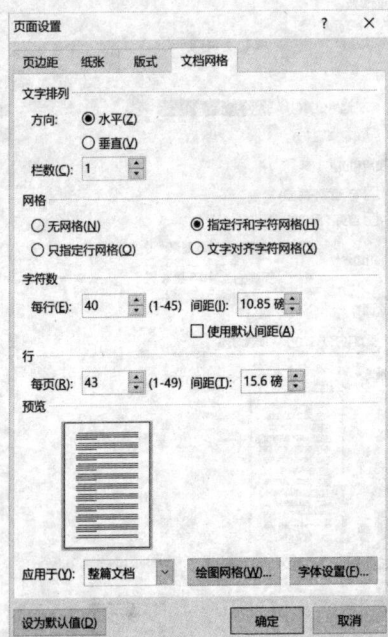

3.2 设置字体格式

为了使文档更丰富多彩，Word 提供了多种字体格式供用户进行设置。对字体格式进行设置主要包括设置字体、字号、加粗、倾斜和字体效果等。

3.2.1 设置字体和字号

要使文档中的文字更利于阅读，就需要对文档中文本的字体及字号进行设置，以区分各种不同的文本。

1. 使用【字体】组

具体步骤

Step1：打开本实例的原始文件，选中文档标题"个人年度工作计划"，切换到【开始】选项卡，在【字体】组中的【字体】下拉列表中选择合适的字体，例如选择【黑体】选项。

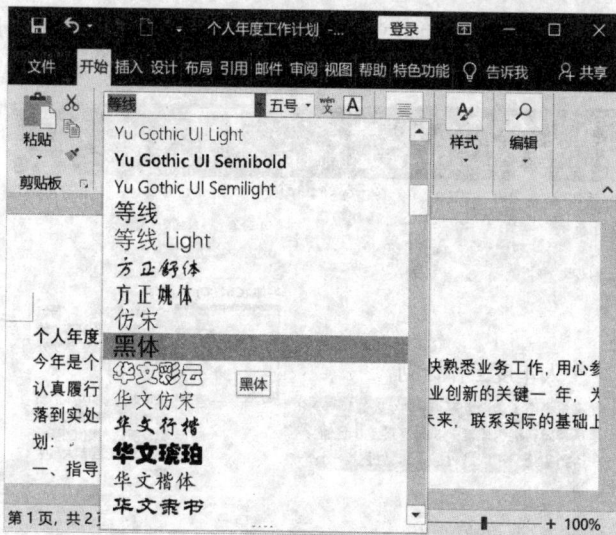

Step2：在【字体】组中的【字号】下拉列表中选择合适的字号，例如选择【三号】选项。

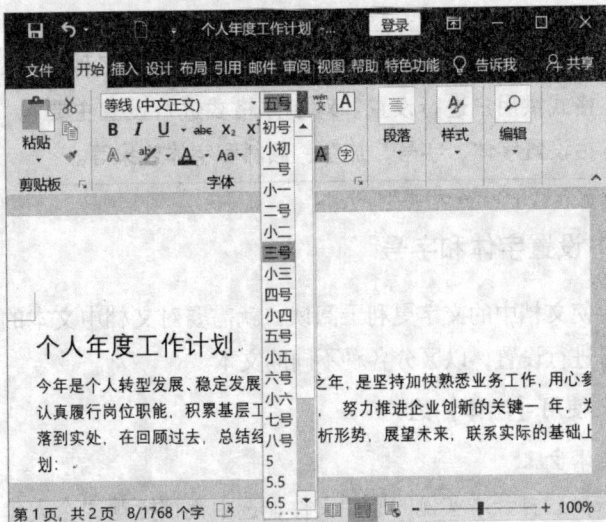

2. 使用【字体】对话框

具体步骤

Step1：选中所有的正文文本，切换到【开始】选项卡，单击【字体】组右下角的【对话框启动器】按钮。

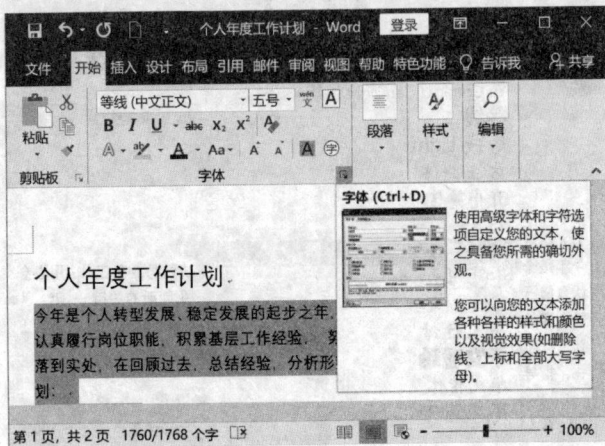

Step2：弹出【字体】对话框，自动切换到【字体】选项卡，在【中文字体】下拉列表中选择【新宋体】选项，在【字形】列表框中选择【常规】选项，在【字号】列表框中选择【小四】选项。

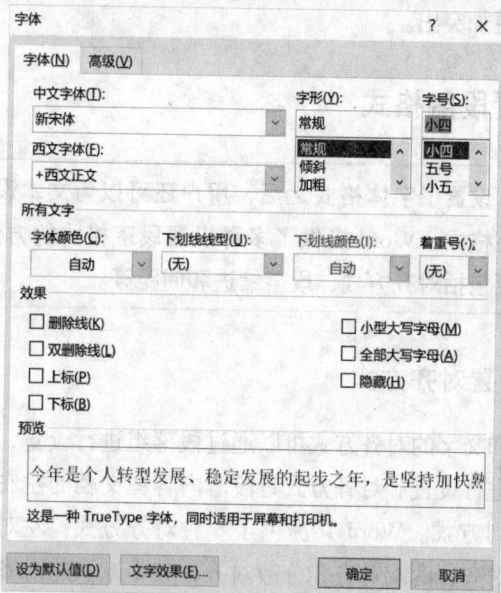

Step3：单击【确定】按钮返回 Word 文档，设置效果如图所示。

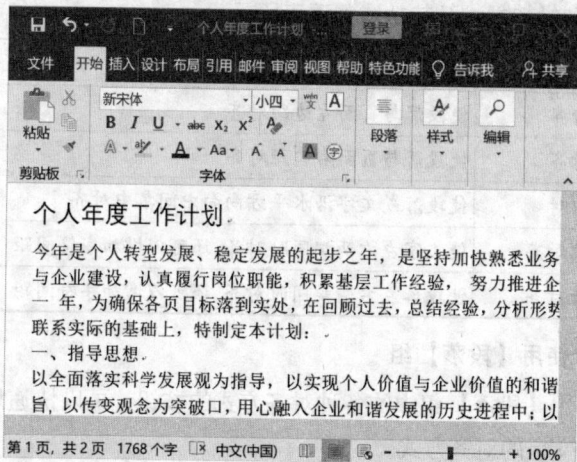

3.2.2 设置加粗效果

加粗操作是对文本的字形进行设置。为字体设置加粗效果，可让文本更加突出。

3.3 设置段落格式

设置了字体格式之后，用户还可以为文本设置段落格式，Word 提供了多种设置段落格式的方法，主要包括对齐方式、段落缩进和间距等。

3.3.1 设置对齐方式

段落和文字的对齐方式可以通过段落组进行设置，也可以通过对话框进行设置。对齐方式是段落内容在文档的左右边界之间的横向排列方式。Word 共提供了 5 种对齐方式：左对齐、右对齐、居中对齐、两端对齐和分散对齐，其中默认的对齐方式是两端对齐。

5 种对齐方式及其功能如下表所示。

选项	功能
左对齐	使段落与页面左边距对齐
右对齐	使段落与页面右边距对齐
居中对	使段落或文字沿水平方向向中间集中对齐
两端对齐	使文字左右两端同时对齐,还可以增加字符间距
分散对齐	使段落左右两端同时对齐,还可以增加字符间距

1. 使用【段落】组

使用【段落】组中的各种对齐方式的按钮，可以快速地设置段落和文字的对齐方式。

具体步骤

打开本实例的原始文件，选中文档标题"个人年度工作计划"，切换到【开始】选项卡，在【段落】组中单击【居中】按钮。

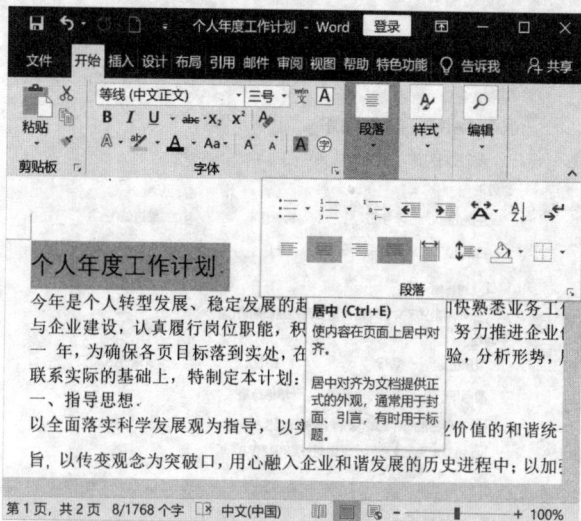

2. 使用【段落】对话框

具体步骤

Step1：选中文档中的段落或文字，切换到【开始】选项卡，单击【段落】组右下角的【对话框启动器】按钮。

Step2：弹出【段落】对话框，切换到【缩进和间距】选项卡，在【常规】组合框中的【对齐方式】下拉列表中选择【分散对齐】选项。

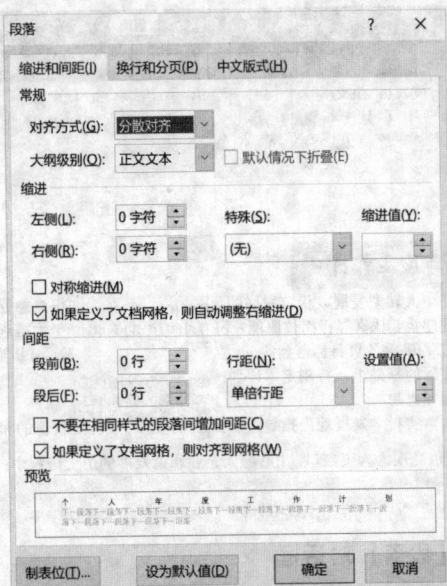

Step3：单击【确定】按钮，返回 Word 文档即可。

3.3.2 设置段落缩进

通过设置段落缩进，可以调整 Word 文档正文内容与页边距之间的距离。用户可以使用【段落】组、【段落】对话框或标尺设置段落缩进。

1. 使用【段落】组设置

具体步骤

Step1：打开本实例的原始文件，选中除标题以外的其他文本段落，切换到【开始】选项卡，在【段落】组中单击【增加缩进量】按钮。

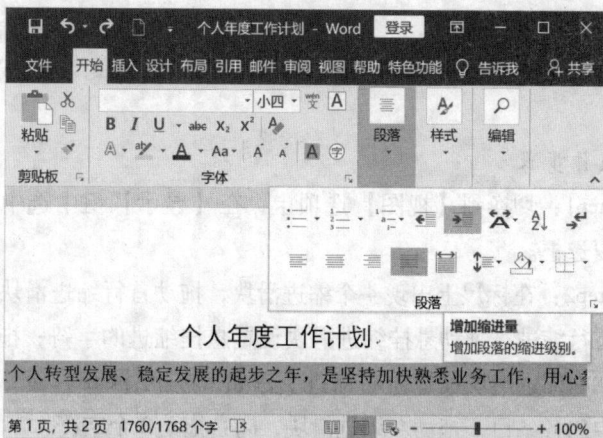

Step2：返回 Word 文档，选中的文本段落右侧缩进了一个字符。

2. 使用【段落】对话框

Step1：选中 Word 文档中的文本段落，切换到【开始】选项卡，单击【段落】组右下角的【对话框启动器】按钮。

Step2：弹出【段落】对话框，自动切换到【缩进和间距】选项卡，首先在【缩进】组合框中的【特殊格式】下拉列表中选择【悬挂】选项，在【缩进值】微调框中默认为"2 字符"，其他设置保持不变，最后单击【确定】按钮即可。

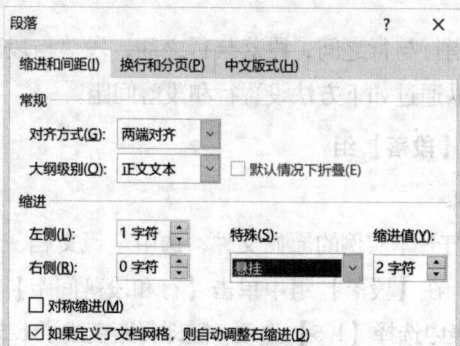

3. 使用标尺设置

借助 Word 文档窗口中的标尺，用户可以很方便地设置 Word 文档。

具体步骤

Step1：切换到【视图】选项卡，在【显示】组中选中【标尺】复选框。

Step2：在标尺上出现 4 个缩进滑块，拖动首行缩进滑块可以调整首行缩进；拖动悬挂缩进滑块设置悬挂缩进的字符；拖动左缩进和右缩进滑块设置左右缩进。例如，按下【Ctrl】键，选中文档中的各条目，拖动左缩进滑块，向右拖动 2 个字符。

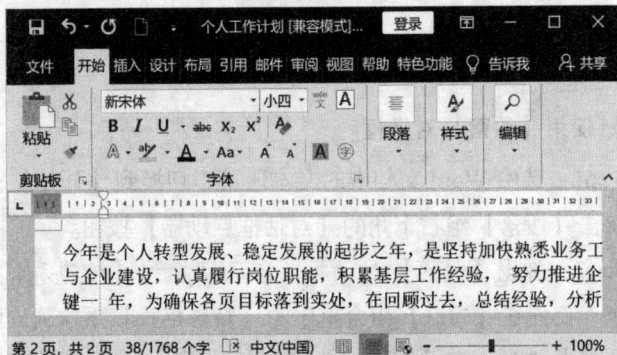

3.3.3 设置间距

间距是指行与行之间，段落与行之间，段落与段落之间的距离。用户可以通过如下方法设置行和段落间距。

1. 使用【段落】组

具体步骤

Step1：打开本实例的原始文件，选中全篇文档，切换到【开始】选项卡，在【段落】组中单击【行和段落间距】按钮，在弹出的下拉列表中选择【1.5】选项，随即行距变成了 1.5 倍的行距。

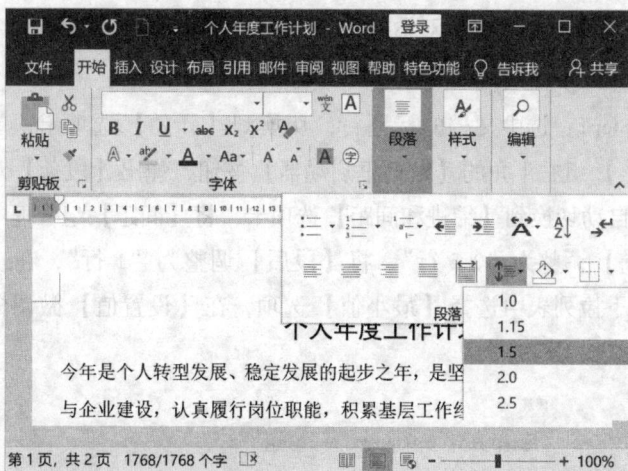

Step2：选中标题行，在【段落】组中单击【行和段落间距】按钮，在弹出的下拉列表中选择【增加段后间距】选项，随即标题所在的段落下方增加了一块空白间距。

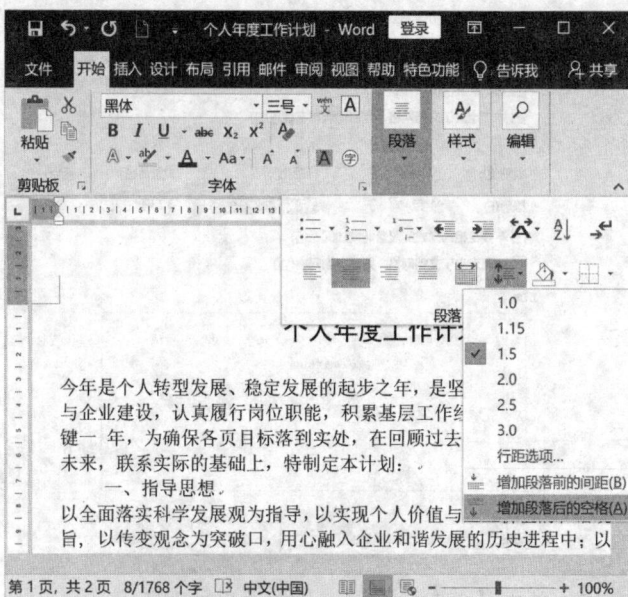

2. 使用【段落】对话框

具体步骤

Step1：选中文档的标题行，切换到【开始】选项卡，单击【段落】组右下角的【对话框启动器】按钮，弹出【段落】对话框，自动切换到【缩进和间距】选项卡，将【间距】组合框中的【段前】调整为"0.5 行"，将【段后】调整为"1 行"，在【行距】下拉列表中选择【最小值】选项，在【设置值】微调框中输入"12 磅"。

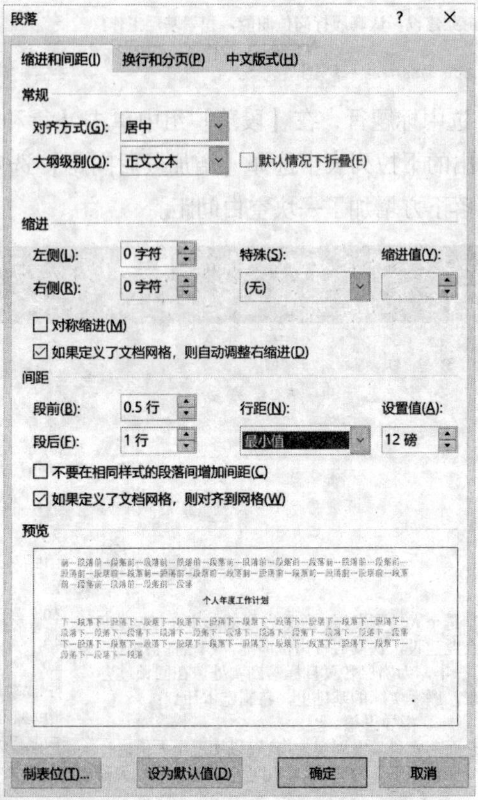

Step2：单击【确定】按钮，设置效果如图所示。

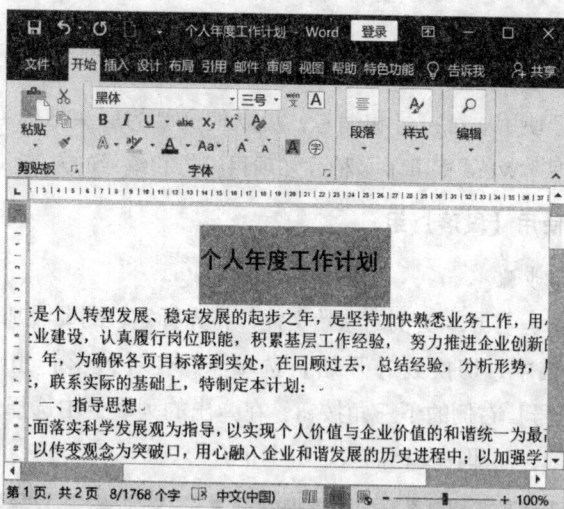

3. 使用【布局】选项卡

选中文档中的各条目，切换到【布局】选项卡，在【段落】组的【段前】和【段后】微调框中同时将间距值调整为"0.5行"，效果如图所示。

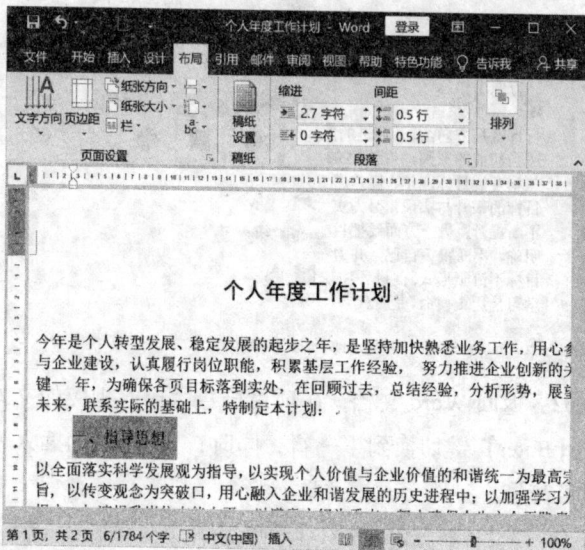

3.3.4 添加项目符号和编号

合理使用项目符号和编号，可以使文档的层次结构更清晰、更有条理。Word 提供了多种添加项目符号和编号的方法。

1. 使用【段落】组

具体步骤

Step1：打开本实例的原始文件，将光标定位到要添加项目符号的文档中，切换到【开始】选项卡，在【段落】组中单击【项目符号】右侧的下三角按钮，在弹出的列表框中选择【正方形】选项，随即在文档插入了一个正方形。

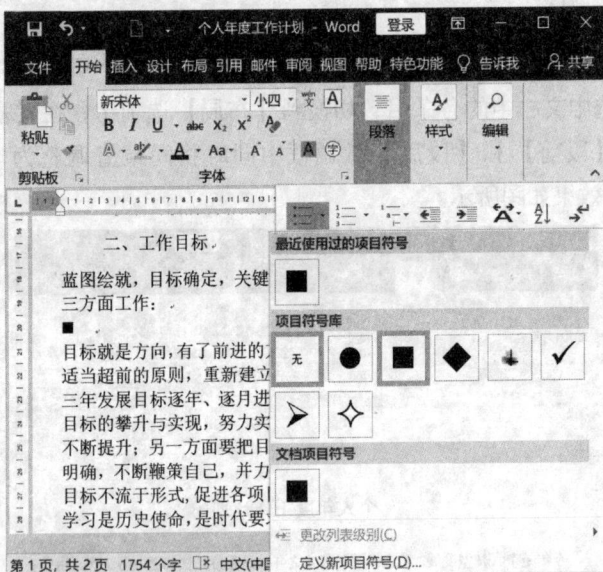

Step2：返回 Word 文档，在项目符号后输入相应的文本，然后按下【Enter】键切换到下一行，同时，Word 自动插入一个相同的项目符号。

Step3：项目符号和文本内容添加完毕，效果如图所示。

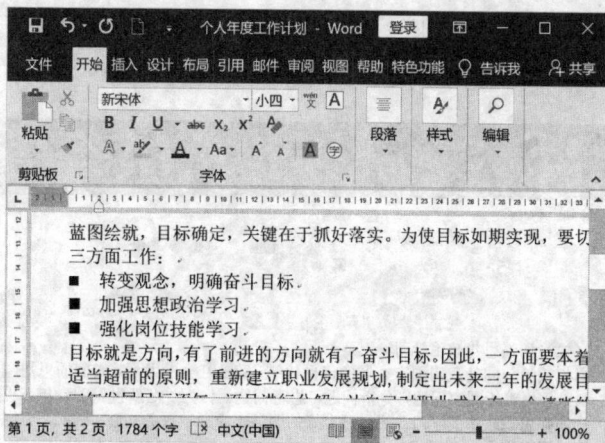

蓝图绘就，目标确定，关键在于抓好落实。为使目标如期实现，要切
三方面工作：

■ 转变观念，明确奋斗目标。
■ 加强思想政治学习。
■ 强化岗位技能学习。

目标就是方向，有了前进的方向就有了奋斗目标。因此，一方面要本着
适当超前的原则，重新建立职业发展规划，制定出未来三年的发展目

第1页，共2页　1784个字　中文(中国)　　　　　　100%

2. 使用鼠标右键

具体步骤

Step1：添加编号。将光标定位到要添加编号的文档中，单击
鼠标右键，在弹出的快捷菜单中选择【编号】菜单项，然后在弹
出的列表框中选择一种编号方式，例如选择"1.2.3."。

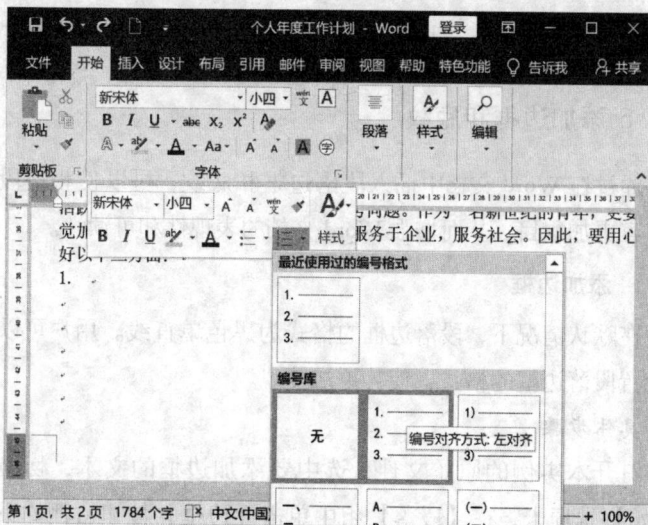

Step2：返回 Word 文档，在编号后输入相应的文本，然后按

下【Enter】键切换到下一行，同时，Word 文档自动插入下一个编号。编号和文本内容添加完毕，效果如图所示。

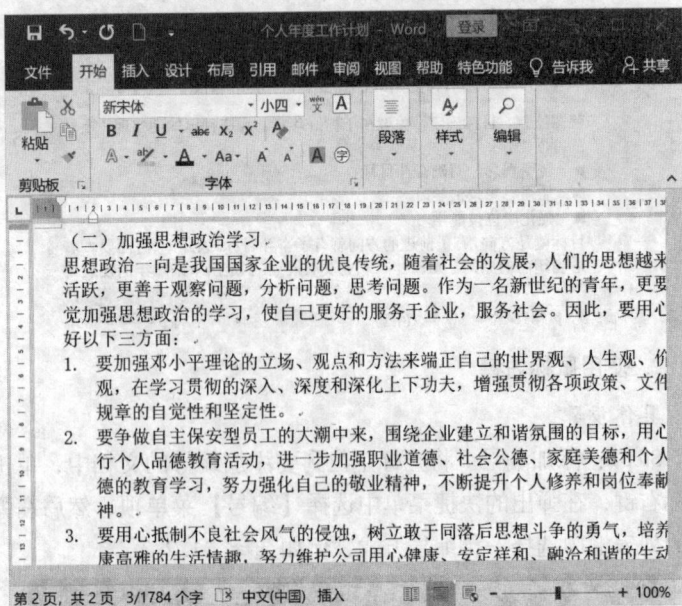

3.3.5 添加边框和底纹

通过在 Word 文档中插入段落边框和底纹，可以使相关段落的内容更加醒目，从而增强 Word 文档的表现性和可读性。

1. 添加边框

在默认情况下，段落边框的格式为黑色单直线。用户可以通过设置段落边框的格式，使其更加美观。

具体步骤

打开本实例的原始文件，选中要添加边框的文本，切换到【开始】选项卡，在【段落】组中单击【边框】按钮右侧的下三角按钮，在弹出的下拉列表中选择【外侧框线】选项即可。

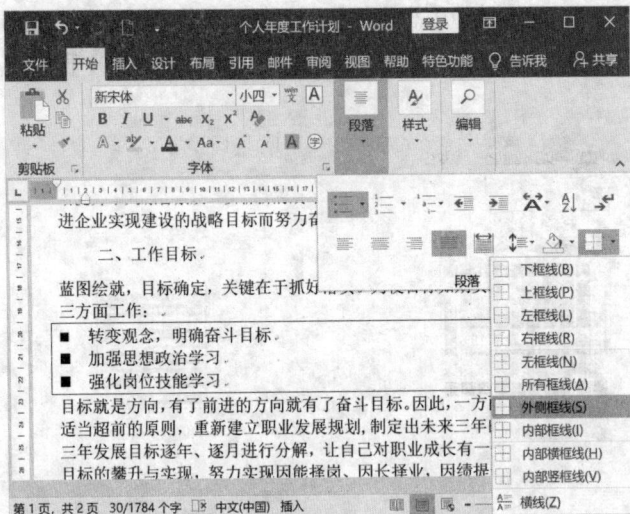

2. 添加底纹

具体步骤

Step1：选中要添加底纹的文档，切换到【开始】选项卡，在【段落】组中单击【边框】按钮右侧的下三角按钮，在弹出的下拉列表中选择【边框和底纹】选项即可。

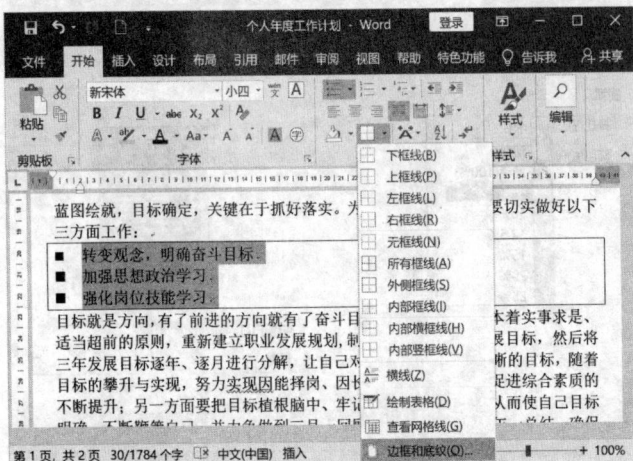

Step2：弹出【边框和底纹】对话框，切换到【底纹】选项卡，在【填充】下拉列表中选择【白色，背景1，深色15%】选项。

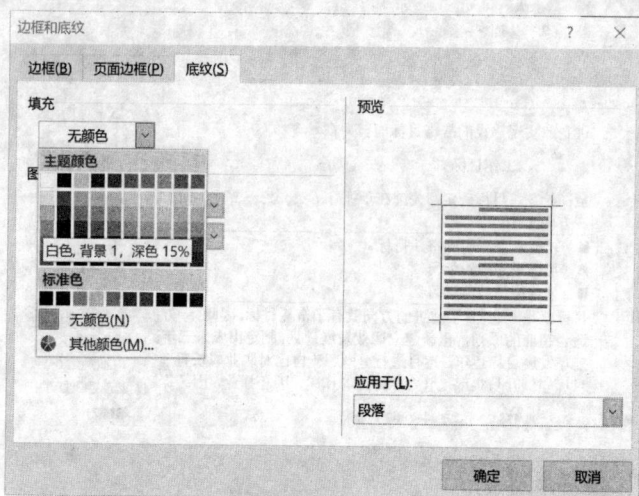

Step3：在【图案】组中的【样式】下拉列表中选择【5%】选项。

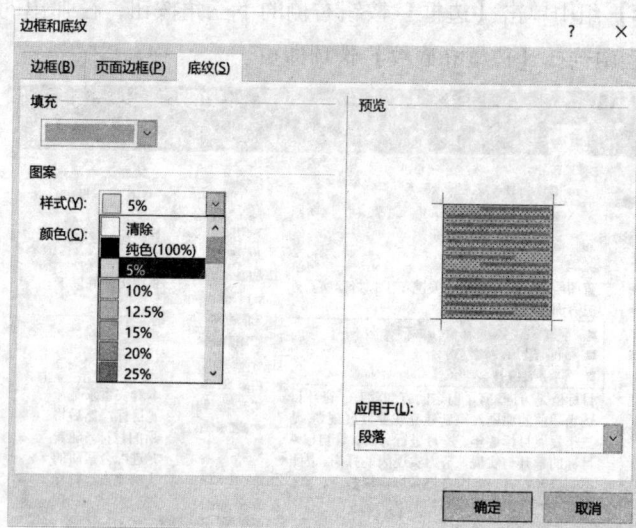

Step4：单击【确定】按钮返回 Word 文档，效果如图所示。

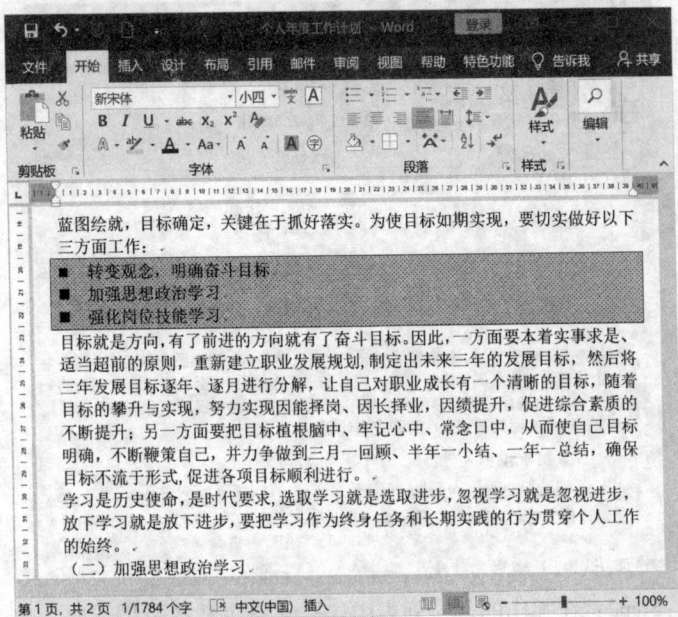

3.4 设置页面背景

为了使 Word 文档看起来更加美观，用户可以添加各种漂亮的页面背景，包括水印、页面颜色以及其他填充效果。

3.4.1 添加水印

Word 文档中的水印是指作为文档背景图案的文字或图像。Word 提供了多种水印模板和自定义水印功能供用户选择和使用。

具体步骤

Step1：打开本实例的原始文件，切换到【设计】选项卡，在

【页面背景】组中单击【水印】按钮。

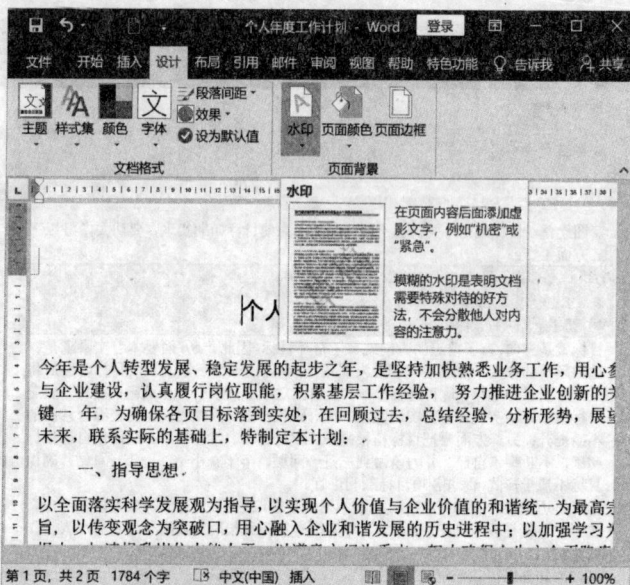

Step2：在弹出的下拉列表中选择【自定义水印】选项。

Step3：弹出【水印】对话框，选中【文字水印】单选钮，在【文字】下拉列表中选择【个人】选项，在【字体】下拉列表中选择【微软雅黑】选项，在【字号】下拉列表中选择【72】选项，在【颜色】下拉列表中选择红色，然后选中【斜式】单选钮，其他选项保持默认。

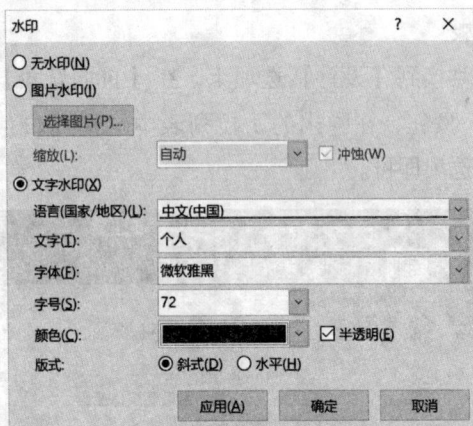

Step4：单击【确定】按钮，返回 Word 文档，效果如图所示。

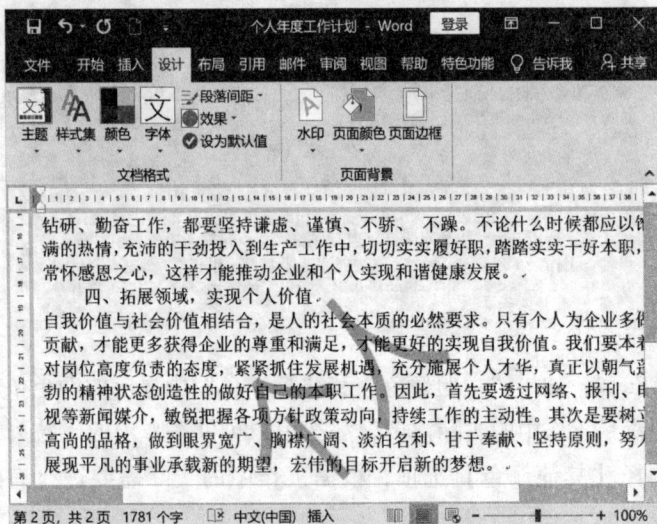

3.4.2 设置页面颜色

页面颜色是指显示于 Word 文档最底层的颜色或图案，主要用于丰富 Word 文档的页面显示效果，页面颜色在打印时不会显示。

具体步骤

Step1：切换到【设计】选项卡，在【页面背景】组中单击【页面颜色】按钮，在弹出的下拉列表中选择【白色，背景1，深色5%】选项即可。

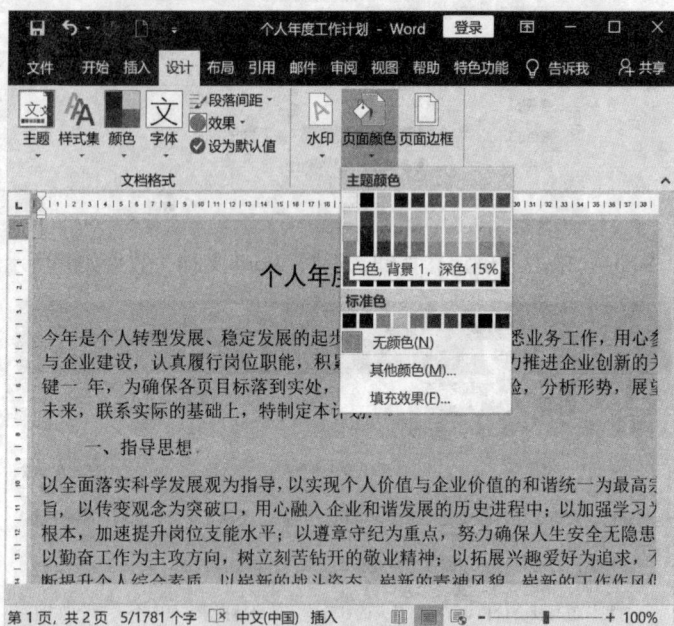

Step2：如果"主题颜色"和"标准色"中显示的颜色依然无法满足工作中的实际需要，那么用户可以在弹出的下拉列表中选择【其他颜色】选项，根据工作中的实际需要进行有效设置。

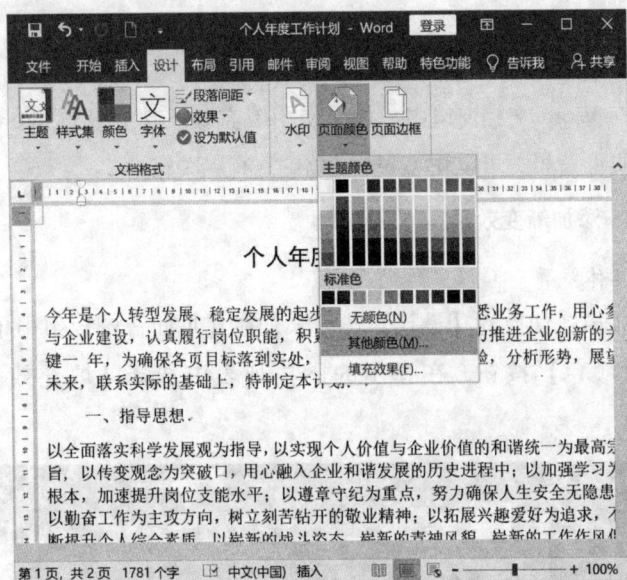

Step3：弹出【颜色】对话框，自动切换到【自定义】选项卡，在【颜色】面板上选择合适的颜色，也可以在下方的微调框中调整颜色的 RGB 值。在此，我们设置成护眼色的参数，红色：199，绿色：237，蓝色：204，单击【确定】。

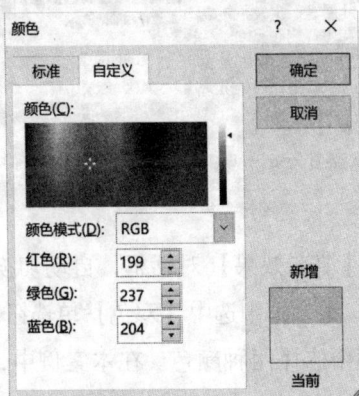

Step4：再次单击【确定】按钮，返回 Word 文档即可。

3.4.3 设置其他填充效果

在 Word 文档窗口中，如果使用填充颜色功能设置 Word 文档的页面背景，可以使 Word 文档更富有层次感。

1. 添加渐变效果

具体步骤

Step1：切换到【设计】选项卡，在【页面背景】组中单击【页面颜色】按钮，在弹出的下拉列表中选择【填充效果】选项。

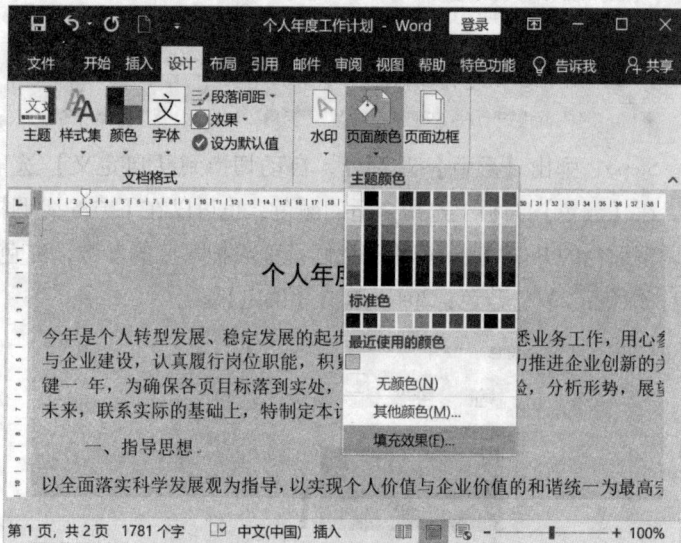

Step2：弹出【填充效果】对话框，自动切换到【渐变】选项卡，在【颜色】组合框中选中【双色】单选钮，然后在右侧的【颜色】下拉列表中选择两种颜色。在本案例中，我们根据工作的实际需要和护眼的考虑，选择绿色和白色，然后选中【斜下】单选钮。

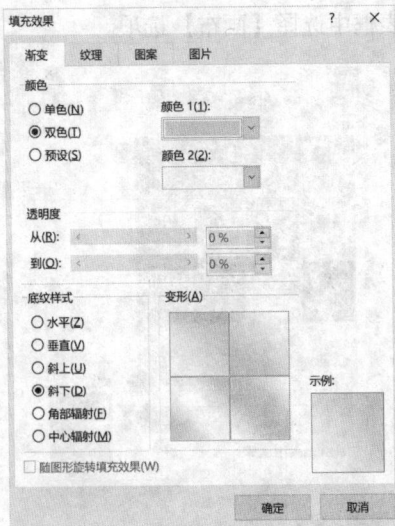

Step3：单击【确定】按钮，返回 Word 文档，效果如图所示。

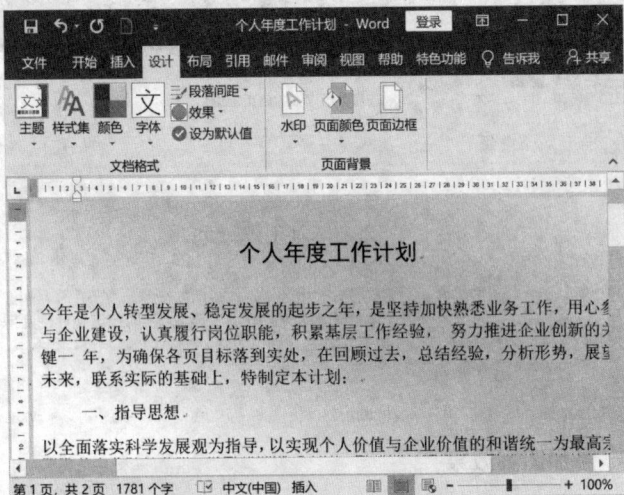

2. 添加纹理效果

具体步骤

Step1：在【填充效果】对话框中，切换到【纹理】选项卡，在【纹理】列表框中选择【画布】选项。

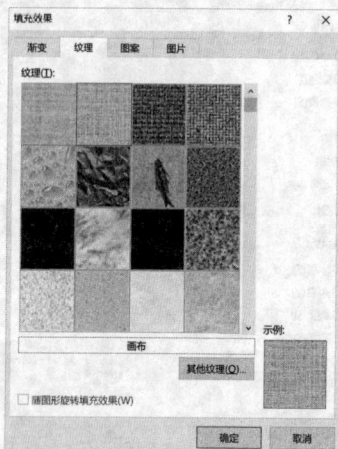

Step2：单击【确定】按钮，返回 Word 文档即可。

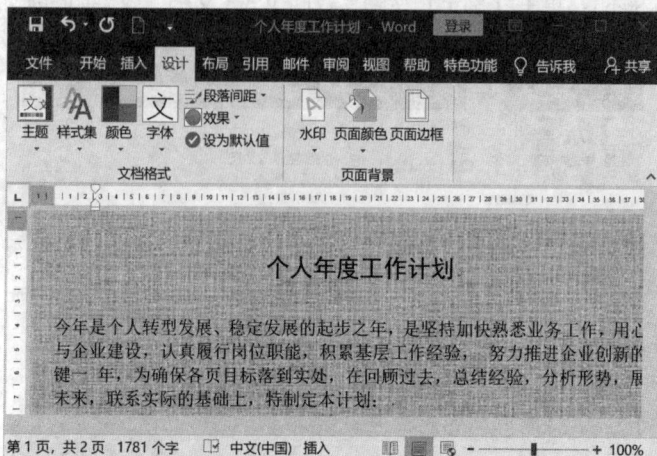

3. 添加图案效果

具体步骤

Step1：在【填充效果】对话框中切换到【图案】选项卡，在【背景】下拉列表中选择【绿色，个性色 6，淡色 60%】，然后在【图案】列表框中选择【实心菱形网格】选项。

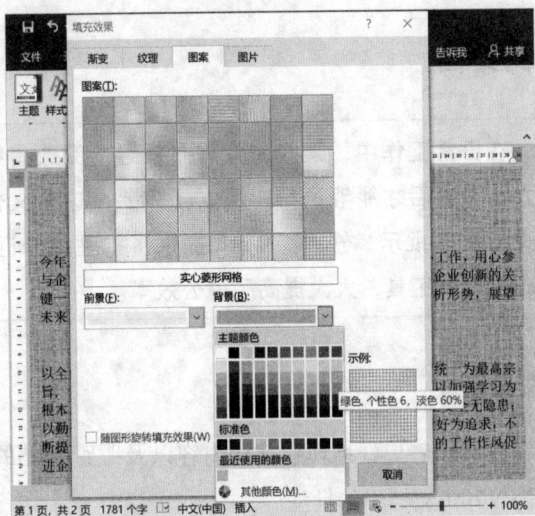

Step2：单击【确定】按钮返回 Word 文档，设置效果如图所示。

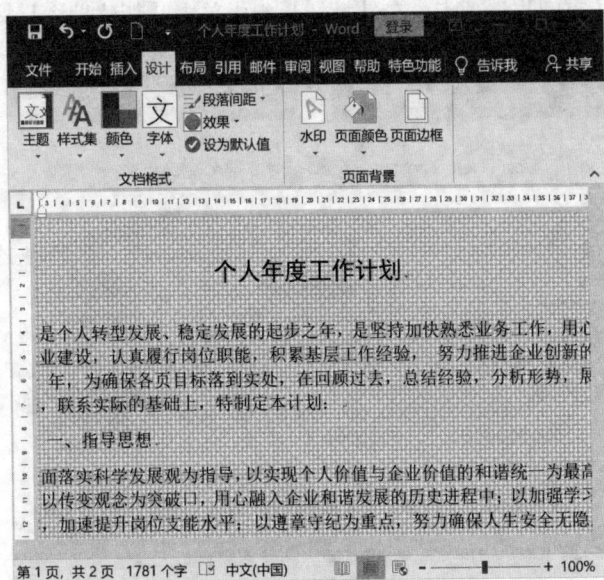

3.5 审阅文档

在日常工作中，某些文件需要领导审阅或者经过大家讨论后才能够执行，所以就需要在这些文件上进行一些批示、修改。Word 提供了批注、修订、更改等审阅工具，大大提高了办公效率。

3.5.1 添加批注

为了帮助阅读者更好地理解文档内容以及跟踪文档的修改状况，可以为 Word 文档添加批注。

具体步骤

Step1：打开本实例的原始文件，选中要插入批注的文本，切换到【审阅】选项卡，在【批注】组中单击【新建批注】按钮。

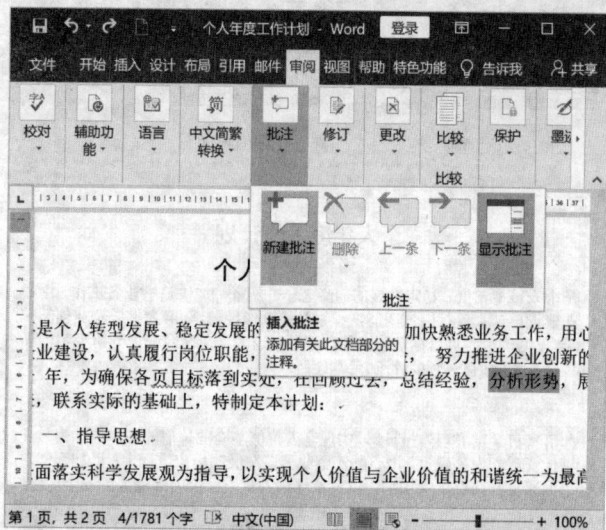

Step2：随即在文档的右侧出现一个批注框，用户可以根据需要

输入批注信息。Word 的批注信息前面会自动加上批注者和时间，还有"答复"和"解决"两项用于协同办公使用。

Step3：如果要删除批注，选中批注框，然后单击鼠标右键，在弹出的快捷菜单中选择【删除批注】菜单项，或者在【批注】组中单击【删除】按钮右侧的下三角按钮，在弹出的下拉列表中选择相应的选项即可。

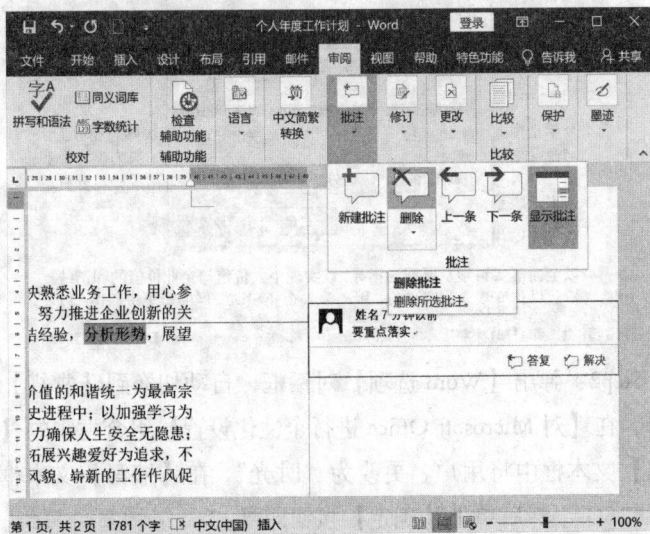

3.5.2 修订文档

Word 提供了文档修订功能，在打开修订功能的情况下，将会自动跟踪对文档的所有更改，包括插入、删除和格式更改，并对更改的内容作出标记。

1. 更改用户名

在文档的审阅和修改过程中，可以更改用户名。

具体步骤

Step1：在 Word 文档中，切换到【审阅】选项卡，在【修订】组中单击【修订】按钮右下侧的下三角按钮，在弹出的【修订选项】对话框中点击【更改用户名】。

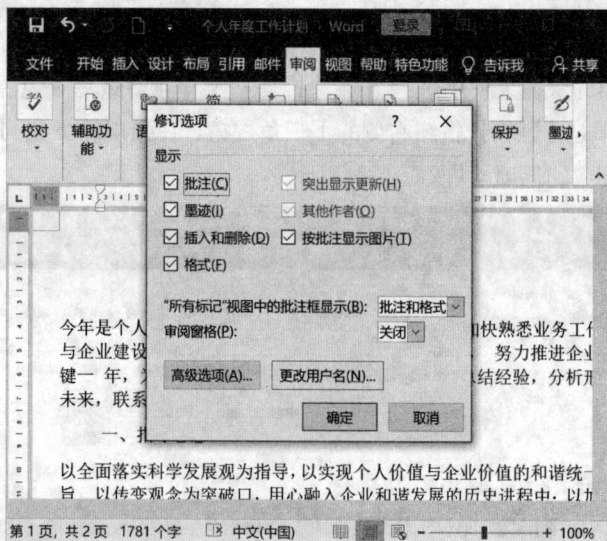

Step2：弹出【Word 选项】对话框，自动切换到【常规】选项卡，在【对 Microsoft Office 进行个性化设置】组合框中的【用户名】文本框中将用户名更改为"时光"，在【缩写】文本框中输入"SG"，然后单击【确定】按钮即可。

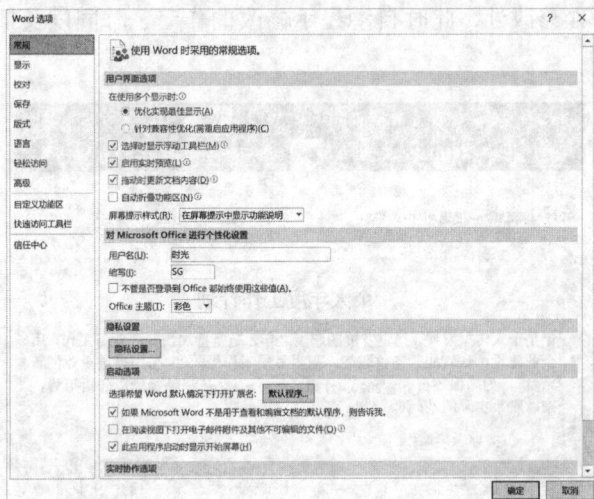

2. 修订文档

具体步骤

Step1：在 Word 文档中，切换到【审阅】选项卡，在【修订】组中单击【修订】按钮的上半部分，随即进入修订状态。

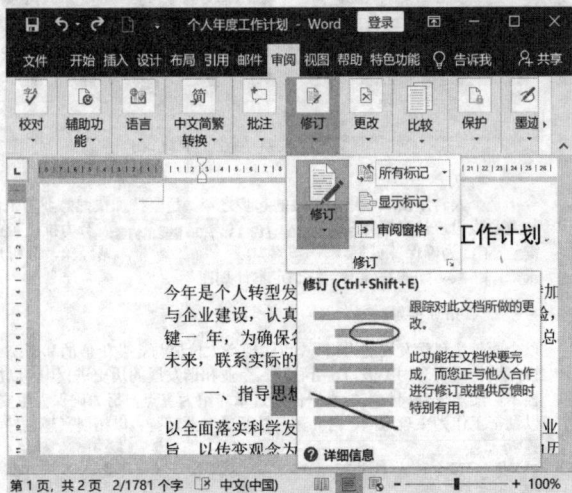

Step2：将文档中的文字"思想"改为"原则"，然后将鼠标

指针移至修改处，此时自动显示修改的作者、时间以及插入的内容。

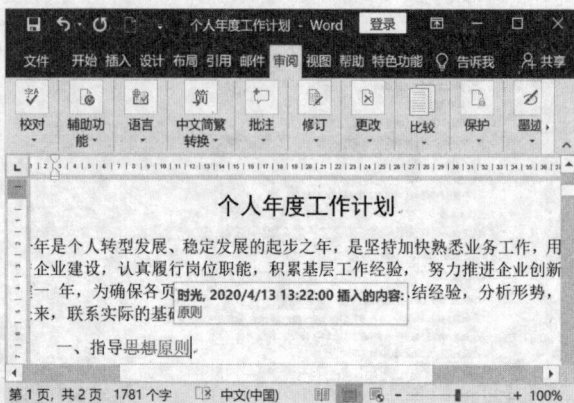

Step3：直接删除文档中的文本"联系实际的基础上"，然后将鼠标指针移至修改处，此时自动显示修改的作者、时间以及删除的内容，效果如图所示。

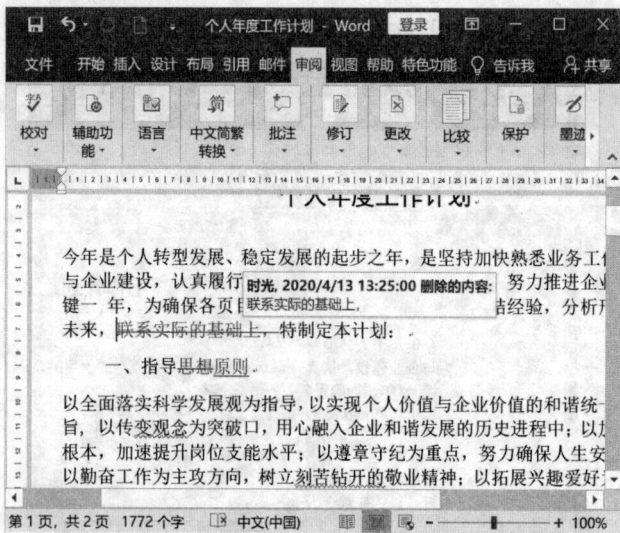

Step4：将文档的标题中的文本"计划"的字体调整为"微软

雅黑"，随即在右侧弹出一个批注框，并显示格式修改的详细信息。

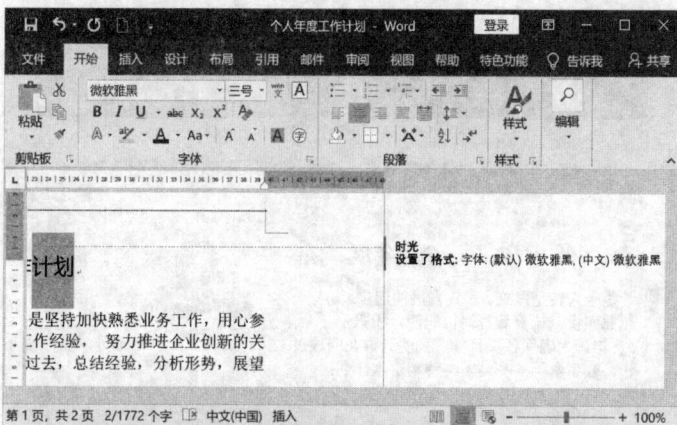

Step5：另外，切换到【审阅】选项卡，在【修订】组中单击【显示标记】按钮，在弹出的下拉列表中选择【批注框】，然后选择【以嵌入方式显示所有修订】选项。返回 Word 文档中，修订前后的信息以及删除线都会在文档中显示。

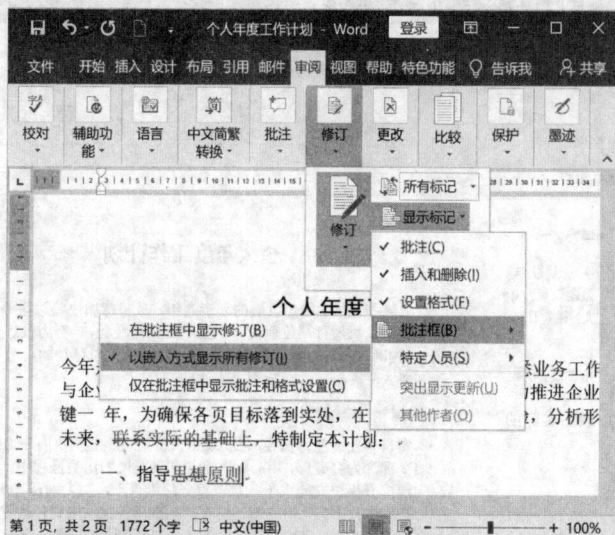

Step6：修订完成后，可以通过"导航窗格"功能，浏览所有

的审阅摘要。切换到【审阅】选项卡，在【修订】组中单击【审
阅窗格】按钮，在弹出的下拉列表中选择【垂直审阅窗格】选项。

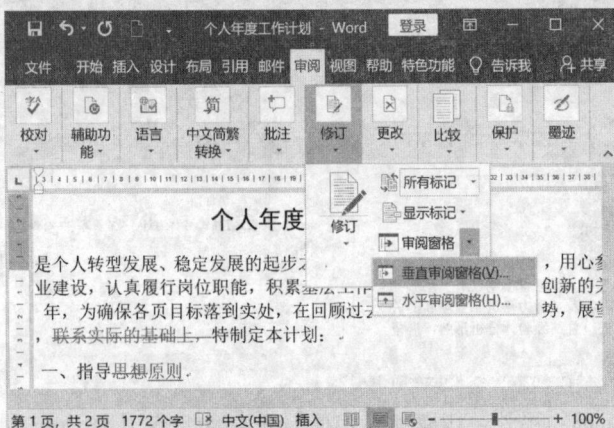

Step7：此时，在文档的左侧出现一个修订窗格，并显示修订
记录。

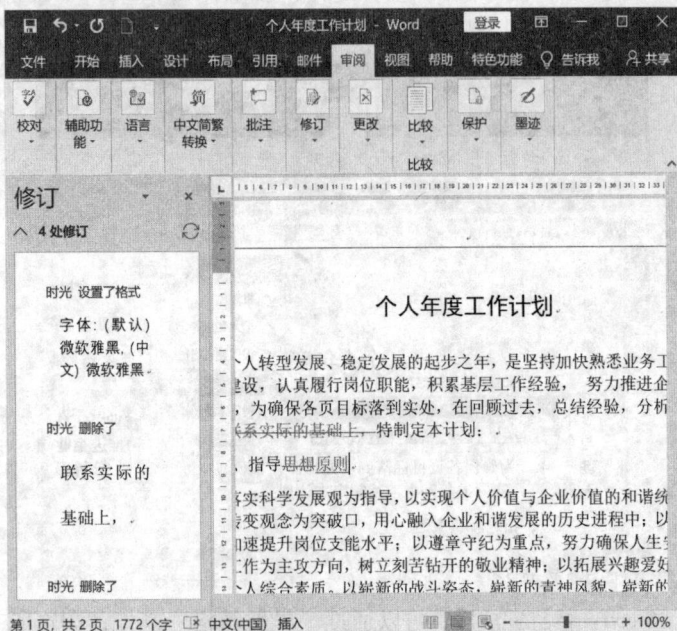

3.5.3 更改文档

文档的修订工作完成以后，用户可以跟踪修订内容，并执行接受或拒绝修订。在协同办公的场景下，这一操作已经变得越来越重要，更好的应用这一操作能够大大地提高用户的工作效率。

具体步骤

Step1：在 Word 文档中，切换到【审阅】选项卡，在【更改】组中单击【上一条】按钮或【下一条】按钮，可以定位到当前修订的上一条或下一条。

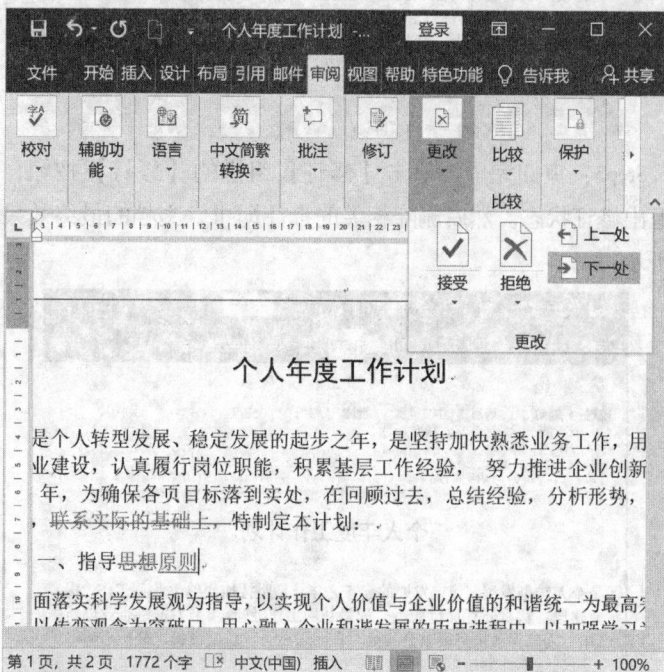

Step2：在【更改】组中单击【接受】按钮下方的下三角按钮，在弹出的下拉列表中选择【接受对文档的所有修订】选项。

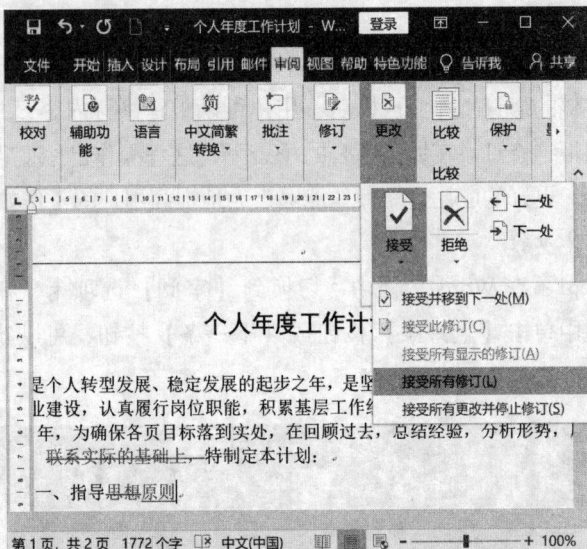

Step3：审阅完毕，单击【修订】组中的【修订】按钮，随即退出修订状态。然后删除相关的批注即可，文档的最终效果如图所示。

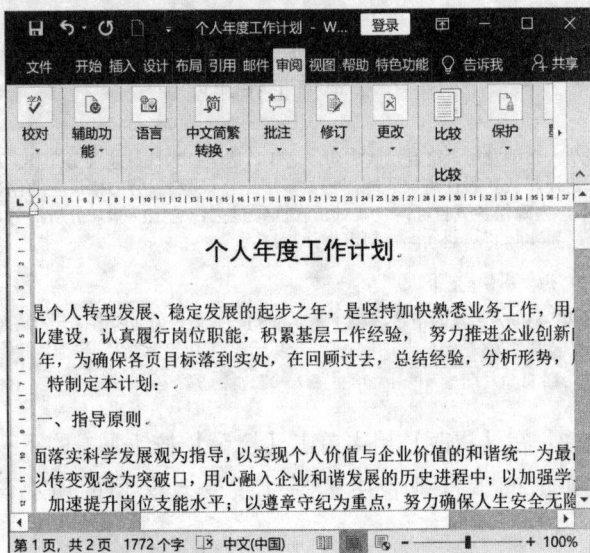

第4章

图文混排——制作宣传海报

图文混排是 Word 文字处理软件的一项重要功能。通过插入和编辑图片、图形、艺术字以及文本框等要素，使文档图文并茂、生动有趣。图文混排在报刊编辑、产品宣传等工作中应用非常广泛。本章以制作宣传海报为例，介绍如何在 Word 文档中进行图文混排。

4.1 设计海报布局

海报布局就是将整个版面合理地划分为几个模块，并调整各模块的大小和位置。

4.1.1 设置页面布局

设计海报布局，首先要对页面进行设计，确定纸张大小、纸张方向等要素。通常情况下，海报设计采用 Tabloid 纸型，Tabloid 纸型指一种小尺寸的报纸版式，纸型尺寸约为 431mm ×279mm。

1. 设置横向纸张

具体步骤

打开本实例的原始文件，切换到【布局】选项卡，单击【页面设置】组中的纸张方向按钮，在弹出的下拉列表中选择【横向】选项，此时，文档的纸张方向就变成了横向。

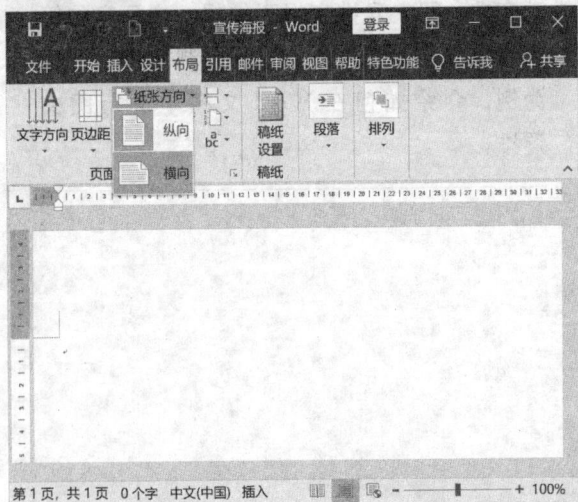

2. 设置纸型

接下来，将纸张大小设置为 Tabloid。

具体步骤

Step1：切换到【布局】选项卡，单击【页面设置】组中的纸张大小按钮，然后在弹出的下拉列表中选择【Tabloid】选项。

Step2：设置完毕，将 Word 文档的显示比例调整为"30%"。

4.1.2 划分版面

页面布局完成以后，接下来就可以将海报划分为合适的几个版面。用户可以通过插入并编辑形状的方式快速地将海报版面划分为多个模块。

1. 显示正文边框

为了精确设置版面布局，用户可以为文档添加正文边框。

具体步骤

Step1：打开本实例的原始文件，单击【文件】按钮，然后在左侧的菜单中选择【选项】菜单项。

Step2：弹出【Word】对话框，切换到【高级】选项卡，下拉滚动条在【显示文档内容】组合框中选中【显示正文边框】复选框，其他选项保持默认。

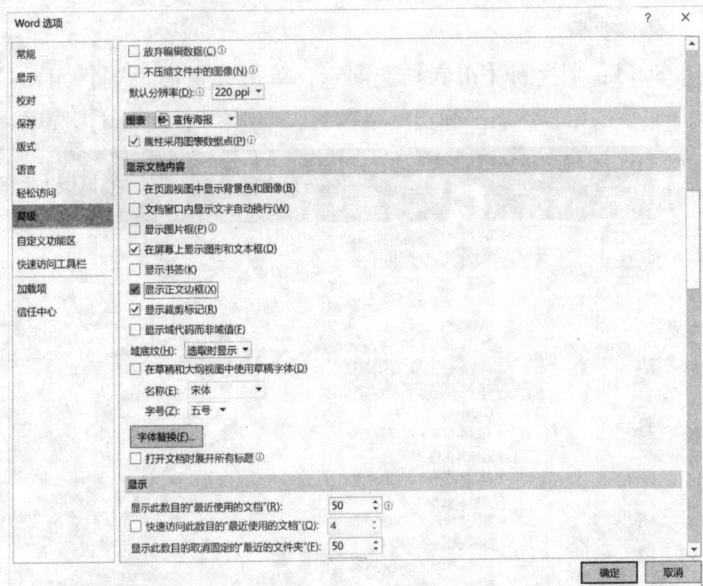

Step3：设置完毕，单击【确定】按钮即可。

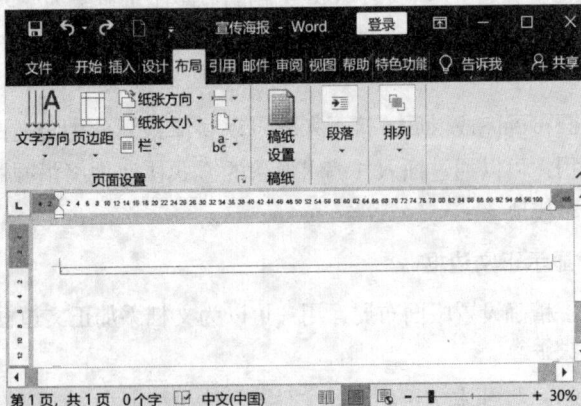

TIPS：

正文边框在打印时不会显示，只在页面中显示。

2. 设置底色

为了突出视觉效果，用户可以为海报设计合适的底色。接下来通过插入和编辑形状设置海报底色。

具体步骤

Step1：切换到【插入】选项卡，在【插图】组中单击【形状】按钮，在弹出的下拉列表中选择【矩形：圆角】选项。

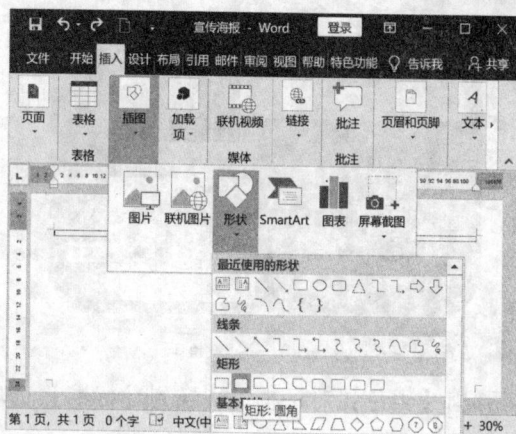

Step2：将光标移动到文档中，按住鼠标左键不放，拖动鼠标绘制矩形。将矩形覆盖整个页面，释放鼠标左键，效果如图所示。

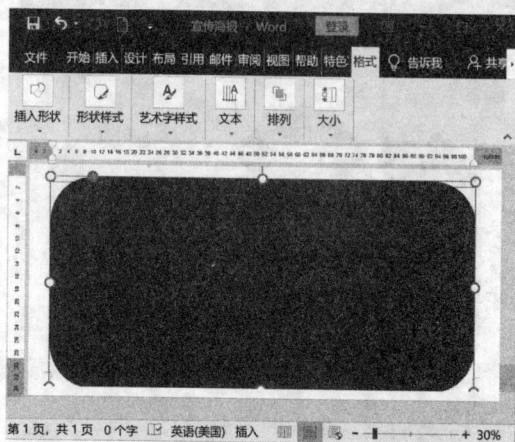

Step3：选中该矩形，在【绘图工具】栏中，切换到【格式】选项卡，在【形状样式】组中单击【形状填充】按钮，在弹出的下拉列表中选择【其他填充颜色】选项。

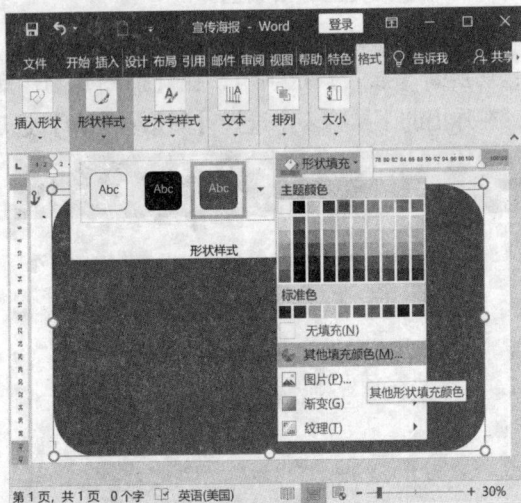

Step4：弹出【颜色】对话框，切换到【标准】选项卡，然后选择一种合适的颜色。

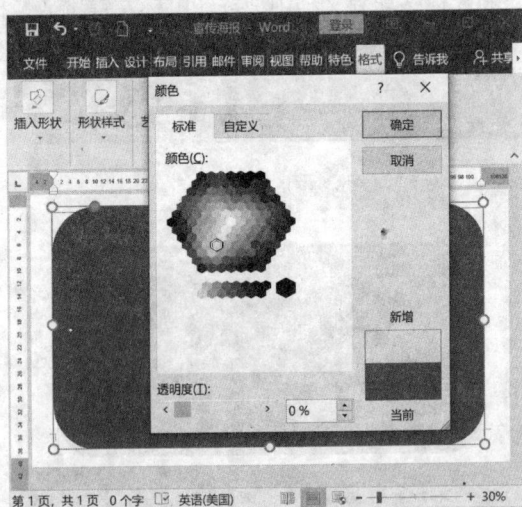

Step5：设置完毕，单击【确定】按钮即可。然后在【形状样式】组中单击【形状轮廓】按钮，在弹出的下拉列表中选择【无轮廓】选项。

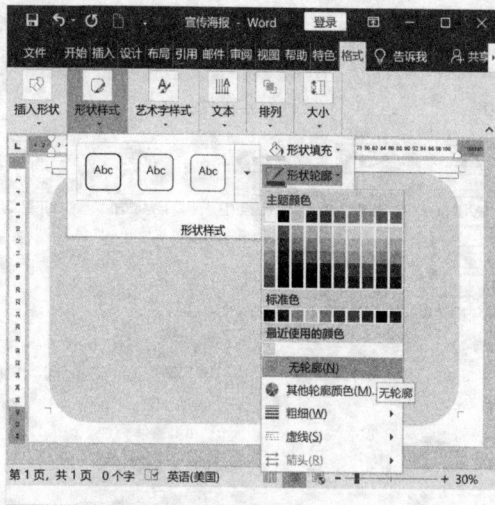

Step6：选中该矩形，然后单击鼠标右键，在弹出的快捷菜单中选择【其他布局选项】菜单项。

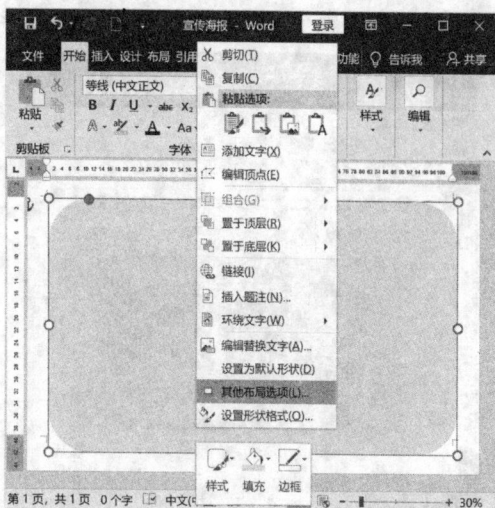

Step7：弹出【布局】对话框，切换到【文字环绕】选项卡，在【环绕方式】组合框中选择【衬于文字下方】选项，然后单击【确定】按钮即可。

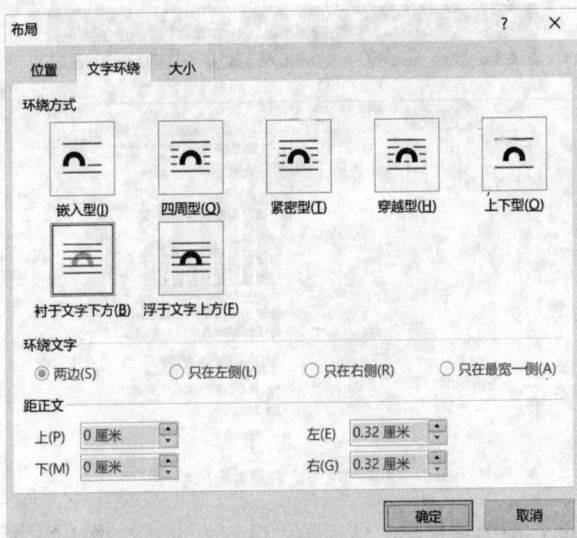

Step8：使用同样的方法，再次插入一个矩形，然后将其设置成合适的颜色，使其覆盖整个正文版面，并将其衬于文字下方。

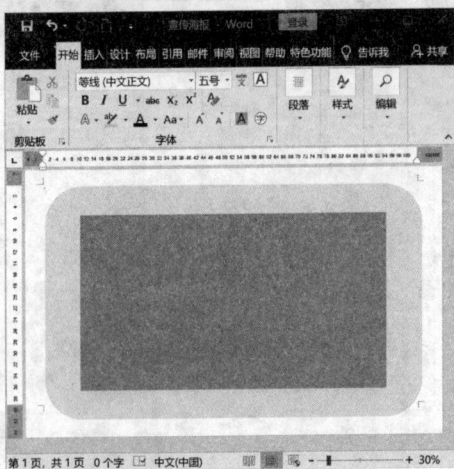

3. 划分版面

版面的有效划分可以使海报的整体效果更好，也能对海报版面进行充分且有效的利用。因此，合理地划分版面就显得尤为重要。接下来，通过插入和编辑直线来划分版面。

具体步骤

Step1：切换到【插入】选项卡，在【插图】组中单击【形状】按钮，在弹出的下拉列表中选择【直线】选项。

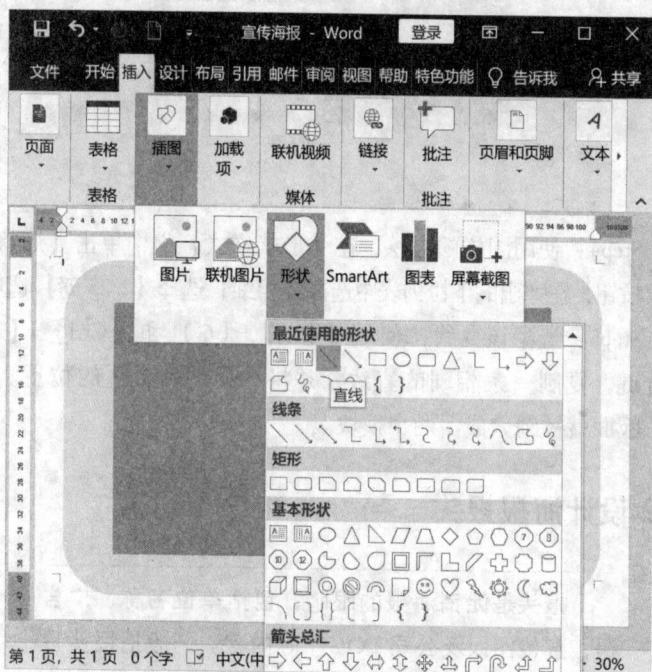

Step2：将光标移动到文档中，按住鼠标左键不放，绘制一条纵向直线，然后将其调整到文档的居中位置。

Step3：选中该直线，在【绘图工具】栏中，切换到【格式】选项卡，在【形状样式】组中单击【形状轮廓】按钮，在弹出的下拉列表中选择【深红】选项。

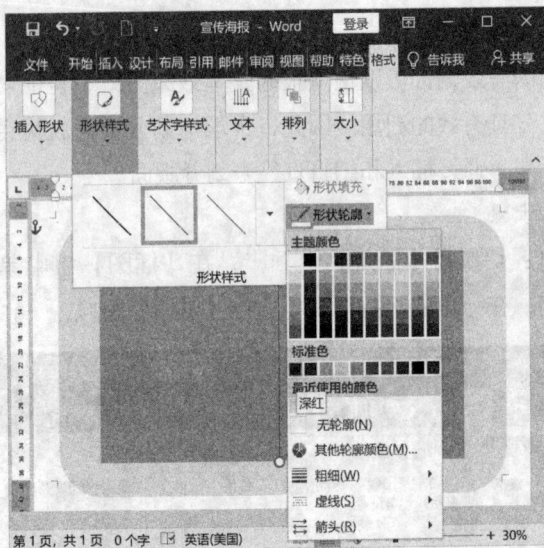

Step4：使用同样的方法，在【形状样式】组中单击【形状轮廓】按钮，在弹出的下拉列表中选择【粗细】选择【2.25磅】选项。

Step5：选中该直线，使用【Ctrl】+【C】和【Ctrl】+【V】组合键，复制一条相同的直线，并将其移动到合适的位置。此时，版面就被划分成了两个模块。

4.2 设计海报报头

报头是促销海报的眼睛，包括单位名称、广告语、宣传图以及公司 LOGO 等内容。一般把报头置于海报的上端偏左、偏右或居中的位置。本节将在版面正上方设置海报报头。

4.2.1 编辑单位名称和广告语

单位名称和广告语是促销海报的必要元素。一般通过插入并编辑文本框进行设计，字体设置一般采用大号字体，放在海报中醒目的位置。

1. 编辑单位名称

具体步骤

Step1：打开本实例的原始文件，切换到【插入】选项卡，单击【文本】组中的【文本框】按钮。

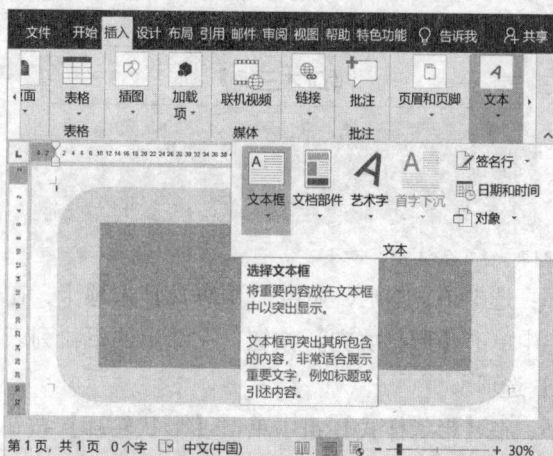

Step2：在弹出的下拉列表中选择【简单文本框】选项。此时，即可在文档中插入一个简单文本框。

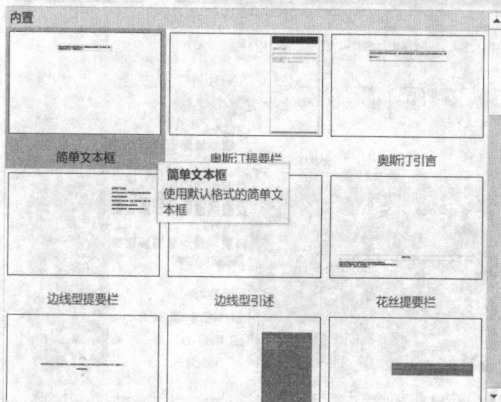

Step3：在文本框中输入产品名称"《口才三绝》"，然后设置字体格式，并将其移动到合适的位置。

Step4：选中该文本框，切换到【格式】选项卡，在【形状样式】组中单击【形状填充】按钮，在弹出的下拉列表中选择【无填充】选项。

Step5：在【形状样式】组中单击【形状轮廓】按钮，在弹出的下拉列表中选择【白色，背景1】选项。

Step6：使用同样的方法，在【形状样式】组中单击【形状轮廓】按钮，在弹出的下拉列表中选择【粗细】选择【3磅】选项。

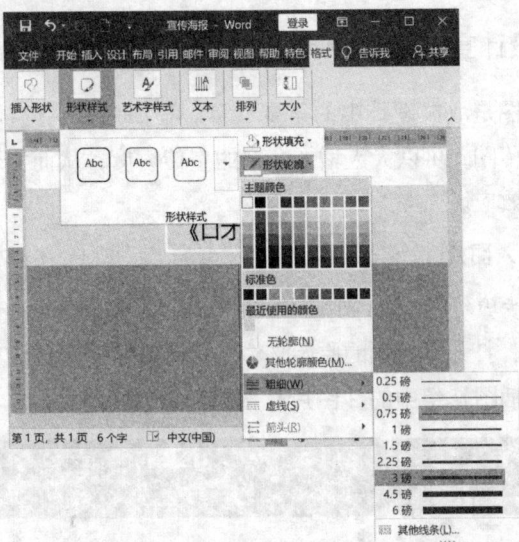

Step7：返回 Word 文档中，然后将文本内容的字体设置为【白色，背景1，深色50%】即可。

2. 编辑广告语

具体步骤

Step1：使用相同的方法在版面的左侧插入一个文本框，并对文本框及其内容进行格式设置，效果如图所示。

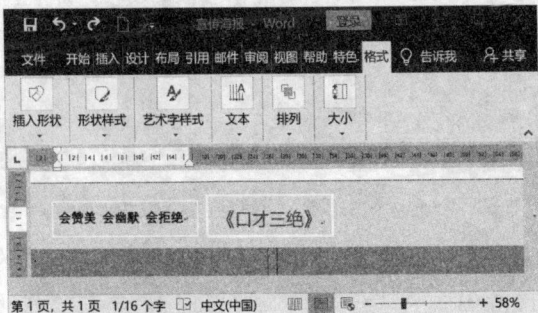

Step2：复制一个相同的广告语文本框，并将其移动到版面的右侧。

4.2.2 设计宣传图

宣传图是海报设计中的重要元素。在海报报头内插入美观、生动的宣传图，可以大大增加海报的宣传力度，从而实现促销海报的广告效应。

1. 插入图片

具体步骤

Step1：打开本实例的原始文件，切换到【插入】选项卡，然后单击【插图】组中的【图片】按钮。

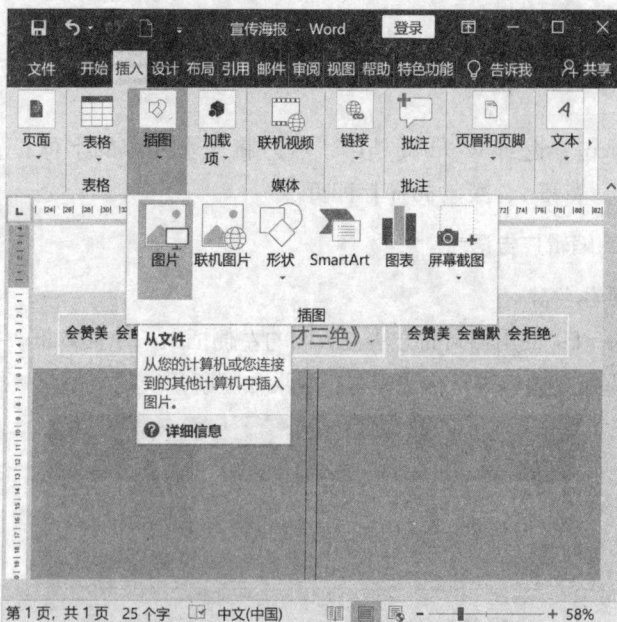

Step2：弹出【插入图片】对话框，从中选择要插入的图片素材文件"图片01"。

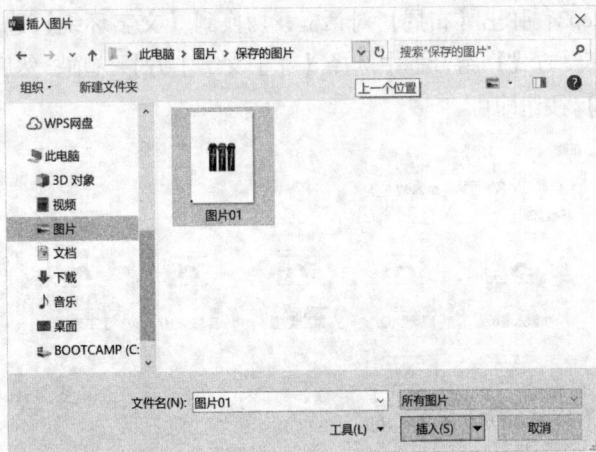

Step3：单击【插入】按钮，即可将图片插入 Word 文档中。

2. 编辑图片

具体步骤

Step1：选中该图片，然后单击鼠标右键，在弹出的快捷菜单中选择【大小和位置】菜单项。

Step2：弹出【布局】对话框，切换到【文字环绕】选项卡，在【环绕方式】组合框中选择【浮于文字上方】选项，然后单击【确定】按钮即可。

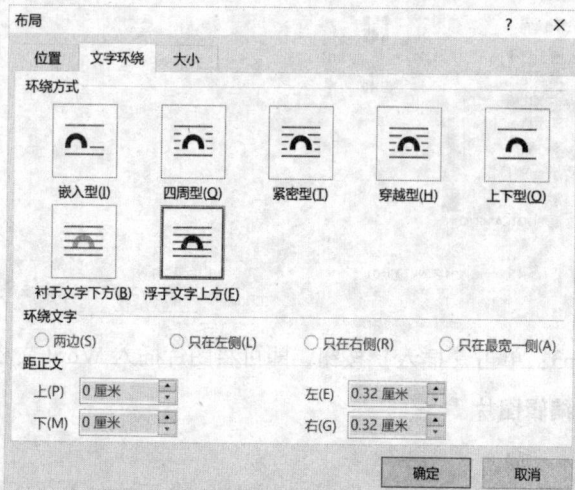

Step3：选中该图片，切换到【格式】选项卡，在【调整】组中单击【颜色】按钮，在弹出的下拉列表中选择【设置透明色】选项。

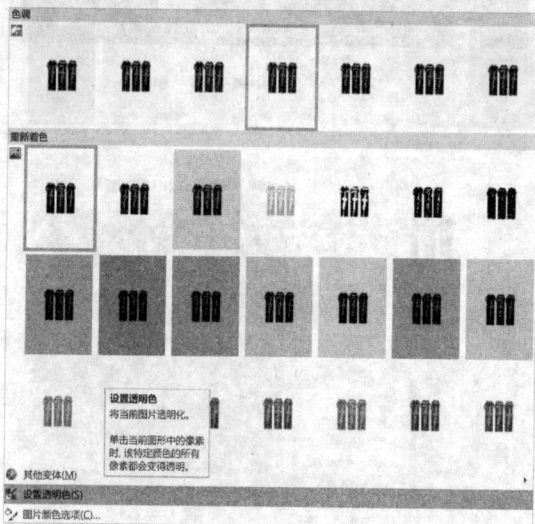

Step4：在图片上单击鼠标左键，此时，图片就变成了透明色。

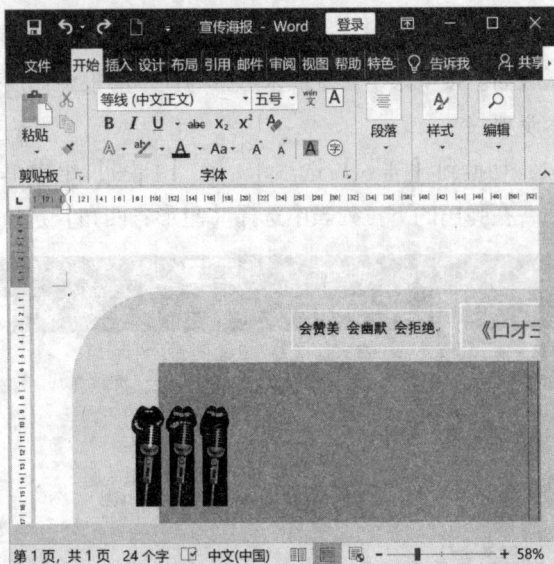

Step6：将图片拖动到合适的位置。复制并粘贴该图片，然后将其移动到右侧版面的合适位置，效果如图所示。

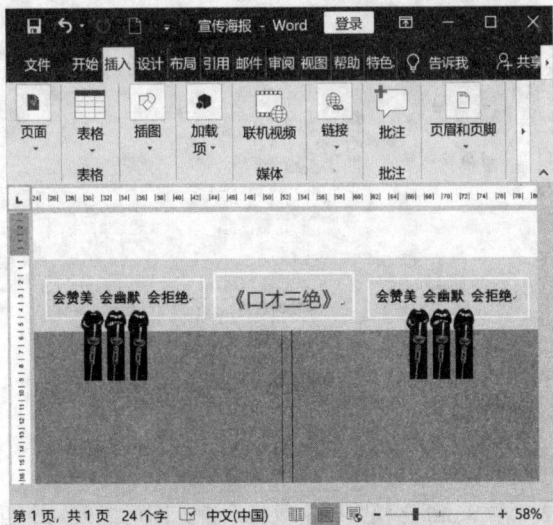

3. 设计报花

报花多用在海报的报头或结尾部分，其作用是点缀装饰、补白、活跃版面。接下来，通过插入形状为促销海报设计报花。

具体步骤

Step1：切换到【插入】选项卡，在【插图】组中单击【形状】按钮，在弹出的下拉列表中选择【星形：四角】选项。

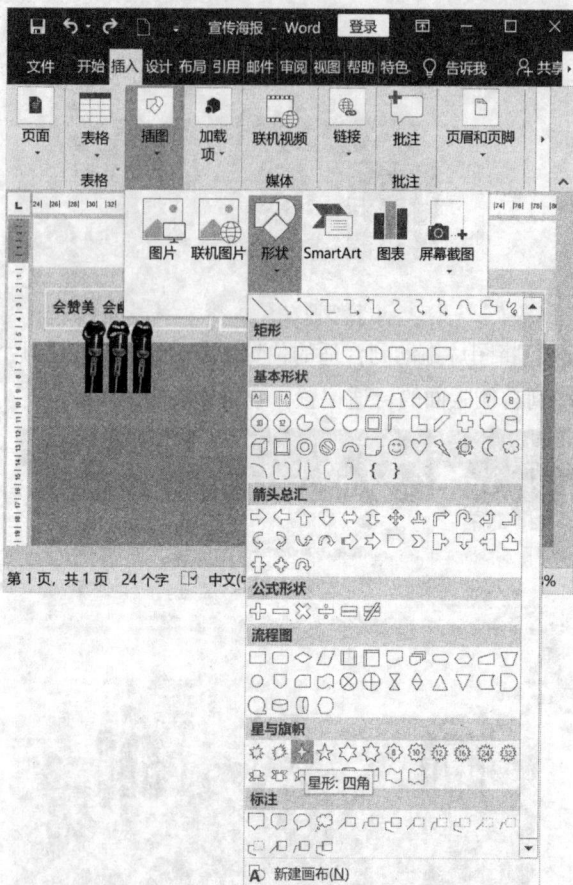

Step2：在 Word 文档中单击鼠标左键，即可插入一个四角星。

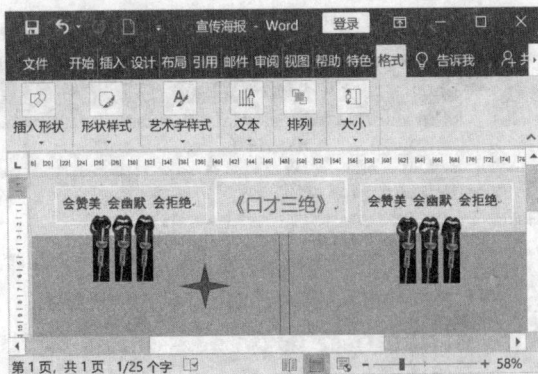

Step3：选中该图形，切换到【格式】选项卡，在【形状样式】组中选择【形状轮廓】选择【无轮廓】选项。在【形状样式】组中选择【形状填充】在【主题颜色】里选择【金色，个性色4，淡色60%】。

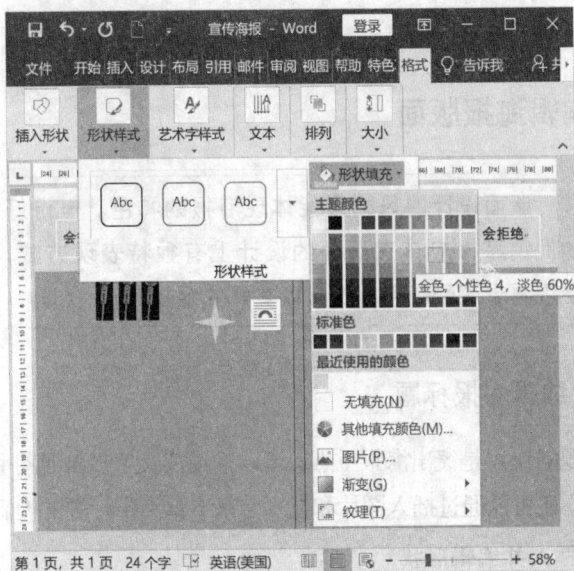

Step4：选中该图形，使用【Ctrl】+【C】和【Ctrl】+【V】组合键，在左侧版面中复制多个相同的四角星，并将其调整为合适

的大小和位置，设置完毕，效果如图所示。

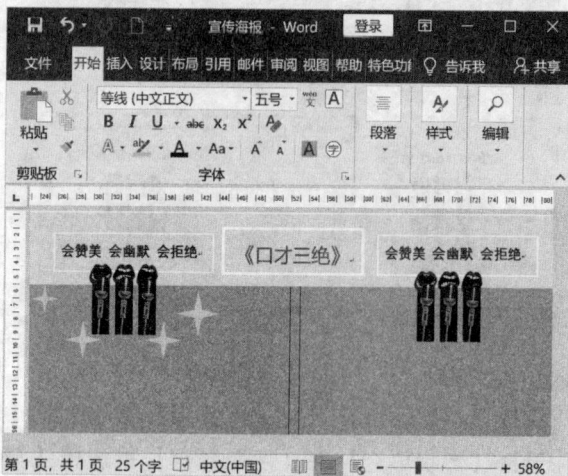

Step5：使用相同的方法，在右侧版面中添加多个相同的四角星。

4.3 编辑海报版面

版面设计的风格最能体现海报的特色。一份好的促销海报应该在版面的设计上有独特表现方式，使观看者深受吸引，给人以美好的感受。

4.3.1 编辑海报标题

标题的作用是突出海报重点，所以标题的文字要鲜艳夺目。通常，用户还可以通过插入图片和艺术字来丰富海报标题的内容。

1. 插入并编辑形状

具体步骤

Step1：打开本实例的原始文件，在左侧的版面中，切换到

【插入】选项卡，在【插图】组中单击【形状】按钮，在弹出的
下拉列表中选择【上凸带形】选项。

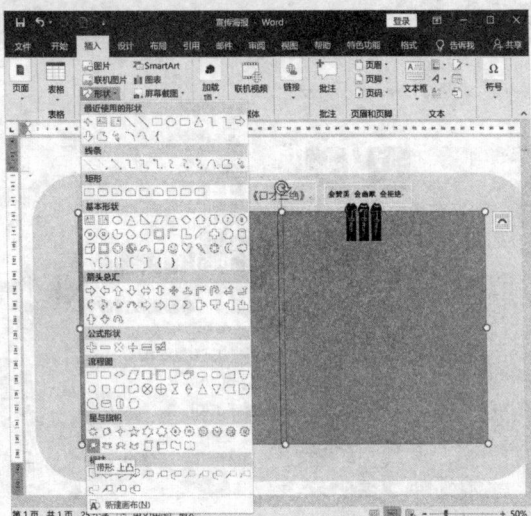

Step2：在 Word 文档中单击鼠标左键，此时即可插入一个上
凸带形，然后将其调整为合适的大小和位置即可。

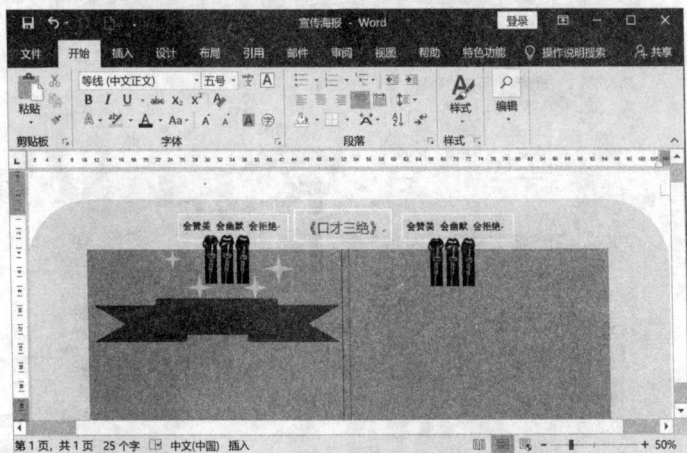

Step3：选中该形状，切换到【格式】选项卡，在【形状样
式】组中单击【形状填充】按钮，在弹出的下拉列表中选择【橙

色，个性色2，淡色80%】选项。

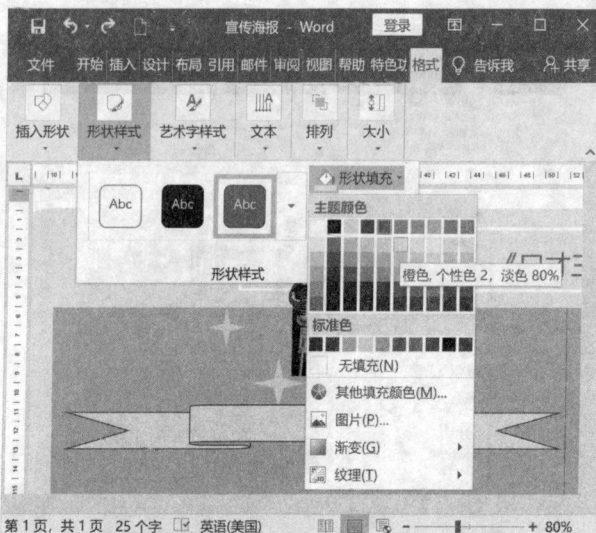

Step4：在【形状样式】组中单击【形状轮廓】按钮，在弹出的下拉列表中选择【橙色，个性色2，深色50%】选项。

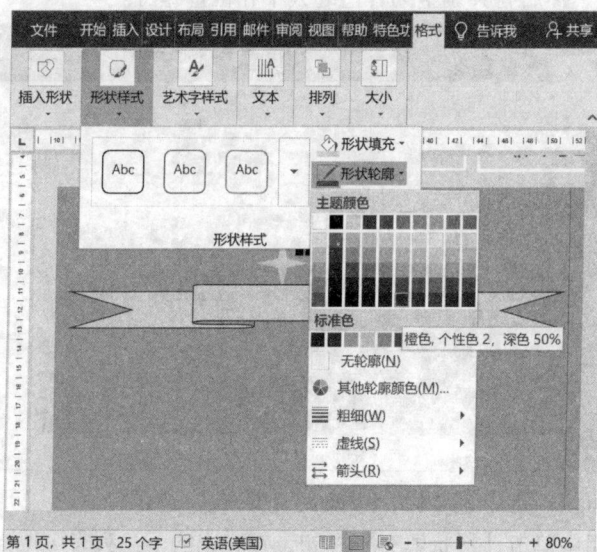

Step5：设置完毕，返回 Word 文档，然后为图形，添加文字，并设置字体格式，效果如图所示。

2. 插入并编辑图片

具体步骤

Step1：切换到【插入】选项卡，然后单击【插图】组中的【图片】按钮。

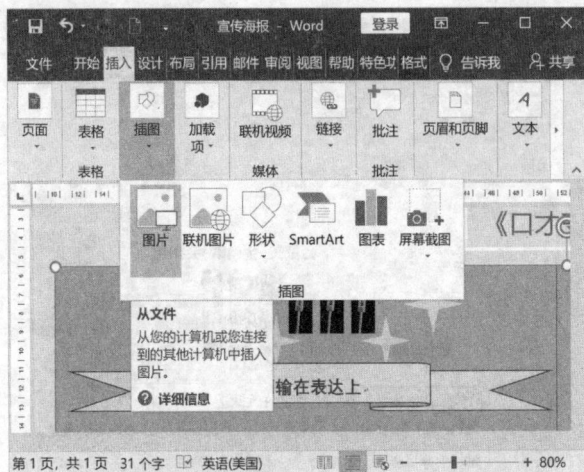

Step2：弹出【插入图片】对话框，从中选择要插入的图片素材文件"图片02"。

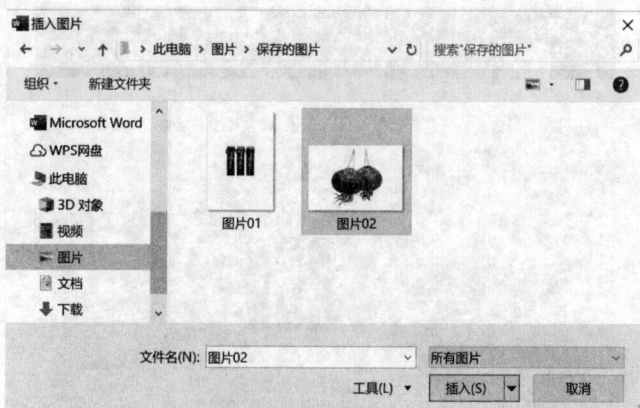

Step3：单击【插入】按钮，将图片插入。选中该图片，然后单击鼠标右键，在弹出的快捷菜单中选择【大小和位置】菜单项。

Step4：弹出【布局】对话框，切换到【文字环绕】选项卡，在【环绕方式】组合框中选择【浮于文字上方】选项。

Step5：单击【确定】按钮，返回 Word 文档，然后将其调整为合适的大小和位置即可。

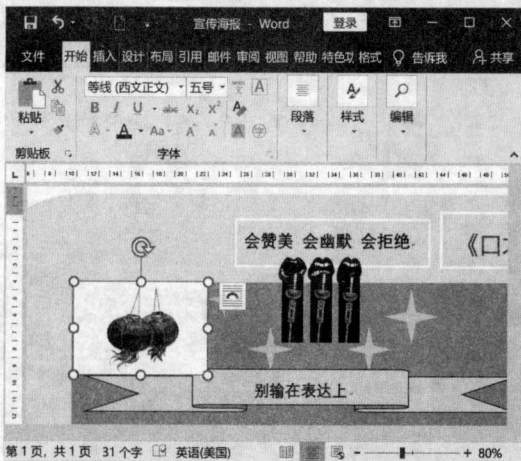

Step6：选中该图片，切换到【格式】选项卡，单击【调整】组中的【删除背景】按钮，自动切换到【背景消除】选项卡，拖动鼠标左键调整删除背景的图片大小，然后单击【优化】组中的【标记要保留的区域】按钮，在图片上单击鼠标左键标记要保留的区域即可，调整完毕，单击【保留更改】按钮即可。

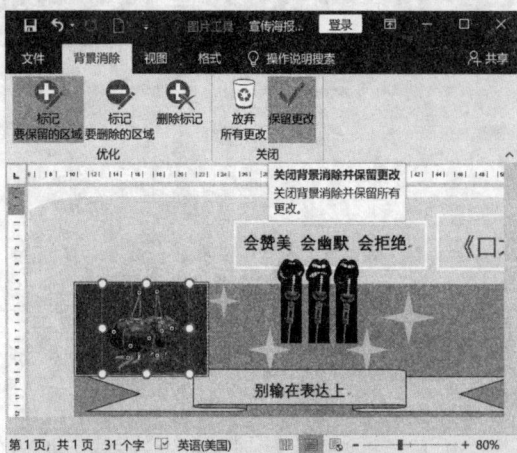

Step7：使用同样的方法插入并处理"图片03"，效果如图所示。

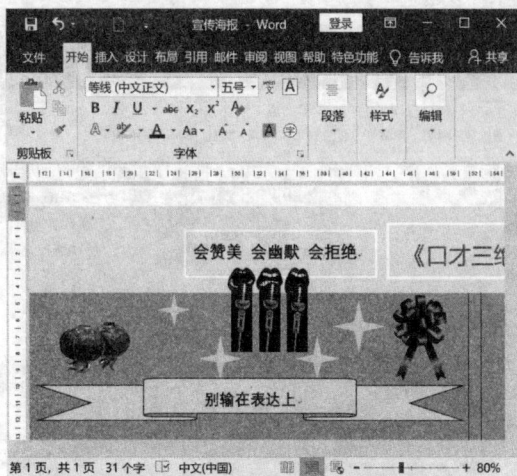

3. 插入并编辑艺术字

具体步骤

Step1：切换到【插入】选项卡，单击【文本】组中的【艺术字】按钮。

Step2：弹出【艺术字样式】列表框，选择一种合适的样式，例如选择【填充：蓝色，主题色 5；边框：白色，背景 1；清晰阴影：蓝色，主题色 5】选项。

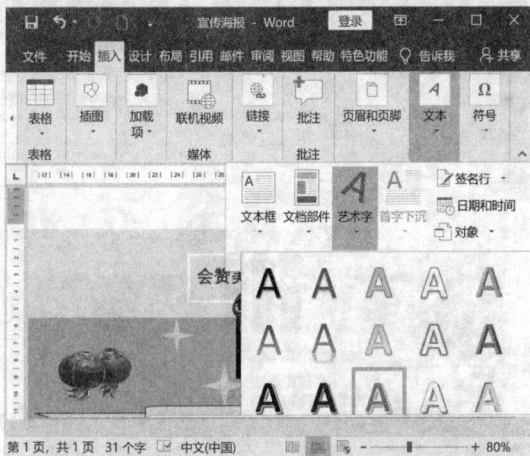

Step3：此时即可在 Word 文档中插入一个艺术字文本框，然后输入相应的文字，并调整大小和位置即可。

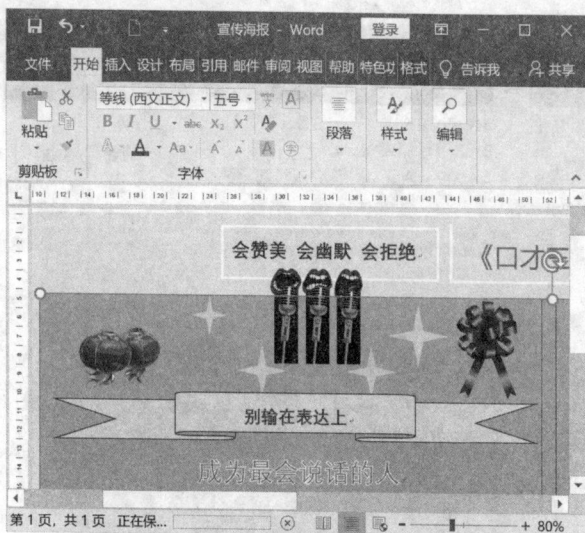

Step4：使用之前介绍的方法，插入一条直线，并调整其颜色和粗细，然后将其拖动到合适的位置。

Step5：使用同样的方法，设置右侧版面的标题，设置完毕，效果如图所示。

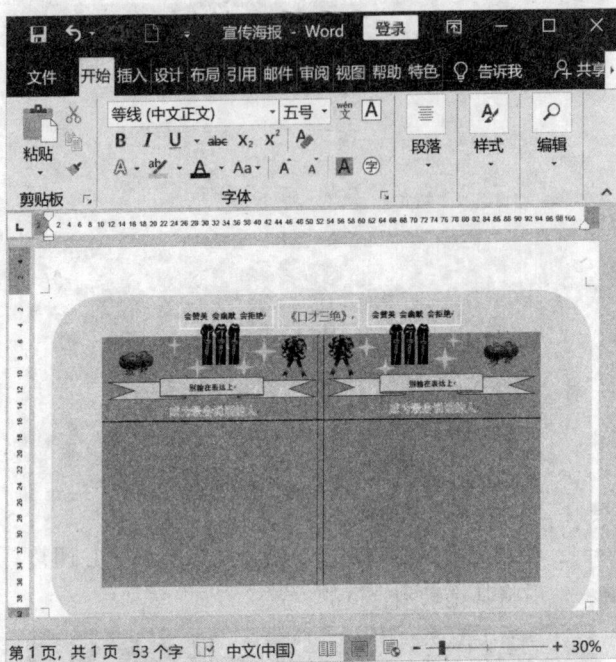

4.3.2 编辑海报正文

图文混排是海报的一大特色。促销海报的正文通常由形状、图片以及文本框混排组成。接下来为"《口才三绝》"编辑春节期间的宣传海报正文。

1. 编排框线

具体步骤

Step1：打开本实例的原始文件，切换到【插入】选项卡，在【插图】组中单击【形状】按钮，在弹出的下拉列表中选择【矩形】选项。

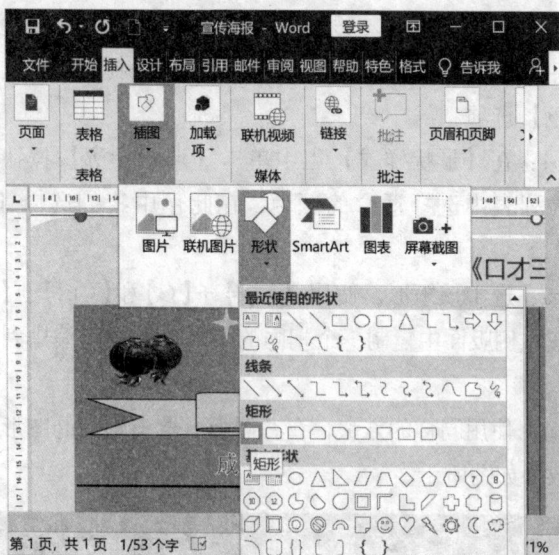

Step2：在 Word 文档中单击鼠标左键，此时即可插入一个矩形，然后将其调整为合适的大小和位置即可。

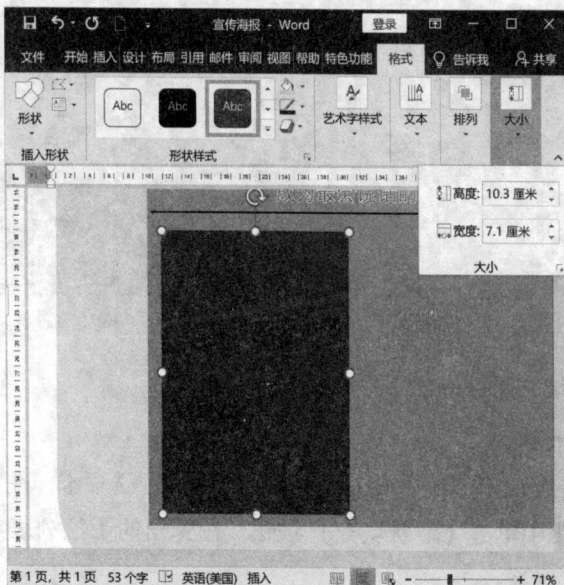

Step3：选中该矩形，切换到【格式】选项卡，在【形状样式】组中单击【形状填充】按钮，在弹出的下拉列表中选择【无填充颜色】选项。

Step4：在【形状样式】组中单击【形状轮廓】按钮，在弹出的下拉列表中选择适合的颜色，在此例中我们选择【深蓝】选项。

Step5：选中该矩形，使用【Ctrl】+【C】和【Ctrl】+【V】组合键，在左侧版面中复制一个相同的矩形，并将其编排到合适的位置。

Step6：使用同样的方法，在右侧版面做出相同的图形，设置完毕，效果如图所示。

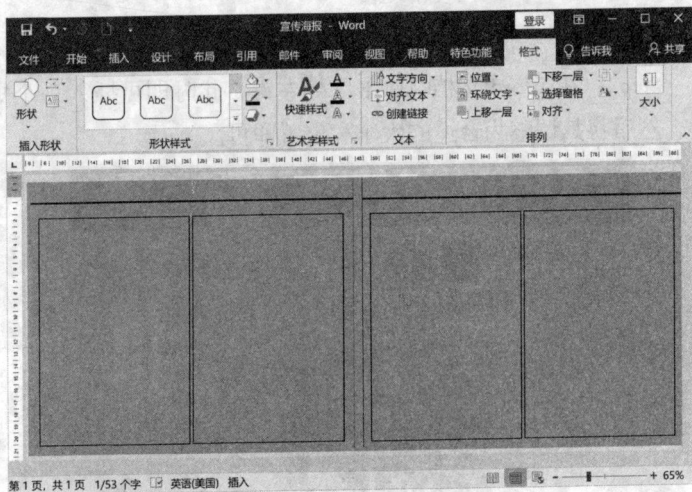

2. 填充图片

具体步骤

Step1：选中第一个矩形，切换到【格式】选项卡，在【形状样式】组中单击【形状填充】按钮，在弹出的下拉列表中选择【图片】选项。

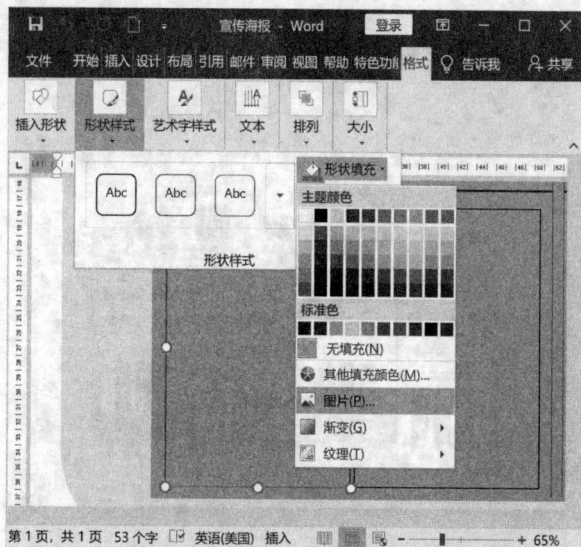

Step2：弹出【插入图片】对话框，从中选择要插入的图片素材文件"图片04"。

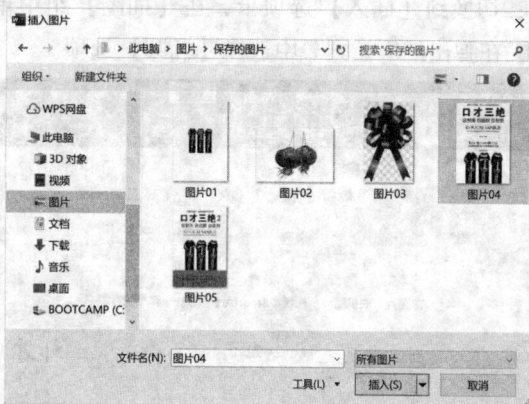

Step3：单击【插入】按钮，即可将选中的促销商品的图片填充到选中的矩形中。

Step4：使用同样的方法，为版面中其他矩形填充相应的促销商品的图片，效果如图所示。

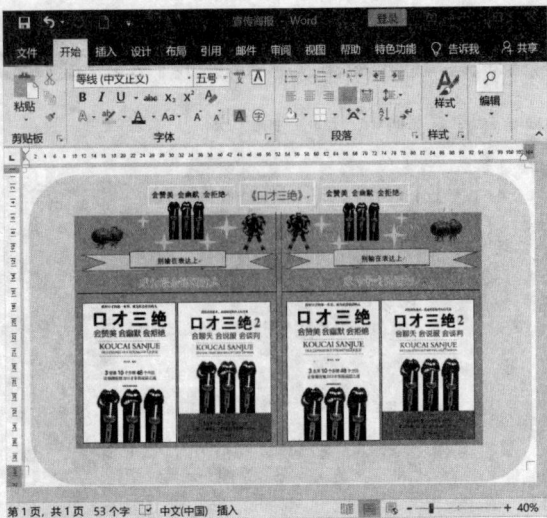

3. 设计价格标签

具体步骤

Step1：切换到【插入】选项卡，在【插图】组中单击【形状】按钮，在弹出的下拉列表中选择【椭圆】选项。

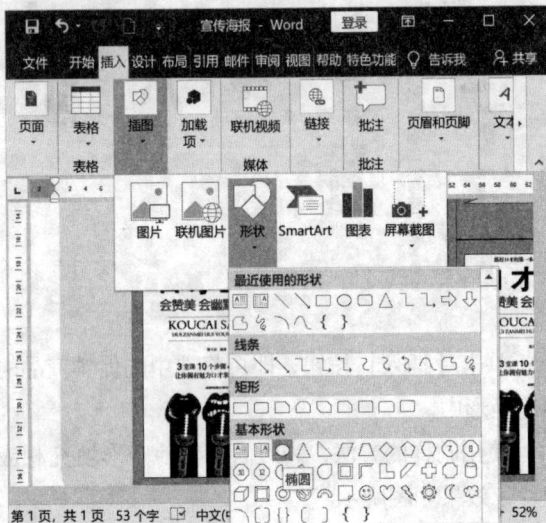

Step2：在 Word 文档中单击鼠标左键，此时即可插入一个椭圆，然后将其调整为合适的大小和位置即可。

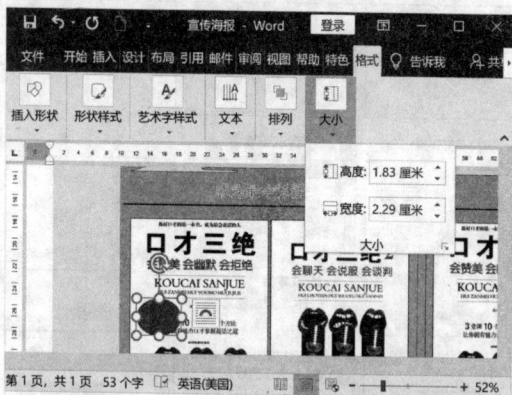

Step3：选中椭圆，切换到【格式】选项卡，在【形状样式】组中单击【形状填充】按钮，在弹出的下拉列表中选择【红色】选项。

Step4：在【形状样式】组中单击【形状轮廓】按钮，在弹出的下拉列表中选择【无轮廓】选项。

Step5：切换到【插入】选项卡，单击【文本】组中的【文本框】按钮。

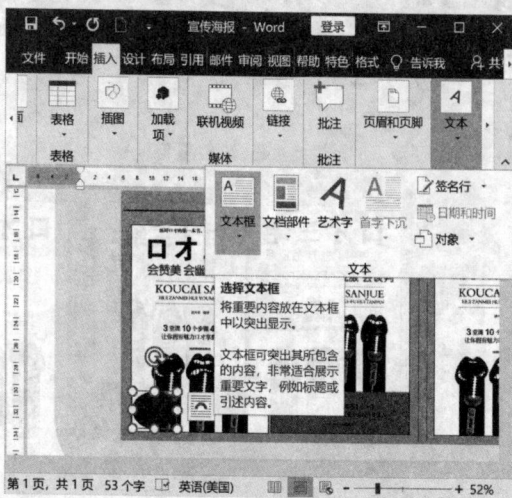

Step6：在弹出的下拉列表中选择【绘制横排文本框】选项。

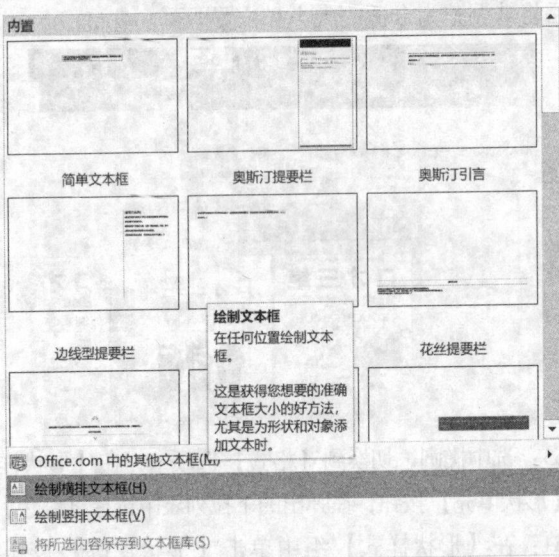

Step7：将光标移动到文档中，按住鼠标左键不放，拖动鼠标绘制一个文本框，然后输入相应的价格，并进行字体设置。

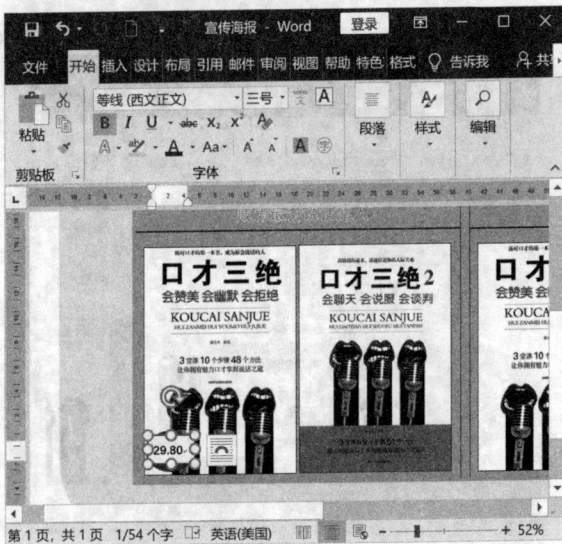

Step8：选中该文本框，切换到【格式】选项卡，在【形状样式】组中单击【形状填充】按钮，在弹出的下拉列表中选择【无填充颜色】选项。

Step9：在【形状样式】组中单击【形状轮廓】按钮，在弹出的下拉列表中选择【无轮廓】选项。

Step10：选中该文本框，切换到【开始】选项卡，在【字体】组中单击【字体颜色】按钮，在弹出的下拉列表中选择【白色，背景1】选项。按住【Shift】键，同时选中椭圆和文本框，然后单击鼠标右键，在弹出的快捷菜单中选择【组合】菜单中的【组合】项。

Step11：此时选中的对象就组成了一个统一整体。

Step12：选中该组合，使用【Ctrl】+【C】和【Ctrl】+【V】组合键，在左侧版面中复制多个相同的组合，然后分别移动到合适的位置，为每件商品设置价格标签。

Step13：选中该组合，使用【Ctrl】+【C】和【Ctrl】+【V】组合键，在右侧版面中复制多个相同的组合，并移动到合适的位置，为每件商品设置价格标签，设置后的效果如图所示。

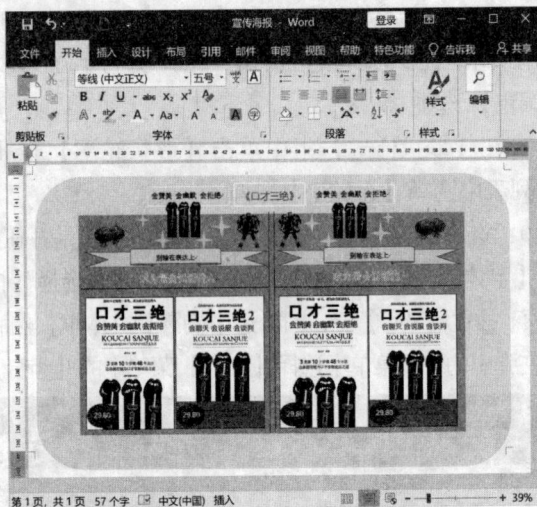

4.3.3 设置海报报尾

海报报尾包括一般包括公司 LOGO、单位、联系电话等。

1. 插入公司 LOGO

具体步骤

Step1：打开本实例的原始文件，切换到【插入】选项卡，然后单击【插图】组中的【图片】按钮。

Step2：弹出【插入图片】对话框，从中选择要插入的图片素材文件"图片 06"。

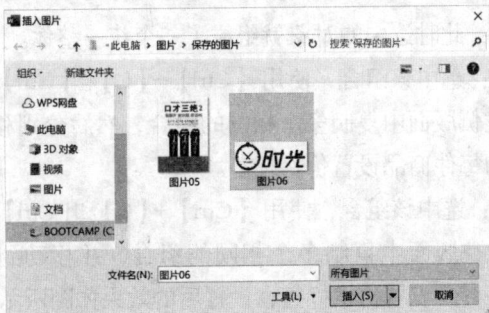

Step3：单击【插入】按钮，选中该图片，然后单击鼠标右键，在弹出的快捷菜单中选择【大小和位置】菜单项。

Step4：弹出【布局】对话框，切换到【文字环绕】选项卡，在【环绕方式】组合框中选择【浮于文字上方】选项。单击【确定】按钮，将其调整为合适的大小和位置即可。

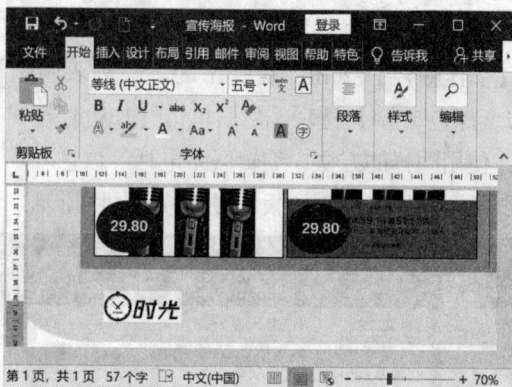

2. 编辑公司信息

具体步骤

Step1：切换到【插入】选项卡，单击【文本】组中的【文本框】按钮，在弹出的下拉列表中选择【绘制横排文本框】选项。拖动鼠标绘制一个文本框，然后输入公司地址，并进行字体设置。

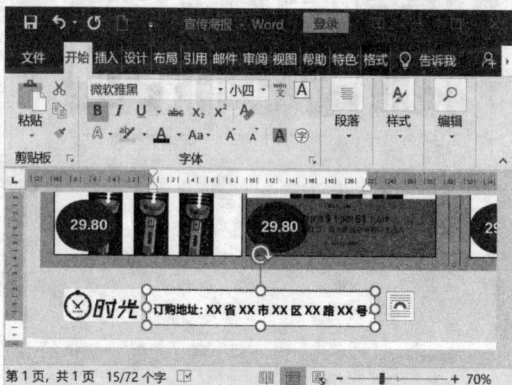

Step2：选中该文本框，切换到【格式】选项卡，在【形状样式】组中单击【形状填充】按钮，在弹出的下拉列表中选择【无填充颜色】选项。

Step3：在【形状样式】组中单击【形状轮廓】按钮，在弹出的下拉列表中选择【白色，背景1】选项；粗细选择【2.25磅】。

Step4：选中该文本框，切换到【开始】选项卡，在【字体】组中单击【字体颜色】按钮，在弹出的下拉列表中选择【浅灰色，背景2，深色50%】选项，然后单击【加粗】按钮。

Step5：使用同样的方法，编辑联系电话等信息。

Step6：设置完毕，促销海报的最终效果如图所示。

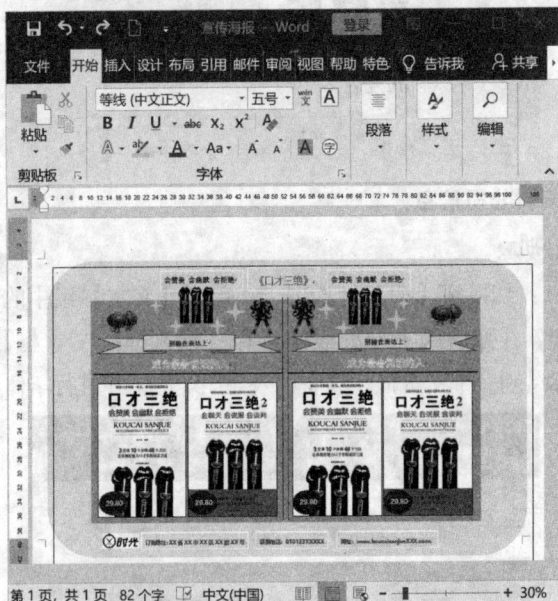

第 *5* 章

高级排版——制作商业计划书

商业计划书是商业计划形成的书面摘要。本章介绍如何使用 Word 自带的样式与格式功能制作企业商业计划书，并在文档中插入目录、页眉和页脚、题注、脚注和尾注等。

5.1 使用样式

样式是指一组已经命名的字符和段落格式。在编辑文档的过程中,正确设置和使用样式可以极大地提高工作效率。

5.1.1 套用系统内置样式

Word 自带了一个样式库,用户既可以套用内置样式设置文档格式,也可以根据需要更改样式。

1. 使用【样式】库

Word 系统提供了一个【样式】库,用户可以使用里面的样式设置文档格式。

具体步骤

Step1:打开本实例的原始文件,选中要使用样式的"一级标题文本",切换到【开始】选项卡,单击【样式】按钮。

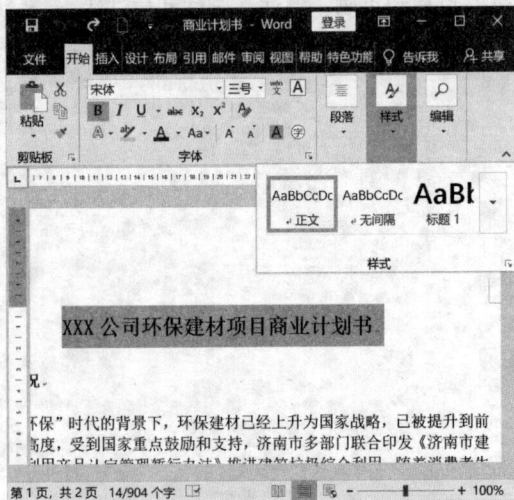

Step2：弹出【样式】下拉库，从中选择合适的样式，例如选择【标题1】选项。

Step3：返回 Word 文档中，一级标题的设置效果如图所示。

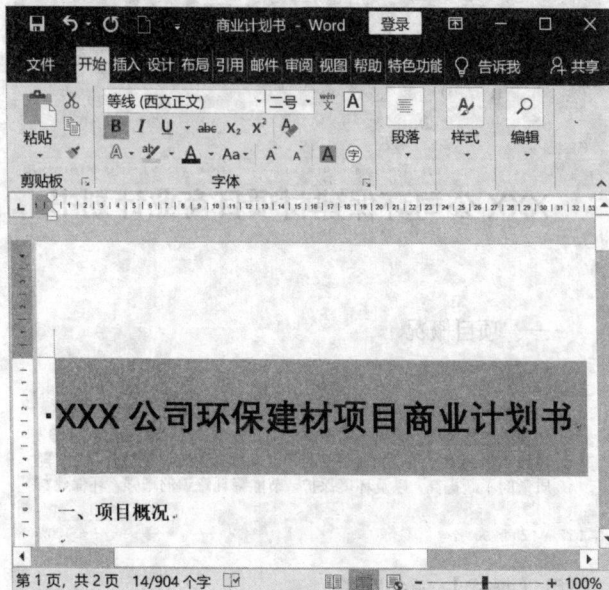

Step4：使用同样的方法，选中要使用样式的"二级标题文本"，在弹出的【样式】下拉库中选择【标题2】选项。

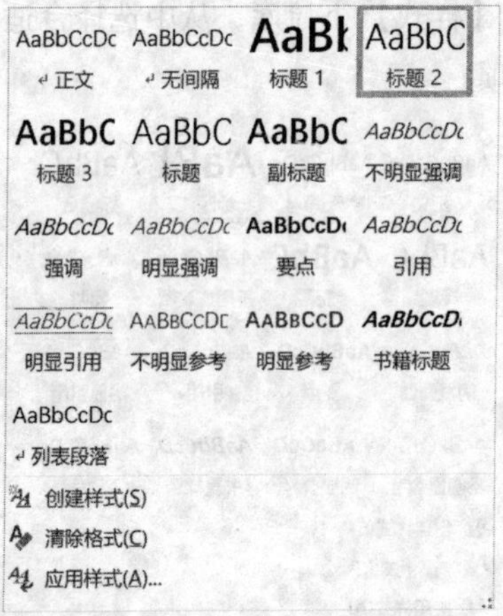

AaBbCcDc
正文
AaBbCcDc
无间隔
AaBl
标题 1
AaBbC
标题 2
AaBbC
标题 3
AaBbC
标题
AaBbC
副标题
AaBbCcDc
不明显强调
AaBbCcDc
强调
AaBbCcDc
明显强调
AaBbCcDc
要点
AaBbCcDc
引用
AaBbCcDc
明显引用
AABBCCDC
不明显参考
AABBCCD
明显参考
AaBbCcD
书籍标题
AaBbCcDc
列表段落
创建样式(S)
清除格式(C)
应用样式(A)...

Step5：返回 Word 文档中，二级标题的设置效果如图所示。

商业计划书 - Word
登录
共享
文件
开始
插入
设计
布局
引用
邮件
审阅
视图
帮助
特色功能
告诉我
宋体
小四
粘贴
段落
样式
编辑
剪贴板
字体
XXX 公司环保建材项目商业计划书
一、项目概况
在“大环保”时代的背景下，环保建材已经上升为国家战略，
所未有的新高度，受到国家重点鼓励和支持，XX市多部门联合印发
垃圾再生利用产品认定管理暂行办法》推进建筑垃圾综合利用；随
质量的不断提高，以及环境保护，节能降耗意识的增强，环保建材
第 1 页，共 2 页
903 个字
100%

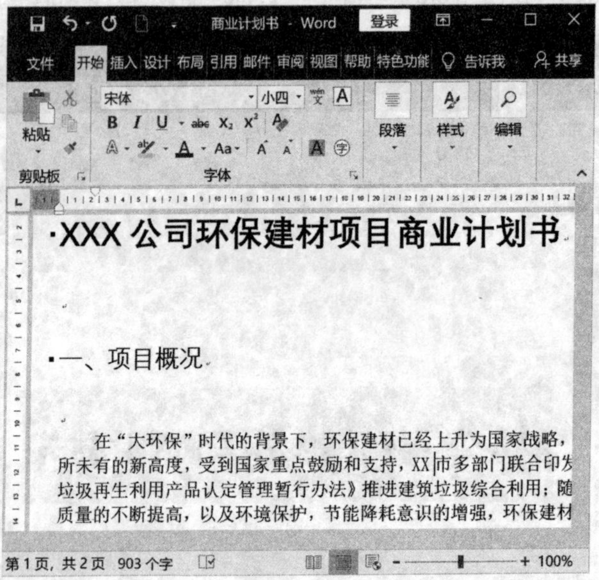

2. 利用【样式】任务窗格

除了利用【样式】下拉库之外，用户还可以利用【样式】窗格应用内置样式。

具体步骤

Step1：选中要使用样式的"三级标题文本"，切换到【开始】选项卡，单击【样式】组右下角的【对话框启动器】按钮。

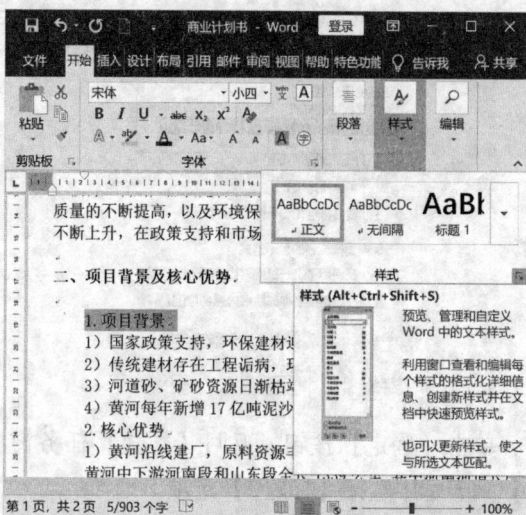

Step2：弹出【样式】任务窗格，单击右下角的【选项】按钮。

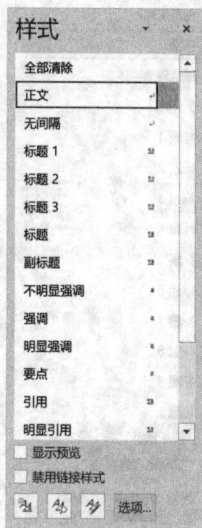

Step3：弹出【样式窗格选项】对话框，在【选择要显示的样式】下拉列表中选择【所有样式】选项。

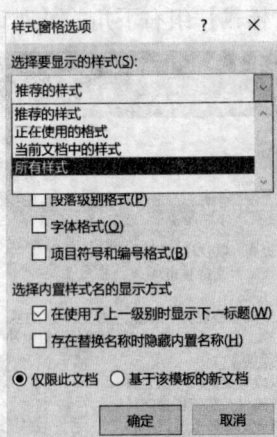

Step4：单击【确定】按钮，返回【样式】任务窗格，然后在【样式】列表框中选择【标题3】选项。

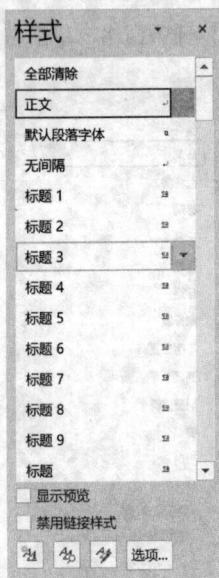

Step5：返回 Word 文档中，三级标题的设置效果如图所示。使用同样的方法，用户可以设置其他标题格式。

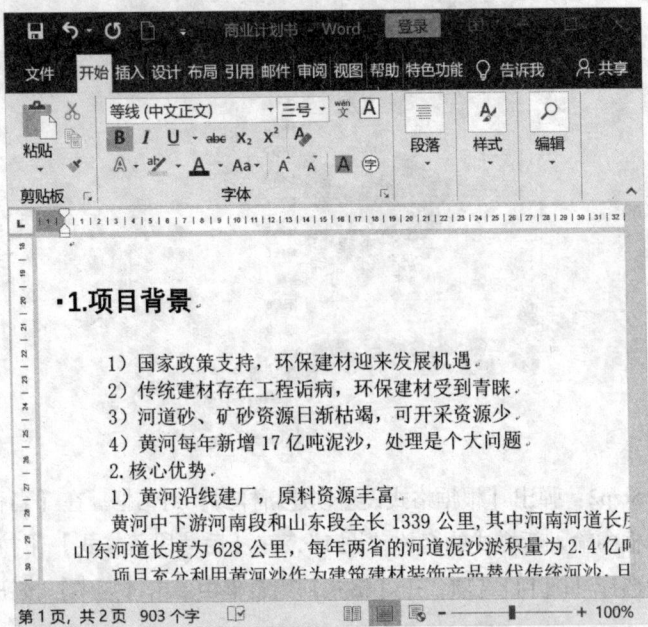

5.1.2 自定义样式

除了直接使用样式库中的样式外，用户还可以自定义新的样式或者修改原有样式。

1. 新建样式

在 Word 的空白文档窗口中，用户可以新建一种全新的样式。例如新的文本样式、新的表格样式或者新的列表样式等。

具体步骤

Step1：打开本实例的原始文件，选中要应用新建样式的图片，单击【样式】组右下角的【对话框启动器】按钮，弹出【样式】任务窗格，然后单击左下角的【新建样式】按钮。

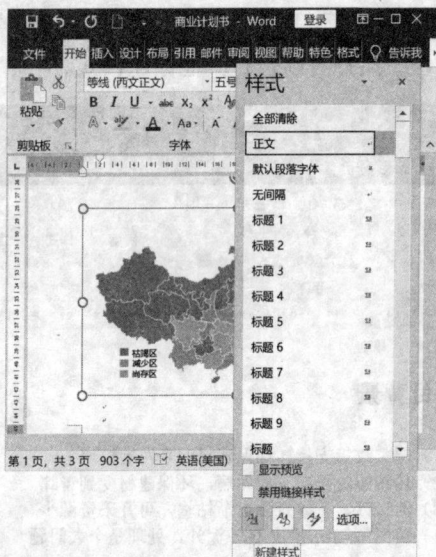

Step2：弹出【根据格式设置创建新样式】对话框。在【名称】文本框中输入新样式的名称"图1"，在【后续段落样式】下拉列表中选择【图1】选项，在【格式】组合框中单击【居中】按钮。

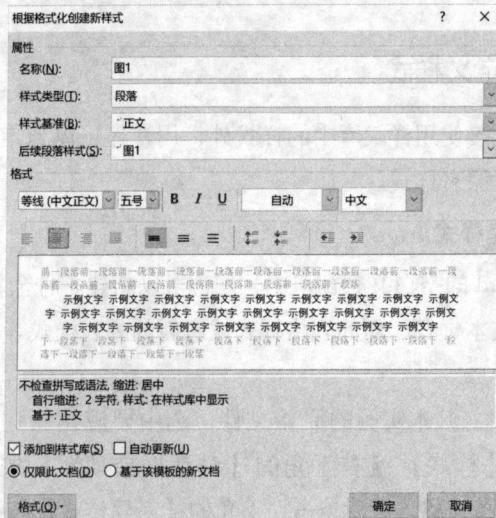

Step3：单击【格式】按钮，在弹出的下拉列表中选择【段落】选项。

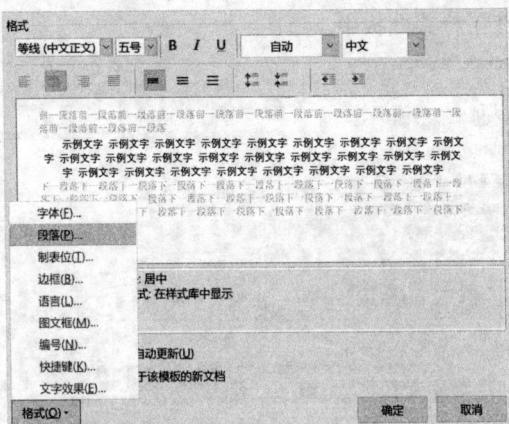

Step4：弹出【段落】对话框，在【行距】下拉列表中选择【最小值】选项，在【设置值】微调框中输入"12 磅"，然后分别在【段前】和【段后】微调框中输入"0.5 行"。

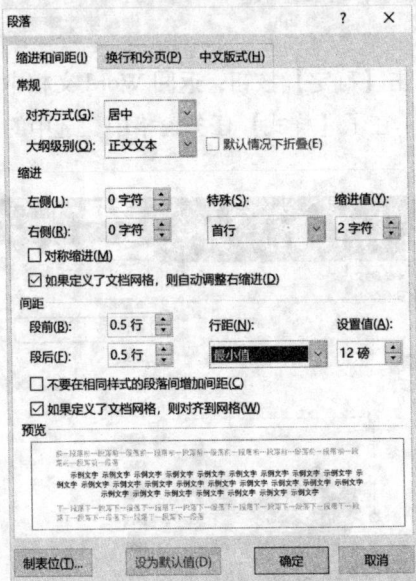

Step5：单击【确定】按钮，返回【根据格式设置创建新样式】对话框。系统默认选中了【添加到样式库】复选框，所有样式都显示在了样式面板中。

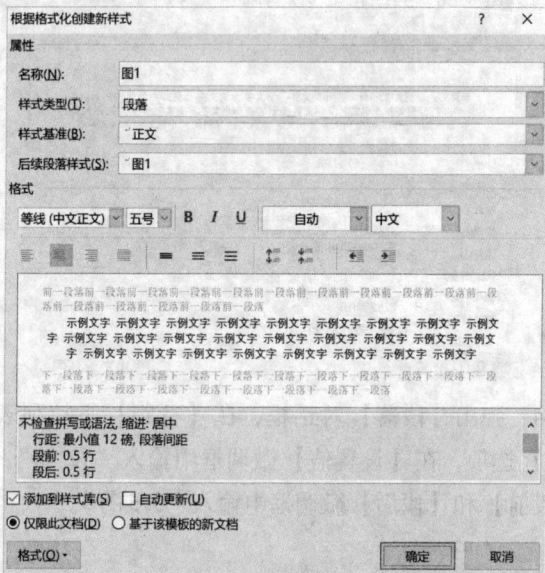

Step6：单击【确定】按钮，返回 Word 文档中，此时新建样式"图1"显示在了【样式】任务窗格中，选中的图片自动应用了该样式。

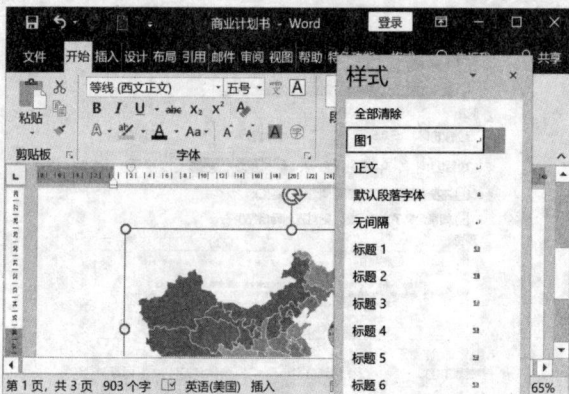

2. 修改样式

无论是 Word 的内置样式，还是 Word 的自定义样式，用户都可以根据工作的实际需要，随时可以对其进行修改，以达到最满意的使用效果。

具体步骤

Step1：将光标定位到正文文本中，在【开始】选项卡的【样式】任务窗格中的【样式】列表中选择【正文】选项，然后单击鼠标右键，在弹出的快捷菜单中选择【修改】菜单项。

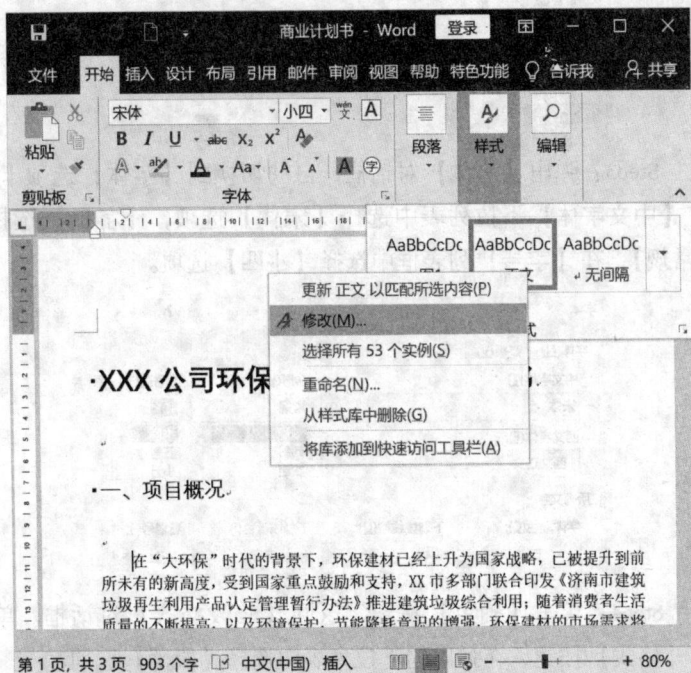

Step2：弹出【修改样式】对话框。单击【格式】按钮，在弹出的下拉列表中选择【字体】选项。

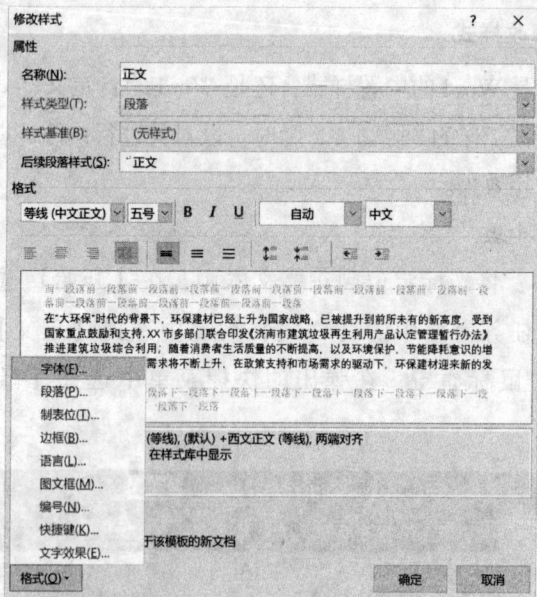

Step3：弹出【字体】对话框，自动切换到【字体】选项卡，在【中文字体】下拉列表中选择【宋体】选项，【字形】选择【常规】，在【字号】列表框中选择【小四】选项。

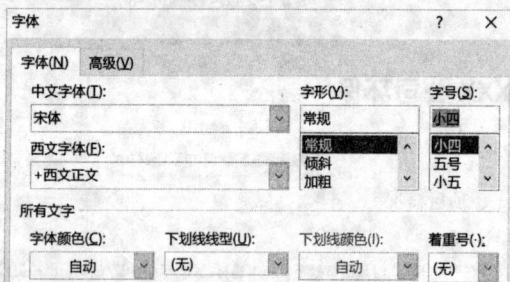

Step4：单击【确定】按钮，返回【修改样式】对话框。单击【格式】按钮，在弹出的下拉列表中选择【段落】选项。

Step5：弹出【段落】对话框，自动切换到【缩进和间距】选项卡，然后在【缩进】组合框中的【特殊】下拉列表中选择

【首行】选项，在【磅值】微调框中输入"2 字符"。

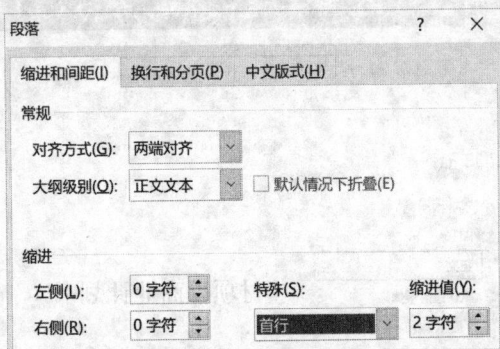

Step6：单击【确定】按钮，返回【修改样式】对话框，修改完成后的所有样式都显示在了样式面板中。

Step7：单击【确定】按钮，此时文档中正文格式的文本以及基于正文格式的文本都自动应用了新的正文样式。

Step8：单击【样式】组右下角的【对话框启动器】按钮，将鼠标放在【正文】选项上，此时即可查看正文的样式。

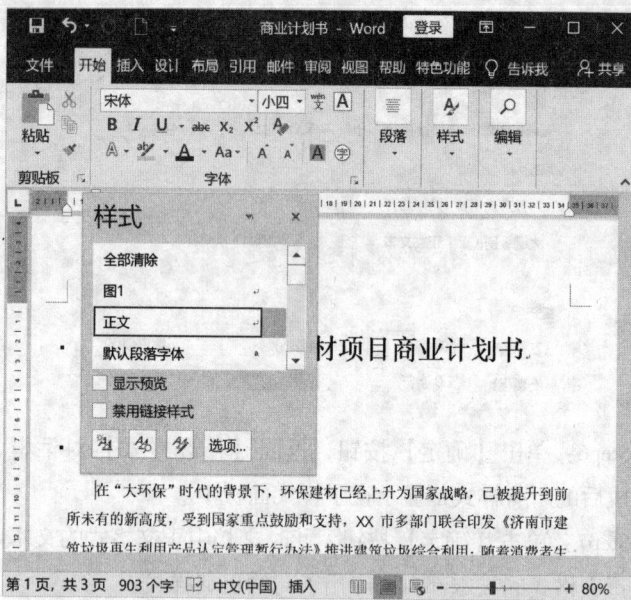

TIPS：

"基于正文格式"的文本，是指以"正文格式"为基础，而进一步设定样式的文本或段落。

5.1.3 刷新样式

样式设置完成后，接下来就可以刷新样式了。刷新样式的方法主要有以下两种。

1. 使用鼠标

使用鼠标左键可以在【样式】任务窗格中快速刷新样式。

具体步骤

Step1：打开本实例的原始文件，切换到【开始】选项卡，单击【样式】组右下角的【对话框启动器】按钮，弹出【样式】任务窗格，然后单击右下角的【选项】按钮。

Step2：弹出【样式窗格选项】对话框，在【选择要显示的样式】下拉列表中选择【当前文档中的样式】选项。

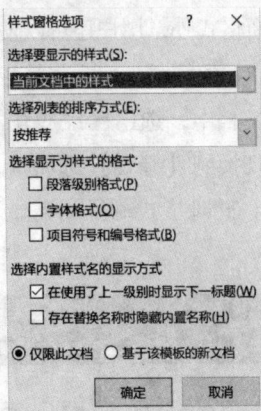

Step3：单击【确定】按钮，返回【样式】任务窗格，此时【样式】任务窗格中只显示当前文档中用到的样式，便于用户刷新格式。

Step4：按下【Ctrl】键，同时选中所有要刷新的二级标题的文本，然后在【样式】列表框中选择【标题2】选项，此时所有选中的二级标题的文本都应用了该样式。

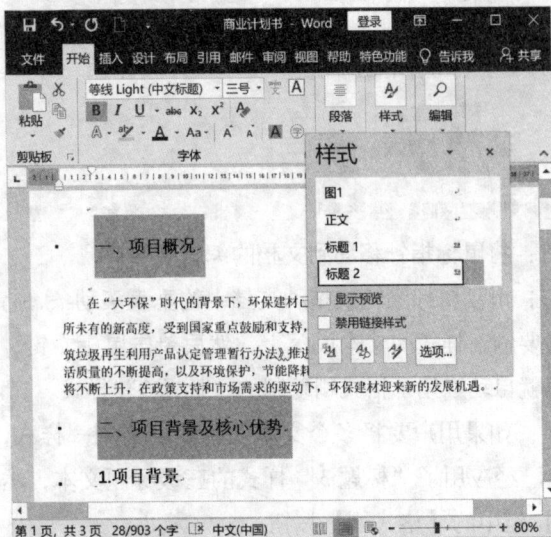

2. 使用格式刷

除了使用鼠标刷新格式外，用户还可以使用剪贴板上的【格式刷】按钮，复制一个位置的样式，然后将其应用到另一个位置。

Step1：在 Word 文档中，选中已经应用了"标题 3"样式的三级标题文本，然后切换到【开始】选项卡，单击【剪贴板】组中的【格式刷】按钮，此时格式刷呈高亮显示，说明已经复制了选中文本的样式。

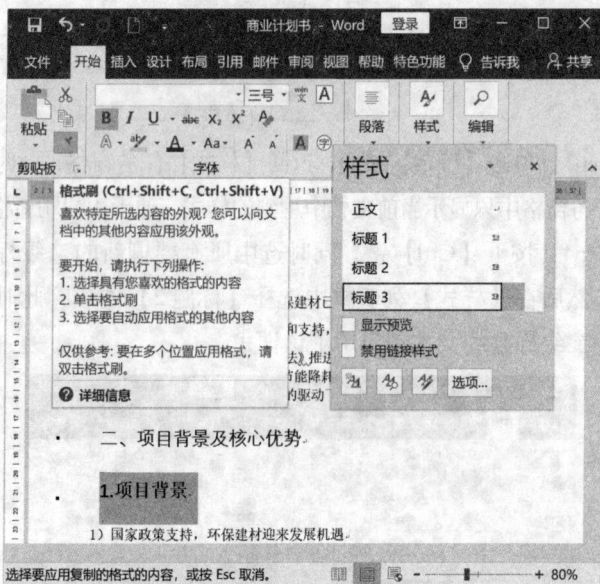

Step2：将鼠标指针移动到文档的编辑区域。

Step3：滑动鼠标滚轮或拖动文档中的垂直滚动条，将鼠标指针移动到要刷新样式的文本段落上，然后单击鼠标左键，此时该文本段落就自动应用了格式刷复制的"标题 3"样式。

Step4：如果用户要将多个文本段落刷新成同一样式，那么，要先选中已经应用了"标题 3"样式的三级标题文本，然后双击【剪贴板】组中的【格式刷】按钮。

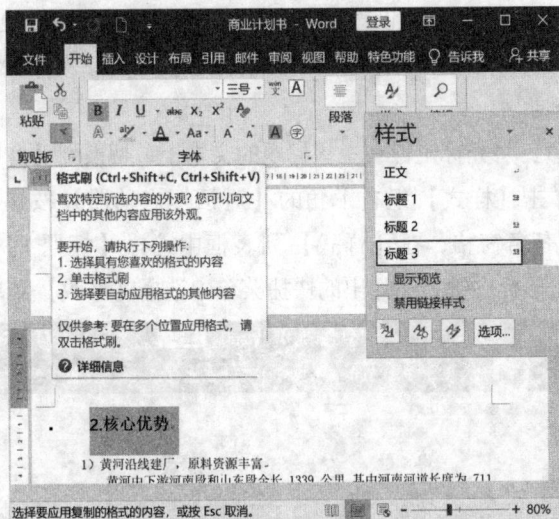

Step5：此时格式刷呈高亮显示，说明已经复制了选中文本的样式，然后依次在想要刷新该样式的文本段落中单击鼠标左键，随即选中的文本段落都会自动应用格式刷复制的"标题3"样式。

Step6：该样式刷新完毕，单击【剪贴板】组中的【格式刷】按钮，退出复制状态。使用同样的方法，用户可以刷新其他样式。

5.2 插入并编辑目录

文档创建完成后，为了便于阅读，用户可以为文档添加一个目录，从而使文档的结构更加清晰。

5.2.1 插入目录

生成目录之前，先要根据文本的标题样式设置大纲级别。

1. 设置大纲级别

Word 是使用层次结构来组织文档的，其提供的内置标题样式中的大纲级别都是默认设置的，用户可以直接生成目录，也可以自定义大纲级别，例如分别将标题1、标题2设置成1级、2级。

具体步骤

Step1：将光标定位在一级标题的文本上，切换到【开始】选项卡，单击【样式】组右下角的【对话框启动器】按钮，弹出【样式】任务窗格，在【样式】列表框中选择【标题1】选项，然后单击鼠标右键，在弹出的快捷菜单中选择【修改】菜单项。

Step2：弹出【修改样式】对话框，然后单击【格式】按钮，在弹出的下拉列表中选择【段落】选项。

Step3：弹出【段落】对话框，自动切换到【缩进和间距】选项卡，然后在【大纲级别】下拉列表中选择【1级】选项。

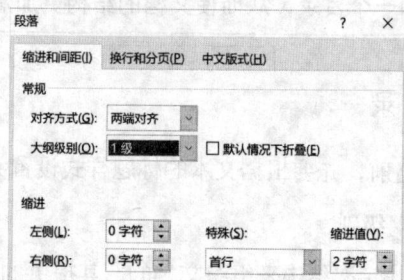

Step4：单击【确定】按钮，返回【修改样式】对话框，再次单击【确定】按钮，返回 Word 文档，设置效果如下。

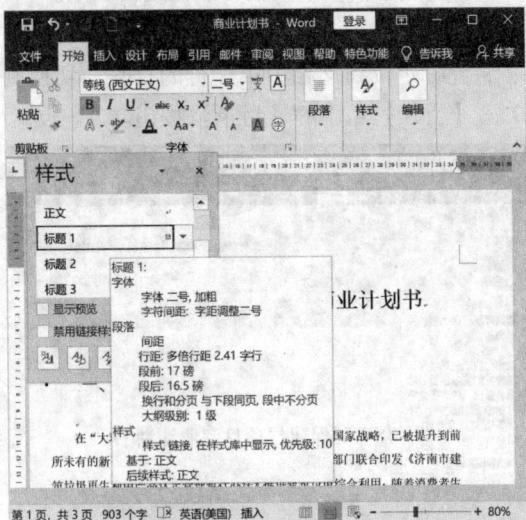

Step5：使用同样的方法，将"标题 2"的大纲级别设置为"2级"，将"标题 3"的大纲级别设置为"3级"。

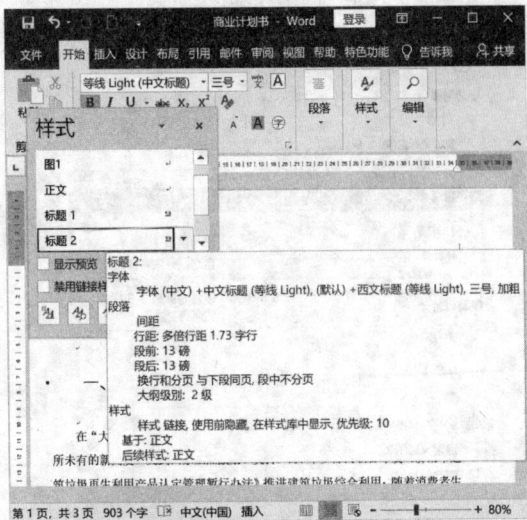

2. 生成目录

大纲级别设置完毕，接下来就可以生成目录了。

具体步骤

Step1：将光标定位到文档中第一行的行首，切换到【引用】选项卡，单击【目录】组中的【目录】按钮。

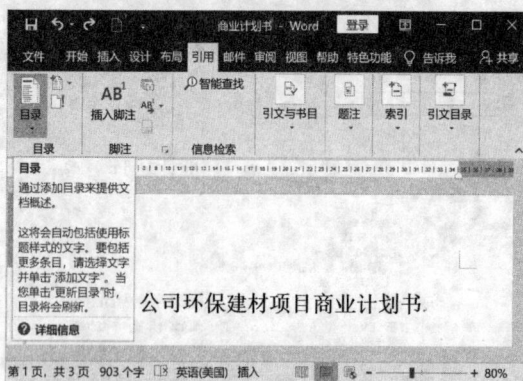

Step2：弹出【内置】下拉列表，从中选择合适的目录选项即可，例如选择【自动目录1】选项。

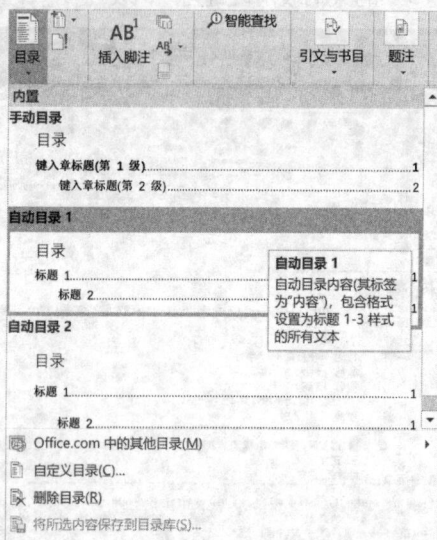

Step3：返回 Word 文档中，在光标所在位置自动生成了一个目录，效果如图所示。

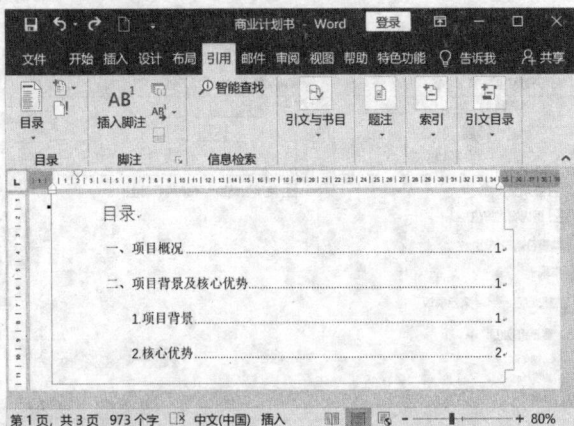

5.2.2 修改目录

如果用户对插入的目录不是很满意，可以修改目录或自定义个性化的目录。

具体步骤

Step1：打开文件，切换到【引用】选项卡，单击【目录】组中的【目录】按钮，在弹出的下拉列表中选择【自定义目录】选项。

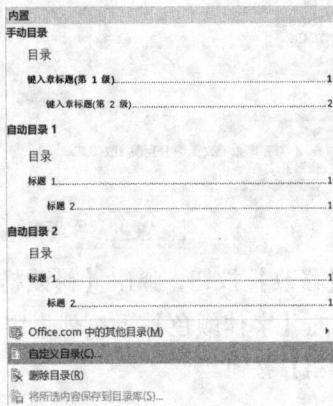

Step2：弹出【目录】对话框，在【格式】下拉列表中选择【来自模板】选项，在【显示级别】微调框中输入"3"。

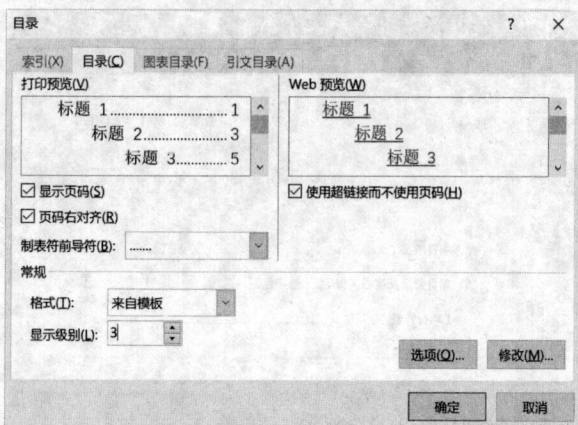

Step3：单击【修改】按钮，弹出【样式】对话框，在【样式】列表框中选择【TOC 2】选项。

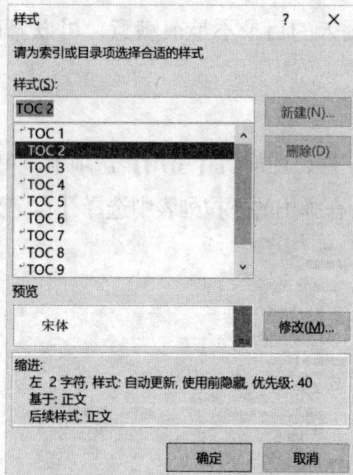

Step4：单击【修改】按钮，弹出【修改样式】对话框，在【格式】组合框中的【字体颜色】下拉列表中选择【蓝色】选项，然后单击【加粗】按钮。

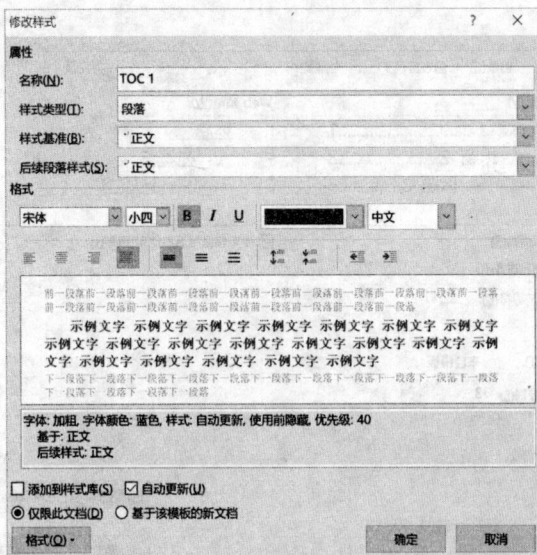

Step5：单击【确定】按钮，返回【样式】对话框，"TOC 2"的预览效果如图所示。

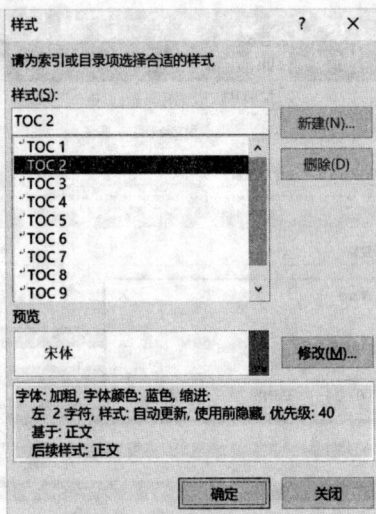

Step6：单击【确定】按钮，返回【目录】对话框。

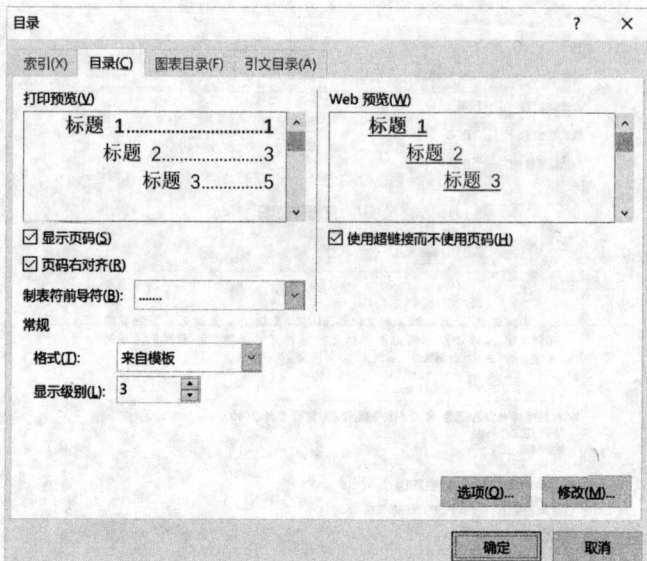

Step7：单击【确定】按钮，弹出【Microsoft Word】对话框，并提示用户"要替换此目录吗？"。

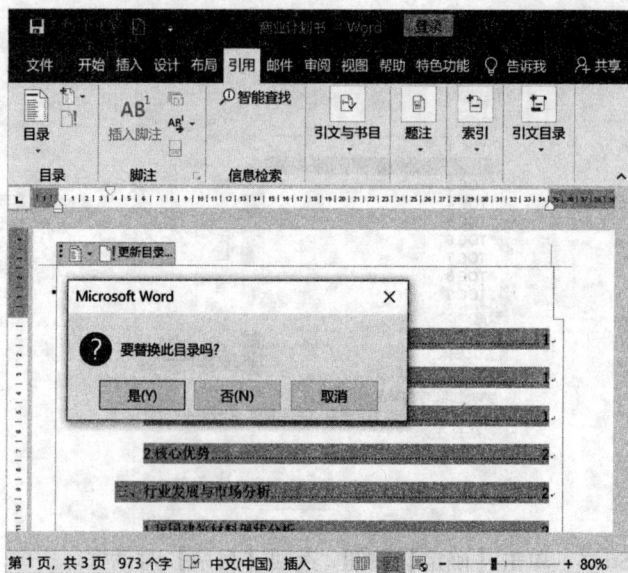

Step8：单击【是】按钮，返回 Word 文档中，效果如图所示。

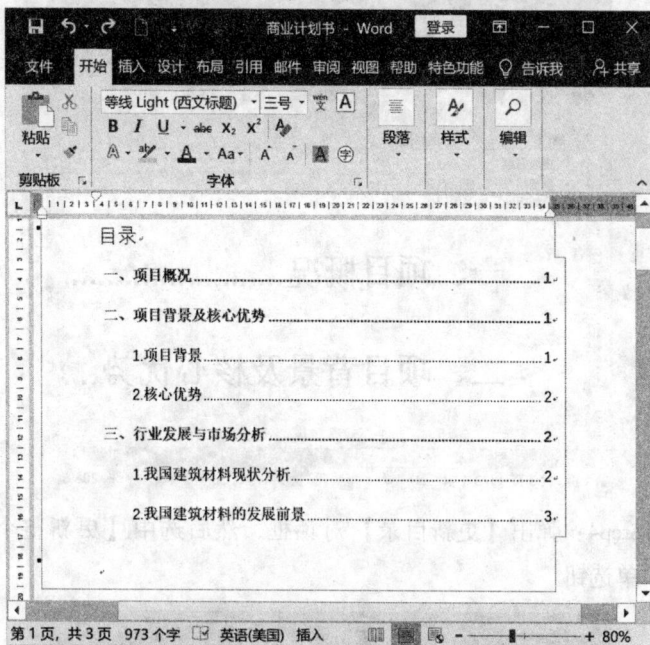

另外，用户还可以直接在生成的目录中对目录的字体格式和段落格式进行设置。

5.2.3 更新目录

在编辑或修改文档的过程中，如果文档内容或格式发生了变化，则需要更新目录。

具体步骤

Step1：打开本实例的原始文件，文档中第一个二级标题文本为"项目概况"。

Step2：将文档中第一个二级标题文本改为"项目简介"。

Step3：切换到【引用】选项卡，单击【目录】组中的【更新目录】按钮。

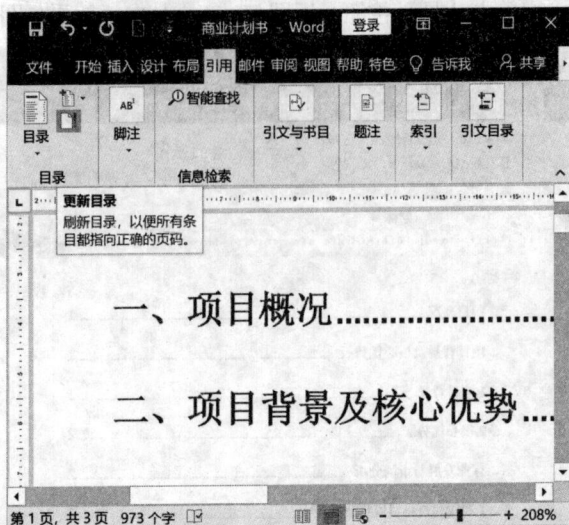

Step4：弹出【更新目录】对话框，然后选中【更新整个目录】单选钮。

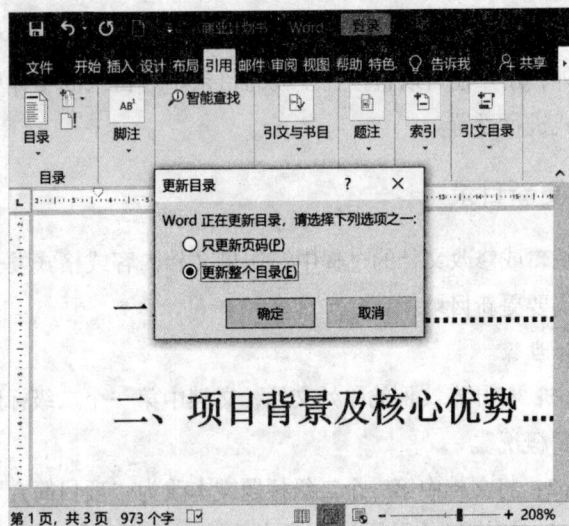

Step5：单击【确定】按钮，返回 Word 文档即可。

5.3 插入页眉和页脚

页眉或页脚不仅支持文本内容，还可以在其中
插入图片，比如公司的 LOGO、个人的标识等。

5.3.1 插入分隔符

当文本或图形等内容填满一页时，Word 文档会自动插入一个
分页符并开始新的一页。另外，用户还可以根据需要进行强制分
页或分节。

1. 插入分节符

分节符是指为表示节的结尾插入的标记。分节符起着分隔其
前面文本格式的作用，如果删除了某个分节符，它前面的文字会
合并到后面的节中，并且采用后者的格式设置。

具体步骤

Step1：将光标定位在一级标题"×××公司环保建材项目商
业计划书"的行首。切换到【布局】选项卡，单击【页面设置】
组中【分隔符】按钮，在弹出的下拉列表中选择【下一页】选项。

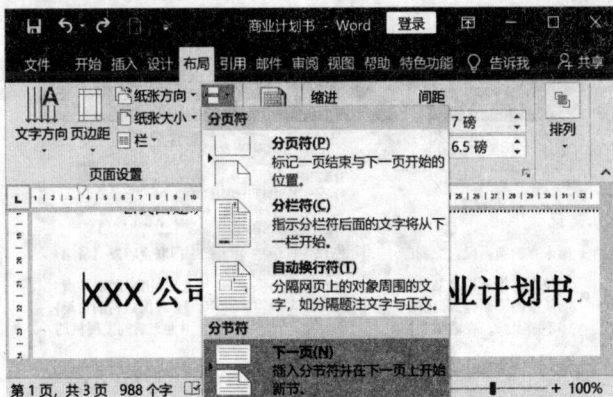

Step2：此时在文档中插入了一个分节符，光标之后的文本自动切换到了下一页。如果看不到分节符，在【段落】组中单击【显示╱隐藏编辑标记】按钮即可。

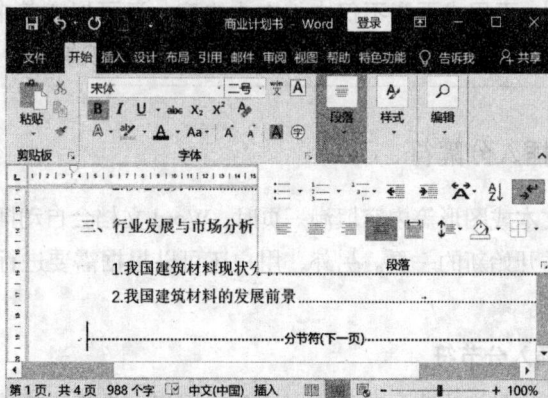

2. 插入分页符

分页符是一种符号，显示在上一页结束以及下一页开始的位置。

具体步骤

Step1：将文档拖动到第 2 页，将光标定位在二级标题"二、项目背景及核心优势"的行首。切换到【布局】选项卡，单击【页面设置】组中的分隔符按钮，在弹出的下拉列表中选择【分页符】选项。

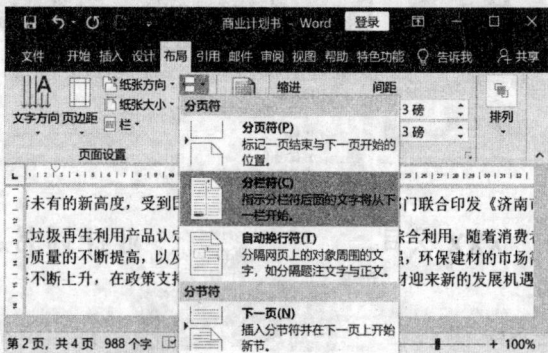

Step2：此时在文档中插入了一个分页符，光标之后的文本自动切换到了下一页。使用同样的方法，在所有的二级标题前分页即可。

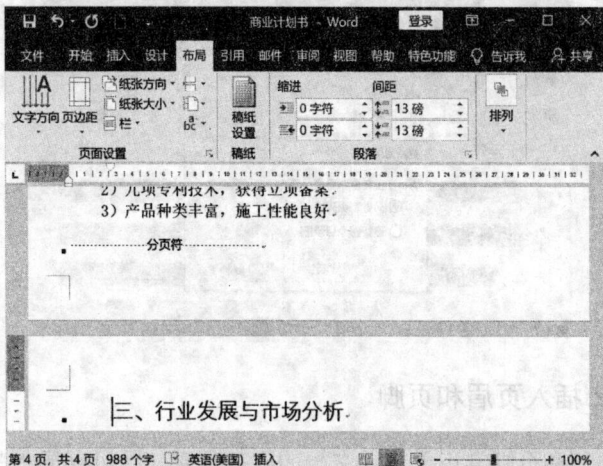

Step3：将文档拖动到首页，选中文档目录，然后单击鼠标右键，在弹出的快捷菜单中选择【更新域】菜单项。

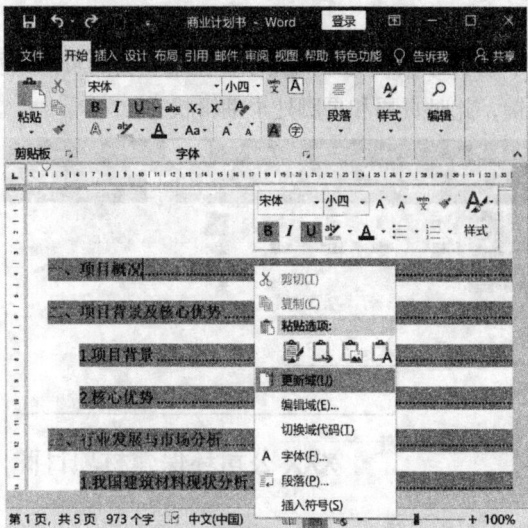

Step4：弹出【更新目录】对话框，然后选中【只更新页码】单选钮，单击【确定】按钮即可更新目录页码。

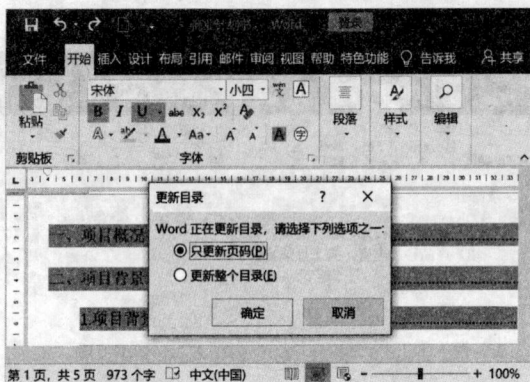

5.3.2 插入页眉和页脚

页眉和页脚常用于显示文档的附加信息，既可以插入文本，也可以插入示意图。

在 Word 文档中可以快速插入设置好的页眉和页脚图片。

具体步骤

Step1：打开本实例的原始文件，在第 2 页的页眉或页脚处双击鼠标左键，此时页眉和页脚处于编辑状态。

Step2：在【页眉和页脚工具】栏中，切换到【设计】选项卡，在【选项】组中选中【奇偶页不同】复选框，然后在【导航】组中单击【链接到前一条页眉】按钮。

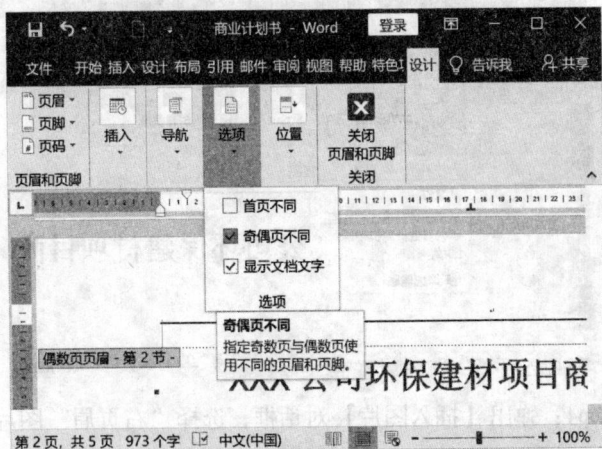

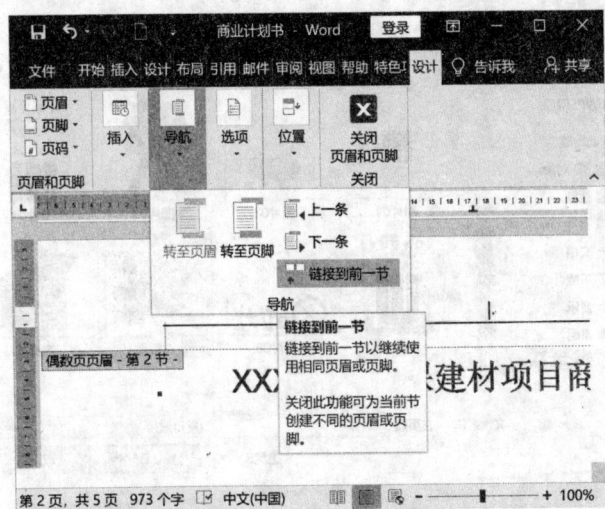

Step3：切换到【插入】选项卡，在【插图】组中单击【图片】按钮。

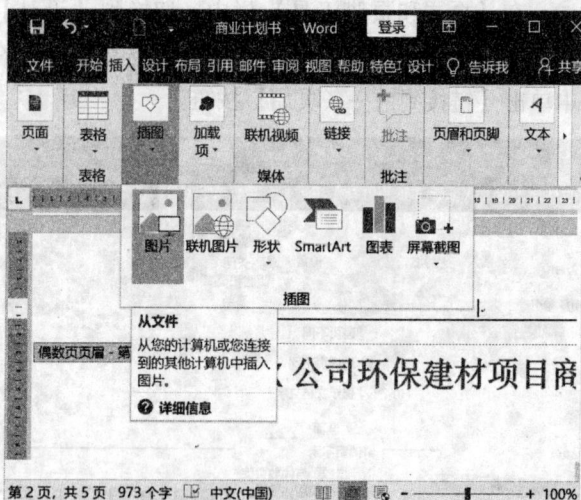

Step4：弹出【插入图片】对话框，选择"右页眉"图片。

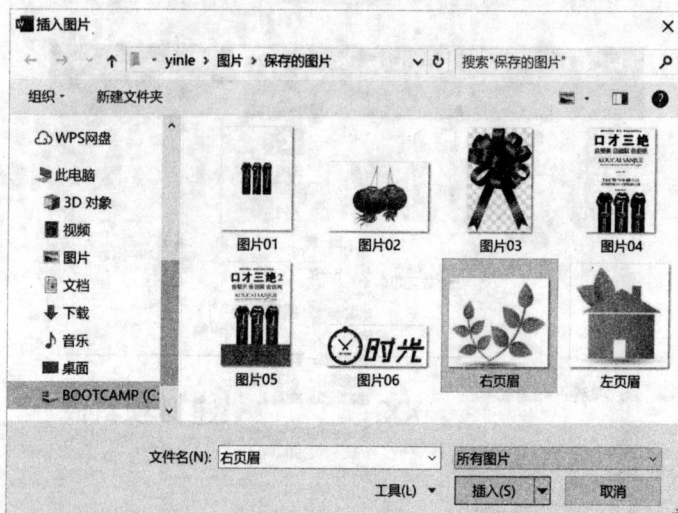

Step5：单击【插入】按钮，此时图片插入到了文档中，选中该图片，然后单击鼠标右键，从弹出的快捷菜单中选择【大小和位置】菜单项。

Step6：弹出【布局】对话框，切换到【大小】选项卡，选中【锁定纵横比】和【相对原始图片大小】复选框，然后在【高度】组合框中的【绝对值】微调框中输入"2 厘米"，在【宽度】组合框中的【绝对值】微调框中输入"2.34 厘米"。

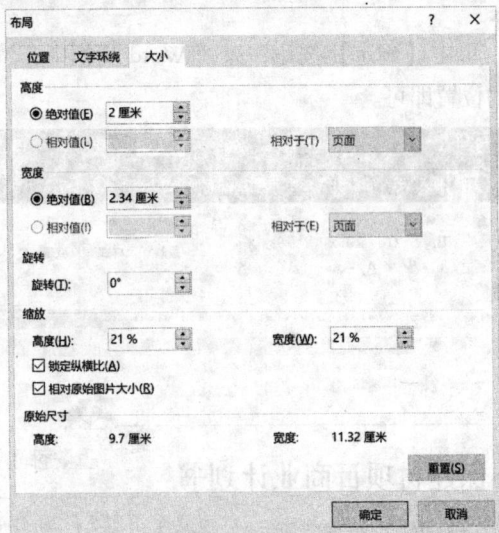

Step7：切换到【文字环绕】选项卡，在【环绕方式】组合框中选择【衬于文字下方】选项。切换到【位置】选项卡，在【水平】组合框中选中【对齐方式】单选钮，在其右侧的下拉列表中选择【居中】选项，然后在【相对于】下拉列表选择【页面】选项，在【垂直】组合框中选中【对齐方式】单选钮，在其右侧的下拉列表中选择【居中】选项，然后在【相对于】下拉列表选择【页面】选项。

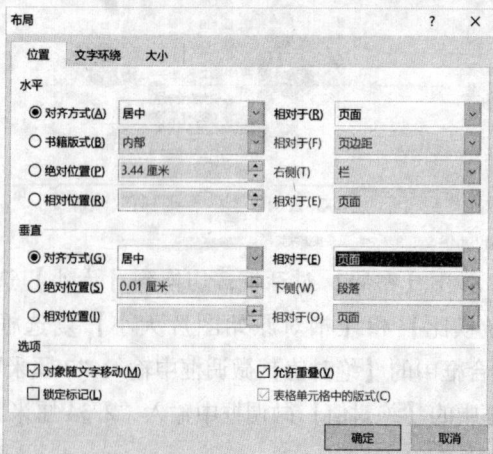

Step8：单击【确定】按钮，返回 Word 文档中，然后将其移动到合适的位置即可。

Step9：使用同样的方法为第 2 节中的奇数页插入页眉和页脚，同样在【选项】组中单击【链接到前一条页眉】按钮。

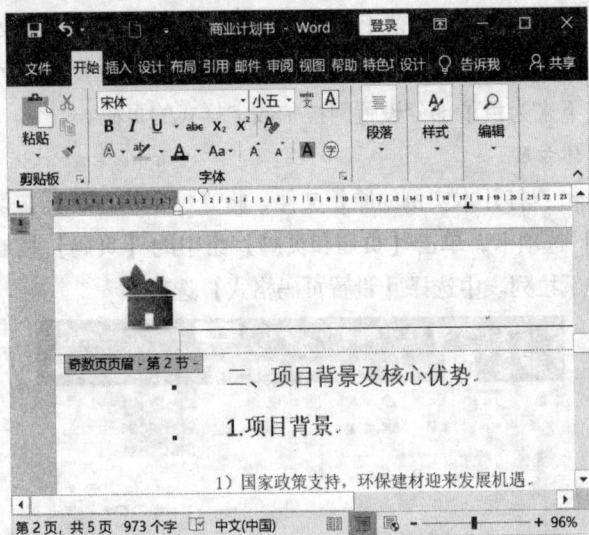

Step10：设置完毕，切换到【设计】选项卡，在【关闭】组中单击【关闭页眉和页脚】按钮即可。

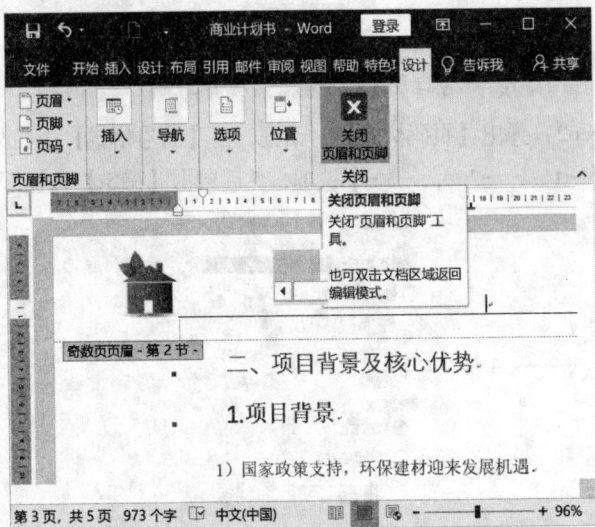

5.3.3 插入页码

为了使 Word 文档便于浏览和打印，用户可以在页脚处插入并编辑页码。默认情况下，Word 文档都是从首页开始插入页码的，接下来为目录部分设置阿拉伯数字样式的页码。

具体步骤

Step1：打开本实例的原始文件，将光标定位在首页，切换到【插入】选项卡，单击【页眉和页脚】组中的【页码】按钮，在弹出的下拉列表中选择【设置页码格式】选项。

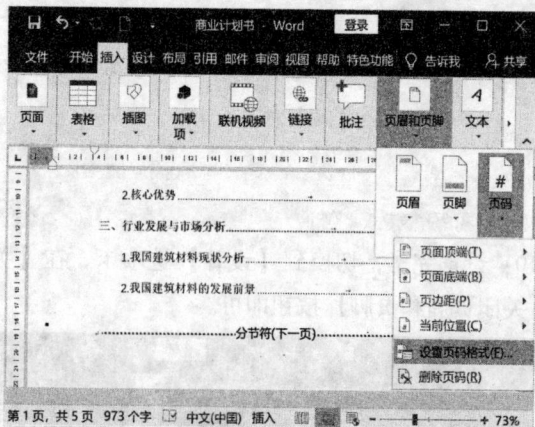

Step2：弹出【页码格式】对话框，在【编号格式】下拉列表中选择【-1-，-2-，-3-】选项，然后单击【确定】按钮即可。

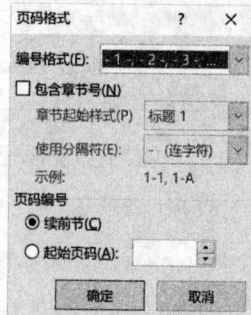

Step3：因为设置页眉页脚时选中了【奇偶页不同】选项，所以此处的奇偶页页码也要分别进行设置。将光标定位在第 1 节中的奇数页中，单击【页眉和页脚】组中的【页码】按钮，在弹出的下拉列表中选择【页面底端】中的【普通数字 2】选项。

Step4：此时页眉页脚处于编辑状态，并在第 1 节中的奇数页底部插入了阿拉伯数字样式的页码。

Step5：将光标定位在第1节中的偶数页页脚中，切换到【插入】选项卡，在【页眉和页脚】组中单击【页码】按钮，在弹出的下拉列表中选择【页面底端】中的【普通数字2】选项。

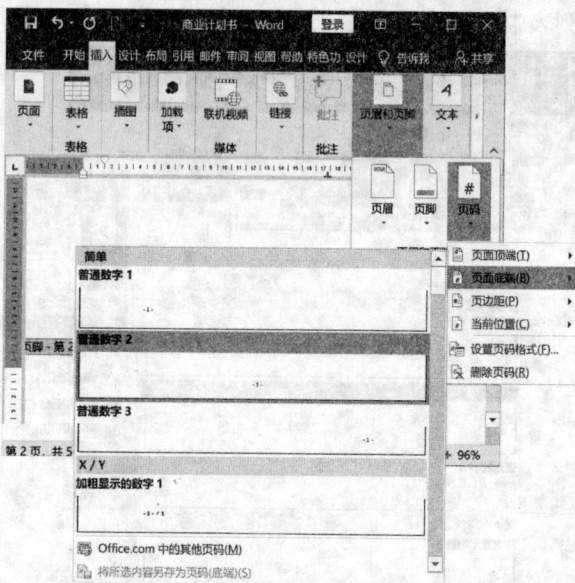

Step6：此时在第1节中的偶数页底部插入了阿拉伯数字样式的页码。设置完毕，在【关闭】组中单击【关闭页眉和页脚】按钮置即可。

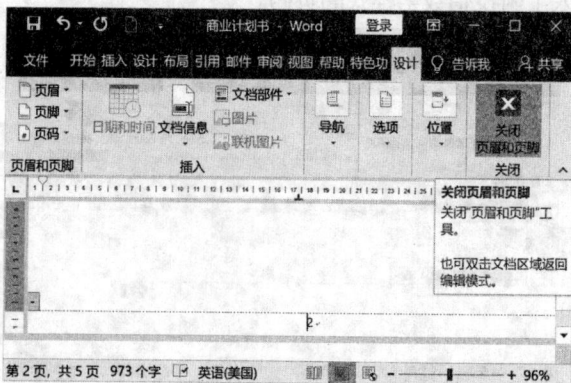

另外，用户还可以对插入的页码进行字体格式设置。

5.4 插入题注、脚注和尾注

在编辑文档的过程中，为了使读者便于阅读和
理解文档内容，经常在文档中插入题注、脚注或尾
注，用于对文档的对象进行解释说明。

5.4.1 插入题注

在插入的图形或表格中添加题注，不仅可以满足排版需要，
而且便于读者阅读。

具体步骤

Step1：打开本实例的原始文件，选中准备插入题注的图片，
切换到【引用】选项卡，单击【题注】组中的【插入题注】
按钮。

Step2：弹出【题注】对话框，在【题注】文本框中自动显
示 "Figure 1"，在【标签】下拉列表中选择【Figure】选项，在
【位置】下拉列表中自动选择【所选项目下方】选项。

Step3：单击【新建标签】按钮，弹出【新建标签】对话框，
在【标签】文本框中输入"插图"。

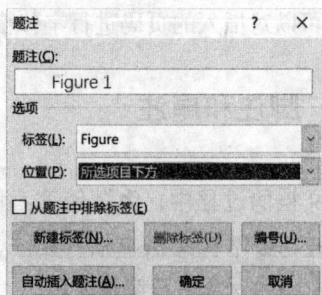

Step4：单击【确定】按钮，返回【题注】对话框，【题注】文本框中自动显示"插图1"，在【标签】下拉列表中自动选择【插图】选项，在【位置】下拉列表中自动选择【所选项目下方】选项。

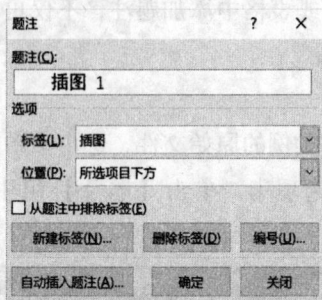

Step5：单击【确定】按钮返回 Word 文档，此时在选中图片的下方自动显示题注"插图1"。

170

TIPS：

还可以选中一张图片，然后单击鼠标右键，在弹出的快捷菜单中选择【插入题注】菜单项，弹出【题注】对话框。

5.4.2 插入脚注和尾注

除了插入题注以外，用户还可以在文档中插入脚注和尾注，对文档中某个内容进行解释、说明或提供参考资料等对象。

1. 插入脚注

具体步骤

Step1：打开本实例的原始文件，选中要设置段落格式的段落，将光标定位在准备插入脚注的位置，切换到【引用】选项卡，单击【脚注】组中的【插入脚注】按钮。

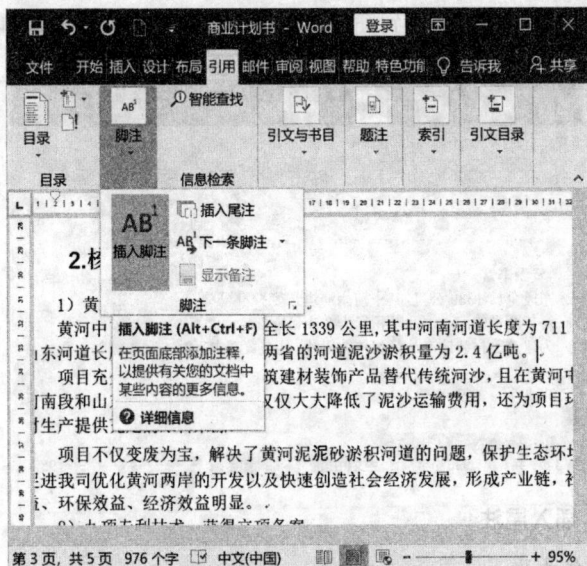

Step2：此时，在文档的底部出现一个脚注分隔符，在分隔符下方输入脚注内容即可。

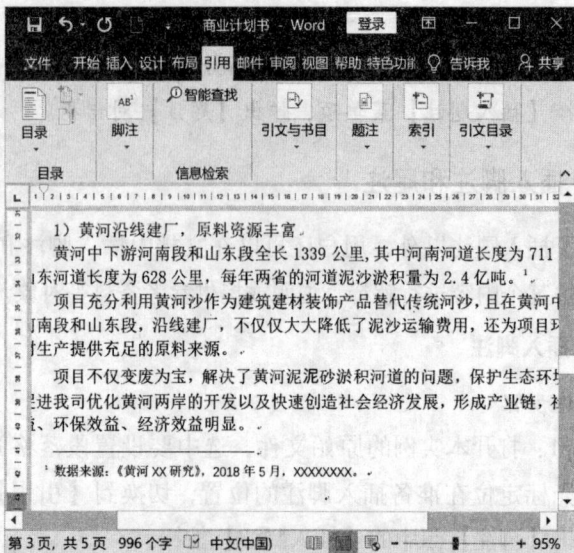

Step3：将光标移动到插入脚注的标识上，可以查看脚注内容。

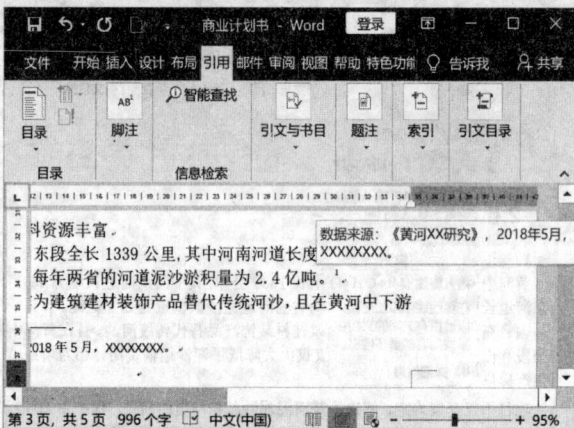

2. 插入尾注

具体步骤

Step1：打开本实例的原始文件，将光标定位在准备插入尾注的位置，切换到【引用】选项卡，单击【脚注】组中的【插入尾注】按钮。

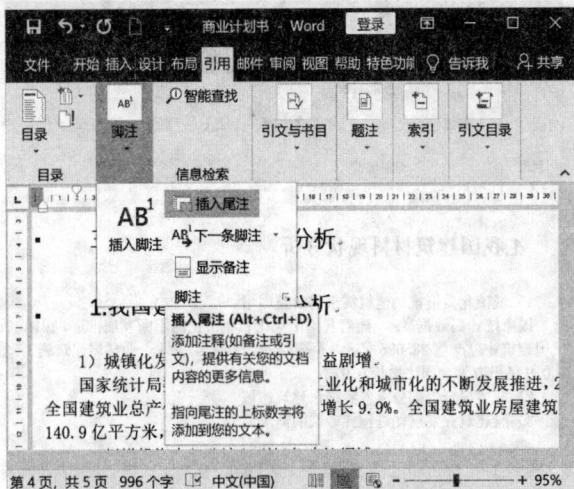

Step2：此时，在文档的结尾出现一个尾注分隔符，在分隔符下方输入尾注内容即可。

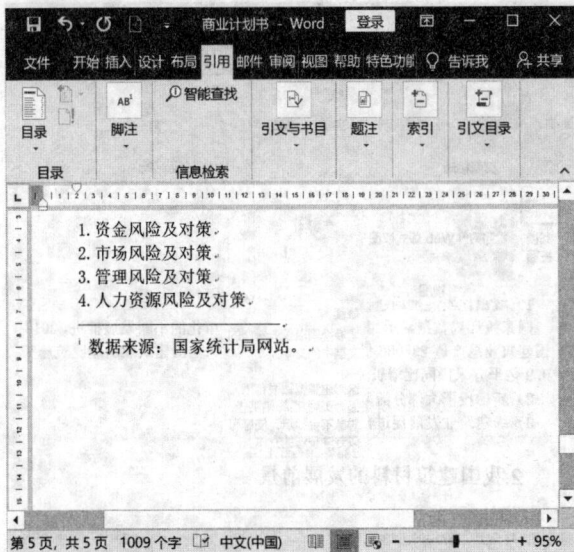

Step3：将光标移动到插入尾注的标识上，可以查看尾注

内容。

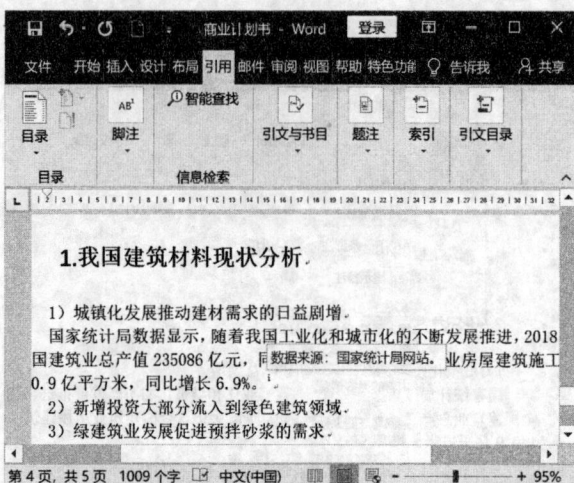

Step4：如果要删除尾注分隔符，那么切换到【视图】选项卡，单击【文档视图】组中的【草稿】按钮。

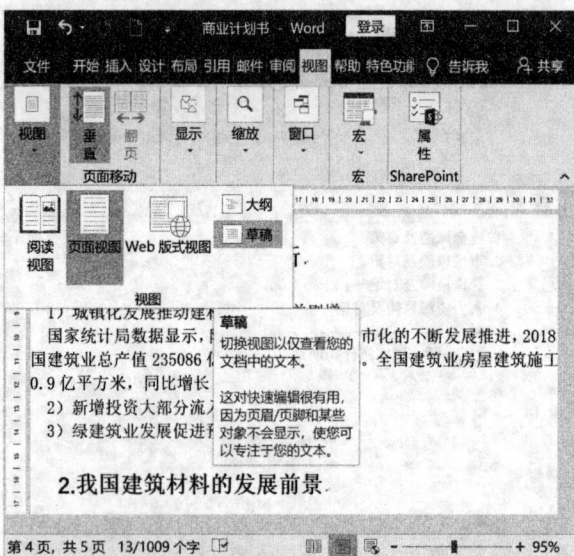

Step5：切换到草稿视图模式下，按下【Ctrl】+【Alt】+【D】

组合键，在文档的下方弹出尾注编辑栏，然后在【尾注】下拉列表中选择【尾注分隔符】选项。

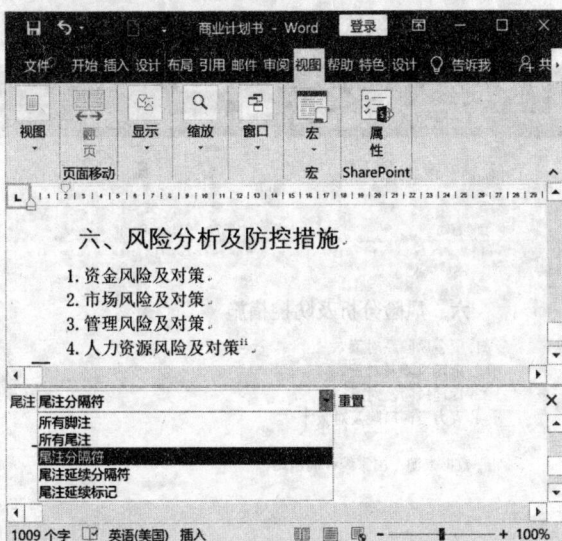

Step6：此时在尾注编辑栏出现了一条直线。

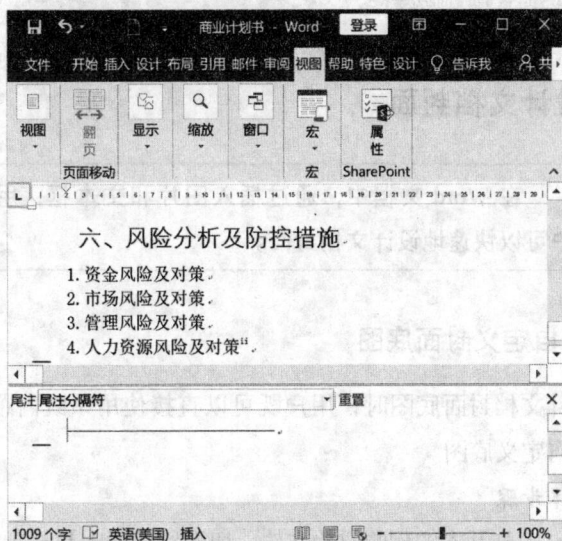

Step7：选中该直线，按下【Backspace】键即可将其删除，然后切换到【视图】选项卡，单击【视图】组中的【页面视图】按钮，切换到页面视图模式下，效果如图所示。

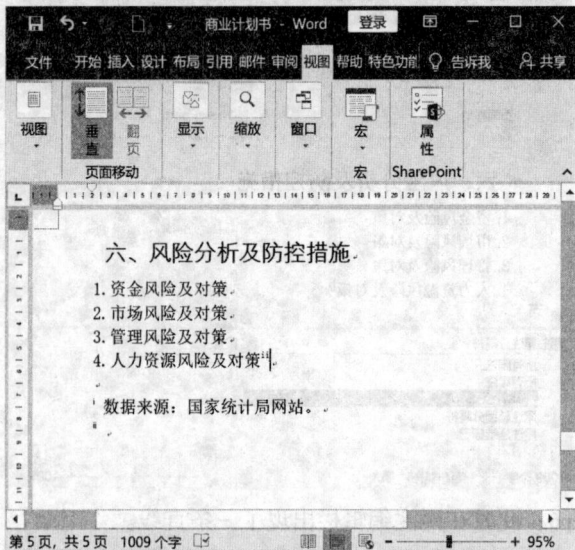

5.5 设计文档封面

在 Word 文档中，通过插入图片和文本框，用户可以快速地设计文档封面。

5.5.1 自定义封面底图

设计文档封面底图时，用户既可以直接使用系统内置封面，也可以自定义底图。

具体步骤

Step1：打开本实例的原始文件，切换到【插入】选项卡，在

【页面】组中单击【封面】按钮。

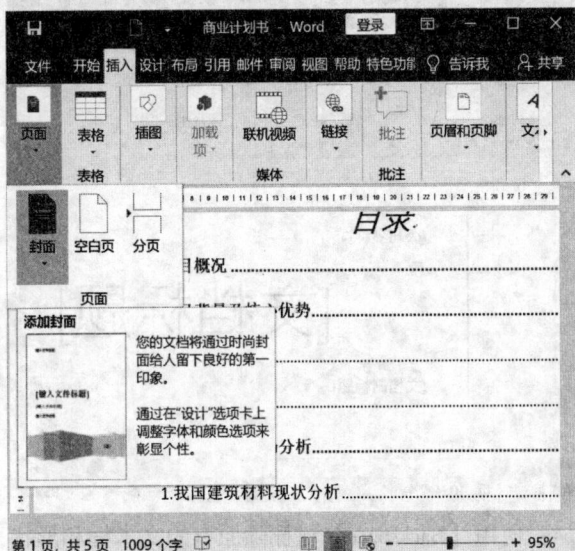

Step2：在弹出的【内置】下拉列表中选择【边线型】选项。

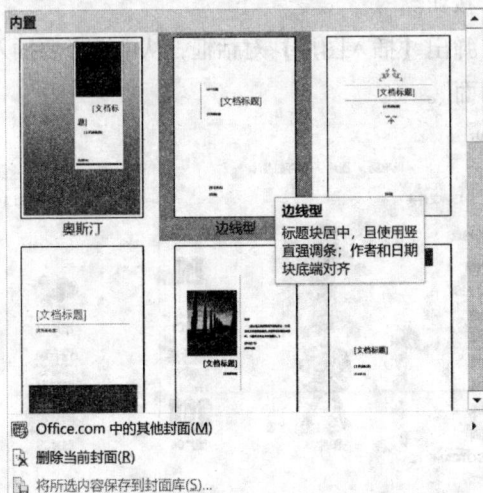

Step3：此时，文档中插入了一个"边线型"的文档封面。

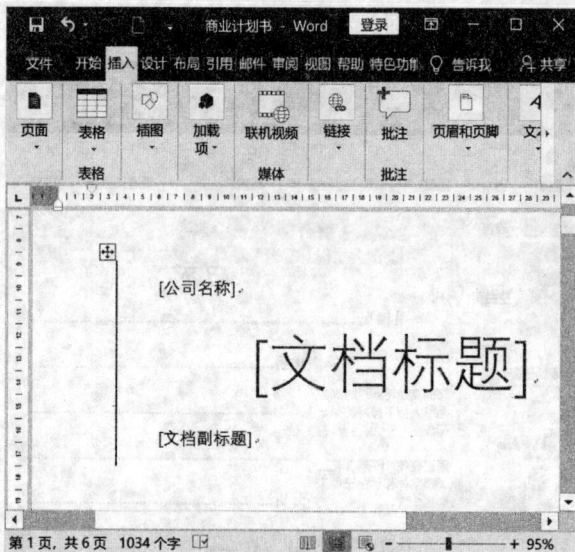

Step4：使用【Backspace】键删除原有的文本框和形状，得到一个封面的空白页。切换到【插入】选项卡，在【插图】组中单击【图片】按钮。

Step5：弹出【插入图片】对话框，从中选择要插入的图片素材文件"封面"。

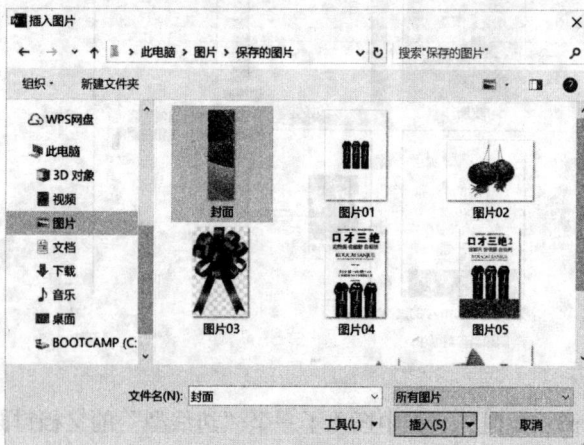

Step6：单击【插入】按钮，返回 Word 文档中，此时，文档中插入了一个封面底图。选中该图片，然后单击鼠标右键，在弹出的快捷菜单中选择【大小和位置】菜单项。

Step7：弹出【布局】对话框，切换到【大小】选项卡，撤选【锁定纵横比】复选框，然后在【高度】组合框中的【绝对值】微调框中输入"26 厘米"，在【宽度】组合框中的【绝对值】微调框中输入"5 厘米"。

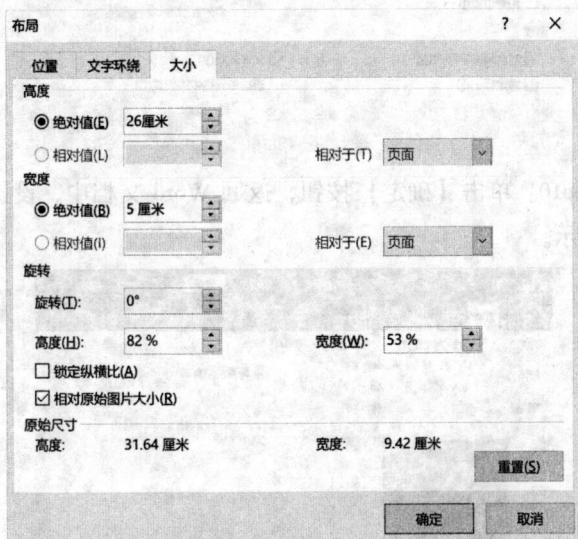

Step8：切换到【文字环绕】选项卡，在【环绕方式】组合框中选择【衬于文字下方】选项。

Step9：切换到【位置】选项卡，在【水平】组合框中选中【对齐方式】单选钮，在其右侧的下拉列表中选择【居中】选项，然后在【相对于】下拉列表选择【页面】选项，在【垂直】组合框中选中【对齐方式】单选钮，在其右侧的下拉列表中选择【居中】选项，然后在【相对于】下拉列表选择【页面】选项。

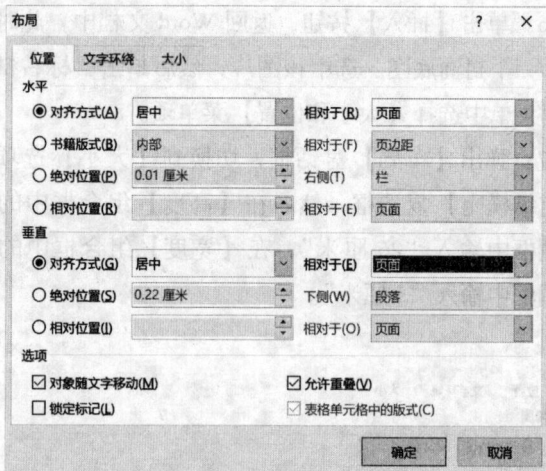

Step10：单击【确定】按钮，返回 Word 文档中，设置效果如图所示。

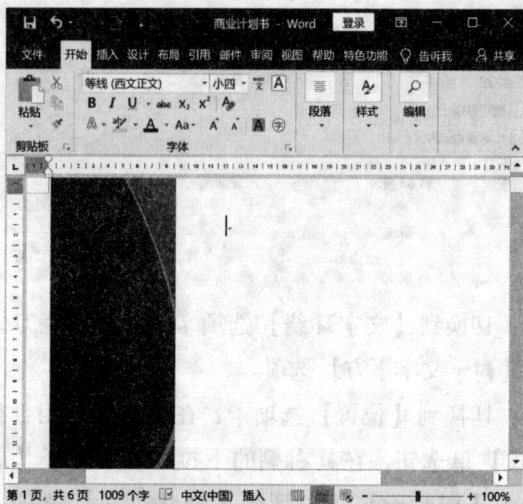

Step11：使用同样的方法在 Word 文档中插入一个公司 LO-GO，将其设置为"浮于文字上方"，然后设置其大小和位置，设置完毕效果如图所示。

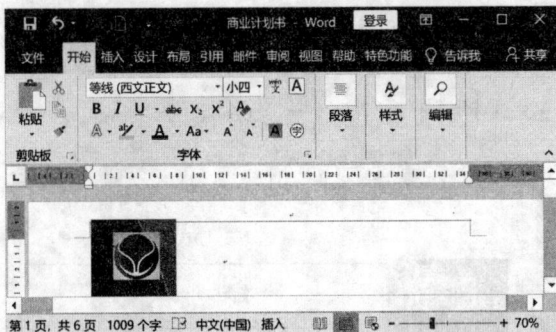

5.5.2 设计封面文字

在编辑 Word 文档中经常会使用文本框设计封面文字。

具体步骤

Step1：打开本实例的原始文件，切换到【插入】选项卡，单击【文本】组中的【文本框】按钮，在弹出的【内置】列表框中选择【简单文本框】选项。

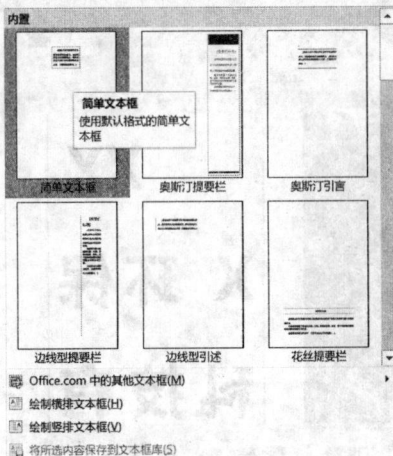

Step2：此时，文档中插入了一个简单文本框，在文本框中输入公司名称"**XXX 环保科技有限公司**"。

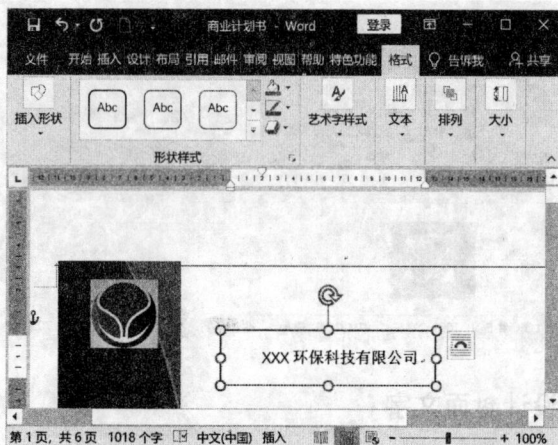

Step3：选中该文本，切换到【开始】选项卡，在【字体】组中的【字体】下拉列表中选择【微软雅黑】选项，在【字号】下拉列表中选择【初号】选项，然后单击【加粗】按钮。

Step4：单击【字体颜色】按钮，在弹出的下拉列表中选择【其他颜色】选项。弹出【颜色】对话框，在【颜色模式】下拉列

表中选择【RGB】选项，然后在【红色】微调框中输入"55"，在【绿色】微调框中输入"190"，在【蓝色】微调框中输入"90"。

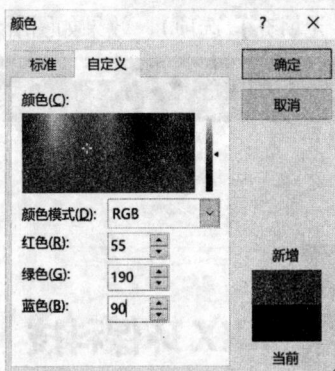

Step5：单击【确定】按钮，返回 Word 文档中，选中该文本框，然后将鼠标指针移动到文本框的右下角，按住鼠标左键不放，拖动鼠标将其调整为合适的大小，释放左键即可。然后调整文本中文字的位置，调整效果如图所示。

Step6：选中文本框，切换到【格式】选项卡，在【形状样式】组中单击【形状轮廓】按钮，在下拉列表中选择【无轮廓】选项。

Step7：使用同样的方法插入并设计一个"文件编号"（要增加一步，在【形状样式】组中单击【形状填充】按钮，在弹出的下拉列表中选择【无填充】选项），效果如图所示。

Step8：使用同样的方法插入并设计文档标题"商业计划书"和"编制日期"。封面设计完毕，最终效果如图所示。

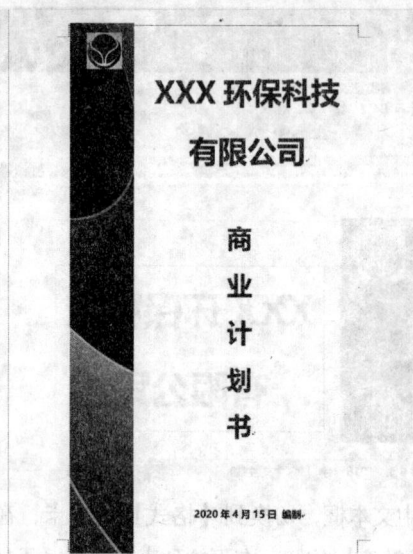

办公软件
从入门到精通
PPT 卷

▶ 谭立新 于思博 / 主编

汕頭大學出版社

图书在版编目（CIP）数据

办公软件从入门到精通. PPT 卷／谭立新，于思博主编. -- 汕头：汕头大学出版社，2020.9（2022.7 重印）
ISBN 978-7-5658-4102-6

Ⅰ. ①办… Ⅱ. ①谭… ②于… Ⅲ. ①办公自动化－应用软件②图形软件 Ⅳ. ①TP317.1

中国版本图书馆 CIP 数据核字（2020）第 156171 号

办公软件从入门到精通. PPT 卷
BANGONG RUANJIAN CONG RUMEN DAO JINGTONG. PPT JUAN

主　　编：谭立新　于思博
责任编辑：黄洁玲
责任技编：黄东生
封面设计：松　雪
出版发行：汕头大学出版社
　　　　　广东省汕头市大学路 243 号汕头大学校园内　邮政编码：515063
电　　话：0754－82904613
印　　刷：三河市宏顺兴印刷有限公司
开　　本：880mm×1270mm　1/32
印　　张：18
字　　数：348 千字
版　　次：2020 年 9 月第 1 版
印　　次：2022 年 7 月第 3 次印刷
定　　价：128.00 元（全 3 册）
ISBN 978-7-5658-4102-6

版权所有，翻版必究
如发现印装质量问题，请与承印厂联系退换

前　言

Word、Power Point（简称 PPT）、Excel，不知何时，这些林林总总的办公软件已经成为当代职场工作人员的必备技能。

但是这些你会吗？你是否经常加班工作到深夜，文案改了一遍又一遍，最终却因为搞不定一个小小的办公软件而功亏一篑。入职时间越来越长，新人越来越多，感觉自己永远也跟不上时代的步伐，常被复杂的图表搞得晕头转向，怎么也搞不懂那些需要测算的数据，新人信手拈来的软件工作技巧，自己却苦苦摸不到头绪，特别是向领导汇报工作时，经常被批"懒人一个""做得太差了"。最终，只能看着新人一个个地高升，被后浪一次次地拍在沙滩上。

如何是好？

其实，只要搞定常用的办公软件，就会变得很简单。提升工作效率，得到领导赏识，升职加薪，一切都不是梦。

本套丛书将以用好最常用的办公组件 Word、Excel 和 PPT 为目标，采用图文并茂的方式，不仅介绍这些软件的基本功能，给出提高效率的方法，更重要的是，结合现代办公和职场的要求，教会读者优化和美化文稿、表格或者演讲幻灯片，使文稿、表格或者演讲幻灯片变得更加工整、漂亮，甚至令人耳目一新，让你在学习和工作中脱颖而出，占尽先机。

在编写上，本套丛书由浅入深、由易到难、详细且系统地讲解了三大组件的操作技巧，使初学者能够快速掌握 Word、Excel、

PPT 的使用方法、操作技巧、分析处理问题等技能。

在内容上，均以办公软件的实际操作为案例，且注重实用性，使读者在对实际案例进行操作的过程中能够学以致用，熟练掌握三大组件的操作与应用。

在体例上，本套丛书的操作步骤基本都配有具体的操作插图。使读者在学习的过程中，能够更直观、更清晰、更精准地掌握具体的操作步骤和方法，使得枯燥的知识更加有趣，增强了可读性。

同时，本套丛书还开设了"技巧升级"内容板块作为补充，从而大大提高了本书的实用性，助力读者轻松搞定常见的办公软件的应用问题。

总之，在本套丛书的编写过程中，编者竭尽所能地为读者提供更丰富、更全面、更易学的办公软件知识点和应用技能。希望本套丛书能够帮助读者，以最短的时间由入门级菜鸟晋升为商务办公高手。

2020 年 6 月

目　录

扫码点目录听本书

第1章　熟悉PPT用户界面

第2章　PPT基础入门
——建立"员工培训方案"（上）

第3章　PPT基础入门
——建立"员工培训方案"（下）

第 4 章　分节、主题与版式制作
—— "网上花店项目计划汇报"

第 5 章　幻灯片母版
——编制"产品推介会"演示文稿

第 1 章

熟悉 PPT 用户界面

PowerPoint（以下简称 PPT）是目前最专业的演示文稿制作软件之一，利用它可以制作出图文并茂、表现力和感染力极强的演示文稿，并可通过电脑屏幕、幻灯片、投影仪或 Internet 将其发布。下面，我们就来一起熟悉下 PPT 的用户界面。

扫码收听全套图书　　扫码点目录听本书

1.1 开始窗

学过 Word 和 Excel，再看 PPT 的开始窗基本就可以轻车熟路了，页面大体结构相同，只是存在细微的差别。无论是从 Windows 开始菜单还是其他位置的快捷方式打开软件，首先看到的就是如下图所示的开始窗，这一开始窗又可以看作是一个"打开和新建演示文稿"的窗口。

"开始窗"包含的主要操作要素有：

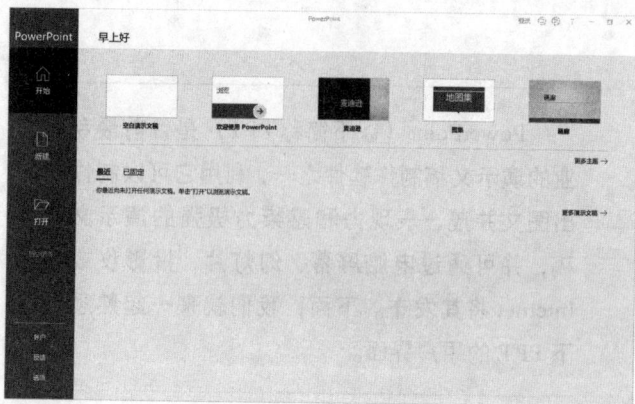

◆新建：即新建空白演示文稿，此处列出了"麦迪逊""图集""画廊"的主题，供用户快捷使用。点击【更多主题】，用户可以看见更多的形式各样的主题，如果 PPT 所提供的主题还不能满足用户的使用需求，还可以在联网的情况下，搜索微软或第三方提供的主题。此外，为了方便用户能够尽快地熟练使用 PPT，此处还提供了"欢迎使用"供用户学习。

◆最近：按照时间形式列出最近使用的演示文稿，点击任何最近使用的演示文稿，即会进入这一演示文稿的编辑页。用户还可以点击【更多演示文稿】，按存储路径去找寻已储存的工作簿。

◆已固定：固定所需文件，方便以后查找。鼠标悬停在某个演示文稿上方时，单击显示的图钉图标。

◆登录：单击【登录】，即会进入 Microsoft 账号的登录界面，用户输入自己的账号后，可以使用一些联网的功能，比如云共享。

1.2 编辑界面

打开已建立的演示文稿，或者新建空白演示文稿后，即可进入"编辑界面"。这是 PPT 最重要的工作界面，日常的主要工作均在这一界面上进行。与 Word 和 Excel 相比，可以看到 PPT 在编辑界面中多了幻灯片/大纲任务窗格。随着组件的不同，编辑区结构改变了以外，其他地方与 Word 和 Excel 编辑界面相比并没有太大的变化。

下面将简单介绍这几个组件的功能。

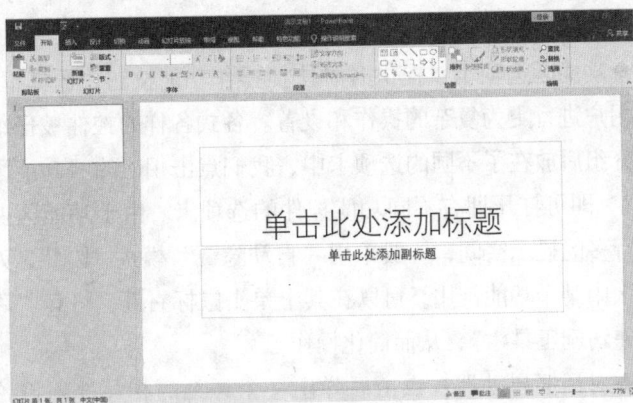

◆编辑窗格：在 PPT 窗口的右上方，幻灯片编辑窗格显示当前幻灯片的大视图。在此视图中显示当前幻灯片时，可以添加文本，插入图片、表、SmartArt 图形、图表、图形对象、文本框、电影、声音、超链接和动画。所有幻灯片都是在这个区域中完成制作的。

◆任务窗格：该窗格是由"幻灯片"和"大纲"选项卡组成，单击相应的标签可以切换到相应的选项卡中。在幻灯片选项卡中显示了演示文稿幻灯片的缩略图，单击某个缩略图可以在右侧的幻灯片编辑窗格中查看和编辑对应的幻灯片的详细内容。同时，在该选项卡中还可以进行幻灯片的排列、添加和删除操作。在"大纲"选项卡中演示文稿以大纲内容的形式被显示，这里是构思文稿内容和拟定大纲的理想场所。

◆文件标签：这是"文件窗"的标签。"文件窗"是一个 PPT 文档操作的集成平台，不仅提供正在操作的 PPT 文档的基本信息展示，还给出了"新建""保存""另存为""打印"等操作，并且提供了"保护演示文稿""检查演示文稿""管理演示文稿"以及组件"选项"等操作的入口。

◆快速访问工具栏：包括"保存""撤销"等按钮，可自定义。当用户点击旁边的下拉按钮时即可新增"新建""打开""打印预览"等功能。

◆功能区选项卡：提供各种快捷操作功能按钮、选择框等，以便用户进行更为复杂的操作和设置。各式各样的控件被仔细分类和分组后放在了不同的选项卡中，我们点击相应的"功能区选项卡"，即可打开拥有不同功能控件的选项卡。由于功能区占用了 4 行多的显示空间，一般采用"自动隐藏"模式。因此，如果功能区中某个功能常用，可以在其上单击鼠标右键，将其"添加到快速访问工具栏"，从而简化操作。

◆对话框启动器：点击后弹出一个详细的相关选项设置窗

口，显示选项卡相关模块更多的选项。选项卡的大多数"组"都具有自己的对话框启动器。

◆状态栏：显示演示文稿或其他被选定的对象的状态，主窗口页面设置状态。

◆备注和批注：位于状态栏的右侧，点击后，可以输入当前幻灯片的备注与批注内容，并在展示演示文稿时进行参考。用户还可以打印备注，将它们分发给观众。如果是在网页上发布的演示文稿，输入备注不仅可以便于制作者参考，还利于观看者理解相应的内容。

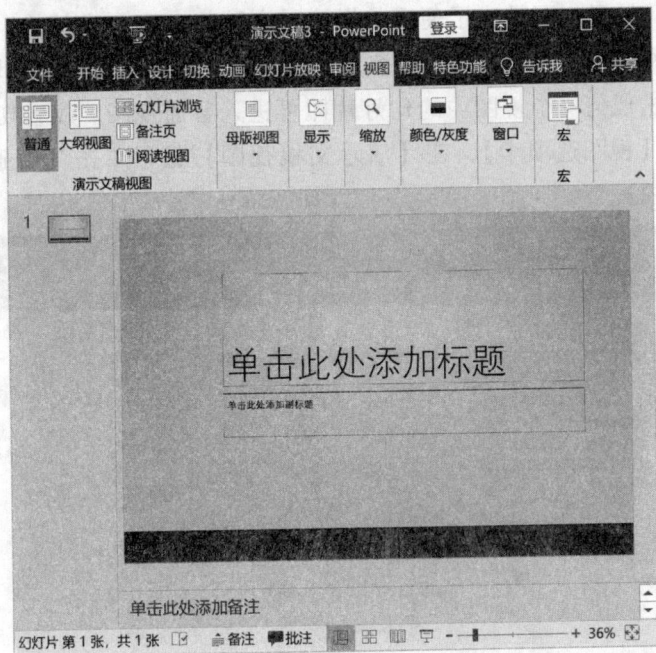

◆视图切换：根据不同的编辑或放映场合的需要，可以在此切换文字（数据）显示区的视图模式。

◆显示比例：可以根据需求调整文字（数据）显示区的显示比例，便于阅读与编辑。

1.3 视图

PPT 中根据不同用户对幻灯片浏览的需求提供了 4 种视图：普通视图、幻灯片浏览视图、备注页视图和幻灯片放映视图。默认情况下，PPT 的视图模式为普通视图。

1. 普通视图

普通视图是为了便于编辑演示文稿的内容而设计的，在此视图中，可撰写或设计演示文稿。该视图有 4 个工作区域，双击任何一个视图中的幻灯片即可进入普通视图。或者切换到【视图选项卡】，在【演示文稿视图】组里单击【普通】选项。

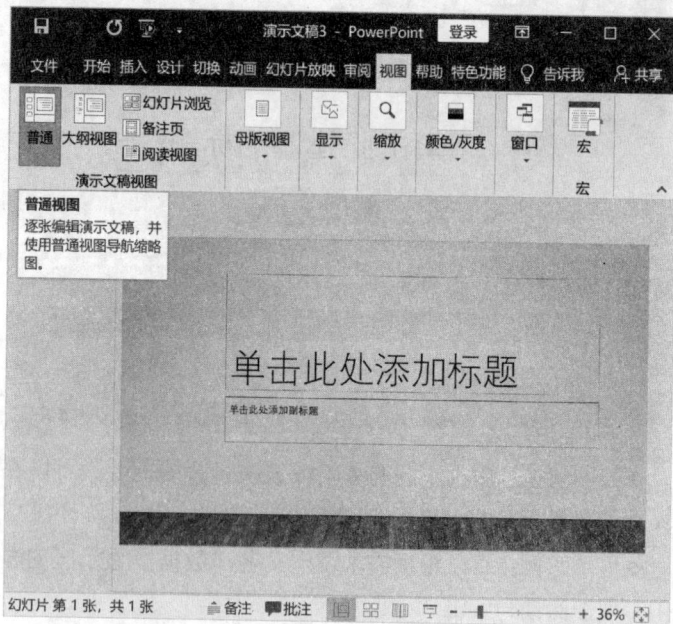

2. 幻灯片浏览视图

幻灯片浏览视图是以缩略图形式显示幻灯片的视图，在【视图】选项卡的【演示文稿视图】组中单击【幻灯片浏览】按钮可切换到幻灯片浏览视图，在该视图中幻灯片呈横向排列，用户可以对演示文稿进行整体编辑，如移动或复制幻灯片等。相对于导航栏，幻灯片浏览视图更直观，内容显示也更清晰，对于幻灯片排序效果更好。

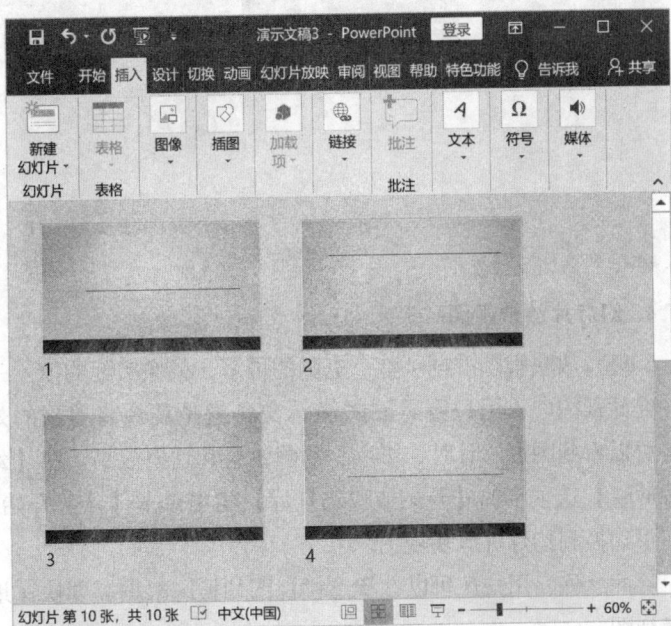

3. 备注页视图

在备注页视图中，用户可以在备注窗格中根据工作需要输入相关的备注内容，该窗格位于普通视图中幻灯片编辑窗格的下方。如果要以整页格式查看和使用备注，切换到【视图】选项卡，在【演示文稿视图】组中单击【备注页】按钮，效果如下图所示。

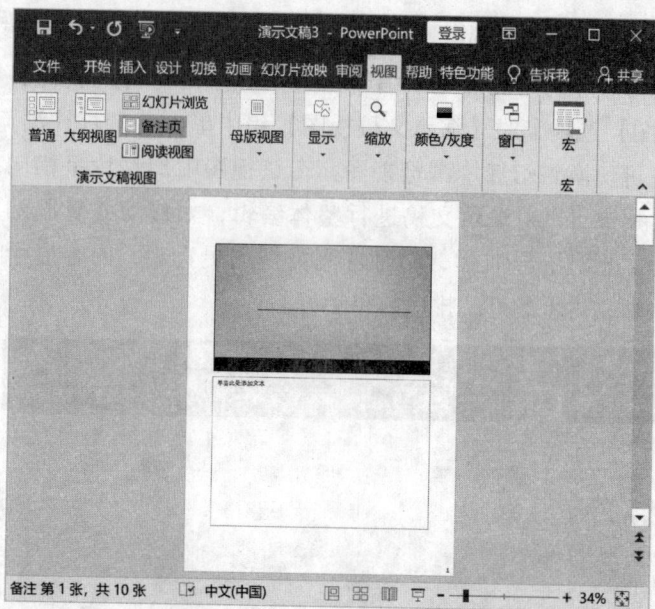

4. 幻灯片放映视图

幻灯片放映视图占据了整个电脑的屏幕，就像实际的演示一样。在此视图中，用户所看到的演示文稿就是观众将看到的效果。可以看到图形、计时、影片、动画效果和切换效果。在【幻灯片放映】选项卡的【开始放映幻灯片】组中单击【从头开始】按钮可切换到幻灯片放映视图。

除此之外，用户还可以在状态栏视图切换区根据需要快速地切换视图。

第 *2* 章

PPT 基础入门
——建立"员工培训方案"
（上）

演示文稿即 PPT 文档，其基本操作与
Word 和 Excel 类似，也包括新建、保存或另
存为、页面设置和文件加密等。

2.1 新建演示文稿

创建演示文稿是制作幻灯片的第一步，用户既可以新建一个空白演示文稿，也可以创建一个基于主题的演示文稿。在 PPT 中内置了一些主题供用户选择使用，除此之外，还可联机搜索所需的主题。

1. 新建空白演示文稿

具体步骤

Step1：通常情况下，每次启动 PPT 后，系统会默认进入【开始窗】，点击【空白演示文稿】。

Step2：即会新建一个名为"演示文稿 1"的空白演示文稿，如下图所示。

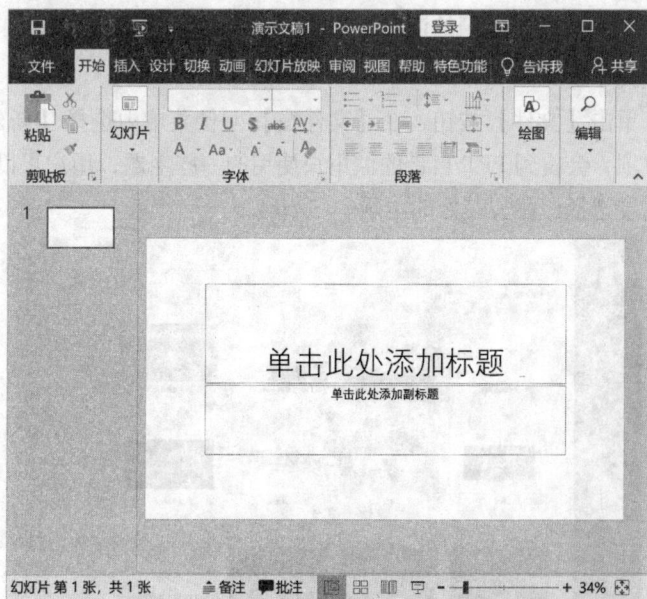

Step3：单击【文件】按钮，在【文件窗】左侧菜单中选择【新建】菜单项，在【文件窗】列表框中选择【空白演示文稿】选项，也可以新建一个空白演示文稿。

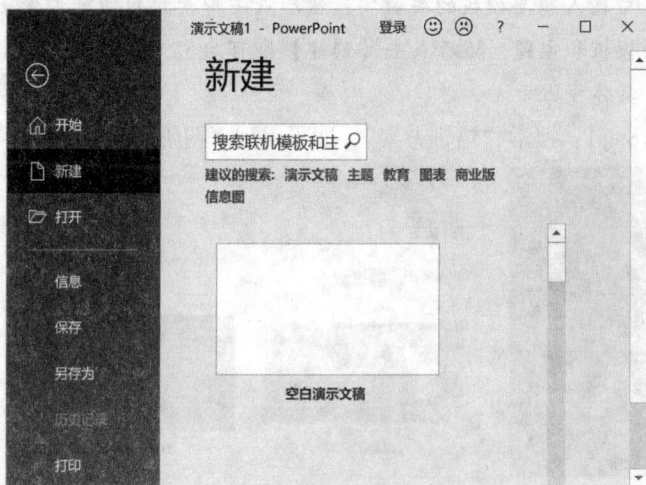

2. 创建基于主题的演示文稿

具体步骤

单击【文件】按钮，在【文件窗】左侧菜单中选择【新建】菜单项，会看到 PPT 自带的供用户使用的一些主题，用户可以根据需要选择已经安装好的主题。

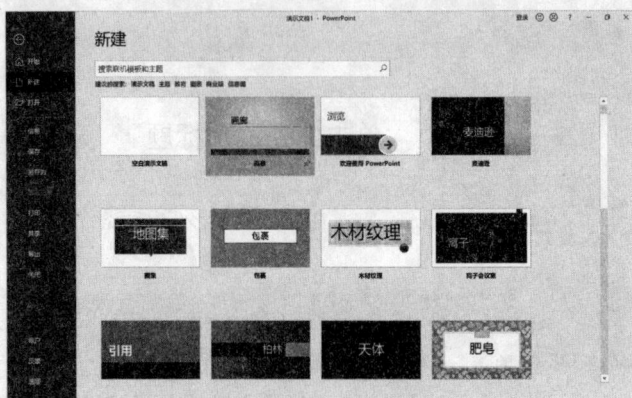

TIPS：

如果用户想要使用更多的模板，可以在"搜索联机模板和主题"中输入想要模板的关键字，然后点击搜索按钮即可搜索出相关的模板和主题，随后点击【创建】即可。

具体步骤

Step1：搜索"培训方案"，即可得到下图所示的模板。

Step2：点击【经典公司教学】弹出其主题对话框，点击【创建】，即可以创建"经典公司教学"演示文档。

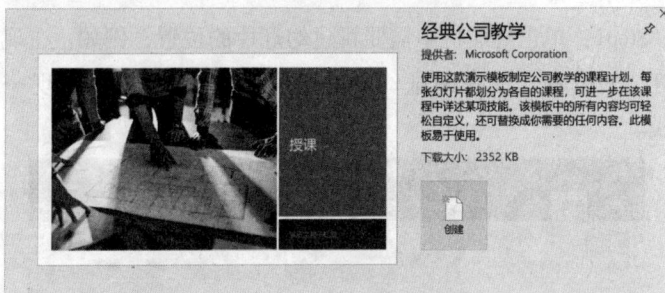

2.2 新建幻灯片

幻灯片是演示文稿的基本组成部分，幻灯片主要通过导航栏插入法和通过"插入"选项卡新建两种方法创建。

1. 新建封面

在新建演示文稿的编辑窗口中，光标一般停留在导航栏的起始页上，等待我们开始编辑演示文稿的第一张幻灯片：封面。如果是通过模板或主题新建的演示文稿，第一页会有一个封面的样本供用户使用，用户只需在相应的文本框输入标题等文字即可，如图所示。

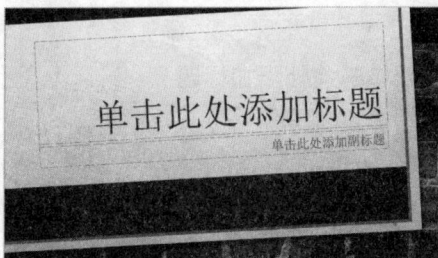

2. 导航栏插入法

具体步骤

Step1：单击导航栏中需要新建幻灯片的位置，例如，在现有幻灯片的最后（或者两张幻灯片之间），此时系统即出现一条红线。

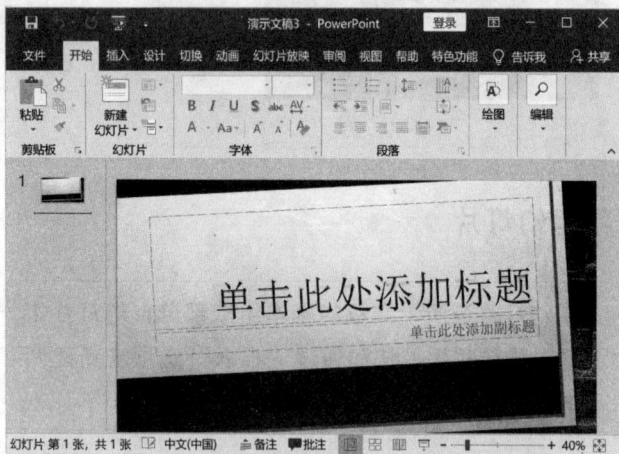

Step2：按【Enter】键，PPT 即会自动在此位置新建一张幻灯片。

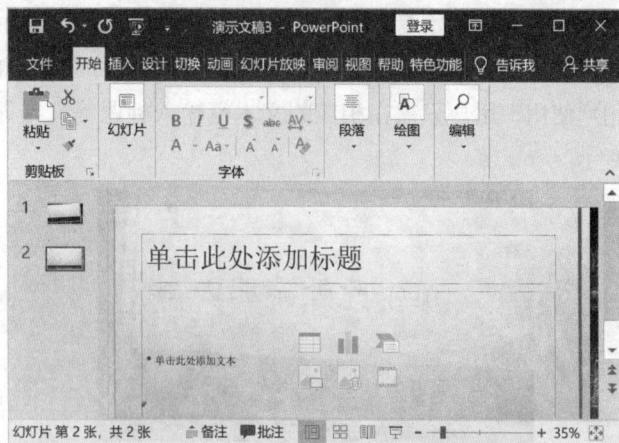

TIPS:

在导航栏点击鼠标右键，系统会弹出一个小的右键菜单，在这个小菜单中也可以实现新增幻灯片的操作。

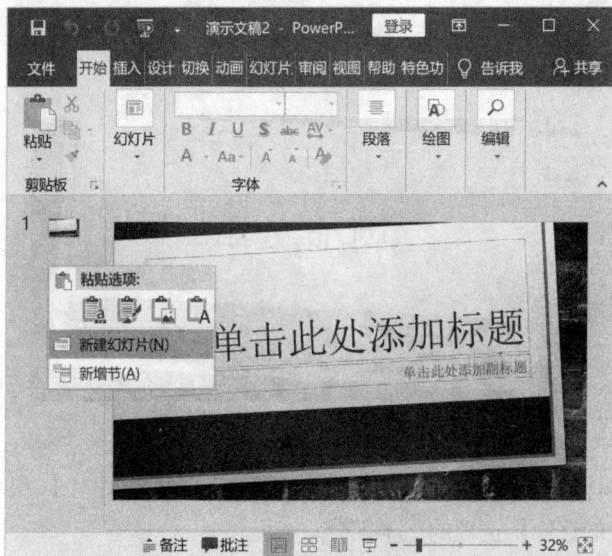

TIPS:

占位符只是一个编辑工具，在放映时不会显示，所以，占位符一般由虚线边框所标识。此新创建的幻灯片中的"标题框"和"文本框"就是两个占位符。在"文本框"中又有一些虚化的对象插入按钮，点击任何一个按钮，系统会提示弹出相应的对象插入窗口，方便用户快速插入其他对象。

3. 通过"插入"选项卡新建幻灯片

这是典型的对象插入方法。由于新建幻灯片属于常用功能，所以，不仅在"插入"选项卡具有这一功能，在"开始"选项卡也具有这一功能。

具体步骤

Step1：单击导航栏中需要新建幻灯片的位置。例如，现有幻灯片的最后或者两张幻灯片之间，系统即会在此画出一条红线。

Step2：切换到【插入】选项卡，点击【幻灯片】组中的【新建幻灯片】选项的上半部分。

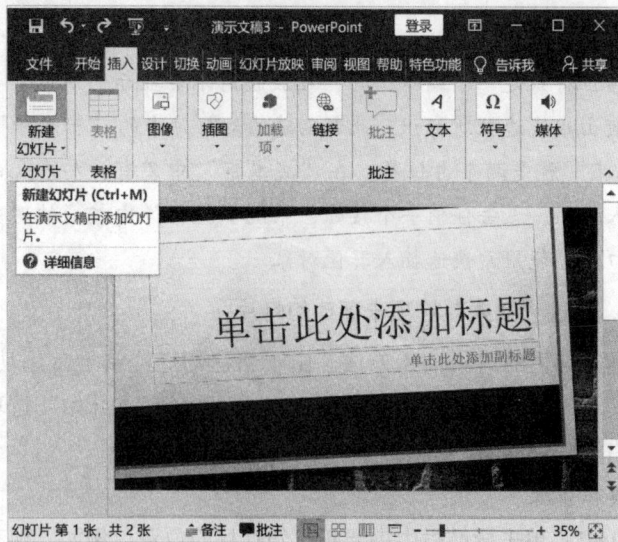

Step3：PPT 即会自动在此位置新建一张幻灯片，效果如图所示。

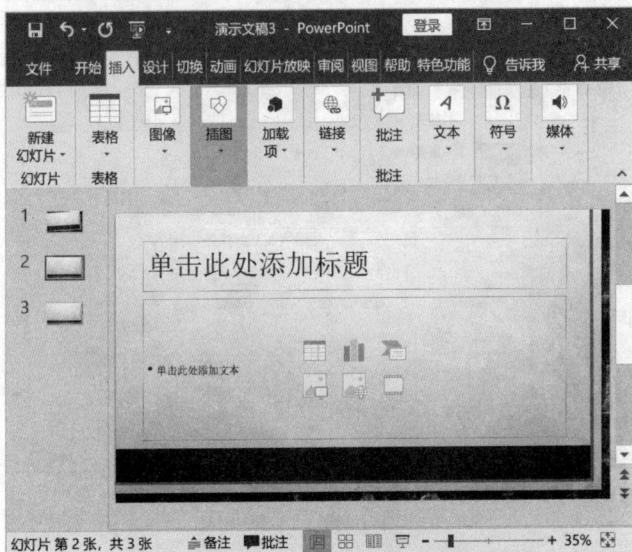

TIPS：

除此之外，也可以在【开始】选项卡的【幻灯片】组中点击【新建幻灯片】选项的上半部分来新建幻灯片。PPT 还提供了许多主题版式供用户使用，这些主题对幻灯片的基本布局有一定的安排，可以保证用户快速高效地建立具有一定布局的新幻灯片。点击【新建幻灯片】选项的下半部分即可以显示出来，如下图所示。

技巧升级：

演示文稿风格如何统一？

1. 将那些每张幻灯片共有的信息放入幻灯片母版，采用一定的母版后，就可在新建幻灯片时获得这些信息。

2. 在【新建幻灯片】下拉列表的【复制选定幻灯片】选项，可以保证整个演示文稿风格统一，并且，每一个幻灯片中都需要拥有的某些元素，如单位名称、LOGO 等，都可直接复制下来。

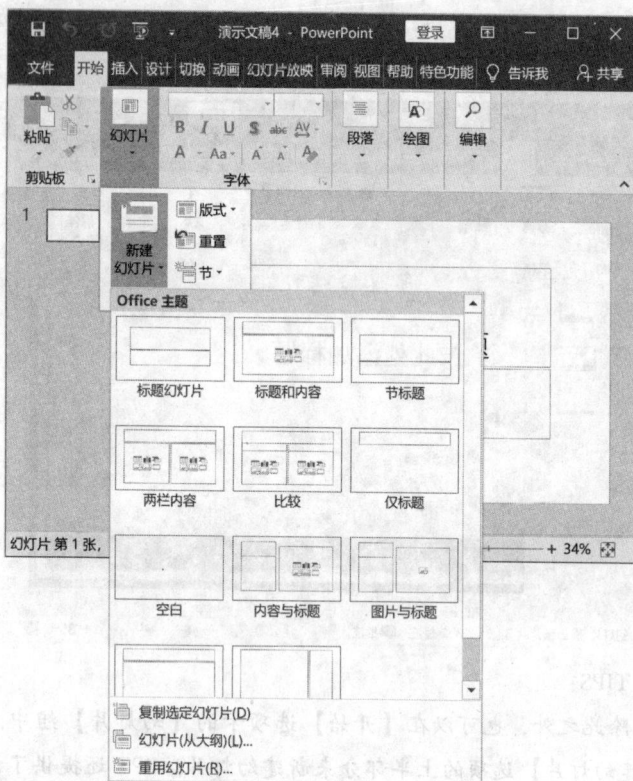

2.3 纵横比

在 PPT 的实际使用过程中，最为常见的问题就是创建演示文稿时的纵横比与实际播放时的纵横比不符，造成播放幻灯片时各种元素都发生错位，使得演示效果大打折扣。这主要是由于目前主流的显示器（16∶9）与主流的投影器材（4∶3）的纵横比不符造成的。

目前国内大多数演示环境还是以 4∶3 为主，所以，本书后面的例子多数是 4:3 的纵横比。由于，PPT 创建演示文稿后的纵横比是 16:9，所以，在此，我们要先将其改为 4:3。

具体步骤

Step1：切换到【设计】选项卡，在【自定义】组中点击【幻灯片大小】选项，在下拉菜单中选择【标准（4:3）】选项。

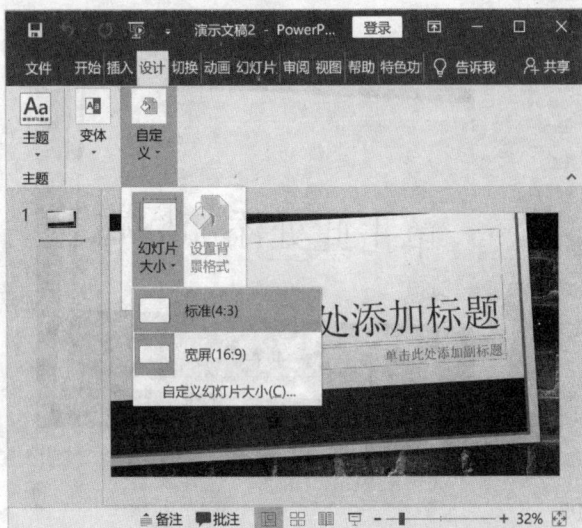

Step2：弹出【Microsoft PowerPoint】对话框，提示"您正在缩放到新幻灯片大小。是要最大化内容大小还是按比例缩小以确保适应新幻灯片？"

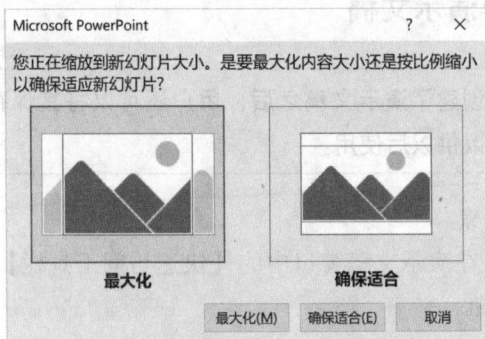

Step3：根据实际需要选择即可，在此选择【确保合适】，效果如图所示。

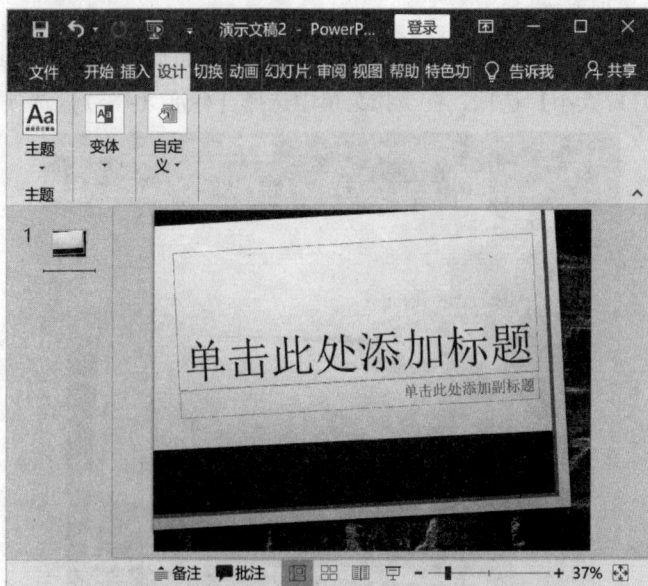

TIPS：

这里更改的纵横比是针对整个演示文稿的，即更改后，本演示文稿的所有幻灯片将采用这一纵横比。

2.4 保存演示文稿

创建了演示文稿之后，用户还可以将其保存起来，以供以后使用。

具体步骤

Step1：在演示文稿窗口中的【快速访问工具栏】中，单击【保存】按钮。

Step2：弹出【另存为】对话框，在保存范围列表框中选择合适的保存位置，然后在【文件名】文本框中输入"员工培训方案"。设置完毕，单击【保存】按钮即可。

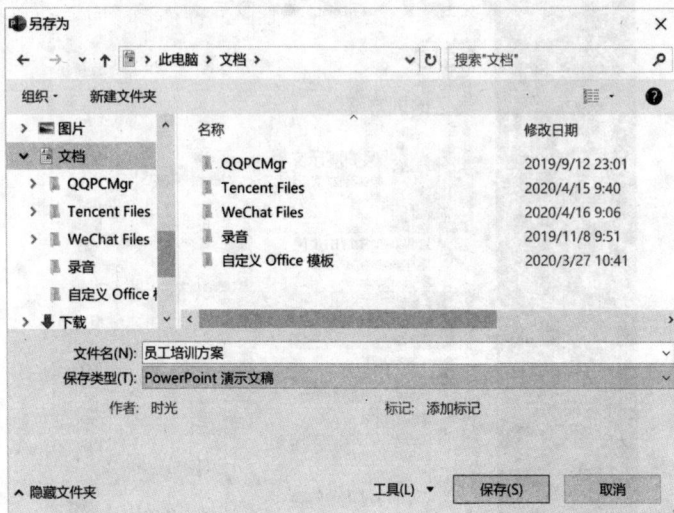

TIPS：

如果对已有的演示文稿进行了编辑操作，可以直接单击快速访问工具栏中的【保存】按钮保存文稿。如果要将已有的演示文稿保存在其他位置，可以在演示文稿窗口中单击【文件】按钮，在【文件窗】左侧的菜单中选择【另存为】菜单项进行保存即可。

2.5 加密演示文稿

为了防止别人查看演示文稿的内容，可以对其进行加密操作。本小节设置的密码均为"ABC DEFG"。

具体步骤

Step1：在演示文稿中，单击【文件】按钮，进入【文件窗】，在左侧菜单中选择【信息】菜单项，然后单击【保护演示文稿】按钮。在弹出的下拉列表中选择【用密码进行加密】选项。

Step2：弹出【加密文档】对话框，在【密码】文本框中输入"ABCDEFG"，然后单击【确定】按钮。

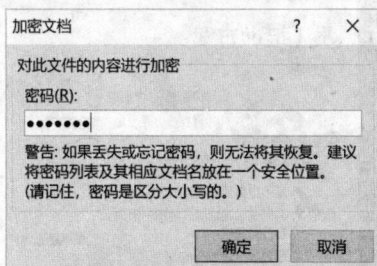

Step3：弹出【确认密码】对话框，在【重新输入密码】文本框中输入"ABCDEFG"。设置完毕，单击【确定】按钮即可。

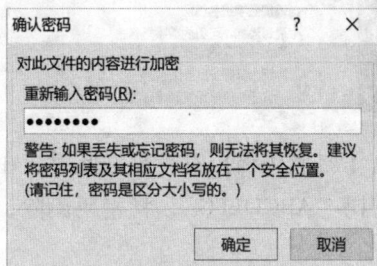

Step4：保存该文档，再次启动该文档时将会弹出【密码】对话框。在【输入密码以打开文件】文本框中输入密码"ABCDEFG"，然后单击【确定】按钮即可打开演示文稿。

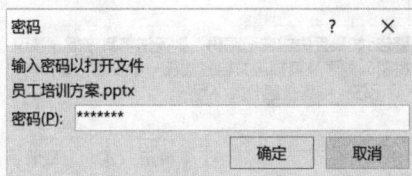

Step5：如果要取消加密演示文稿，单击【文件】按钮，进入【文件窗】，在左侧菜单中选择【信息】菜单项，然后单击【保护演示文稿】按钮。在弹出的下拉列表中选择【用密码进行加密】选项。

Step7：弹出【加密文档】对话框。此时，在【密码】文本框显示设置的密码"ABCDEFG"，将密码删除，然后单击【确定】按钮即可。

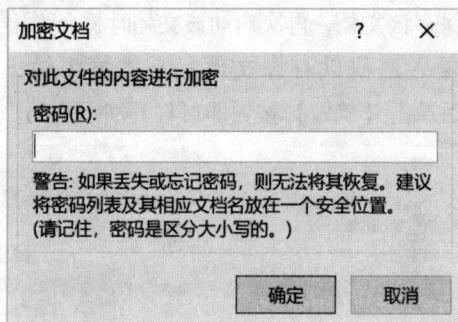

2.6 审阅与批注

审阅与批注的方法与 Word 文档的审阅批注类似。审阅是一个对 PPT 演示文稿进行批注，在不改变幻灯片本身内容的基础上由编撰者或者团队成员给出"应答式"意见的功能。批注主要指编撰者对幻灯片内容进行说明给出进一步意见的支持性文字。

审阅与批注在放映时均不会被显示，添加审阅和批注的方法如下。

具体步骤

Step1：切换到【审阅】选项卡，在【批注】组中单击【新建批注】按钮。

Step2：在窗口右侧弹出【批注】任务栏。单击【批注】文本框，即可输入想要批注的内容。按下【Enter】键后，随即显示

出【答复】对话框，输入想要答复的内容即可。

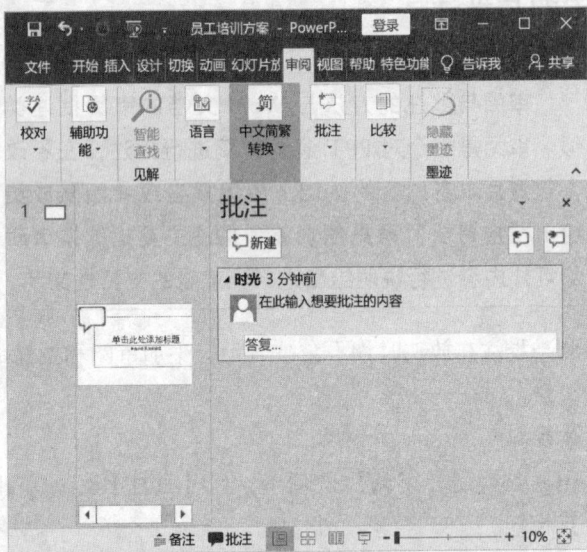

Step3：单击【新建】按钮，即可以插入新的批注。效果如图所示。

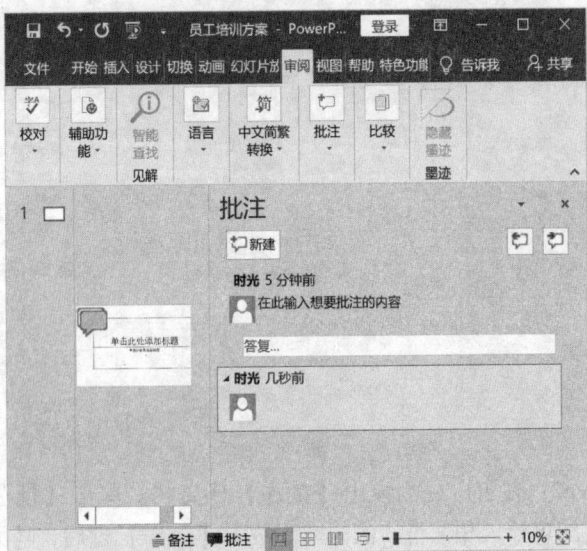

第*3*章

PPT 基础入门
——建立"员工培训方案"
（下）

新的演示文稿创建完成后，就要对每页的幻灯片进行内容填充、版式设计等具体的操作。

3.1 幻灯片的要素

幻灯片的要素比较多，以形式和内容来划分幻灯片要素是最常见的分类方式。

1. 形式要素

从形式上而言，幻灯片的要素包括：背景、版式、切换方式和动画设计。

背景即一张幻灯片的外观底色，版式主要表现为幻灯片的内容布局，而切换方式决定了幻灯片的进入、退出的动态模式，动画设计则定义了各种内容出现的方式和次序。因此，在制作演示文稿时，首先，应该选择合适的背景主题，然后，设计美观的、能够反映内容主题的版式，最后，设置好放映切换和动画。

2. 内容要素

从内容上而言，幻灯片的要素包括：标题文字、内容文字、适当的形状、图片、图表、表格等。下面我们逐个说明一些主要内容元素对象的插入或创建。

3.2 文本框建立与编辑

文本框是 PPT 演示文稿中最常用的对象，它可以将文字组织成"文字块"和其他图片或形状等对象进行合理安排。PPT 将文本框大致分为标题文本框和文字文本框。

建立文本框一般可以通过【插入】选项卡的【插入文本框】功能来实现，还可以通过【复制】功能来实现。

1. 插入文本框

插入文本框时，文本框的位置和大小主要通过鼠标的点击和拖拽完成。

具体步骤

Step1：切换到【插入】选项卡，在【文本】组中点击【文本框】按钮，在弹出的菜单中选择【绘制横排文本框】或者【竖排文本框】选项。

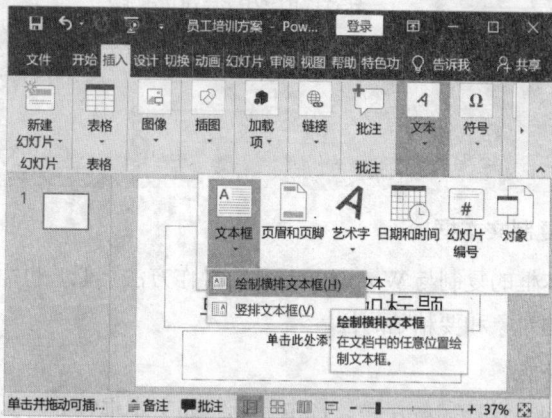

Step2：鼠标就变为一个向下的小箭头，按下鼠标后则变成可以通过拖拉绘出文本框范围大小的十字形，将其拉伸到需要的大小。

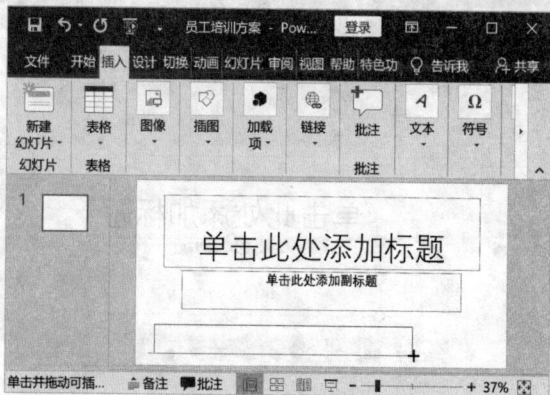

Step3：松开鼠标左键，光标即停留在文本框内变成输入状态，同时自动切换到【开始】选项卡，以便用户调整文本格式。

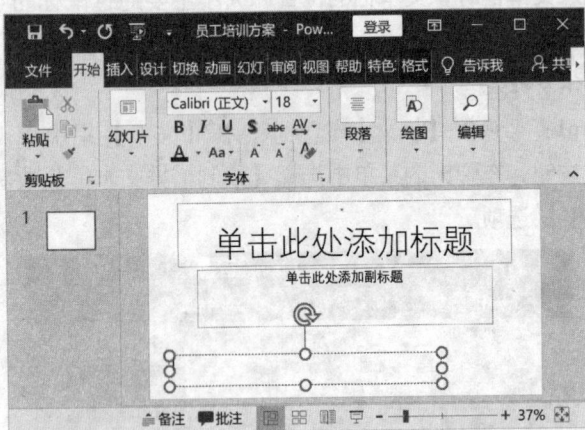

2. 复制文本框

文本框的复制与 Word 和 Excel 的操作方法类似，也需要选中要复制的对象和要粘贴的位置。

具体步骤

Step1：单击鼠标左键，选中要复制的文本框，此时文本框进入编辑状态。

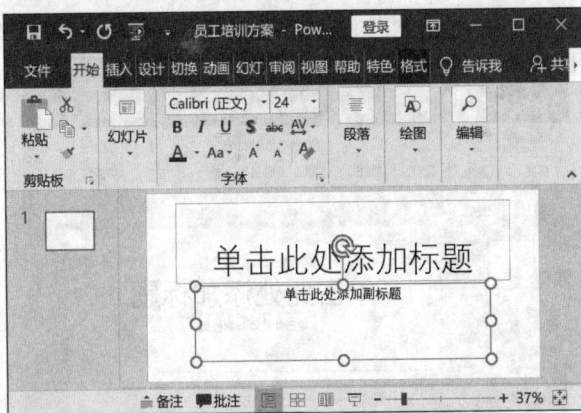

Step2：单击鼠标右键，在弹出的菜单里选择【复制】选项。

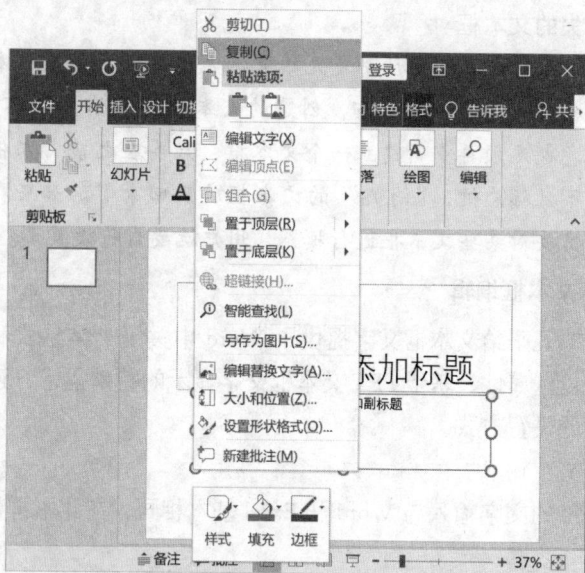

Step3：选中要复制的位置，单击鼠标右键，在弹出的菜单里选择【粘贴】选项即可，效果如图所示。

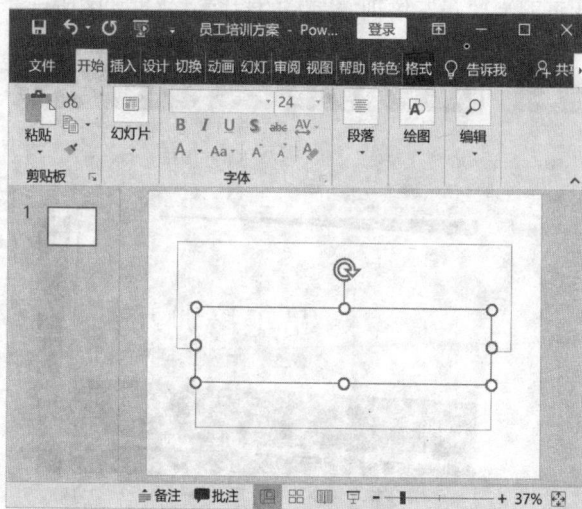

技巧升级：

消失的文本框

PPT 中的文本框默认都是无填充、无边框的，如果文本框建立后鼠标又点到了别的地方，创建的文本框就"消失"不见了，不用着急也无须再重新建立一个文本框，只要在之前文本框的位置点击下鼠标左键，"消失"的文本框就又回来了。如果在使用过程中需要对某些文本框进行填充，用户就要自行设置了。

3. **文本框编辑**

PPT 几乎给文本框文字提供了 Word 中关于文字格式和段落的所有设置属性，基于 PPT 文本框文字显示的特殊需求，还给出了更多的设置方式。

◆文字输入

PPT 的文字输入与 Word 和 Excel 基本相同，在此不再赘述。

具体步骤

Step1：打开本实例演示文稿，将标题填写为"员工培训方案"，副标题填写为"全面提升公司员工的综合素质和业务能力"，此页即为"员工培训方案"的封面，效果如图所示。

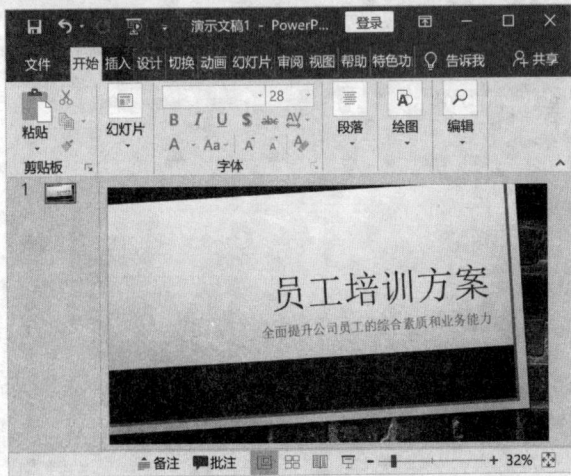

Step2：在新建的幻灯片中，添加"员工培训方案"第一部分内容的标题"总体目标"和相关内容。在此，可以根据 Word 中所讲述的方法对标题和内容中的文字根据需要进行相关的设置。在此提醒大家，PPT 演示文稿的主要目的就是放映演示。因此，建议用户将字号设置的大一些，字体用那些更醒目的，从而达到良好的放映效果。

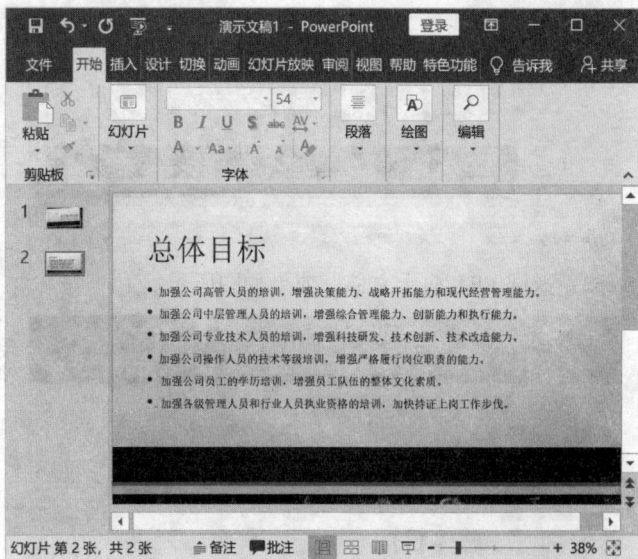

◆设置行距

PPT 的主要作用就是演示，因此图文清晰、美观、易读就极为重要。与 Word 和 Excel 相比，行距的设置在 PPT 的使用中更为常用也更为重要。

方法1▶利用"开始"选项卡设置行距

具体步骤

Step1：选中文本框文字，切换到【开始】选项卡，在【段落】组中点击【行距】按钮，在下拉菜单中选择需要的行距值即可。在此，我们选择【1.5】。

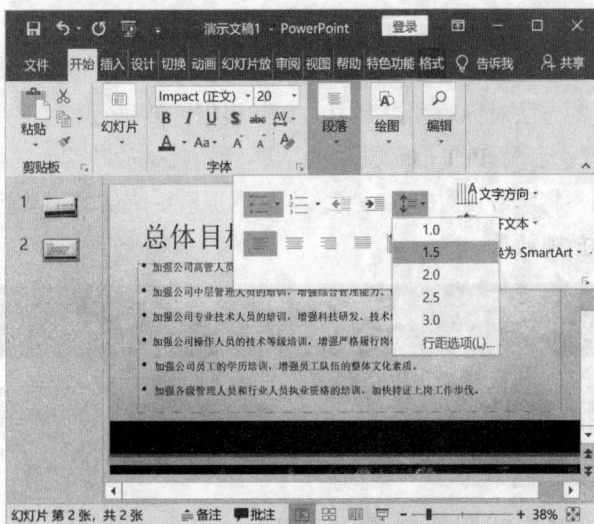

Step2：返回 PPT 演示文稿，效果如图所示。

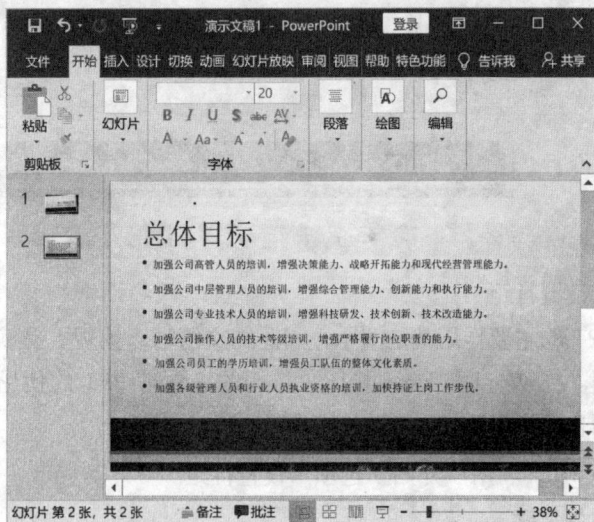

TIPS：

如果下拉菜单中的五种行距中没有需要的值，可以点击【行距选项】，弹出【段落】对话框，在【间距】组中【行距】的下拉菜单中选择【多倍行距】，在其右侧填入想要的行距值即可。

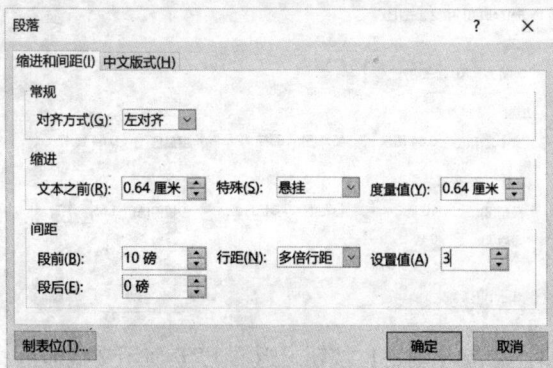

方法2 利用鼠标右键设置文本行距

具体步骤

Step1：选中文本框文字，单击鼠标右键，在弹出的菜单中选择【段落】选项。

Step2：弹出【段落】对话框，在【间距】组中【行距】的下拉菜单中选择【多倍行距】，在其右侧填入想要的行距值即可。在此，我们输入【1.65】。

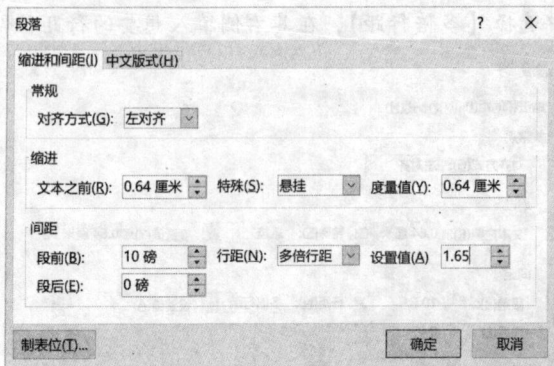

Step3：点击【确定】按钮，返回 PPT 演示文稿即可。

◆设置文字方向

在 PPT 的具体演示应用中，有时需要改变文字方向，例如将横排的文字转换为竖排或者按一定度数旋转等，PPT 对此提供了简捷的"一键式操作"模式。

具体步骤

Step1：选中文本框，切换到【开始】选项卡，在【段落】组中点击【文字方向】选项，在下拉菜单中选择【竖排】。

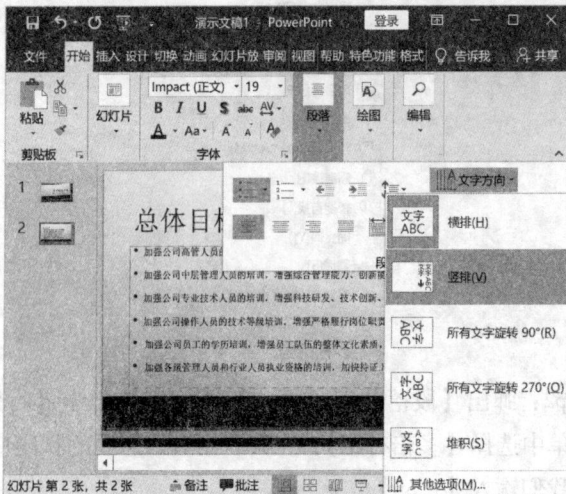

Step2：设置完成，效果如图所示。

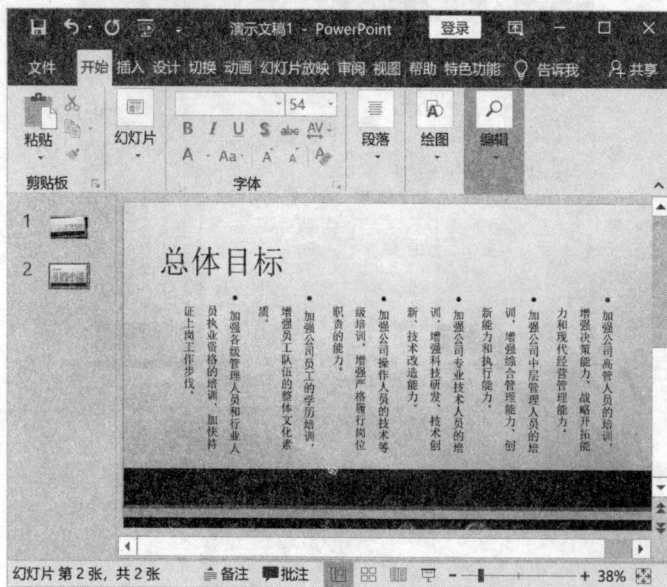

3.3 形状的插入与复制

与 Word 和 Excel 不同，在 PPT 中，"形状"是一种常用的图形元素，一般用于表达不同内容的含义、分割区域或者吸引注意力等。

幻灯片中的"形状"主要通过两种方法获得：插入和复制。

1. 插入形状

具体步骤

Step1：切换到【插入】选项卡，在【插图】组中点击【形状】选项，在下拉菜单中选择【矩形：菱台】。

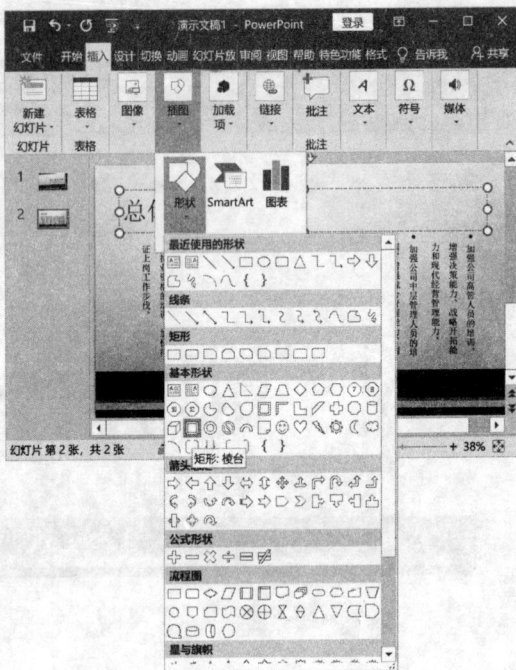

Step2：此时鼠标指针变成 **十** 状，在想要添加的位置上，拖拉 **十** 字形鼠标指针到需要的大小，松开鼠标左键，一个菱台形状就添加到指定的位置了。

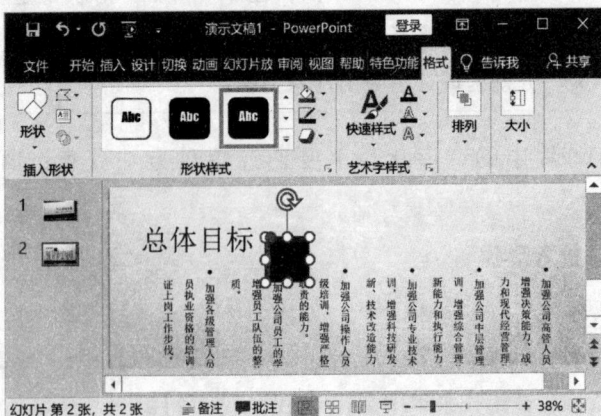

Step3：如果对图形大小和位置不满意，还可以进行调整。在此，我们将其缩小一点并放到主标题的右侧，设置完毕，效果如图所示。

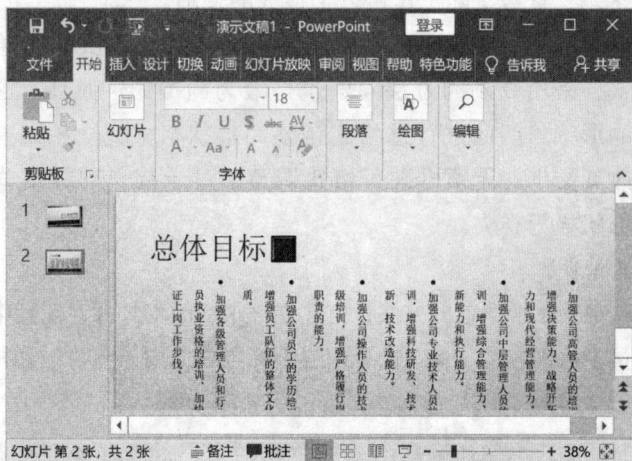

TIPS：

这些插入的形状都可以通过点击鼠标右键，然后在右键菜单中选择【编辑文字】，为其添加合适的文字。在此，我们添加阿拉伯数字"1"。

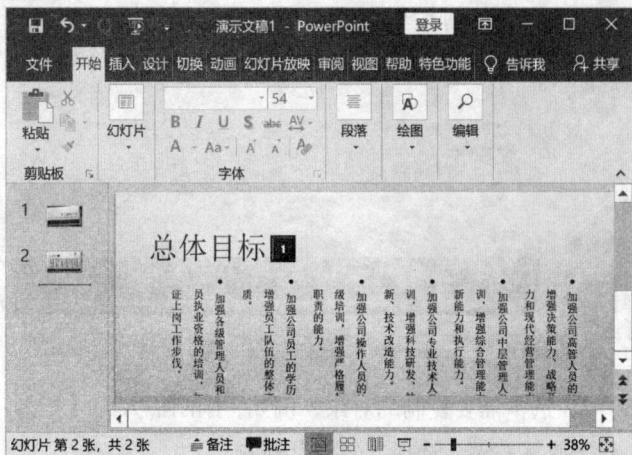

2. 复制形状

无论在 Word 中，还是在 Excel 中，复制都是极为常用的功能之一，它给实际工作带来了很大的便捷。

在插入一个形状后，如果需要在幻灯片中再次插入相同的形状，采用复制的方法同样也是最为简捷的，而且，这样获得的形状与前面进行过格式调整的形状格式完全相同，只需修改其文字，无须再进行格式调整，对于制作同样格式的多个形状极为省力。

具体步骤

Step1：按照之前的方法，再建立一个新的幻灯片，在其中输入"员工培训方案"第二部分内容的标题"原则与要求"和相关内容。

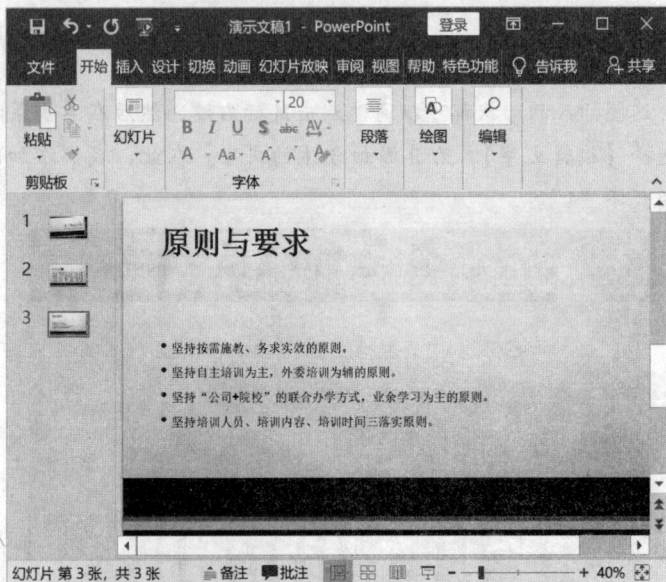

Step2：选中需要复制的对象，例如，刚刚插入的【矩形：菱台】，点击鼠标右键，选择【复制】选项。

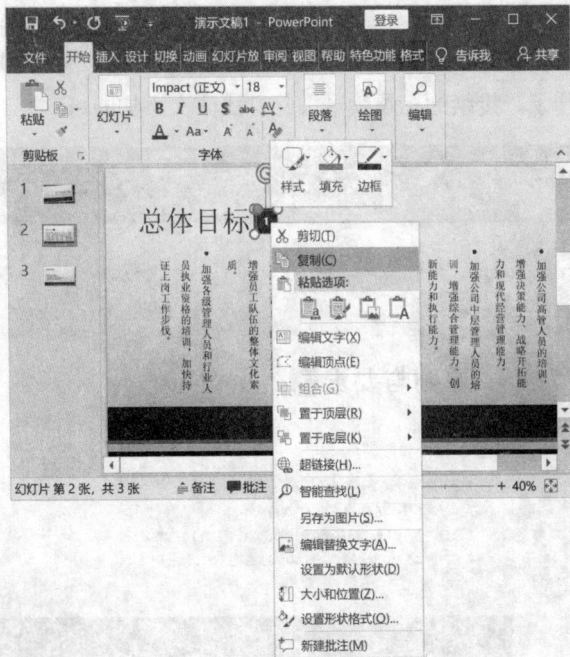

Step3：切换到"原则与要求"幻灯片，点击鼠标右键，在右键菜单中选择【使用目标主题】粘贴，效果如图所示。

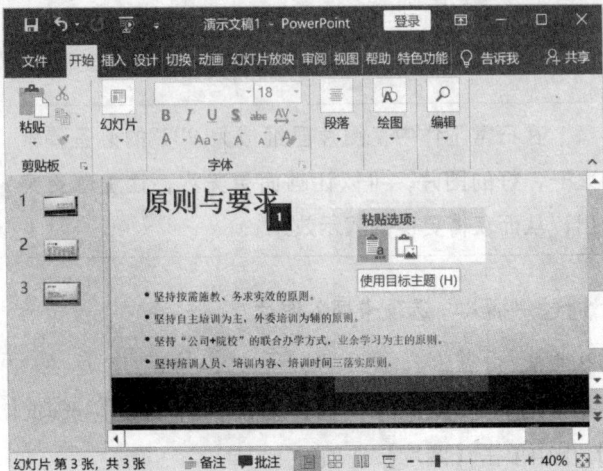

Step4：将其调整到适合的位置，然后点击【矩形：菱台】中的文本框，将"1"修改为"2"。此时，标题的序号就生成并可以区别开了，接续的标题续号按此方法依次添加即可。

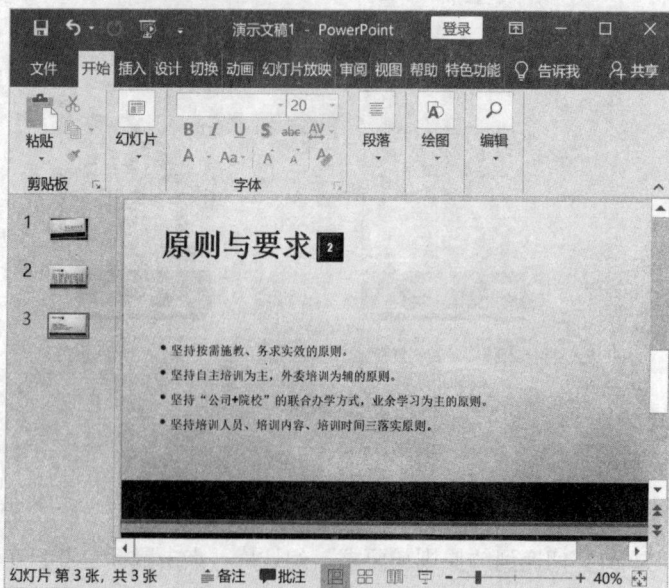

3.4 图片的插入

在日常工作中，图片已经成为 PPT 的必备要素之一，好的图片，可以让画面更美观，让主题更突出，从而获得更佳的演示效果。

1. 通过"插入"选项卡插入图片

具体步骤

Step1：打开本实例的封面，切换到【插入】选项卡，在【图像】组中单击【图片】选项。

Step2：弹出【插入图片】对话框，根据存储路径，选择要插入的图片即可。在此，我们选择"封面图片"。

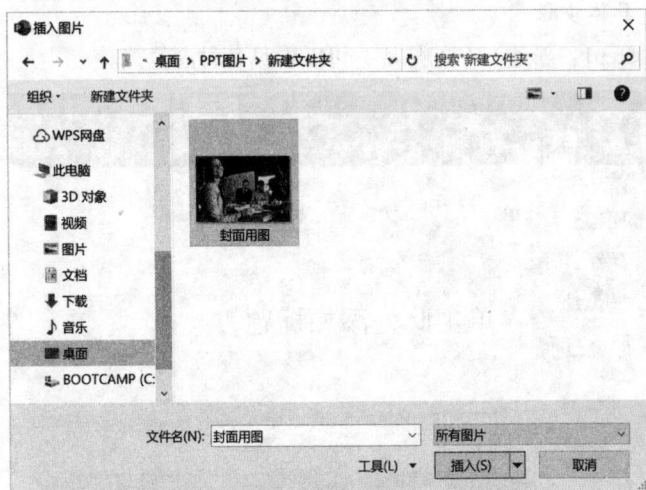

Step3：点击【插入】按钮，返回 PPT 演示文稿，图片已经插入到幻灯片当中。调整图片的大小并放到需要的位置即可。

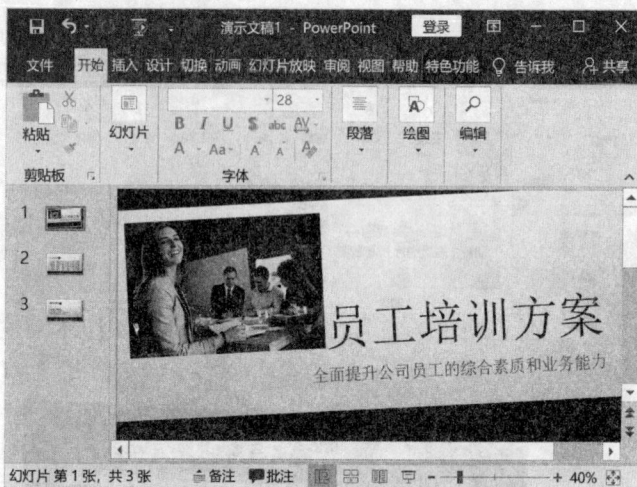

2. 通过占位符功能插入图片

在建立 PPT 文稿或者是插入幻灯片时，系统会提示选择某一版式，这些版式中占位符中就预设了插入图片的操作。

具体步骤

Step1：新建一个幻灯片，可以看见各种占位符。

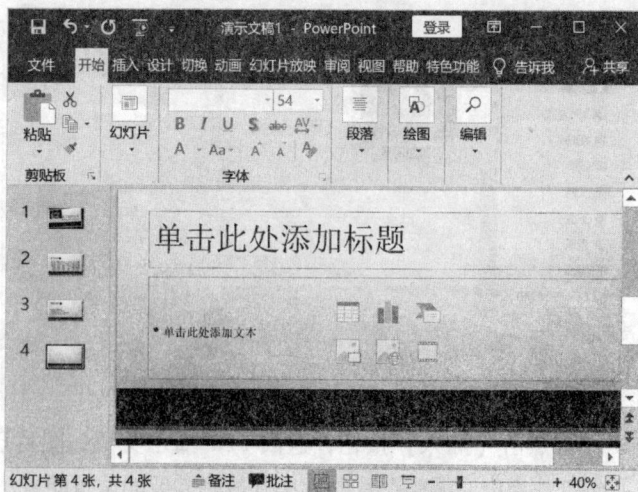

Step2：单击占位符中的【图片】按钮，弹出【插入图片】对话框。

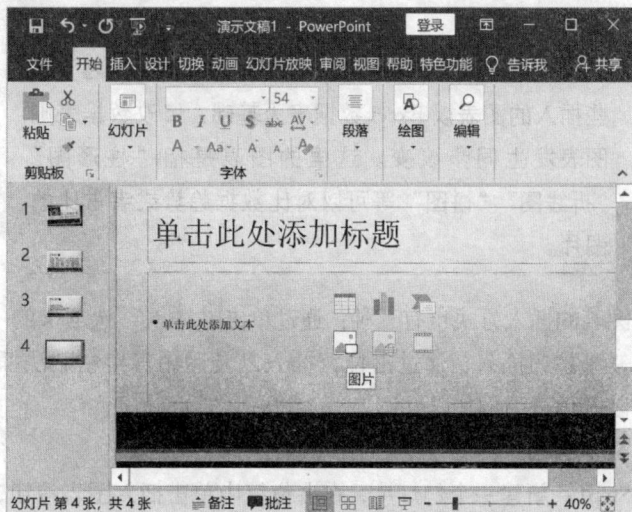

Step3：根据存储路径，选择要插入的图片，将插入的图片调整到适合的大小并放到需要的位置即可。同时，将此页输入"员工培训方案"第三部分内容的标题"培训内容与方式"和相关内容。

3.5 图表的插入与调整

> 这个部分与 Excel 部分的内容息息相关，因为这些插入的图表以 Excel 数据表为基础，修改数据表则图表发生同步改变。这里的图表是指"柱形图""折线图""饼图"等可以对比数据趋势或者占比的图片。

图表的插入方式也有三种：通过单击"插入"选项卡的"图表"功能按钮插入、通过占位符插入以及运用直接粘贴法插入。这里以占位符为例加以介绍。

具体步骤

Step1：新建一个幻灯片，在占位符中单击插入图表按钮，弹出【插入图表】对话框。

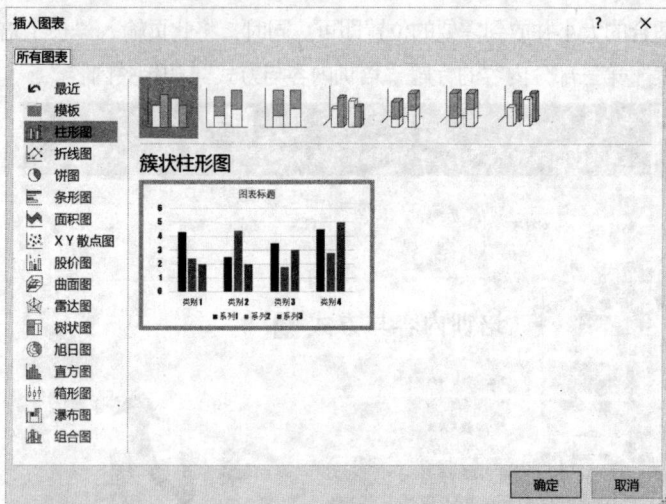

Step2：选择合适的图表，在此，我们选择【三维饼图】，单击【确定】按钮。

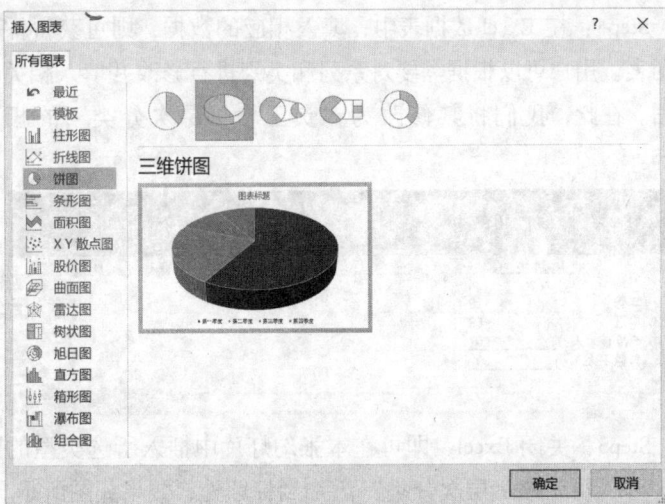

Step3：系统即在演示文稿中插入了一个图表，同时打开了一个临时的 Excel 数据表，供用户调整数据。

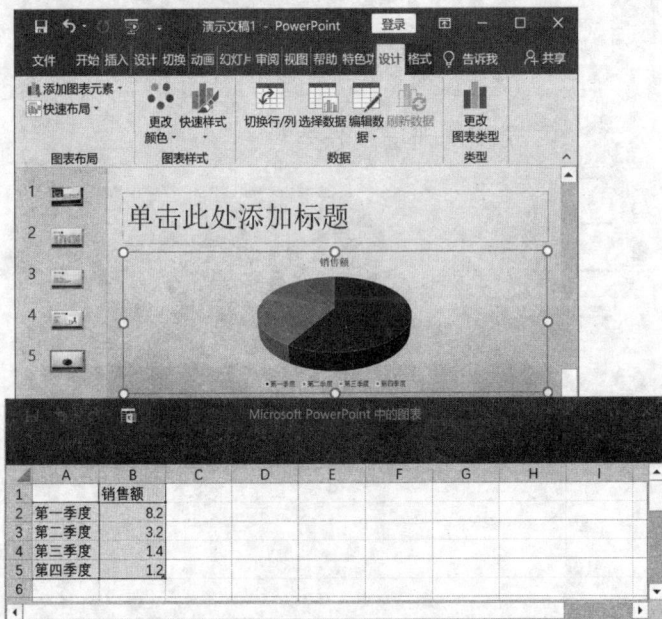

Step4：在 Excel 数据表中，填入相应的数据，则可获得需要的图表。用户可以根据需要对系列和类别进行修改并填入相关的数据。在此，我们将其修改为"员工培训层次分类"的相关内容。

Step5：关闭 Excel，即可在本张幻灯片中插入所选类型的图表，将"员工培训层次分类"添加到标题处，效果如图所示。

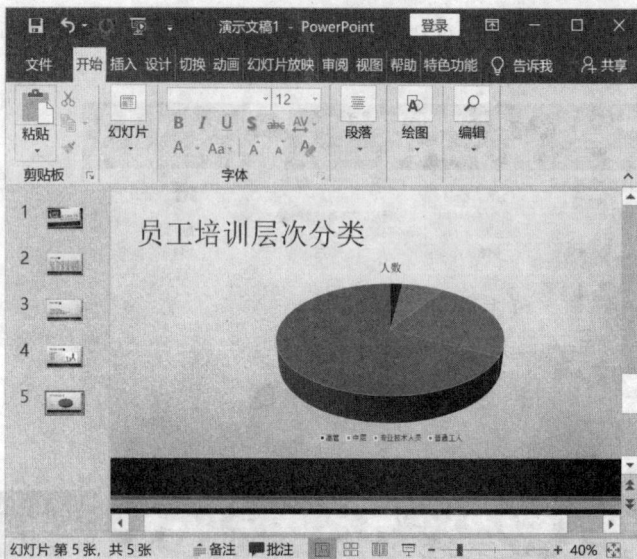

3.6 表格的插入与调整

> 表格是一种工整的信息对照方式，在幻灯片演示的时候，可以让观者的感觉更为直观，可以说，它也是演示文稿中不可或缺的应用对象。

在幻灯片中插入表格的方法很多，下面我们就挑选两种简单实用的方法介绍给大家。

◆通过"插入"选项卡创建

具体步骤

Step1：新建一张幻灯片，切换到【插入】选项卡，点击【表格】功能按钮，系统打开可视化的表格创建下拉窗。

Step2：将鼠标在窗格上按住并拖拽，拖拽出需要的范围后松开鼠标，即可在幻灯片中插入表格。

◆通过"插入表格"功能创建

具体步骤

Step1：切换到【插入】选项卡，点击【表格】，在下拉菜单中选择【插入表格】。

Step2：弹出【插入表格】对话框，在【列数】和【行数】分别填入需要的数字，点击【确定】即可。

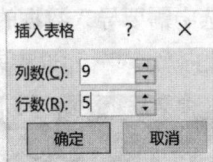

TIPS：

插入表格后，即可在表格中进行数据输入，文字字体、字号、对齐方式调整等基本工作。并且，选中表格，功能区即出现了针对表格的"设计"和"布局"选项卡。

技巧升级：

Excel 表格的导入

在实际工作中，从 Excel 中向 PPT 导入数据，可以节省重复录入数据制作表格的时间，大大提高工作效率。

◆直接粘贴 Excel 表格数据

具体步骤

Step1：在 Excel 中选中需要导入数据的单元格区域进行复制。在此，我们选择"员工培训方案"的课程表进行复制。

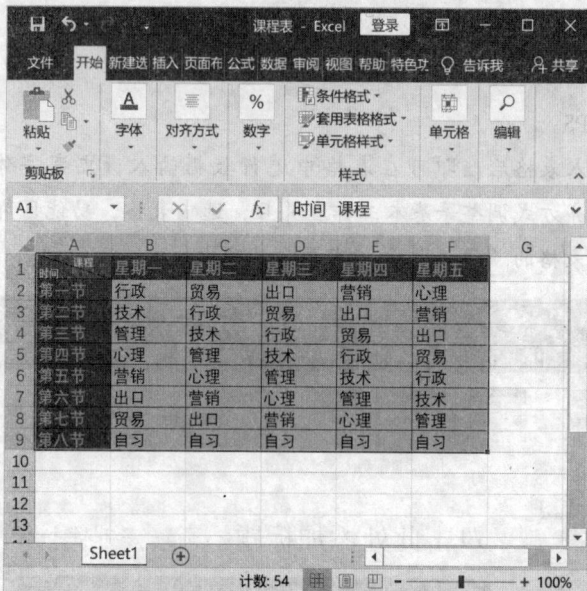

Step2：在幻灯片中点击鼠标右键，在右键菜单【粘贴选项】中的一个选项进行粘贴，即可将 Excel 作表中的数据导入到 PPT 幻灯片中。在此，我们选择【保留源格式】进行粘贴。

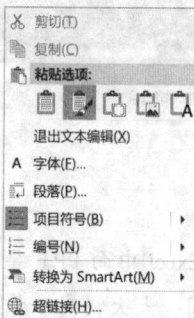

Step3：此时，一个与 Excel 里一致的表格就导入到幻灯片里了，根据版面调整其大小和位置，并在标题处填入"员工培训课程表"，效果如图所示。

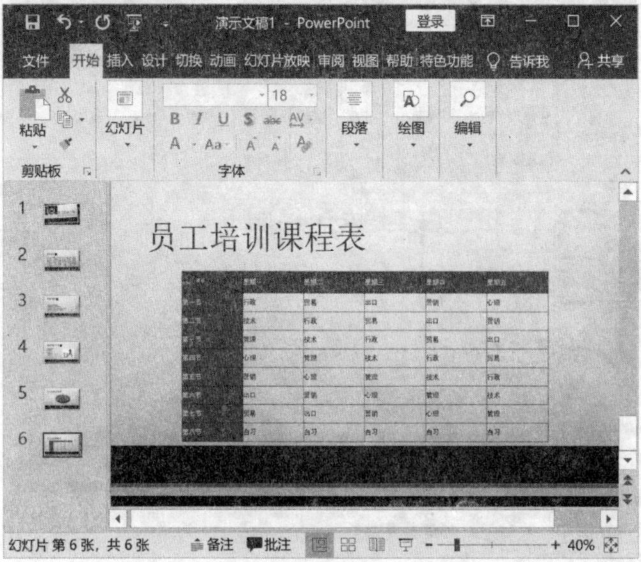

TIPS：

"粘贴选项"中的"使用目标格式""保留源格式"两项只是将表格和数据粘贴过来，保持了一定的格式，数据可以直接修改，不会影响到表格中的运算，例如，修改了某一单元格的数据，求和不会发生相应变化。

而"嵌入"选项是将 Excel 表格嵌入 PPT 幻灯片中，嵌入时不仅复制了表格与数据，而且获得了整个工作簿的信息，在双击嵌入的表格后，系统功能区即切换到 Excel 系统的功能区，可以利用 Excel 的各种样式和函数等进行细致的数据处理。

◆插入 Excel 表格

插入 Excel 表格，然后将 Excel 数据表中的单元格区域复制粘贴过来。

具体步骤

Step1：切换到【插入】选项卡，点击【表格】，在下拉菜单中点击【Excel电子表格】。

Step2：系统即在幻灯片中插入了一个嵌入的Excel表格。

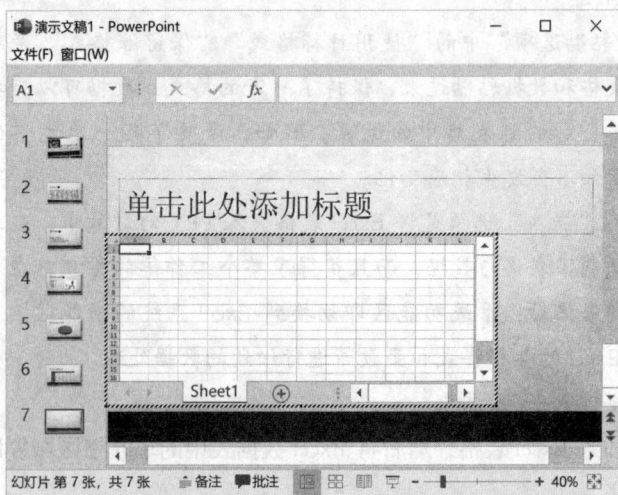

Step3：在 Excel 中复制需要的单元格区域，然后到 PPT 中嵌入的 Excel 表格中进行粘贴，并将粘贴了数据的电子表格拖拉到合适大小即可。此时，插入的 Excel 表格具有完整功能，除了通过"复制""粘贴"进行内容编辑外，用户还可以根据实际需要直接在上面进行填写和编辑。

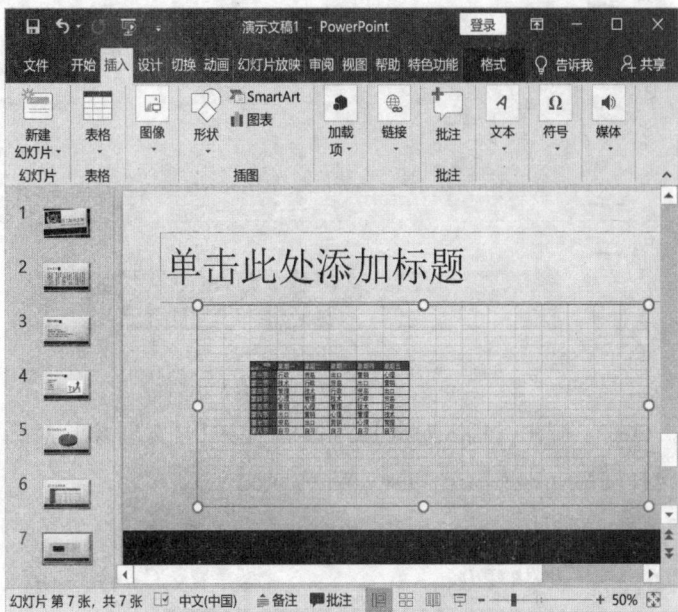

◆利用插入对象导入 Excel 作簿

Office 组件中均可以插入各类对象，对象的插入是各类应用系统之间信息导入的一个简捷方法，插入对象实际上就是将对象嵌入到本文档中。在 PPT 中插入 Excel 表格也可以通过插入对象实现。

方法1▶ 新建 Excel worksheet 插入

具体步骤

Step1：单击【插入】选项卡【文本】组中的【对象】选项。

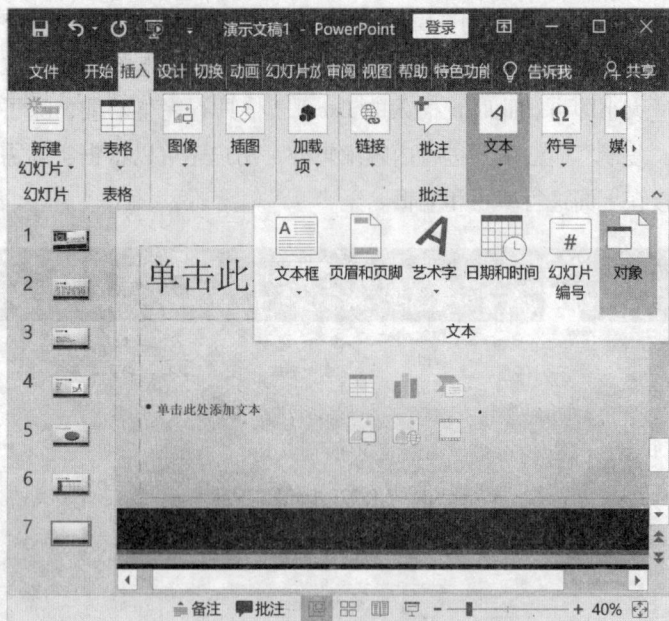

Step2：弹出【插入对象】对话框，在【插入对象】对话框中选择【Microsoft Excel Binary Worksheet】。

Step3：单击【确定】按钮，系统即会在幻灯片中插入一个Excel作表。

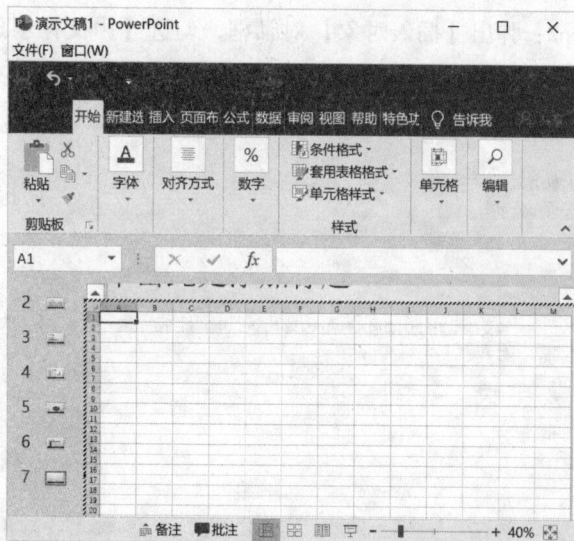

方法2 由"文件创建"插入

具体步骤

Step1：单击【插入】选项卡【文本】组中的【对象】选项。

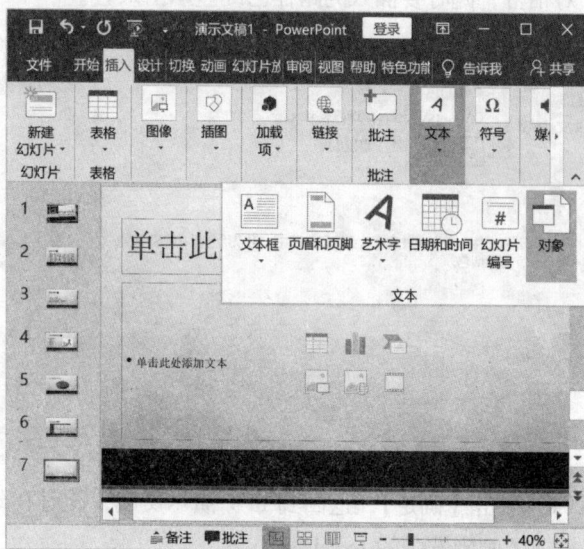

Step2：弹出【插入对象】对话框，勾选【由文件创建】复选框。

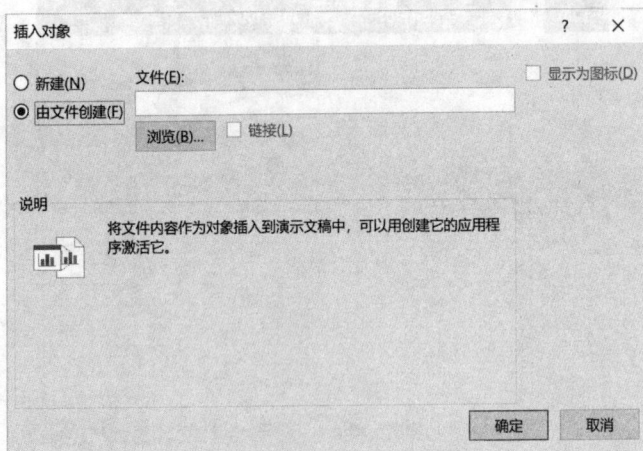

Step3：点击【浏览】，弹出【浏览】对话框，根据存储位置找到需要插入的 Excel 工作簿，单击【确定】按钮，返回【插入对象】对话框，此时要插入的路径已经显示出来。

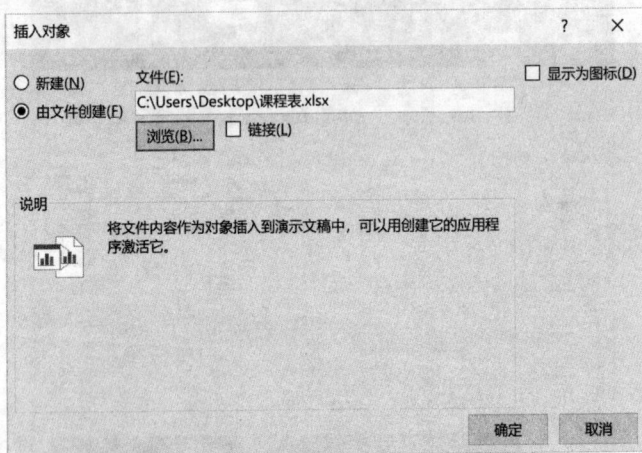

Step4：点击【确定】，返回到 PPT 演示文稿，此时在幻灯片中已经插入了刚刚选中的 Excel 表。

3.7 SmartArt 图形的插入与调整

SmartArt 图形是预设的图形形状组合，PPT 利用 SmartArt 为用户提供了各种形状文本框组合形成的图形表达模块，为用户增强演示文稿的表现力提供了有力工具。

具体步骤

Step1：单击【插入】选项卡【插图】组中的【SmartArt】选项。

Step2：弹出【选择 SmartArt 图形】对话框，选择合适的图形，单击【确定】，系统即会在幻灯片中插入 SmartArt 图形。在此，我们选择【垂直图片列表】。

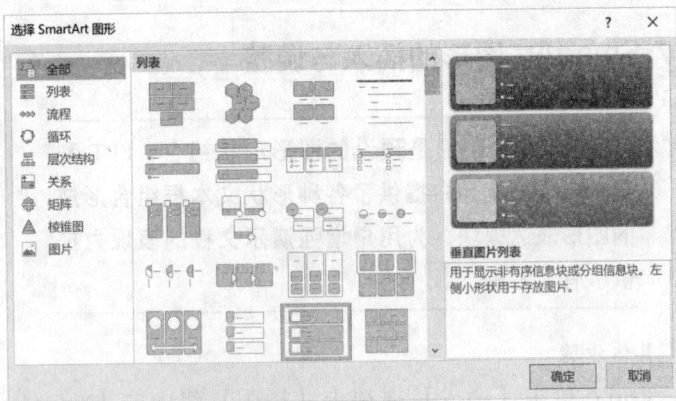

Step3：SmartArt 图形便插入在当页的幻灯片中。可以看到，选定 SmartArt 图形后，系统功能选项卡增加了"设计"和"格式"两个工具，可以使用它们对 SmartArt 图形进行设置。

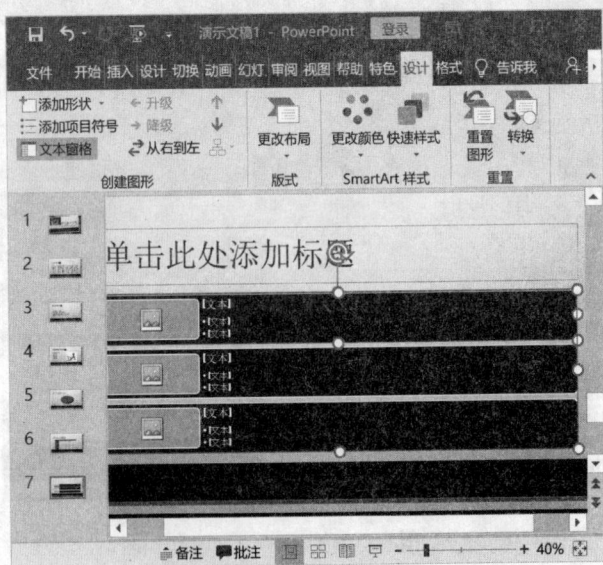

Step4：在 SmartArt 图形编辑区可以输入相应的文字来进行对其设置。在此，我们输入"员工培训方案"第四部分的具体内容并插入图片进行美化。

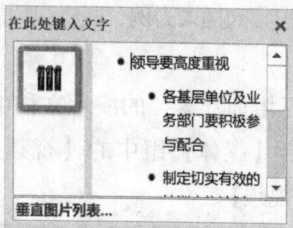

Step5：在标题处填写"员工培训方案"第四部分的标题"措施及要求"，调整版面，最终效果如图所示。

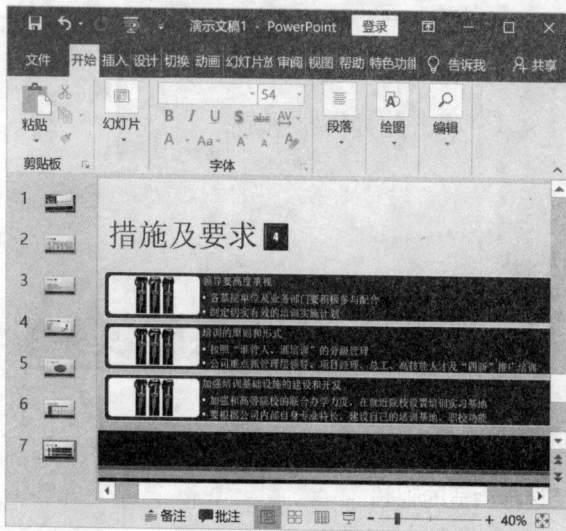

3.8 多媒体

一般还可以在演示文稿中插入音频或视频对象，以增强幻灯片的感染力。

3.8.1 视频的插入

插入的视频种类分为联机视频和本地视频。由于二者的插入方式差不多，在此以本地视频的插入为例，联机视频的插入不再赘述。

具体步骤

Step1：在"员工培训方案"的演示文稿中新建一张幻灯片，单击【插入】选项卡【媒体】组中的【视频】选项，在下拉菜单中选择【PC上的视频】。

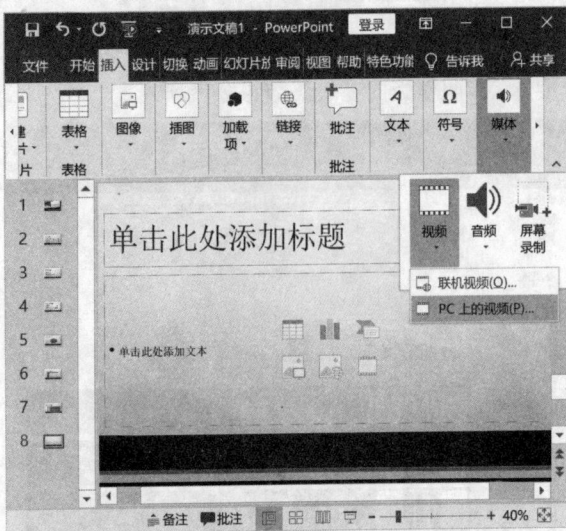

Step2：弹出【插入视频文件】对话框，根据所需视频文件的储存路径选择合适的视频。

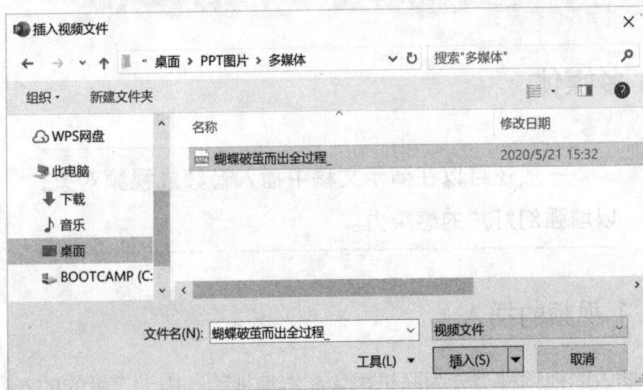

Step3：单击【插入】按钮，选择的视频即被插入到幻灯片中。在标题栏填入"破茧成蝶——培训励志短片欣赏"，调节视频的大小和位置，效果如图所示。

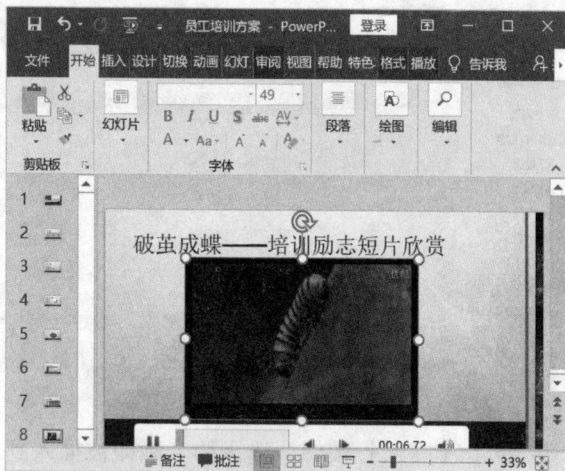

3.8.2 音频的插入

1. 插入音频文件

具体步骤

Step1：新建一张幻灯片，单击【插入】选项卡【媒体】组中的【音频】选项，在下拉菜单中选择【PC上的音频】。

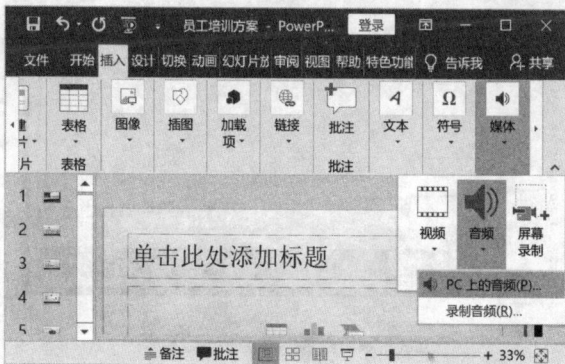

Step2：弹出【插入音频】对话框，根据所需视频文件的储存路径选择合适的音频。

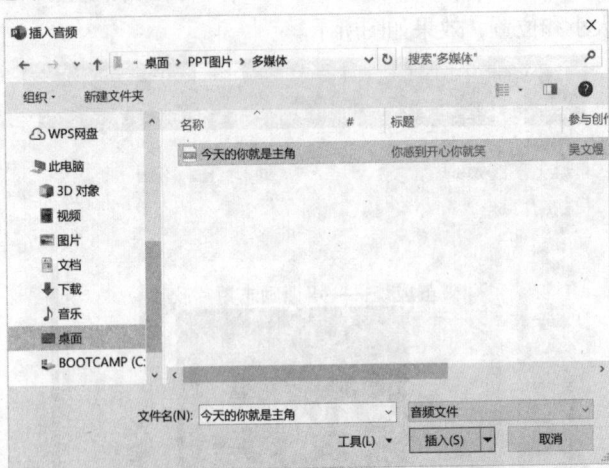

Step3：单击【插入】按钮，选择的音频即被插入到幻灯片中。在标题栏填入"今天的你就是主角——培训主题歌"，调节音频的大小和位置，效果如图所示。

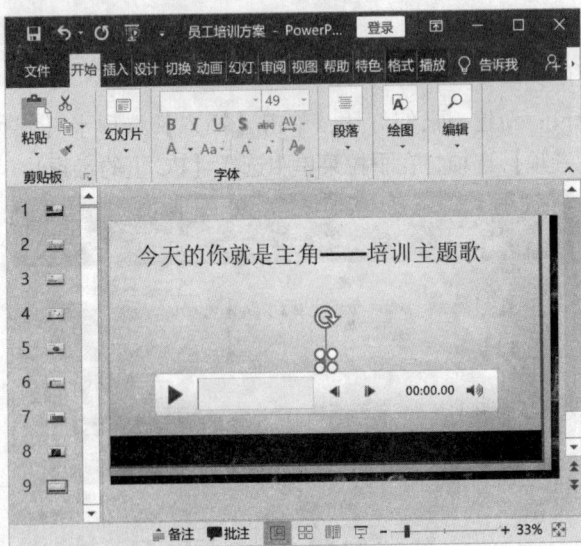

2. 音频设置

插入音频文件后，默认情况下幻灯片即显示一个隐形的小喇叭，如图所示。

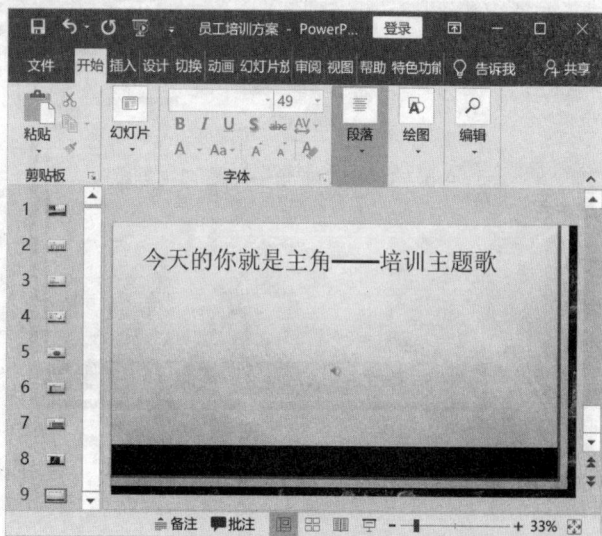

具体步骤

Step1：选中喇叭，自动出现【格式】和【播放】选项卡，切换到【播放】选项卡，如图所示。

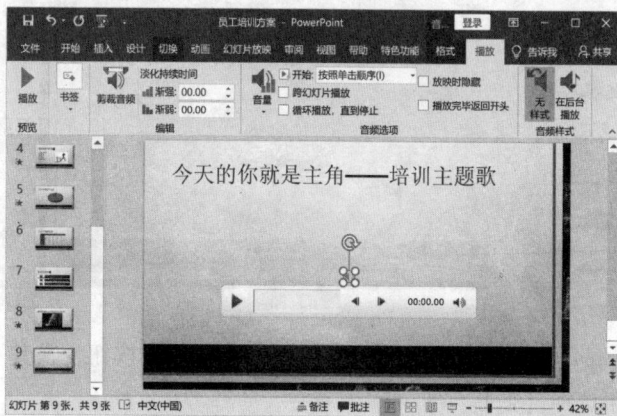

Step2：点击【音频选项】组中的【开始】的下拉菜单，可以看见【按照单击顺序】【自动】【单击时】三个选项，选择【按照单击顺序】选项。

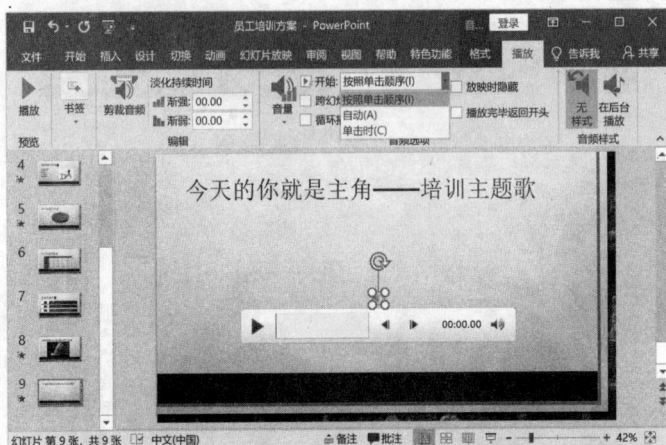

Step3：勾选【跨幻灯片播放】和【循环播放，直到停止】复选框。

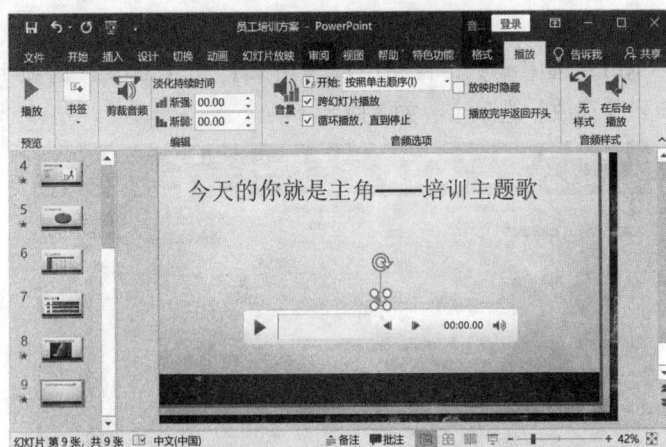

Step4：在【音频选项】组中点击【音量】按钮，在其下拉菜单中选择【低】。

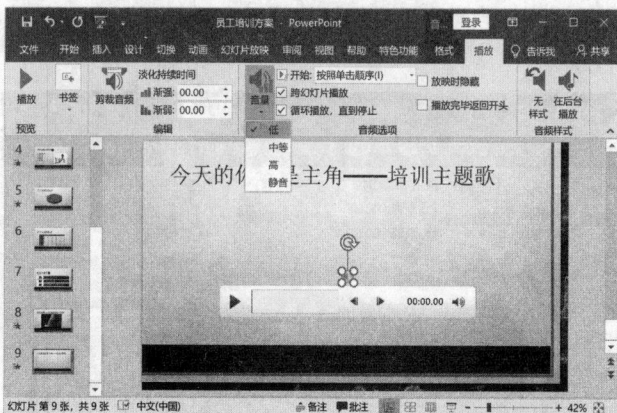

Step5：在【剪辑】组中点击【剪裁音频】，弹出【剪裁音频】对话框，可以设置只播放其中一段。在此，我们设置从"00：30"开始播放，到"2：20"结束，设置完成，单击【确定】即可。

Step6：除此之外，还可以设置在音频剪辑开始的几秒内使用渐弱渐强的效果。在此，我们在【编辑】组中【渐强】的空格处填入【00.75】，在【渐弱】的空格处填入【00.50】。

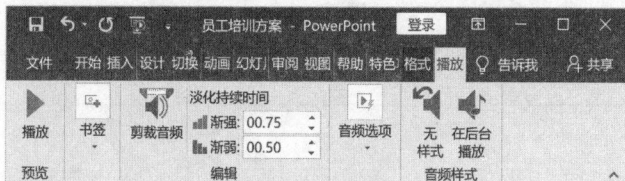

Step7：在【音频样式】组中选择【在后台播放】，点击后，插入的音频会作为整个演示文稿的背景音频被重复播放，其是最

简单的设置为"自动""跨幻灯片播放""循环"和"放映时隐藏"的方法。

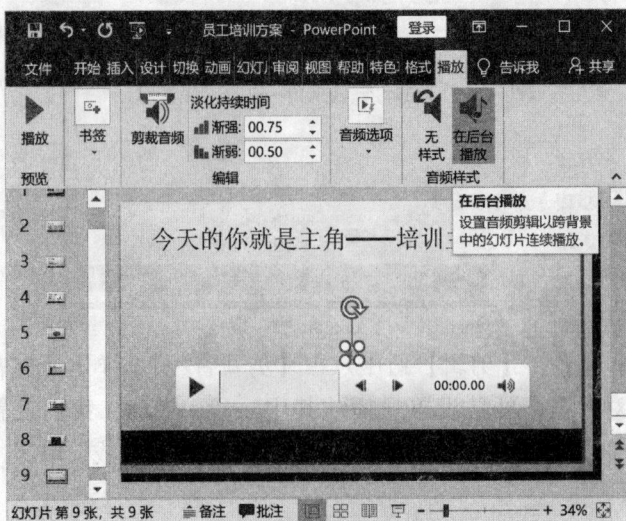

TIPS：

选择【无样式】可以去除所有的播放选项，同时，将音频播放放入"播放序列"之中，即恢复到音频插入时的状态。

第4章

分节、主题与版式制作
——"网上花店项目计划汇报"

如何让 PPT 显得美观又不失专业化? 答案很简单,设置好主题、设计好版式等即可。听上去很难,实则相比 Word 和 Excel 要简单得多。PPT 以分节的方式组织幻灯片,并通过设置主题和版式快速设置幻灯片的各种元素,从而获得风格统一、美观的演示文稿。

4.1 演示文稿组织——分节

用户可以通过对不同的"节"使用不同的主题，使一个演示文稿更加鲜明，更加容易区分不同的章节内容。因为不同节的幻灯片，可以具有不同的主题样式。

1. 通过"鼠标右键菜单"分节

具体步骤

Step1：新建一个PPT演示文稿，可以是空白演示文稿，也可以选择一个主题。在此，我们选择了【切片】主题新建演示文稿。然后，在导航栏的适当位置点击鼠标右键，在右键菜单中点击【新增节】选项。

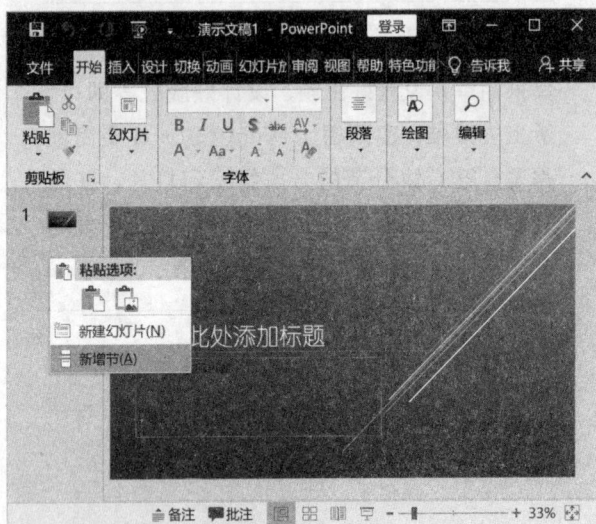

Step2：在导航栏里新增一个节并命名为"无标题节"，然后弹出【重命名节】对话框。

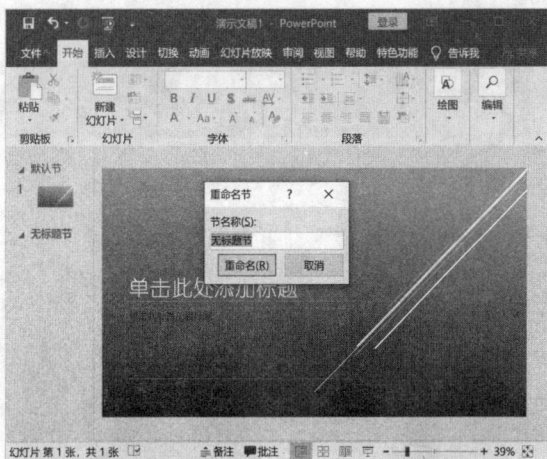

Step3：在窗口中输入新增节的名称。在此，我们输入【项目背景】，然后单击【重命名】按钮。这样，导航栏里新增的节就被定义为"项目背景"了。

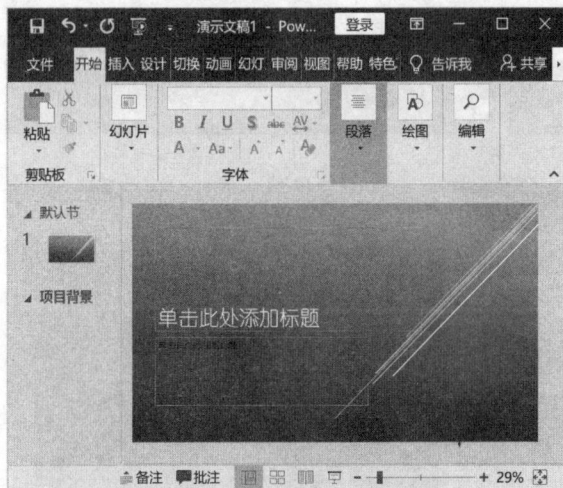

2. 通过"开始"选项卡新增节

具体步骤

Step1：切换到【开始】选项卡，在【幻灯片】组中点击

【节】，在其下拉菜单中点击【新增节】选项。

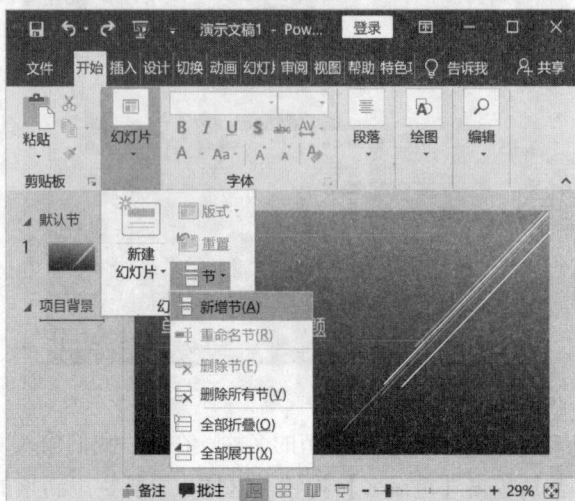

Step2：在导航栏里新增一个节并命名为"无标题节"，然后弹出【重命名节】对话框。

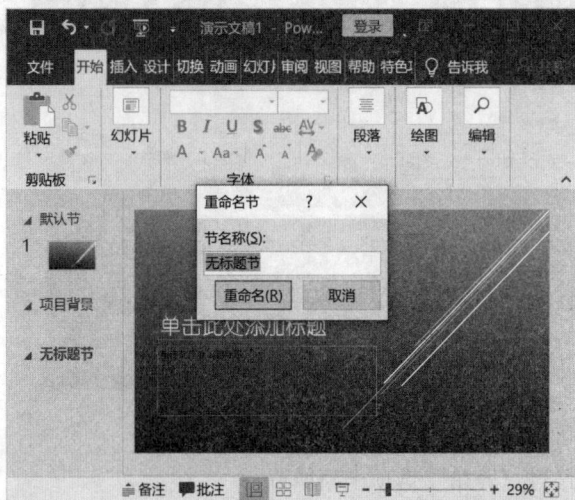

Step3：在窗口中输入新增节的名称。在此，我们输入【项目策划】，然后单击【重命名】按钮。效果如图显示。

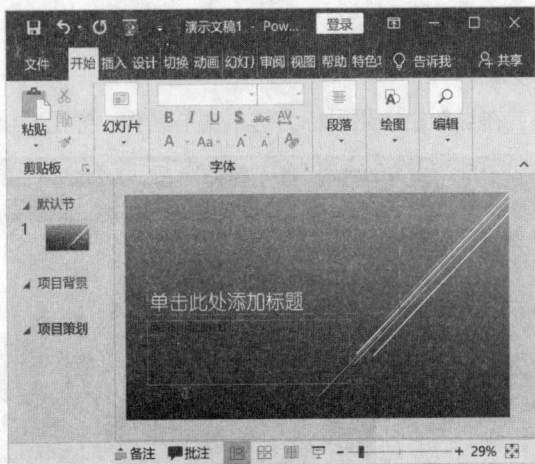

4.2 节的修改

在实际工作当中，创建节后，还可以根据需要对其进行修改。比如，可以将某些幻灯片通过拖拉的方式加入节，也可以删除节，甚至删除节与幻灯片。

为了效果明显，我们先在每个节下创建两三个幻灯片。

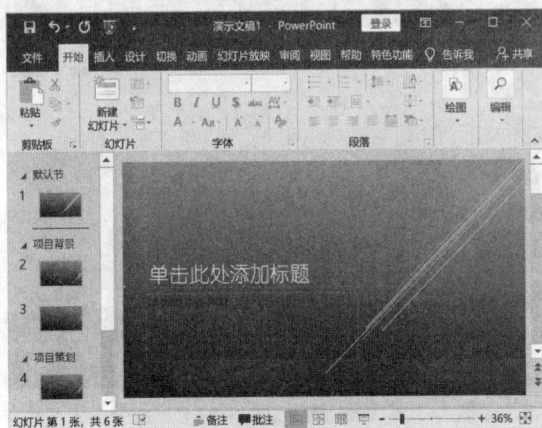

1. 通过"鼠标右键菜单"修改

具体步骤

Step1：在导航栏中用鼠标右键单击节名称，弹出右键菜单。

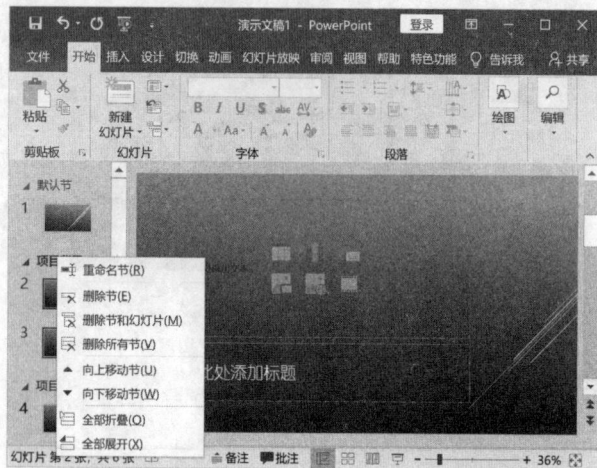

Step2：在右键菜单中，选择合适的功能即可对节进行修改。例如，删除节，移动节，或者折叠、展开全部节。在此，我们选择【全部折叠】选项。

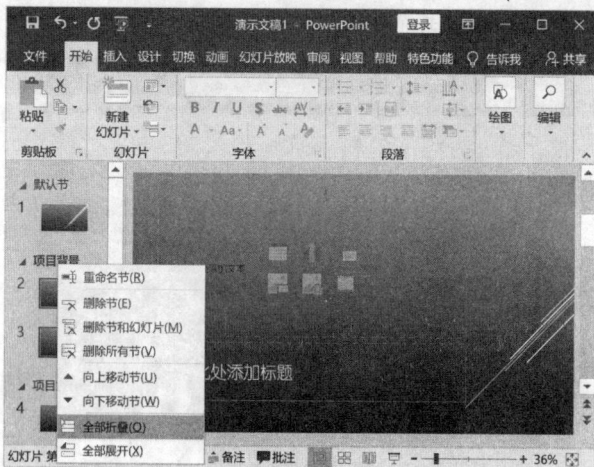

Step3：设置完成，效果如图所示。

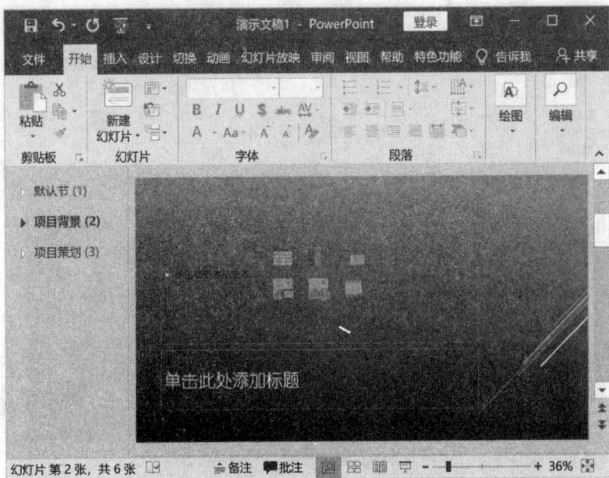

2. 通过"开始"选项卡修改节

Step1：在导航栏中选中要修改的节名称，切换到【开始】选项卡，点击【节】。

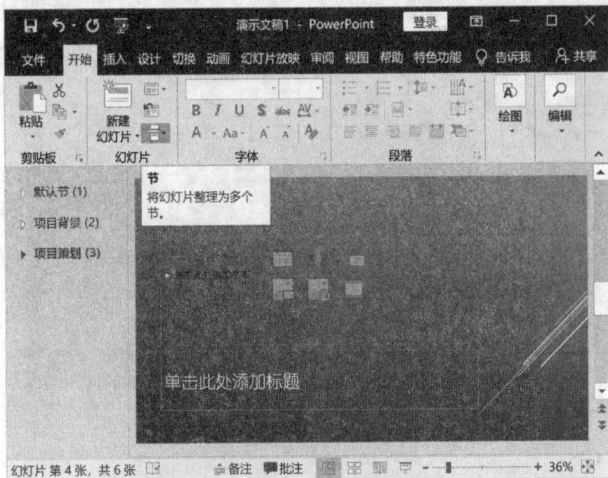

Step2：弹出下拉菜单，在其中选择合适的功能即可对节进行修改。例如，删除节，移动节，或者折叠、展开全部节。在此，

我们选择【删除节】选项。

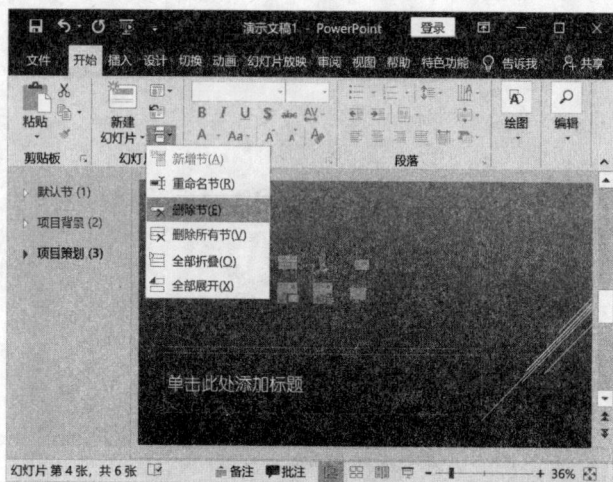

Step3：返回 PPT 演示文稿，选中的节已经被删除，效果如图所示。

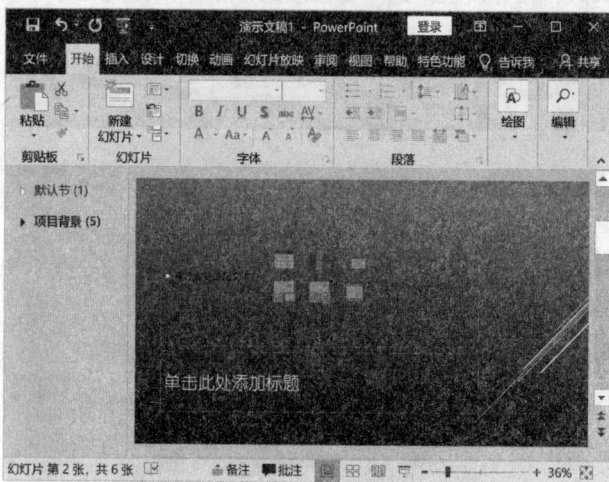

TIPS：

"节"可以达到对幻灯片更方便管理的目的。在导航栏中点击一个节的名称，就等于选中了这个节下属的所有幻灯片，此时，就可以通过拖拉的方式将一个节的所有幻灯片移动到某一位置或者按节配置主题等。

4.3 幻灯片主题

PPT 与 Word 和 Excel 最大的不同，就是视觉的美观性。是不是感觉使一个 PPT 演示文稿达到赏心悦目的效果很难？其实，PPT 提供了预设背景、字体、字号和其他效果的主题，方便用户快速创建演示文稿。

1. 设置主题

下面，我们就来看看修改幻灯片的整体外观应用主题的方法。为了便于细节上更直观的对比，我们先将"网上花店项目计划汇报"的文字内容放进 PPT 演示文稿，效果如图所示。

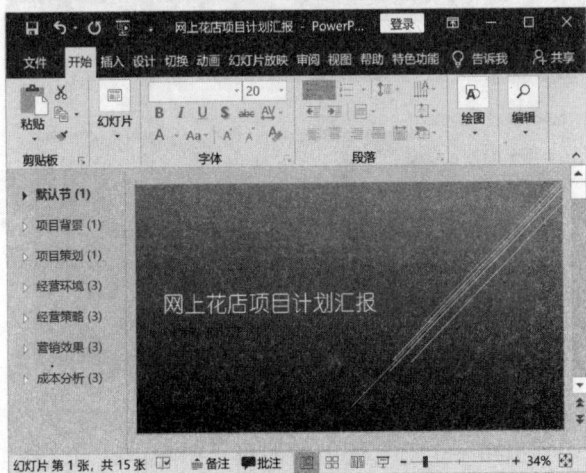

具体步骤

Step1：在导航栏单击节【经营策略】的名称，即可选中这个节下面的所有幻灯片，或者在节中任意选中一张幻灯片。

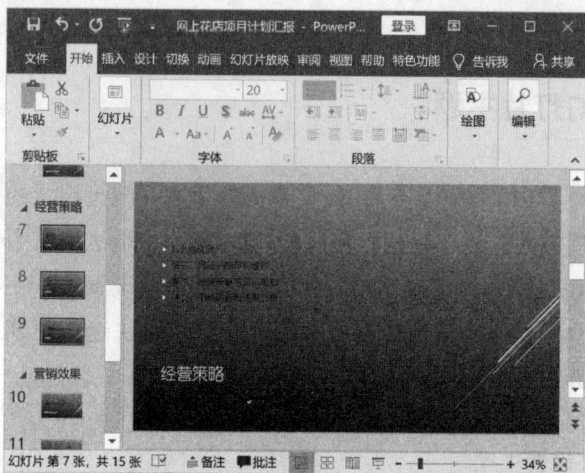

Step2：切换到【设计】选项卡，可以看见【主题】【变体】【自定义】三个组，在主题中列出了许多预设主题。

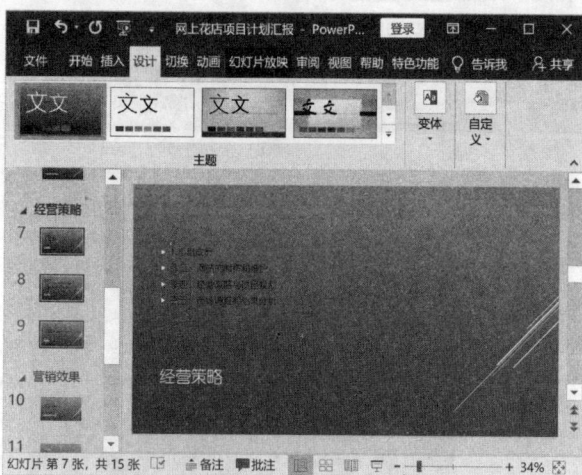

Step3：选择一个适合的主题即可，在此，我们选择第三个【画廊】主题，则选择的主题就被应用到了选中的节的所有幻灯片上，效果如图所示。

2. 主题变体

选择某一主题后，如果还需要某些改变或美化，可通过"变体"选项卡来获得主题变体的效果，甚至可以对其基本元素进行自定义。

具体步骤

Step1：在导航栏单击节【经营环境】的名称，即可选中这个节下面的所有幻灯片，或者在节中任意选中一张幻灯片。

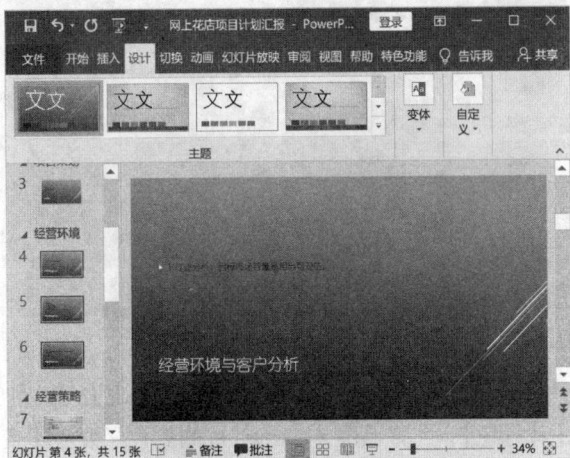

Step2：切换到【设计】选项卡，单击【变体】，在其下拉菜单中选择第二个变体。

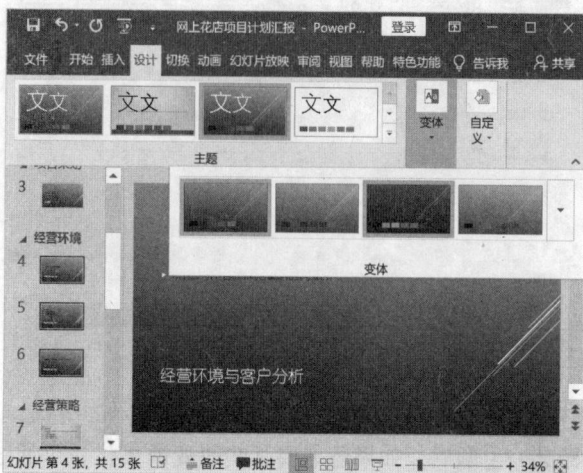

Step3：可以看到整个主题的颜色发生了改变，效果如图所示。

Step4：单击【变体】下拉按钮，选择【颜色】，在颜色列表中选择【黄绿色】，可以看到本节幻灯片的颜色又发生了变化。

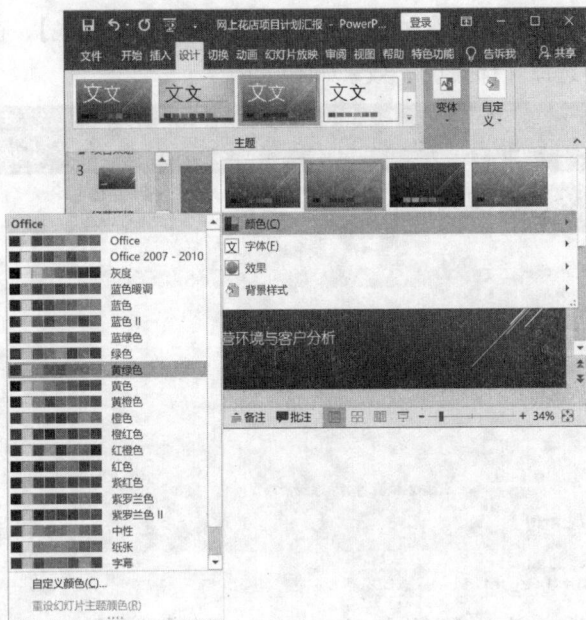

Step5：恢复到上一个颜色，单击【变体】下拉按钮，选择
【字体】，在字体列表中选择【隶书】，可以看到本节幻灯片的字
体都发生了变化。

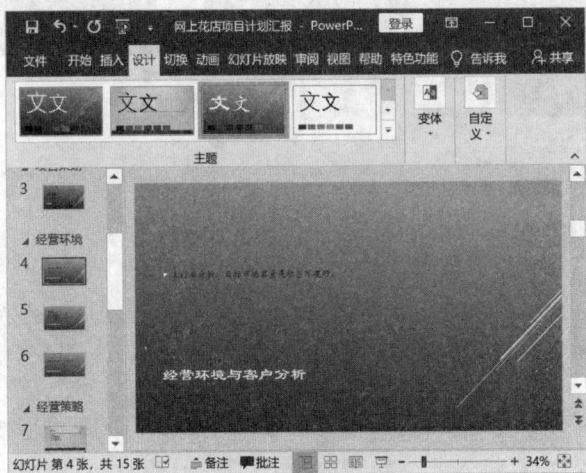

Step6：单击【变体】下拉按钮，选择【背景样式】，在样式列表中选择【样式6】，效果如图所示。

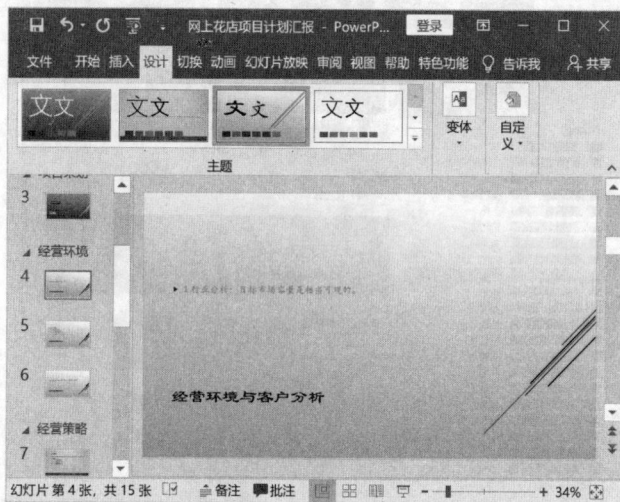

Step7：单击【变体】下拉按钮，选择【效果】，在效果列表中选择【上阴影】，可以看见画面右侧的斜线改变了显示效果，如图所示。

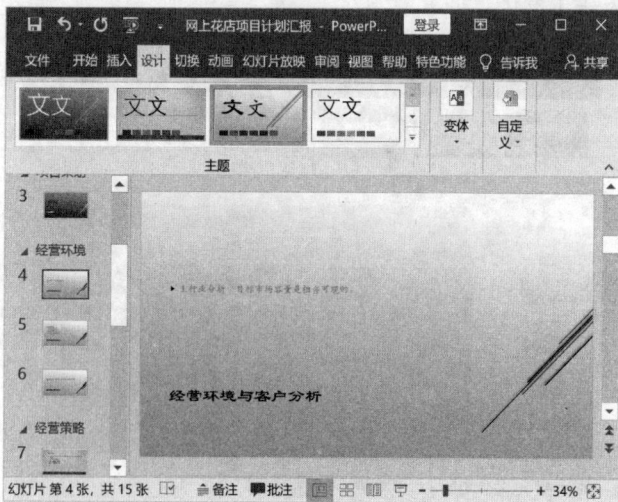

4.4 自定义幻灯片背景

选定主题后，获得了某种背景效果，在此基础上，我们还可以自定义幻灯片（或者一个"节"的幻灯片）的背景，以适应各种不同的 PPT 放映场景的需要。

1. 通过"设计"选项卡自定义

具体步骤

Step1：打开本实例原始文件，在导航栏中单击节【经营效果】的名称，即可选中这个节下面的所有幻灯片，或者在节中任意选中一张幻灯片。

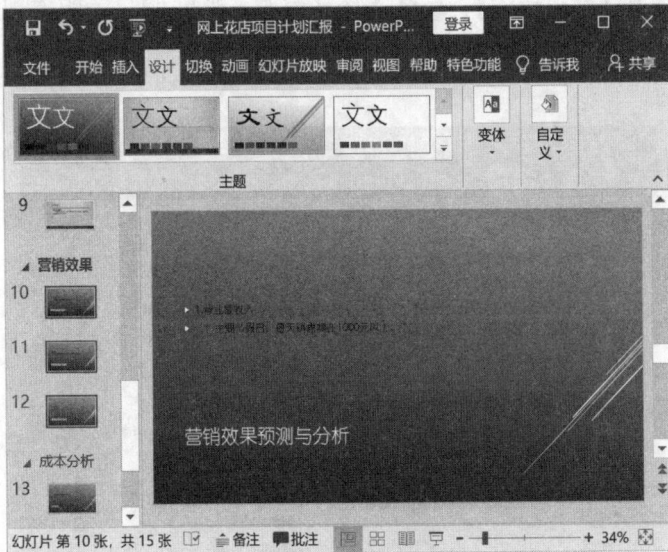

Step2：切换到【设计】选项卡，单击【自定义】组中的【设置背景格式】。

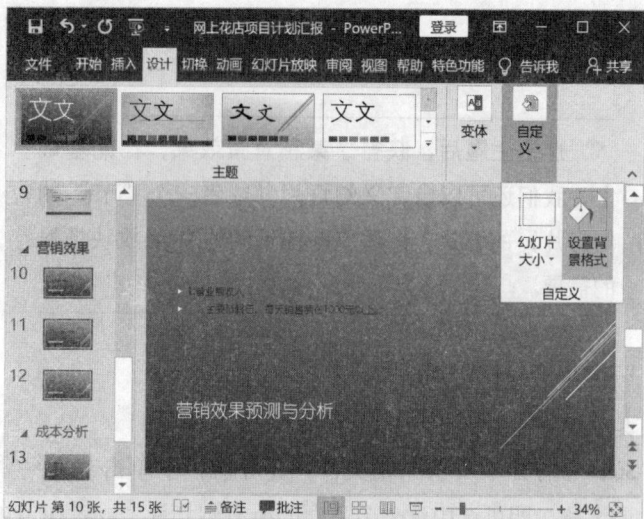

Step3：在页面右侧弹出【设置背景格式】任务栏。在此，我们勾选【纯色填充】，颜色选择【深蓝，背景2】，透明度调至【20%】。当然，用户可以根据自己的需求来任意更改这里的设置。

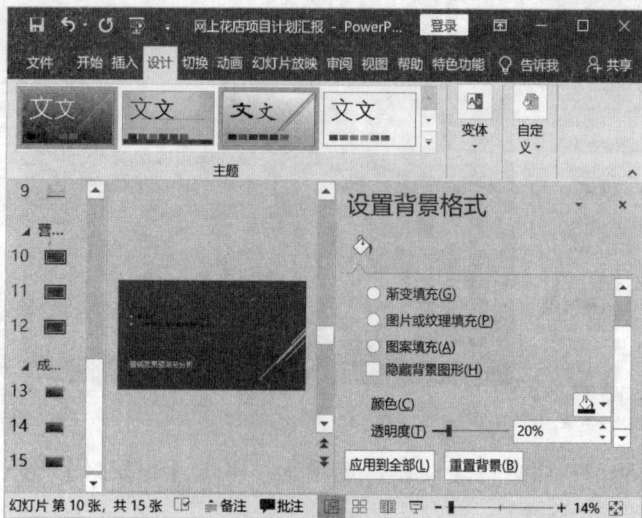

Step4：关闭【设置背景格式】任务栏，效果如图所示。

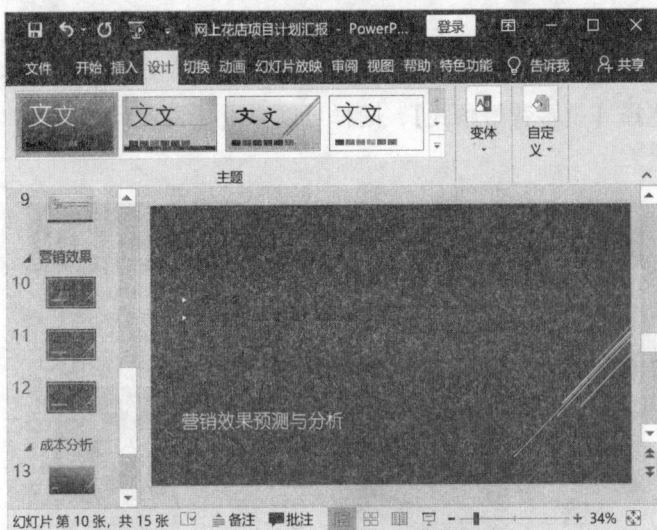

2. 通过"变体"下拉菜单自定义

具体步骤

切换到【设计】选项卡，点出【变体】的下拉菜单，选择【背景样式】中的【设置背景格式】，即可弹出【设置背景格式】任务栏，根据实际需要进行设置即可。

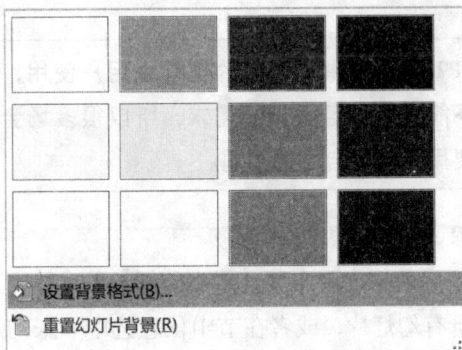

3. 通过"鼠标右键菜单"自定义

具体步骤

选中当前页的幻灯片，单击鼠标右键，在弹出的右键菜单中选择【设置背景格式】，同样可以弹出【设置背景格式】任务栏。

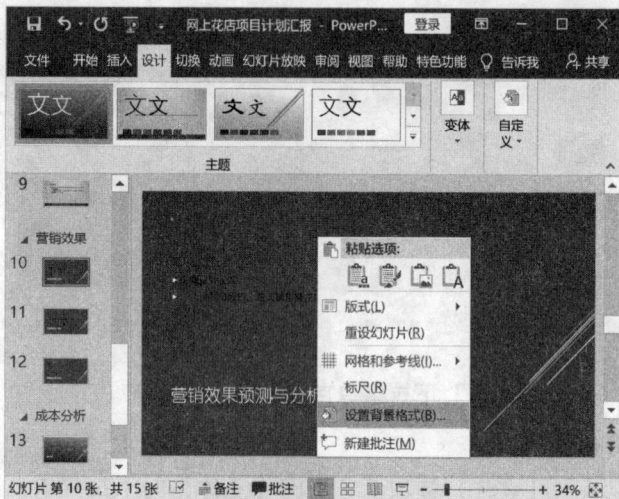

4.5 创建自己的主题

PPT 虽然提供了许多的主题供用户使用，但有时并不能完全满足用户的需求，所以很多场合，都还需要用户创建自己的主题。

具体步骤

Step1：在导航栏中单击节【成本分析】的名称，即可选中这个节下面的所有幻灯片，或者在节中任意选中一张幻灯片，或者建立任一个新的演示文稿。

Step2：按照上述自定义背景格式的方法修改其背景格式，例如，改为【图片或纹理填充】，然后单击【应用到全部】按钮。

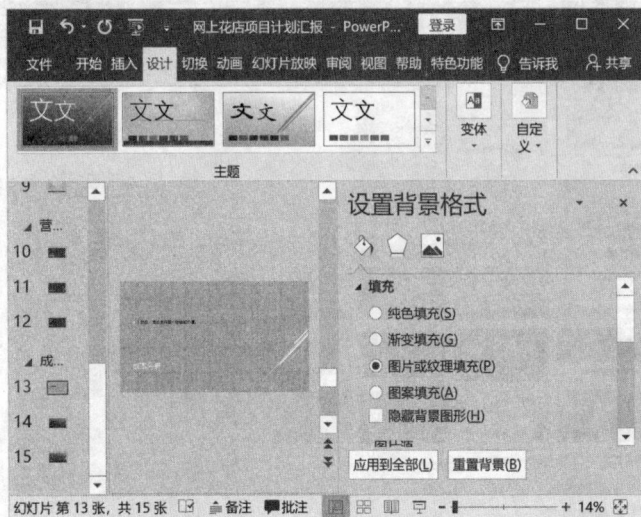

Step3：关闭【设置背景格式】任务栏，可以看见整个 PPT 演示文档的主题全部改变，效果如图所示。

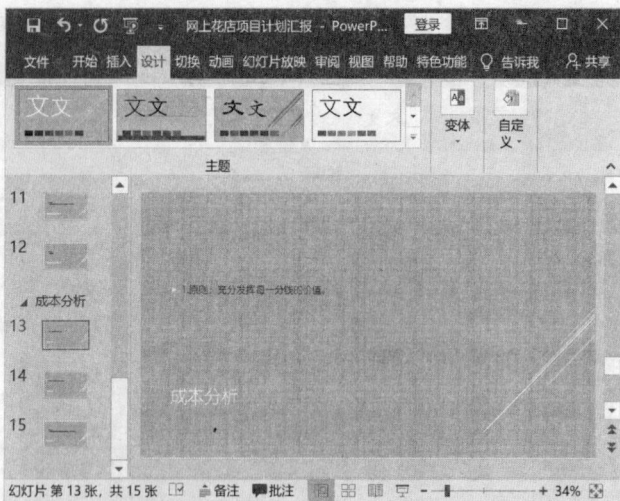

Step4：切换到【设计】选项卡，单击【主题】的下拉列表按钮，下拉【主题】列表，在最下端点击【保存当前主题】。

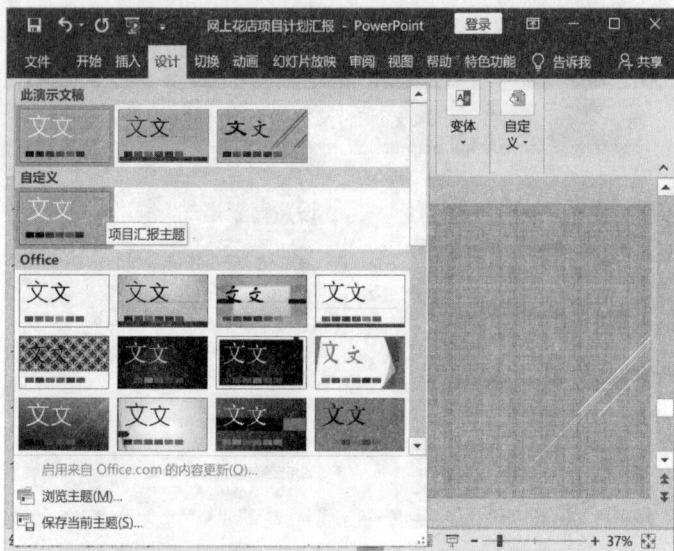

Step5：弹出【保存当前主题】对话框，将文件名更改为

【项目汇报主题】，点击【保存】即可。

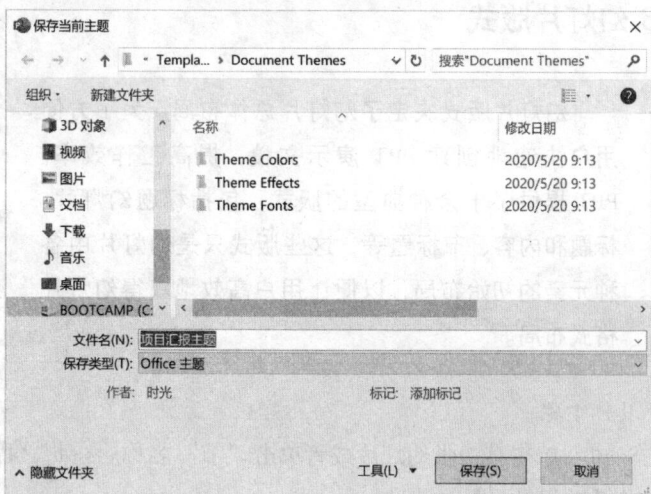

Step6：点击【主题】的下拉列表按钮，即可以在列表中的
【自定义】集合框中看见刚刚我们自定义的【项目汇报主题】了。
此时，点击它就可以更换自定义主题了。

4.6 幻灯片版式

幻灯片版式决定了幻灯片总体布局。为了方便用户快速地创建 PPT 演示文稿，提高工作效率，PPT 提供了十余种典型的版式，包括标题幻灯片、标题和内容、节标题等，这些版式只是幻灯片中各种元素的初始布局，以便让用户高效地获得幻灯片格式布局。

具体步骤

Step1：单击某一张幻灯片或者单击"节"名称。在此，我们选择节【项目背景】的名称。

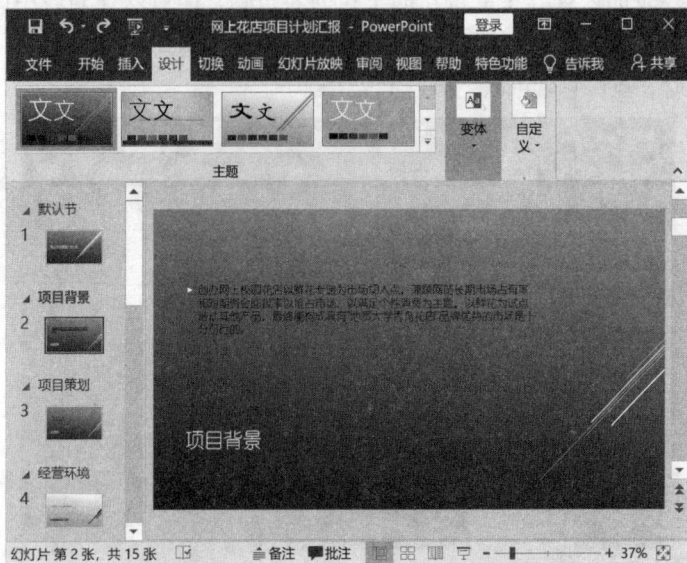

Step2：切换到【开始】选项卡，单击【幻灯片】组中的【幻灯片版式】按钮。

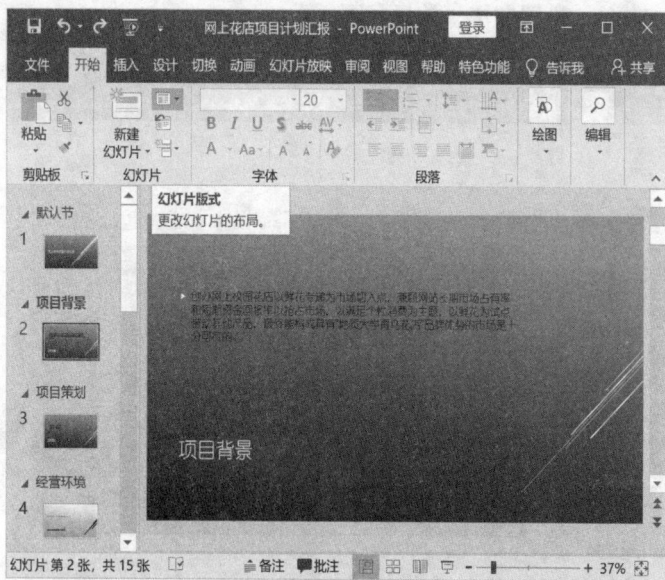

Step3：在版式选择窗中选择一个合适的幻灯片版式即可。在此，我们选择【竖排标题与文本】。

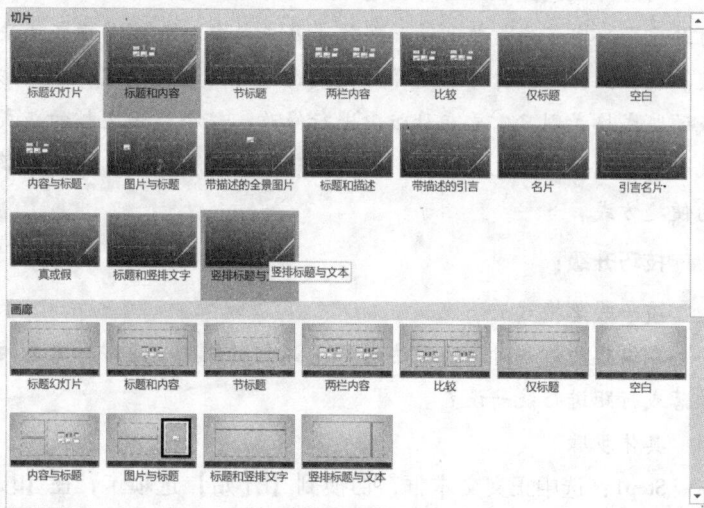

Step4：设置完毕，效果如图所示。

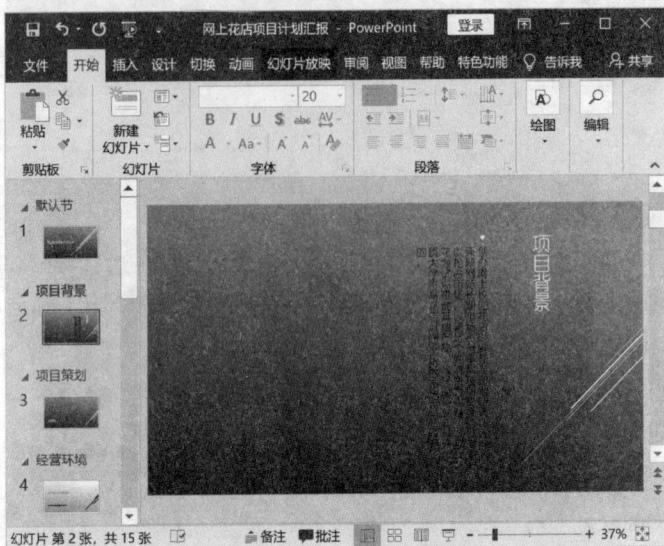

TIPS：

幻灯片版式是在幻灯片主题确定的背景上进行布局的，即幻灯片主题决定了幻灯片背景和字体等基本特征，而布局由版式决定。实际上，幻灯片可以选择的版式由幻灯片母版决定，由此形成的版式格式则只需要在母版中进行修改，整个演示文档的版式就会同步变化。这也又给我们提供了一个统一修改 PPT 演示文稿的便捷方式。

技巧升级：

统一段落格式

在编辑幻灯片时，为了达到 PPT 风格的统一，通常对文本的段落或行距进行统一设置。

具体步骤

Step1：选中正文文本框，切换到【开始】选项卡，在【段落】组中单击其【对话框启动器】按钮。

Step2：弹出【段落】对话框，切换到【缩进和间距】选项卡，在【间距】组中的【行距】下拉列表中选择【1.5倍行距】选项，然后在【段前】微调框中输入"12磅"，其他选项保持默认。

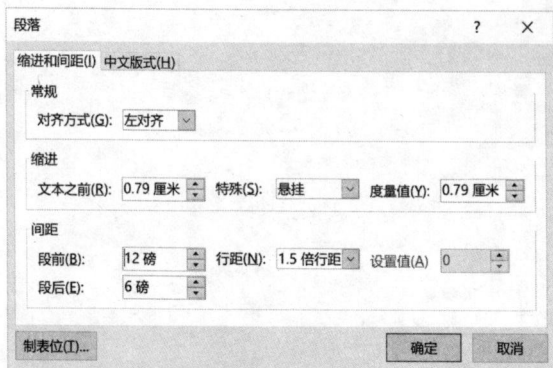

Step3：单击【确定】按钮，返回幻灯片中，设置完毕，效果如图所示。

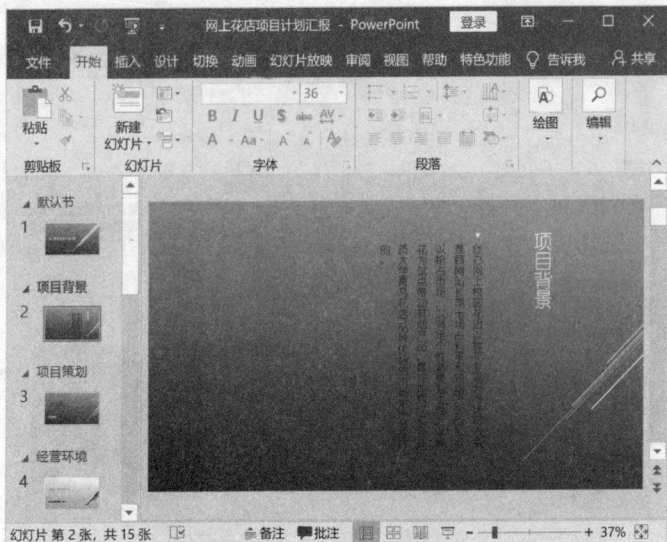

Step4：使用同样的方法设置其他幻灯片，设置完成后，演示文稿中的幻灯片在文字和标题上就保持了同样的风格。

第**5**章

幻灯片母版
——编制"产品推介会"演示文稿

幻灯片母版，如其名它是整个演示文稿的基础，它能控制整个演示文稿的外观，包括颜色、字体、背景、效果等。因此，想要高效地建立幻灯片，特别是想要每个幻灯片都保持着共同的设计元素时，最简单的办法就是将这些元素统统放入"母版"。利用母版建立幻灯片还有一个好处就是，放入母版的元素更容易维护，要修改时只需在母版上进行修改即可，而不用逐页逐项的修改。

5.1 高效操作，幻灯片母版设置

幻灯片母版设置就是在 PPT 提供的空白母版上修改各种对象的格式以获得自定义幻灯片母版，从而方便用户在不同的场景中应用。放入母版的元素在新建幻灯片时会被直接采用，无须再专门插入，这是高效实现个性化的演示文稿的最佳途径，也有利于维护演示文稿。

新建的 PPT 演示文稿都有一个默认的空白母版，其中自带了 12 种版式。一组幻灯片母版包含了多张幻灯片，每一张都具有不同的样式。

1. 幻灯片母版视图

使用幻灯片母版视图，用户可以根据需要设置演示文稿样式，包括项目符号和字体的类型和大小、占位符大小和位置、背景设计和填充、配色方案以及幻灯片母版和可选的标题母版。

具体步骤

Step1：切换到【视图】选项卡，在【母版视图】组中单击【幻灯片母版】按钮。

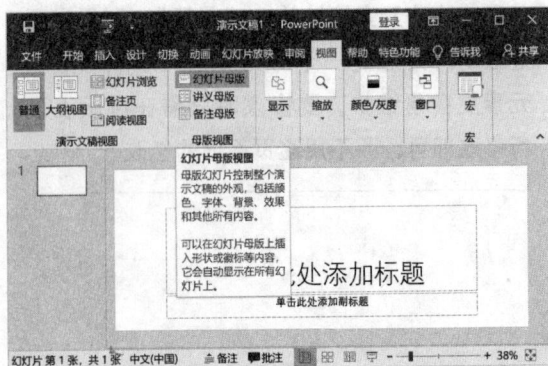

Step2：此时，即可进入幻灯片母板视图状态。

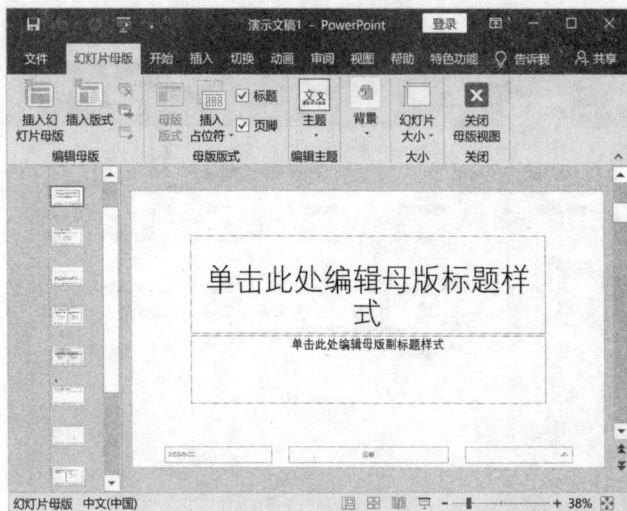

Step3：选中【单击此处编辑母版标题样式】处，字体选择【微软雅黑】，字号【44】，字体【加粗】，字体颜色选择【蓝色，个性色1】。

Step4：选中【二级】，字体选择【等线】，字号选择【40】，字体【加粗】，字体颜色选择【绿色，个性色6，深色25%】。

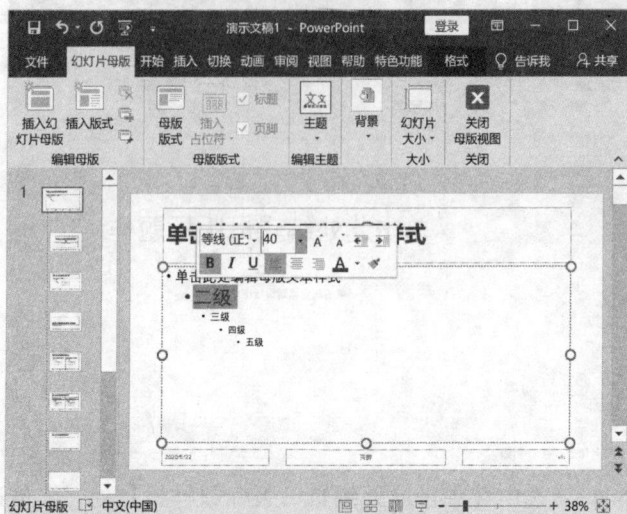

Step5：按照同样的办法，将【三级】【四级】【五级】进行设置。

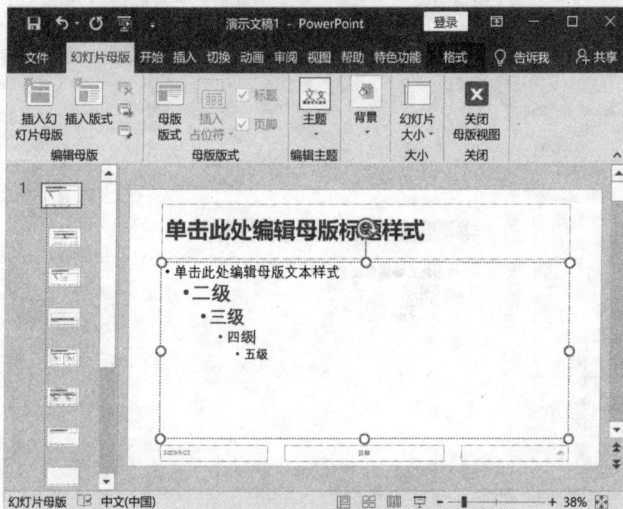

Step6：设置完毕，单击【关闭母版视图】按钮。

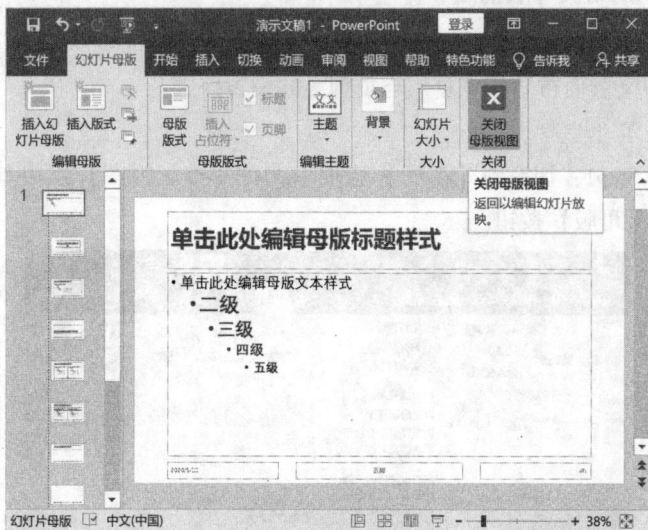

Step7：返回 PPT 演示文稿，将"产品推介会"的标题和副标题输入在相应的位置，效果如图所示。

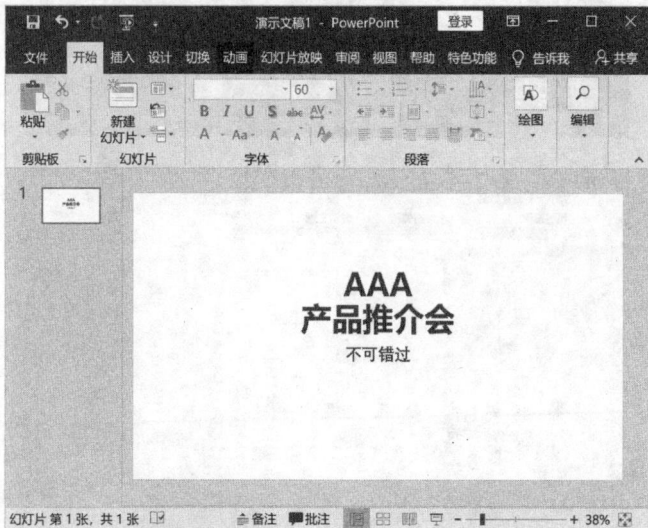

2. 讲义母版视图

讲义母版是可以提供在一张打印纸上的同时打印多张幻灯片的讲义版面布局和"页眉与页脚"的设置样式。

具体步骤

Step1：切换到【视图】选项卡，在【母版视图】组中单击【讲义母版】按钮。

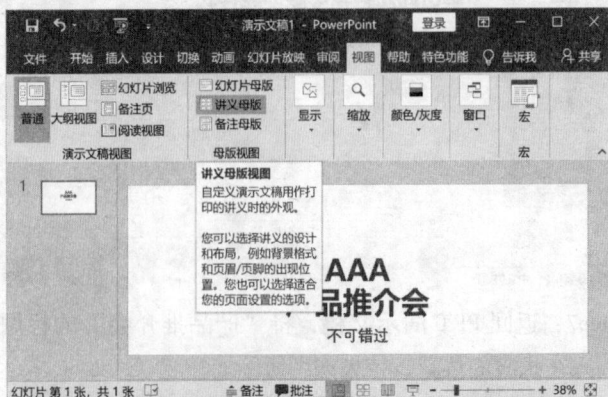

Step2：如图所示，即可进入讲义母版视图状态。

Step3：在这里可以设置页眉、页脚、日期、页码，如图所示。

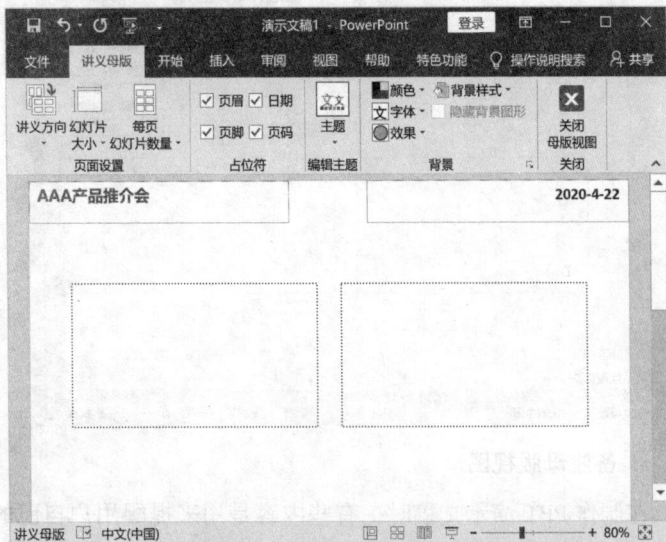

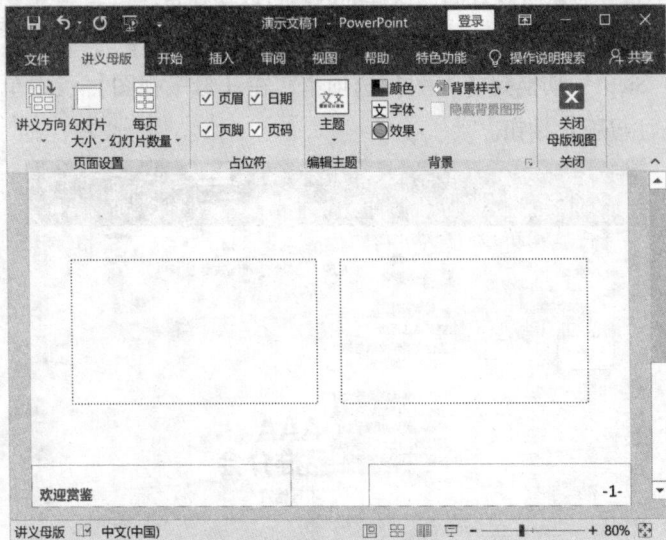

Step4：设置完毕，单击【关闭母版视图】按钮即可。

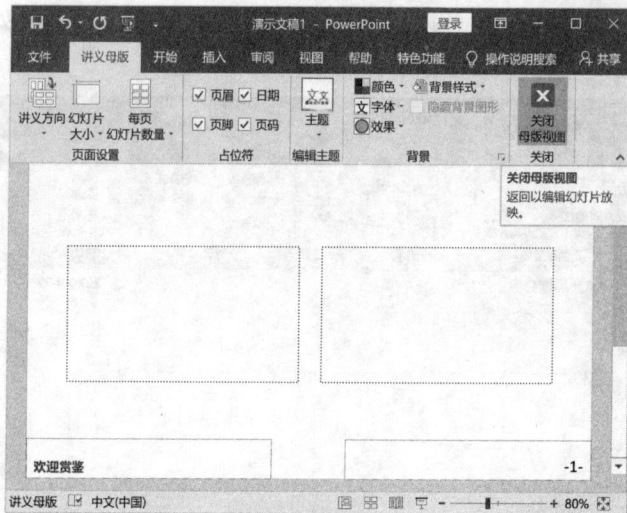

3. 备注母版视图

在制作 PPT 演示文稿时，有些内容是用来提醒用户自己的，并不是要展示给观众的，这样的内容可以写在备注里。

具体步骤

Step1：切换到【视图】选项卡，在【母版视图】组中单击【备注母版】按钮。

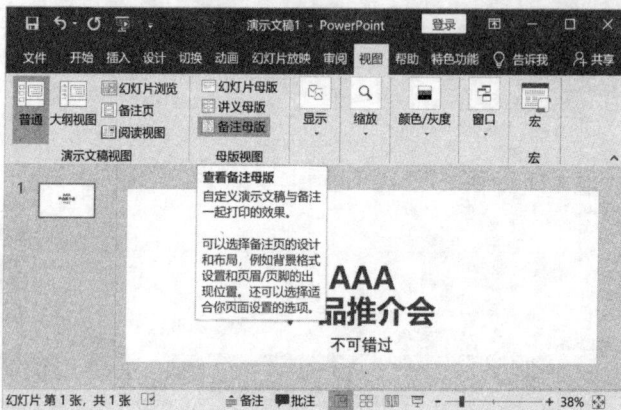

Step2：此时，即可进入备注母版视图状态。

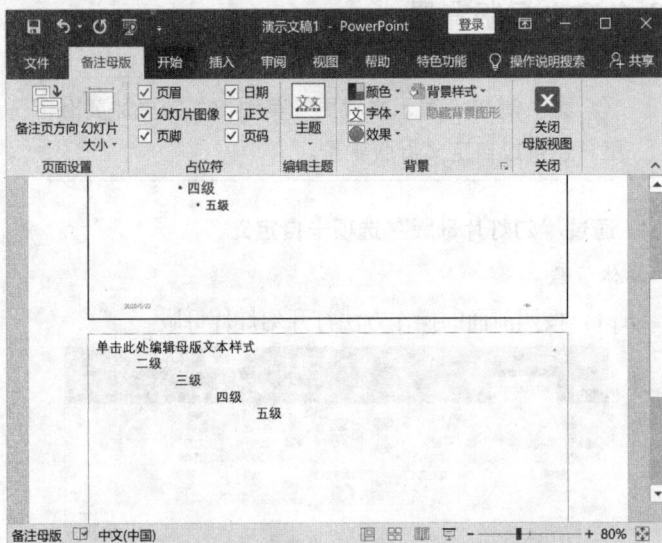

Step3：设置完毕，单击【关闭母板视图】按钮即可。

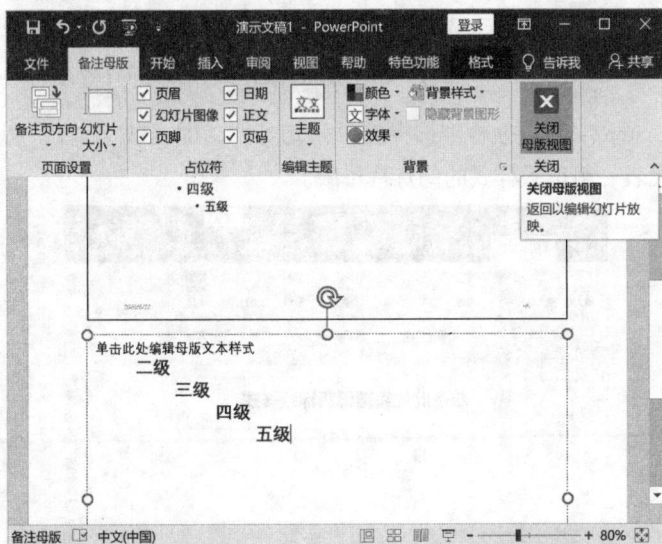

5.2 自定义母版背景

为了使 PPT 演示文稿更加美观，主题更加突出，用户还可以自定义母版背景。

1. 通过"幻灯片母版"选项卡自定义

具体步骤

Step1：按照前面的操作方法打开幻灯片母版。

Step2：在导航栏中选择第 1 张幻灯片，即由数字"1"标识的代表一组母版样式的幻灯片母版。

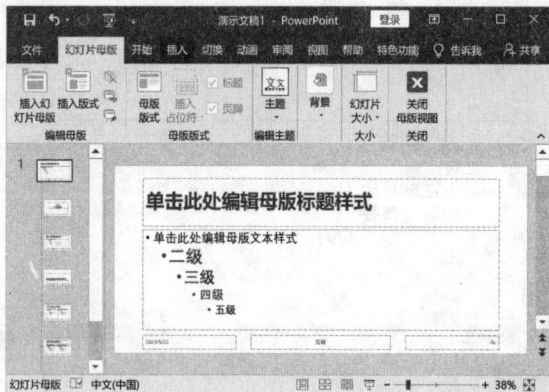

Step3：切换到【幻灯片母版】选项卡，在【背景】组中点击【背景样式】。

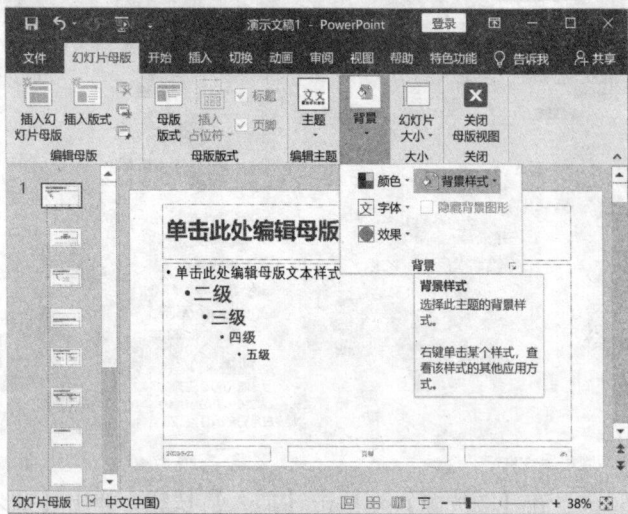

Step4：在【背景样式】下拉菜单中选择【设置背景格式】。

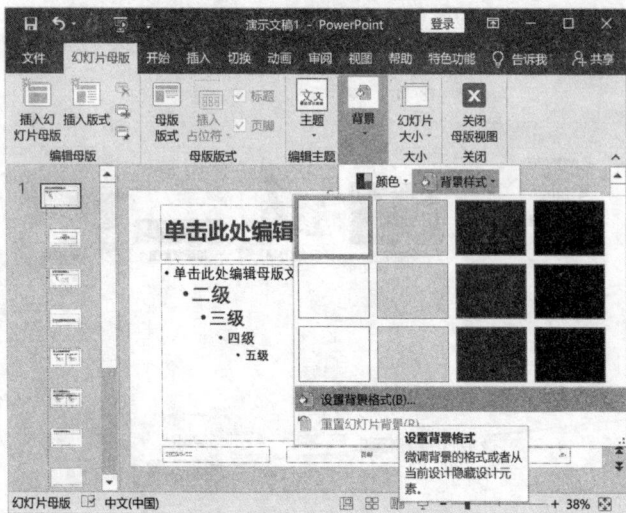

Step5：弹出【设置背景格式】任务栏，点击【填充】选项，

勾选【图片或纹理填充】复选框。

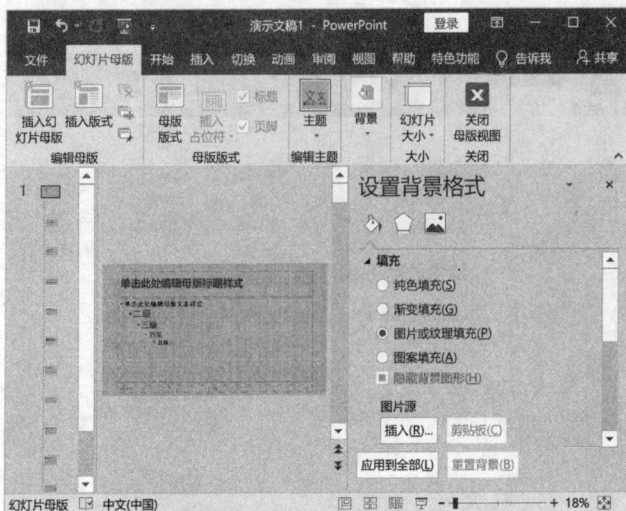

Step6：在【图片源】处单击【插入】按钮，弹出【插入图片】对话框，根据图片存储路径选择合适的图片即可。在此，我们选择【母版背景图1】。

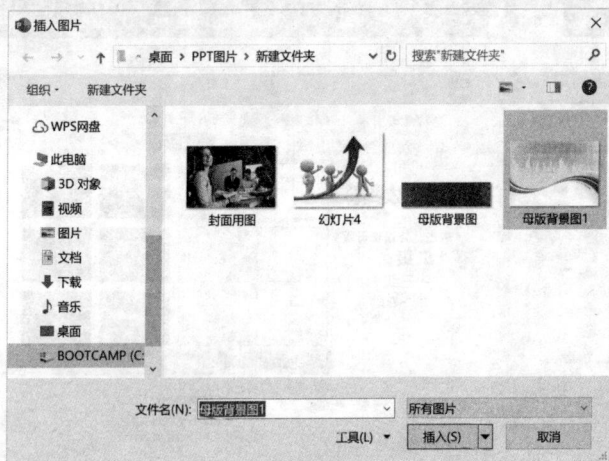

Step7：点击【插入】，关闭【设置背景格式】任务栏，返回PPT演示文稿中，可以看见所有的PPT模板都变了背景图片。

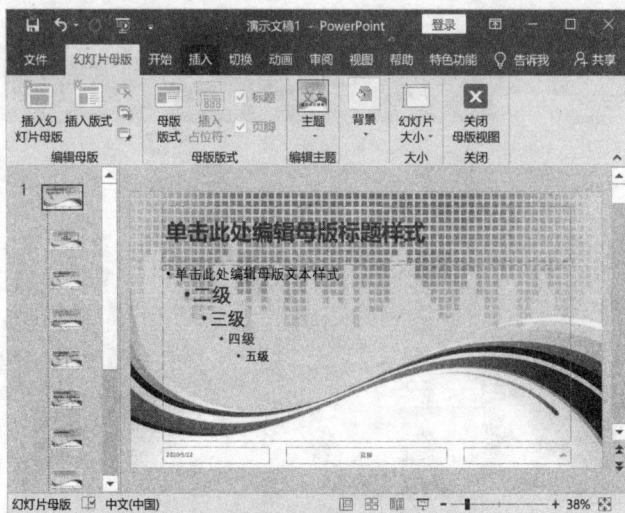

Step8：设置完毕，点击【关闭母版视图】，最终效果如图所示。

2. 通过"鼠标右键菜单"自定义

具体步骤

Step1：打开本实例原始演示文稿，选中幻灯片并单击鼠标右键，在右键菜单中选择【设置背景格式】选项。

Step2：弹出【设置背景格式】任务栏，按照前述的方法进行设置即可，最终效果如图所示。

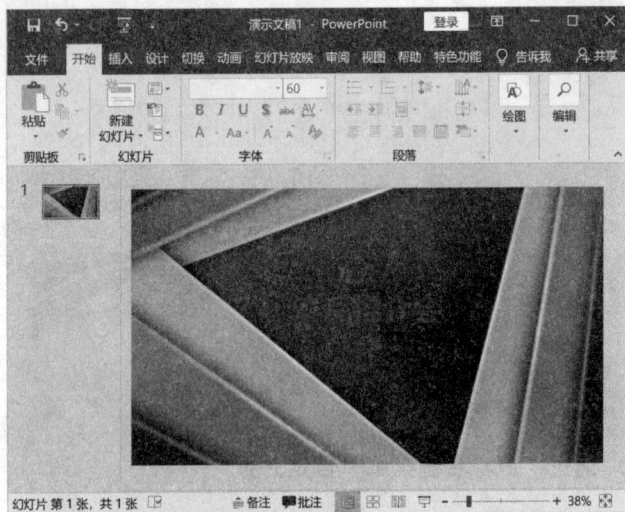

5.3 改变文本框字体、加入 LOGO 图片

在选中幻灯片母版的任何对象后，即可以切换到"开始"或者"格式"等选项卡，针对相应的对象进行格式设置。

1. 改变文本框字体

具体步骤

Step1：按照前面的操作方法打开幻灯片母版。

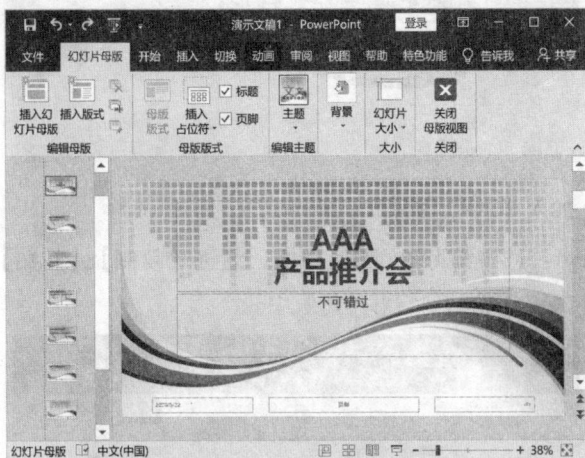

Step2：选中标题文本框，可以多选。

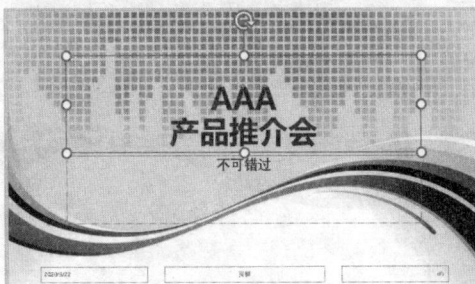

Step3：切换到【开始】选项卡，进行字体颜色、阴影等设置。颜色选择【橙色】，字体选择【华文琥珀】，字号选择【66】。将其他文本框也按如此方法根据需要作出修改，最终效果如图所示。

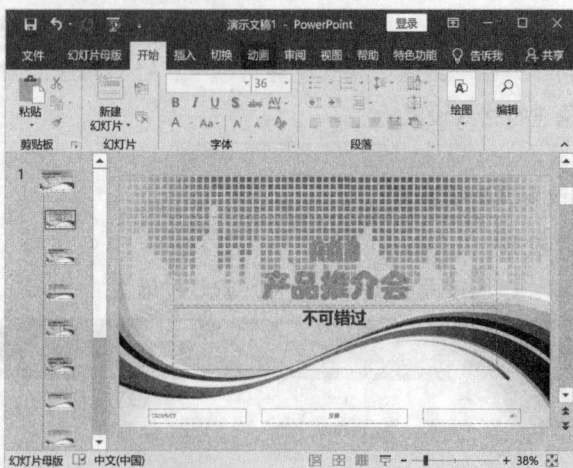

2. 加入 LOGO 图片

Step1：选中第 1 张幻灯片母版，通过【复制】【粘贴】的操作，将 LOGO 粘贴到幻灯片母版中。

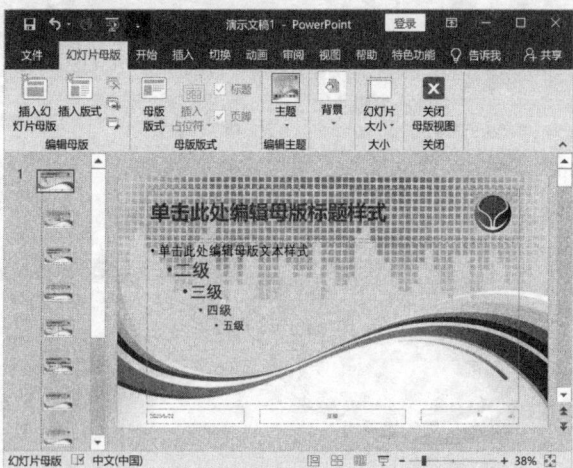

Step2：此时，其他幻灯片母版也就都有这一 LOGO 了。

TIPS：

在母版中添加的 LOGO 图片，在普通视图中是不能被选中并直接修改或删除的。

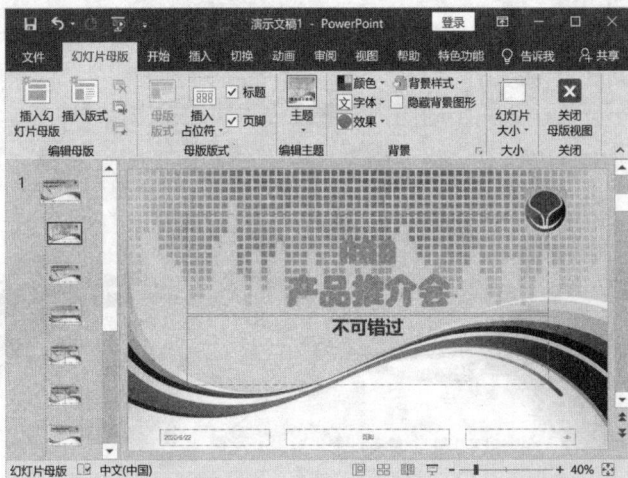

Step3：切换到【幻灯片母版】选项卡，点击【关闭幻灯片母版】。

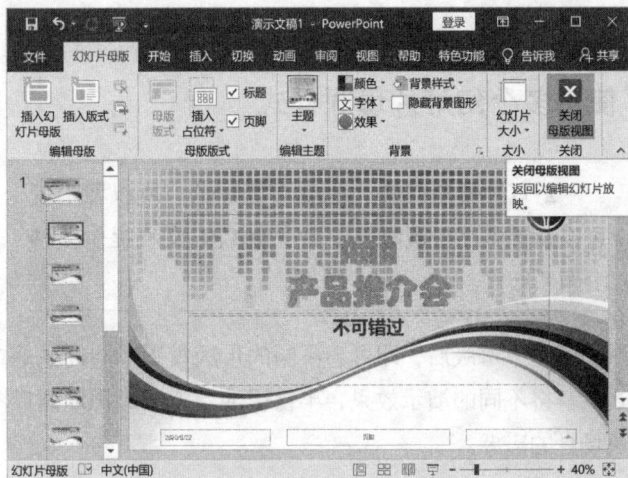

Step4：设置完毕，改变的标题字体颜色和引入的 LOGO 等都在幻灯片中得到了体现。效果如图所示。

TIPS：

改变母版背景的另一个简捷的方法是给幻灯片母版选择某一个主题。

5.4 使用多个幻灯片母版样式

幻灯片母版其实也是分节管理的，所以我们就可以设置多个母版样式，为一个 PPT 文稿提供多种主题和版式。

增加了多个母版后，即可为不同的母版设置不同的主题或背景样式，获得不同的演示效果，丰富了演示方案，用以适应不同的放映场合的需要。

1. 通过"插入幻灯片母版"选项卡使用多个母版样式

具体步骤

Step1：打开本实例幻灯片母版。

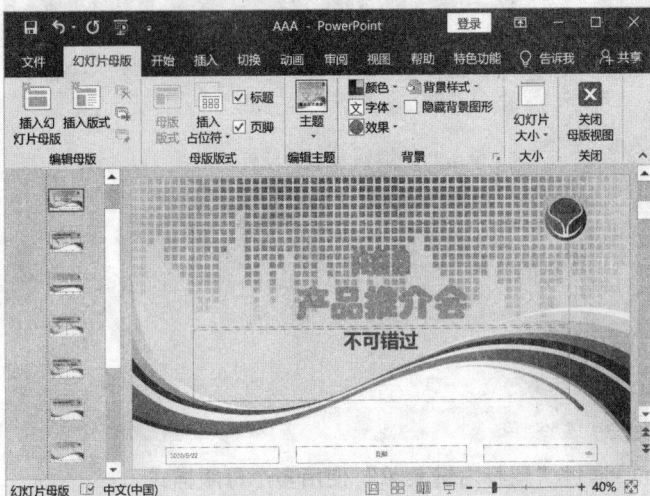

Step2：将导航栏位置定位到最后，点击【编辑母版】选项卡中的【插入幻灯片母版】按钮。

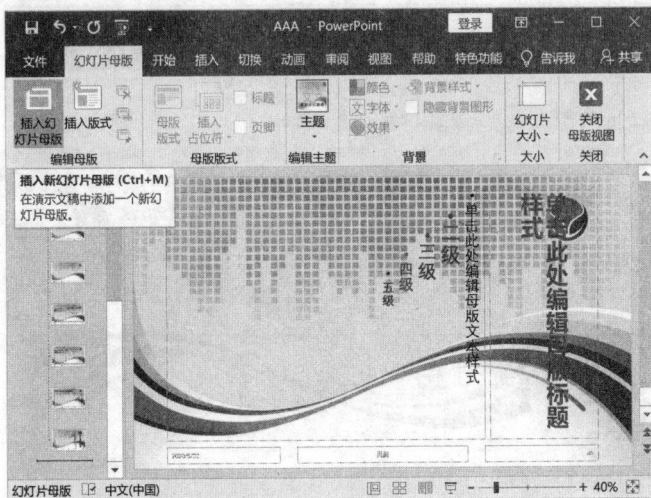

Step3：可以看到新增了一个幻灯片母版，并且是空白母版，根据需要按照上述的办法进行设置母版样式即可。

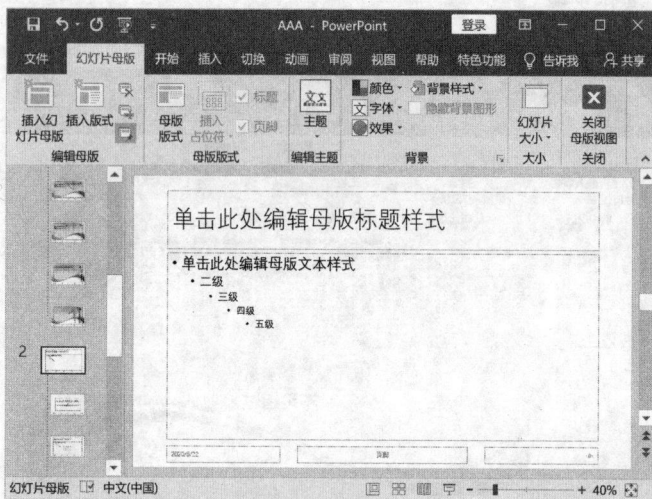

2. 通过"鼠标右键菜单"使用多个母版样式

具体步骤

Step1：打开本实例幻灯片母版。

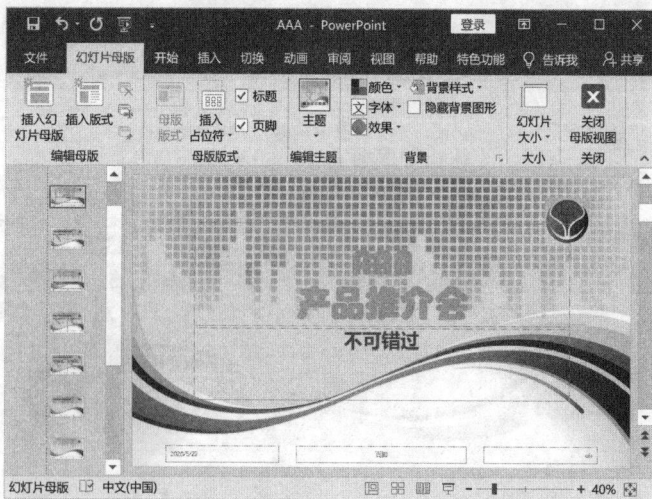

Step2：在导航栏单击鼠标右键，在右键菜单中选择【插入幻灯片母版】选项。

Step3：新增了一个空白母版，根据需要按照上述的办法进行母版样式设置即可。

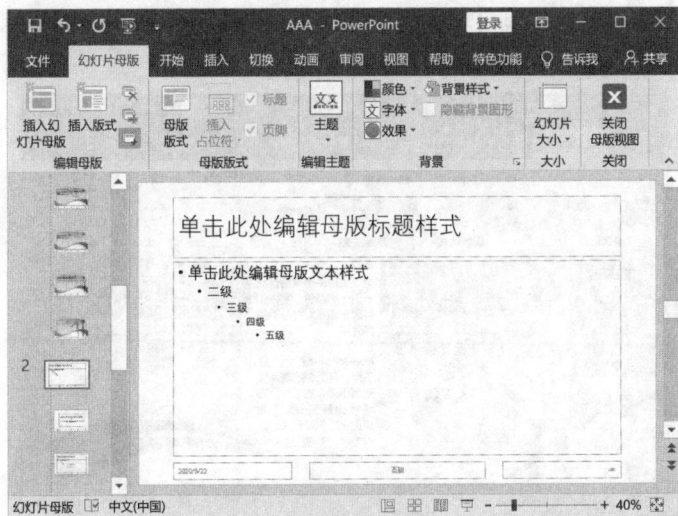

3. 直接增加"主题"使用多个母版样式

除了上述 2 种方法，PPT 还可以直接选择合适的"主题"来增加幻灯片母版样式。利用这一方法增加的母版样式，直接获得了主题的背景、字体、字号等设置，简捷高效。

具体步骤

Step1：打开本实例幻灯片母版。

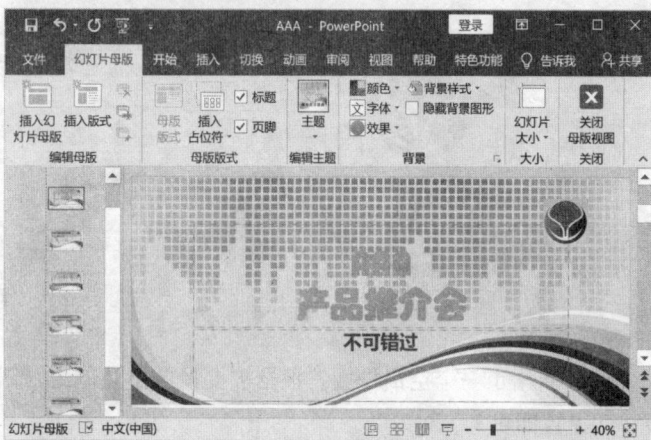

Step2：切换到【幻灯片母版】选项卡，点击【编辑主题】组中的【主题】按钮。

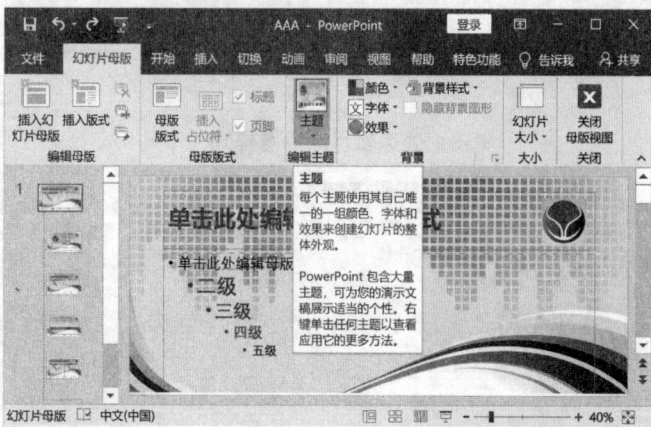

Step3：在【主题】下拉菜单中选择适合的主题即可。在此，我们选择【环保】。

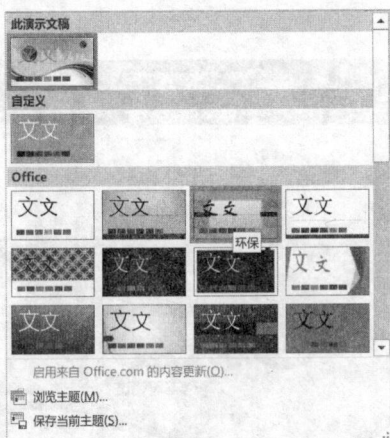

Step4：设置完毕，效果如图所示。

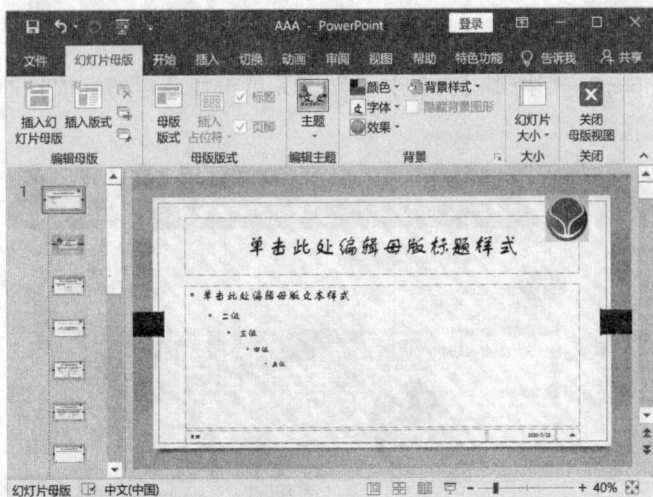

4. 多样式幻灯片母版的采用

如果设置了多个幻灯片母版，在编辑 PPT 演示文稿时，新增幻灯片就可以采用多种母版的主题。

具体步骤

Step1：打开本实例原始演示文稿，在导航栏中，选定新增幻灯片的位置。

Step2：切换到【开始】选项卡，单击【新建幻灯片】的下三角按钮。

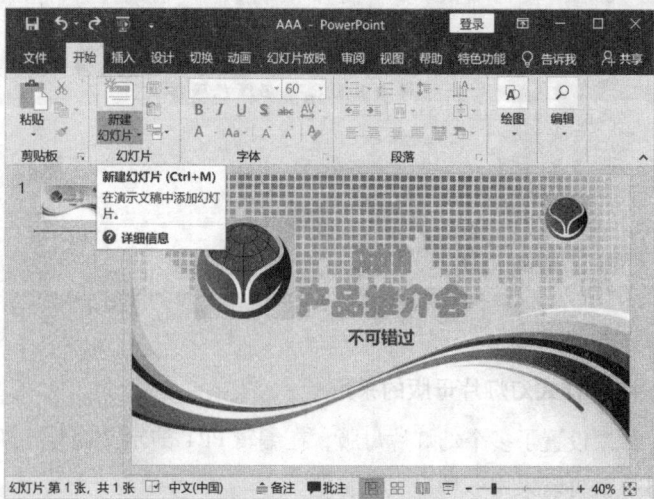

Step3：在【新建幻灯片】的下拉菜单中可以看见"Office 主题"与"自定义主题"。其中，"Office 主题"是初始设置的主题，"自定义主题"是我们后设置的主题，它的名称即是刚才所选主题的名字，在此为【环保】。根据需要选择其一即可，在此，我们选择【环保】中的【标题和内容】。

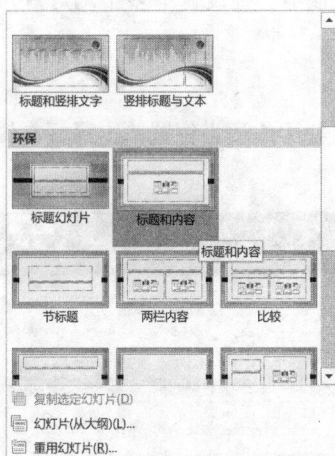

Step4：选择完毕，即按照选定的主题新建了一张幻灯片。

5. 分节使用多个幻灯片母版样式

因为 PPT 对演示文稿是分节进行管理的，所以我们也可以分节采用不同的幻灯片母版样式，方便简捷地在同一个演示文稿中获得不同母版效果。

假设在演示文稿中已经设置了多个幻灯片母版样式，分节使用方法如下。

具体步骤

Step1：在导航栏中的适当位置单击鼠标右键，在右键菜单选择【新增节】。

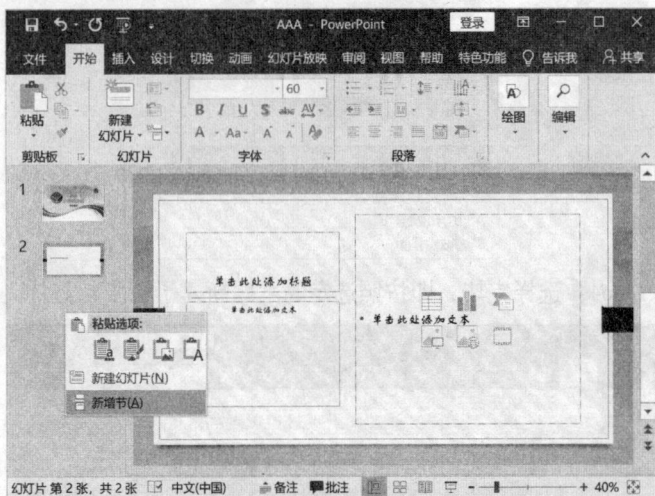

Step2：弹出【重命名节】对话框，在【重命名节】中输入节的名称，在此，我们输入【推介会1】。

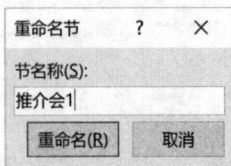

Step3：重复 Step1－Step2 的操作，对整个演示文稿进行分节。

Step4：在各节下分别各建几个幻灯片。在导航栏中选中一个节，则下属所有幻灯片都被选中。

Step5：切换到【设计】选项卡，点击【主题】组的下拉按钮，在下拉菜单中选择任意一款主题即可。在此，我们选择【离子】主题。

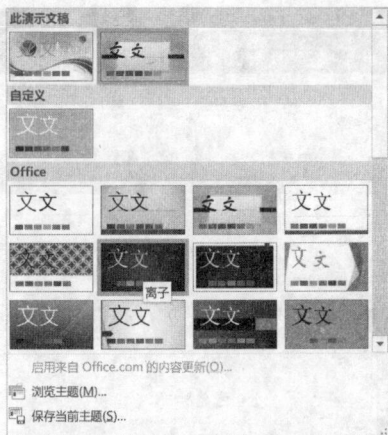

Step6：设置完毕，则本节所有幻灯片都采用了这一主题。

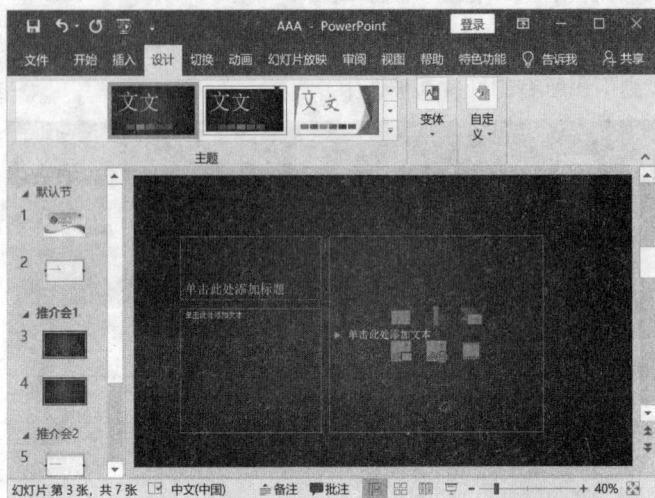

第6章

幻灯片美化
——改进"公司团建活动策划"

你有没有过文案做得很漂亮，但制作成PPT后观感却大相径庭，从而让演示效果大打折扣的时候。所以，一份完美的PPT演示文稿，内容很重要，但美化也同样重要。

6.1 文本框的美化

构成 PPT 最基本的元素就是文本框及其中的文字。为了用户能够迅速地将所添加的内容融入整个幻灯片的背景中，PPT 将文本框默认为无填充、无边框。

一提美化，许多用户就会感觉头大。其实不必担心，PPT 中的文本框与 Word 和 Excel 中的基本完全相同，就连设置方法也都是一样的。

为了案例效果更加直观，在此，我们先按之前讲过的内容选择一个主题将本实例的文字放入 PPT 演示文稿中。设置完毕，如图所示。

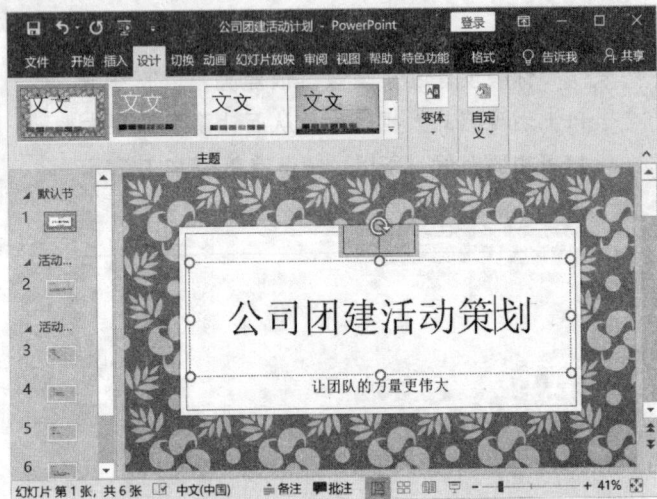

1. 文本框形状效果设置

如之前所讲，PPT 中的文本框默认是无填充、无边框、无效果的，若要在演示文稿中强调或者突出某些文本框，就需要对文本框格式进行设置。

具体步骤

Step1：打开本实例第 2 张幻灯片，选中需要进行格式设置的文本框，自动显示出【格式】选项卡。

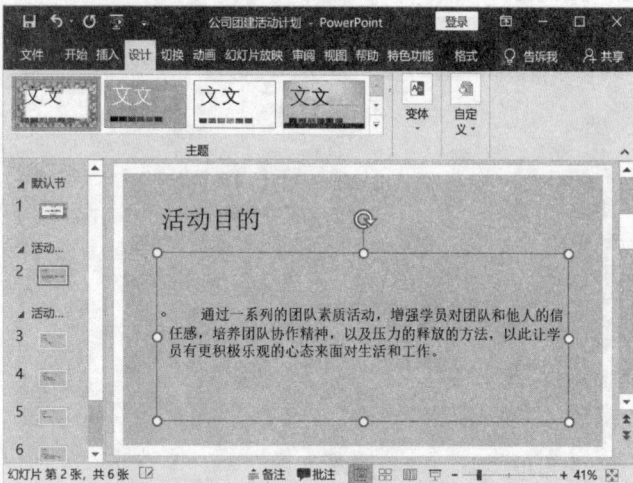

Step2：切换到【格式选项卡】，点击【形状样式】的对话框启动器。

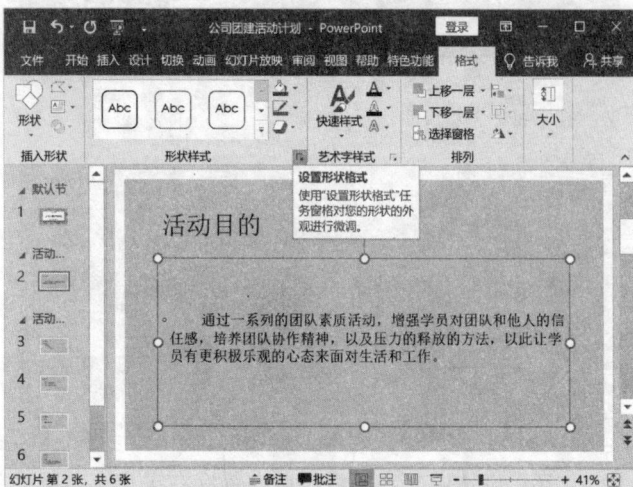

Step3：在窗口右侧弹出在【设置形状格式】任务栏，即可根据需要对文本框格式进行设置。在此，我们在【填充与线条】中勾选【实线】复选框，【颜色】选择【青绿色，个性色1，深色40%】，【宽度】调整为【3磅】。

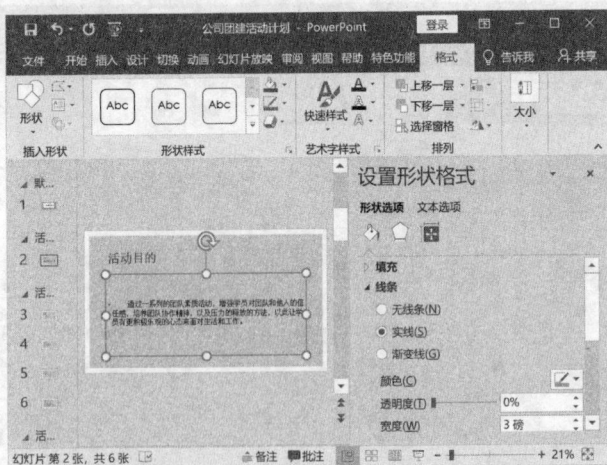

Step4：设置完毕，关闭【设置形状格式】任务栏，返回PPT演示文稿，效果如图所示。

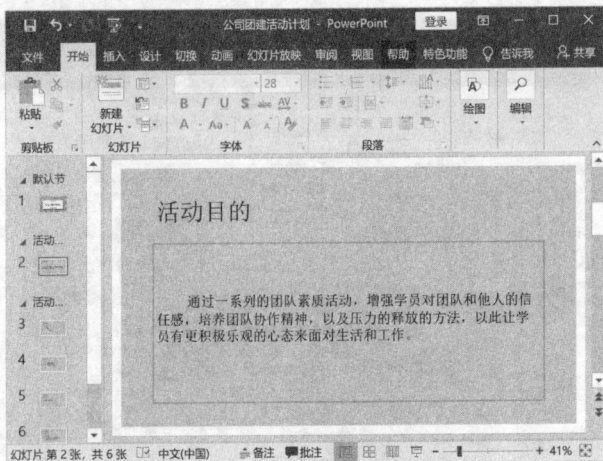

另外，还可以选中文本框后，点击鼠标右键，在右键菜单中

选择【设置形状格式】选项，弹出【设置形状格式】任务栏进行设置。前文中，相似的操作已经讲过，在此不再赘述。

2. 文本框格式美化

我们下面以最常用的"填充"和"阴影"为例，介绍文本框格式美化的应用。

Step1：打开本实例第 3 张幻灯片，选中需要进行格式设置的文本框，自动显示出【格式】选项卡。

Step2：切换到【格式选项卡】，点击【形状样式】的对话框启动器。

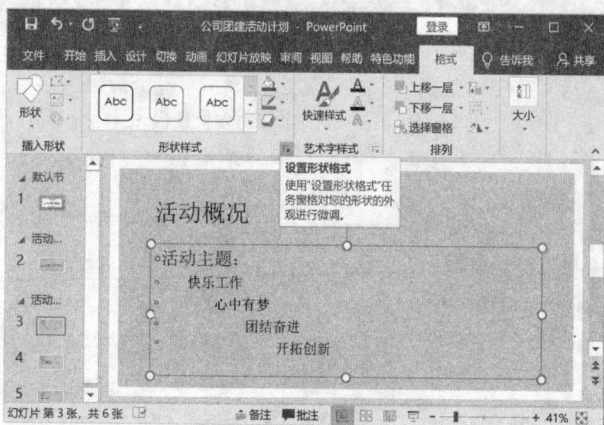

Step3：在窗口右侧弹出在【设置形状格式】任务栏，单击【填充与线条】中的【填充】按钮，选择【渐变填充】，【类型】选择【默认】，【方向】选择【从右下角】，其他设置默认即可。

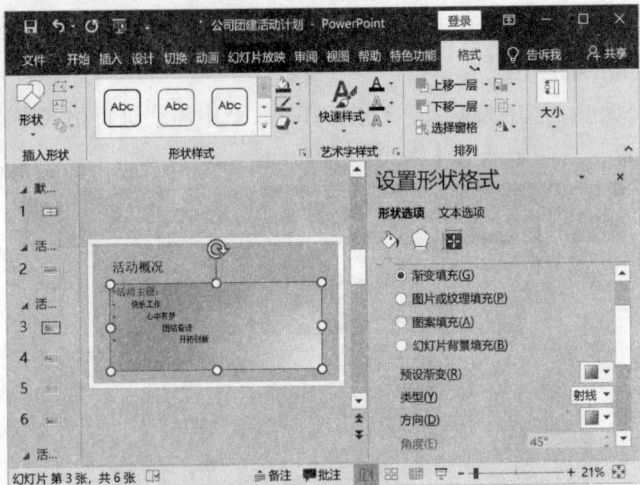

Step4：单击【效果】中的【阴影】按钮，【预设】选择【右上】，【颜色】选择【白色，背景1，深色50%】，【大小】调整为【103%】，【距离】调整为【7磅】，其他设置默认即可。

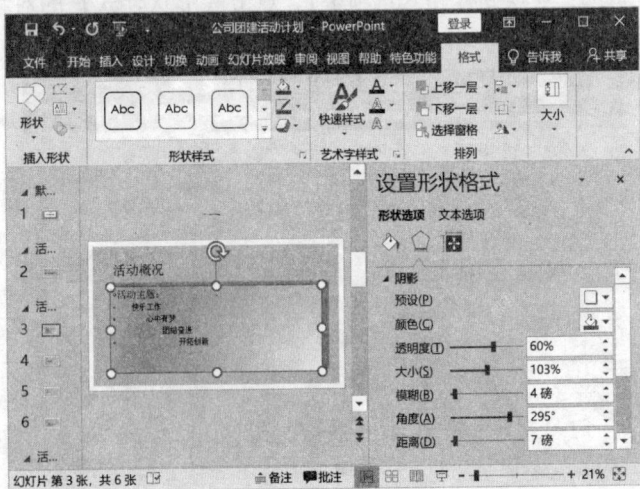

Step5：设置完毕，关闭【设置形状格式】任务栏，返回 PPT 演示文稿，效果如图所示。

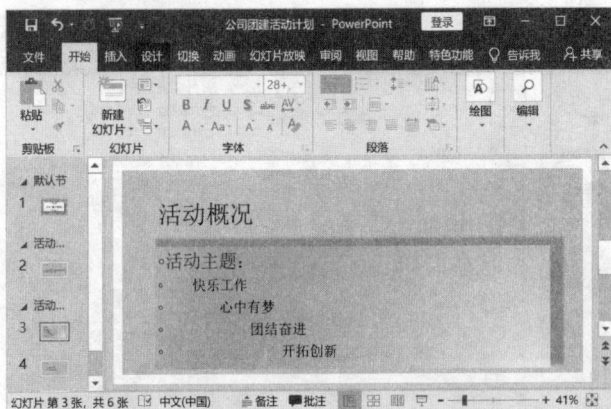

3. 文本框文字效果设置

文本框的美化不只是对文本框进行设置，其中的文字也一样可以进行设置加以美化，采用具有艺术性的文字效果设置对于美化幻灯片而言也十分重要。

具体步骤

Step1：打开本实例刚才进行过文本框设置的第 2 张幻灯片，选中需要进行格式设置的文本框，自动显示出【格式】选项卡。

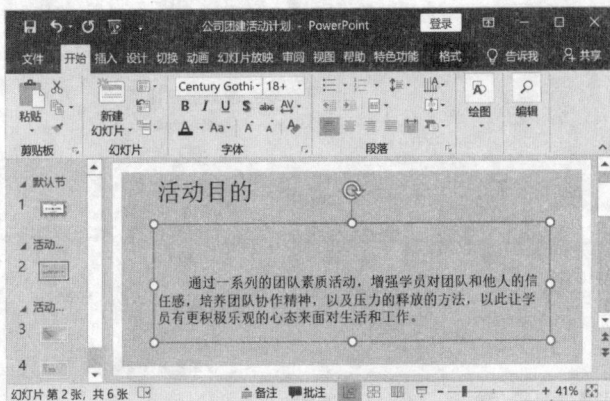

Step2：切换到【格式选项卡】，点击【形状样式】的对话框启动器。

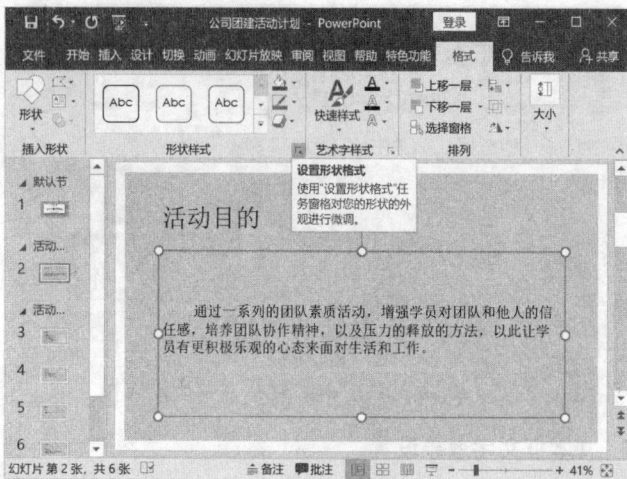

Step3：在窗口右侧弹出在【设置形状格式】任务栏，单击【文本填充】，勾选【渐变填充】复选框，【预设渐变】选择【底部聚光灯－个性色1】，【类型】选择【矩形】，【颜色】选择【深红】。

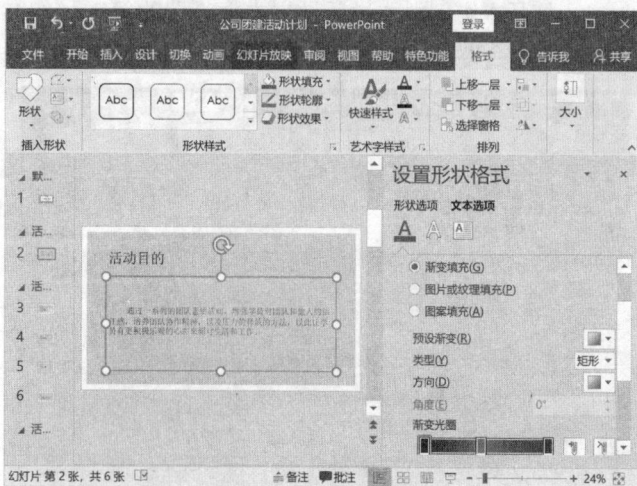

Step4：单击【文字效果】中的【阴影】，【预设】选择【偏移：左】，【颜色】选择【白色，背景1，深色50%】，【大小】调整为【101%】，其他设置默认即可。

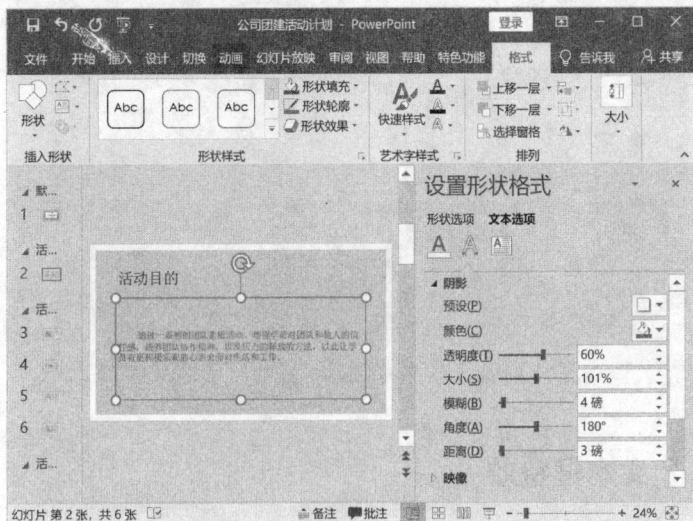

Step5：单击【发光】，将【预设】选择【发光：5磅；蓝色，主题色2】。

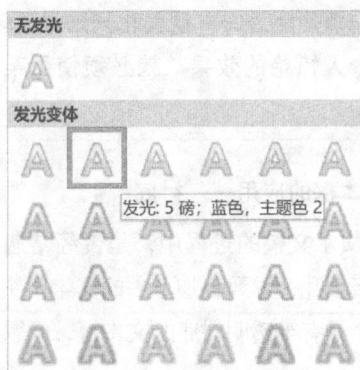

Step6：设置完毕，关闭【设置形状格式】任务栏，返回PPT演示文稿，效果如图所示。

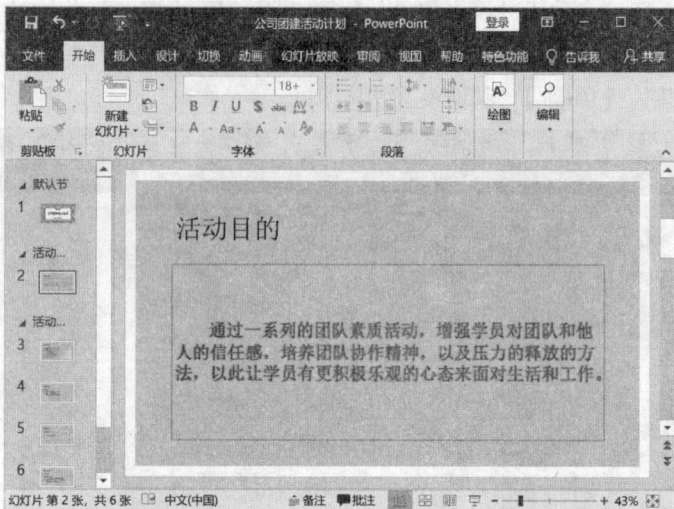

6.2 文本框特效

学习了文本框及其文字的美化，你会发现你制作的 PPT 演示文稿，还有些不尽人意，没有达到想要的效果，那是因为文本框美化只是最基础的设置，想要获得令人惊艳的效果，就必须使用某些特殊的方法。

1. 半透明文本框的应用——衬底

在制作 PPT 演示文稿的过程中，是否经常遇到这种困惑？图片背景太鲜艳或者杂乱，导致叠加上去的文字不突出。其实办法很简单，只需加一个具有半透明衬底的文本框，问题就迎刃而解了。

具体步骤

Step1：打开本实例原始演示文稿，鼠标点击在第 3 张幻灯片的下方，切换到【插入】选项卡，点击【新建幻灯片】的下三角按钮。

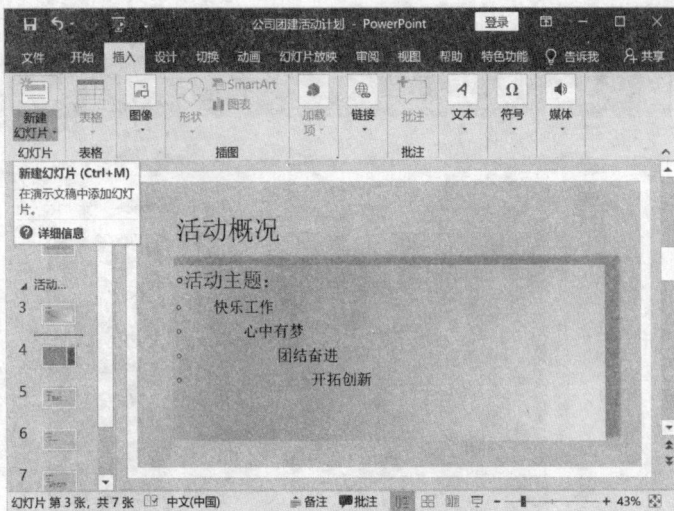

Step2：弹出【新建幻灯片】下拉菜单，选择【图片与标题】。

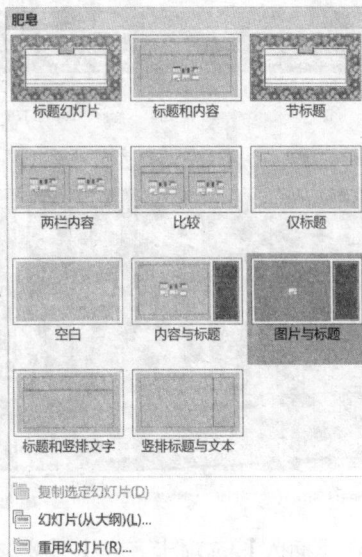

Step3：点击文本框中的图片按钮，弹出【插入图片】对话

框，选择需要的图片即可。

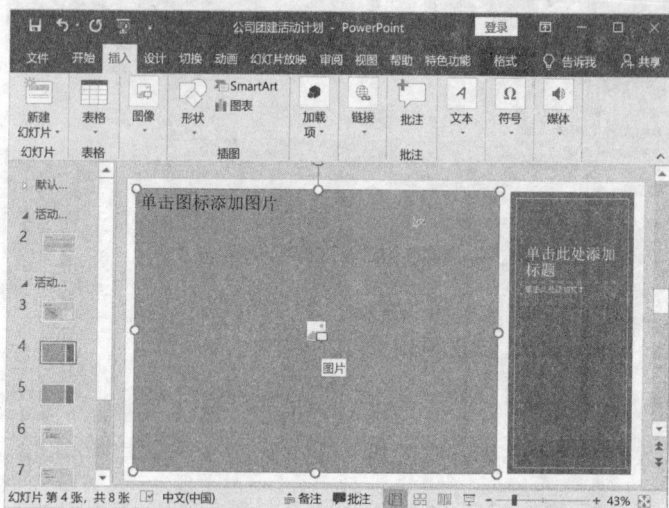

Step4：点击【插入】，效果如图所示。

Step5：切换到【插入】选项卡，点击【文本】组中的【文本框】，在下拉菜单中选择【绘制横排文本框】。

Step6：把第 3 张幻灯片里的内容复制到绘制的文本框中，并将标题与副标题也填入到版式中相应的位置。效果如图所示，此时，文本框中的内容很不清晰。

Step7：选中绘制的文本框，切换到【格式】选项卡，点击【形状样式】对话框启动器。

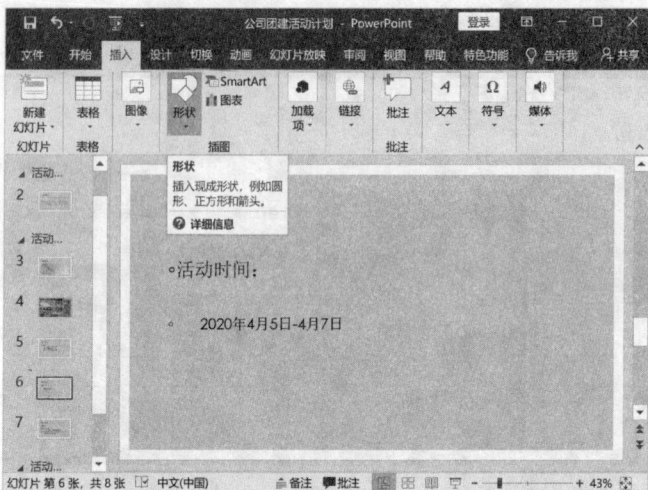

Step8：弹出【设置形状格式】任务栏，点击【填充与线条】中的【填充】选项，勾选【纯色填充】复选框，【颜色】选择【白色，背景1，深色25%】，【透明度】调整为【65%】。

Step9：设置完毕，关闭【设置形状格式】任务栏，此时，我们就能看清之前看不清楚的文字了，效果如图所示。

2. 环绕型文本框特效

可以通过设置"文本效果"，获得"花环"的效果。

具体步骤

Step1：打开本实例第6张幻灯片，选中文本框，切换到【格式】选项卡，点击【艺术字样式】组中的【文字效果】选项，在其下拉菜单中选择【转换】选项。

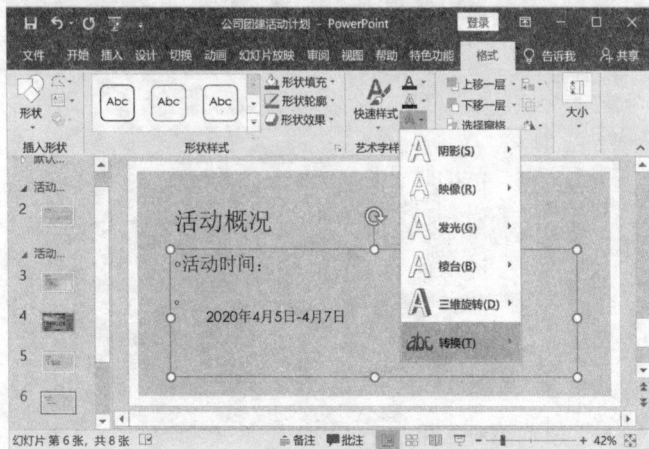

Step2：在【转换】的下拉菜单中【跟随路径】组合框中选择【圆】转换为半圆状。

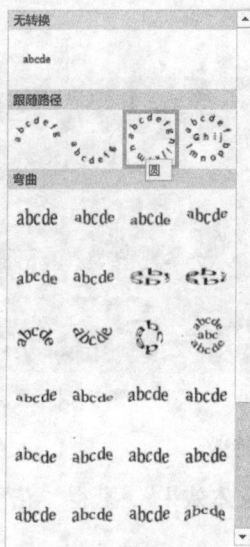

Step3：文本框中的文字即变成半圆状，将其调整的合适的位置。选中文本框，在中间插入适合的图片，效果如图所示。

6.3 图片美化

一张图胜过千句言，图片是演示文稿中的重要对象，PPT 对图片的操作与美化在一定程度上已经达到了一些专业图片处理软件的程度，可以说，很多功能都实现了可视化的一键式操作模式，这为我们丰富演示文稿提供了有力的工具。

PPT 图片的操作上主要分为"调整""样式""排列"和"大小"几个方面，均放置在图片的"格式"选项卡中。

1. 图片调整

在 PPT 中，用户还可以根据演示需要对图片的颜色、亮度和对比度进行调整。

具体步骤

Step1：选中第 5 张幻灯片，在其中插入需要的图片，调整到合适的大小。

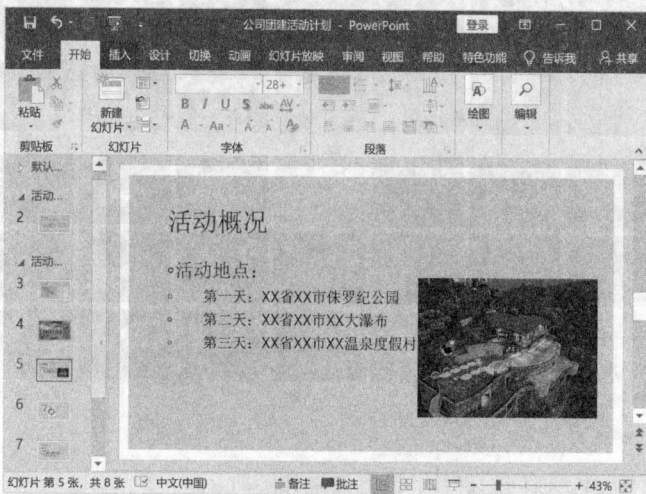

Step2：选中插入的图片，切换到【格式】选项卡，在【调整】组中单击中【颜色】按钮。

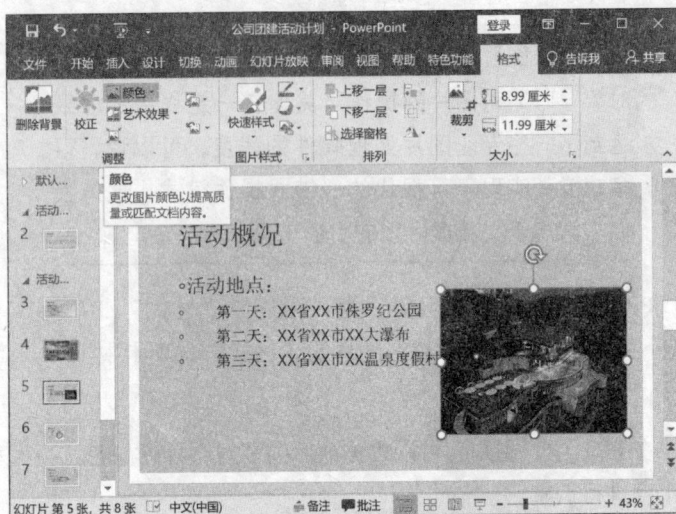

Step3：在弹出的下拉列表中选择【色温 6300K】选项。

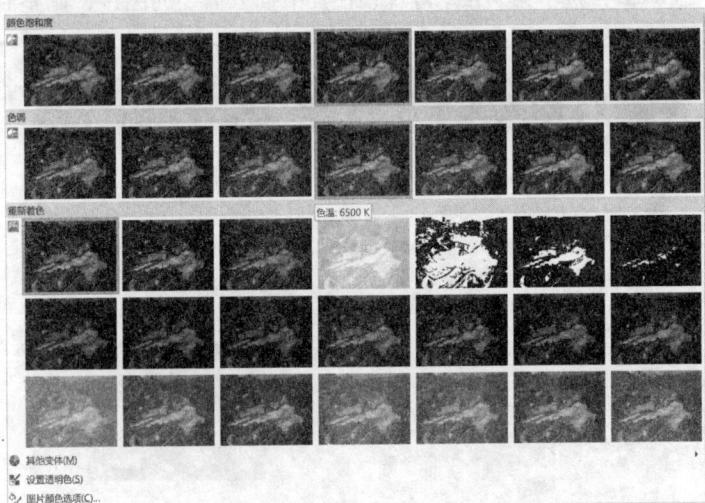

Step4：返回幻灯片，设置效果如图所示。

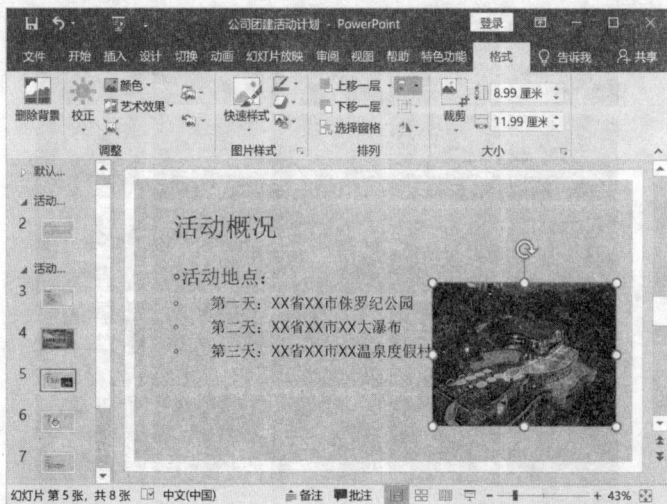

Step5：再次选中图片，切换到【格式】选项卡，在【调整】组中单击【校正】按钮。

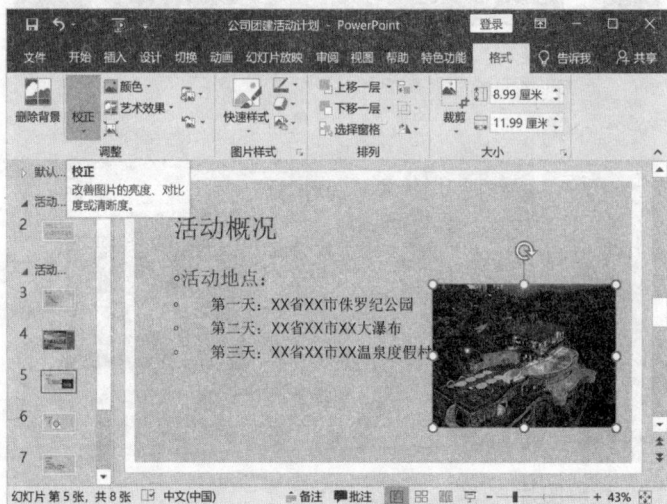

Step6：在弹出的下拉列表中选择【亮度：+20%，对比度：+20%】选项。

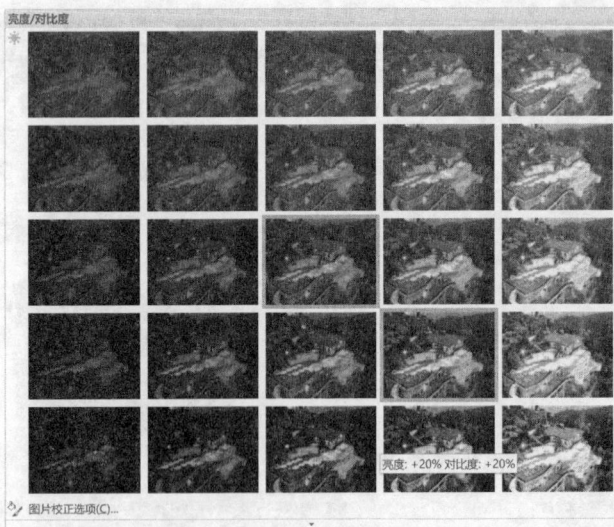

Step7：返回幻灯片，设置效果如图所示。

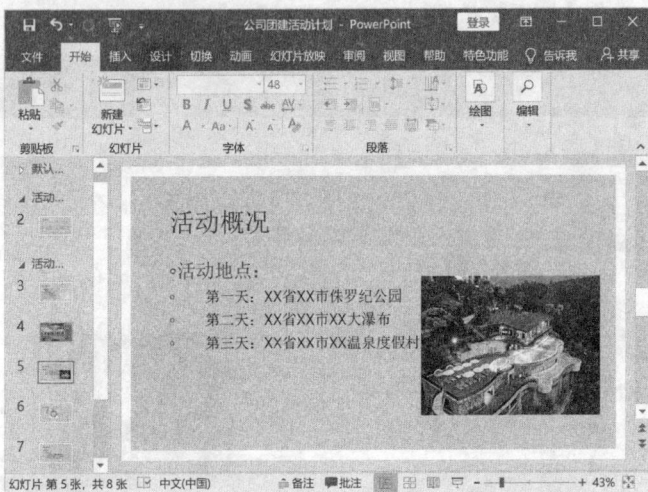

2. 裁剪图片

在编辑演示文稿时，用户可以根据需要将图片裁剪成各种形状。

具体步骤

Step1：选中本演示文稿中的第 5 张幻灯片，选中幻灯片中图片，切换到【格式】选项卡，在【大小】组中单击【裁剪】按钮下方的下拉按钮，在弹出的下拉列表中选择【裁剪】选项。

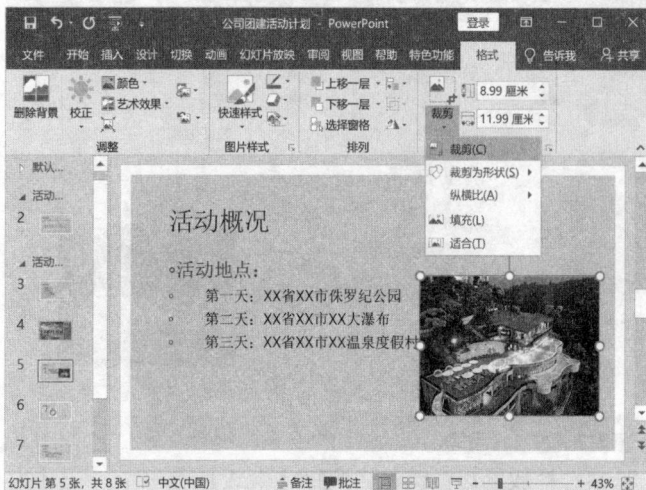

Step2：此时，图片进入裁剪状态，并出现 8 个裁剪边框。

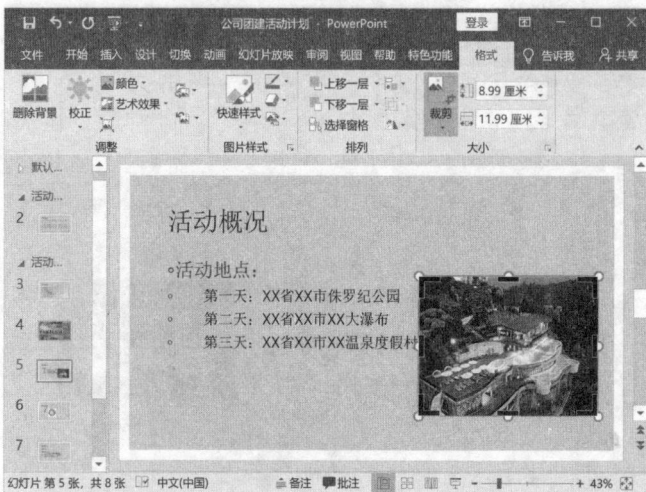

Step3：选中任意一个裁剪边框，按住鼠标左键不放，上、下、左、右进行拖动即可对图片进行裁剪。在此，我们将图片的上下各剪去一部分。

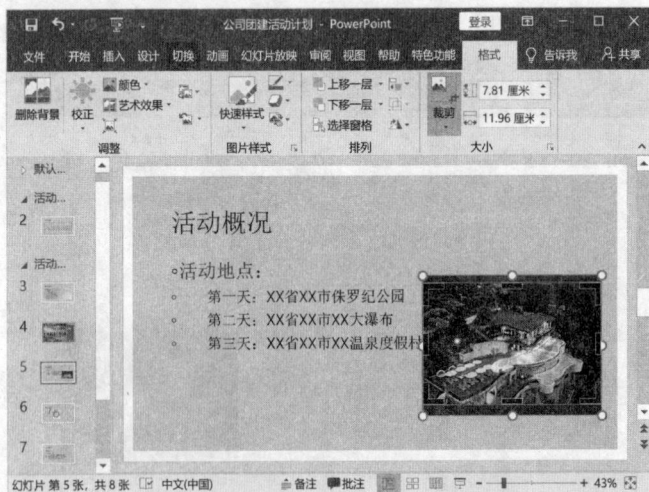

Step4：释放鼠标左键，切换到【格式】选项卡，在【大小】组中再次单击【裁剪】按钮即可完成裁剪。效果如图所示。

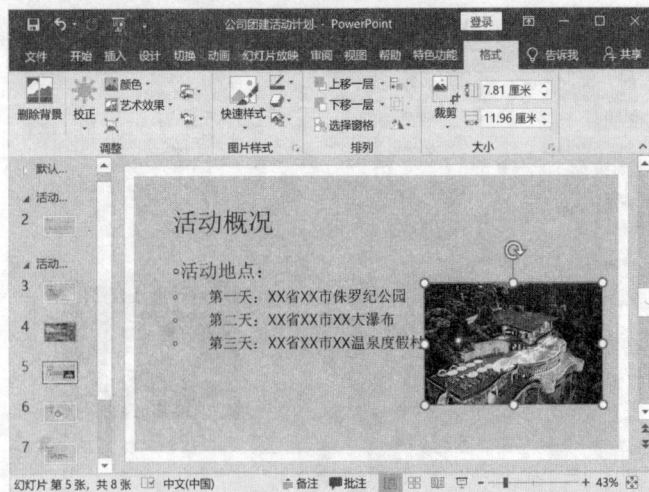

Step5：再次选中本图片，切换到【格式】选项卡，在【大小】组中单击【裁剪】按钮下方的下拉按钮，在弹出的下拉列表中选择【裁剪为形状】选项。

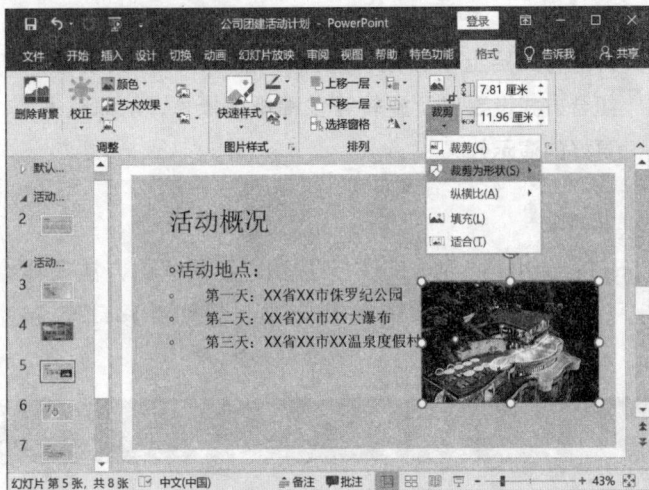

Step6：在【裁剪为形状】的下拉列表中选择【流程图：资料带】，效果如图所示。

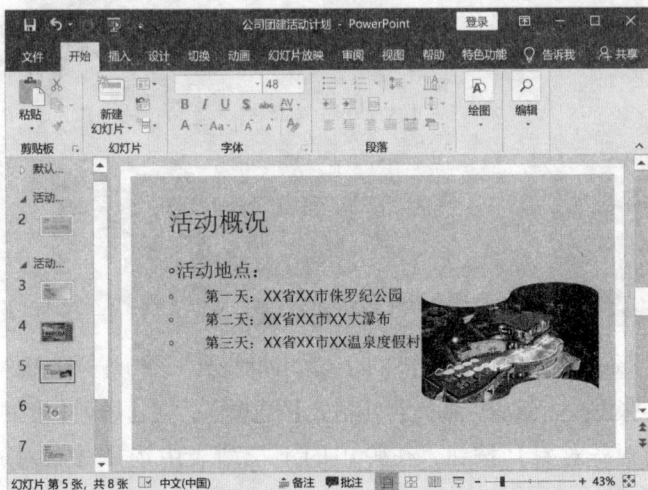

6.4 图片版式

在 PPT 中，用户可以根据实际的演示需要对图片进行图层上下移动、选择窗格、对齐方式设置、组合方式设置以及旋转等多种排列操作，从而获得更好的演示效果。

具体步骤

Step1：选中第 5 张幻灯片，按照之前讲述的方法在其中再次插入一张图片，然后调节其大小、剪切并移动至合适的位置。

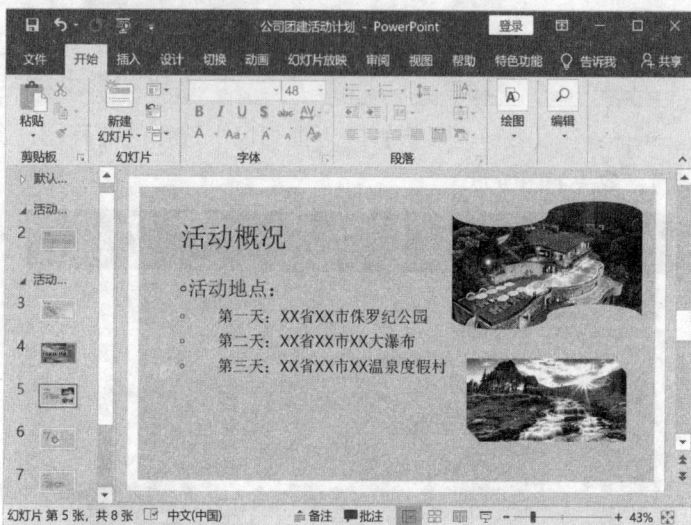

Step2：首先，按住【Shift】键，同时选中该幻灯片中插入的这两张图片，然后，切换到【格式】选项卡，在【排列】组中单击【对齐对象】按钮，在弹出的下拉列表中选择【右对齐】选项。

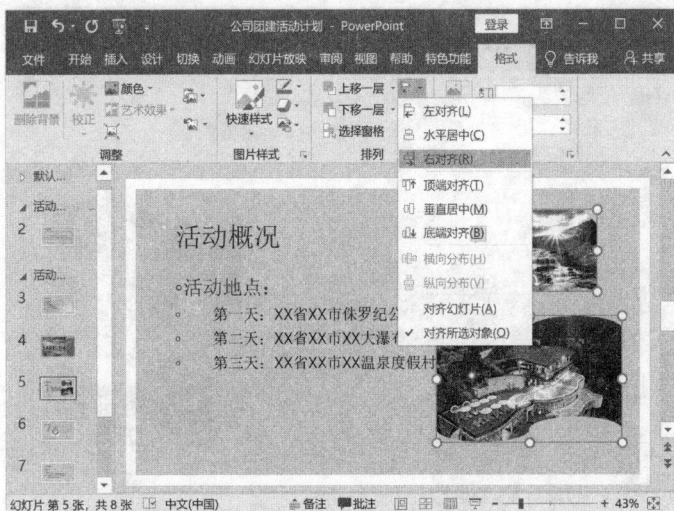

Step3：返回幻灯片，设置效果如图所示。

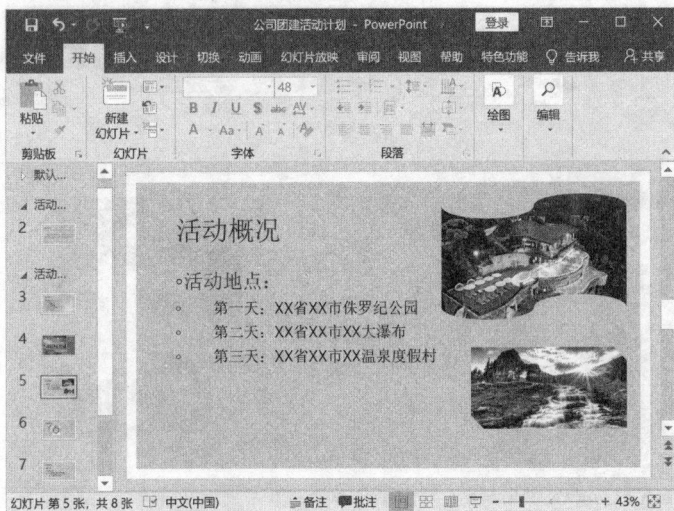

Step3：按住【Shift】键的同时选中两张图片，切换到【格式】选项卡，在【排列】组中单击【组合对象】按钮，在弹出的下拉列表中选择【组合】选项。

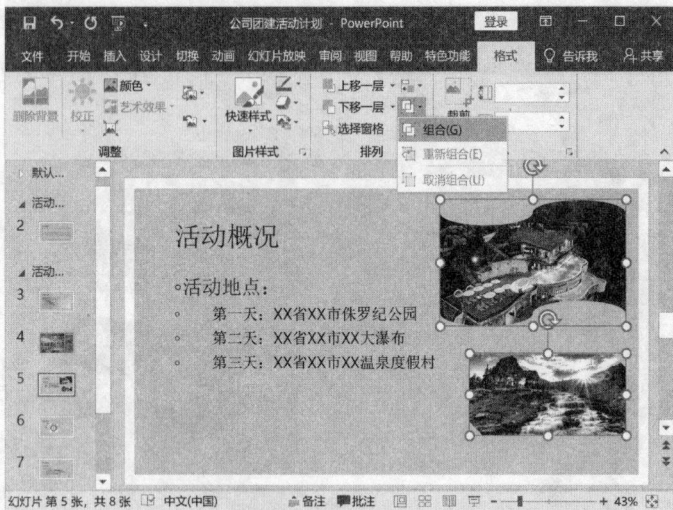

Step4：此时选中的两张图片就组成了一个新的整体对象。

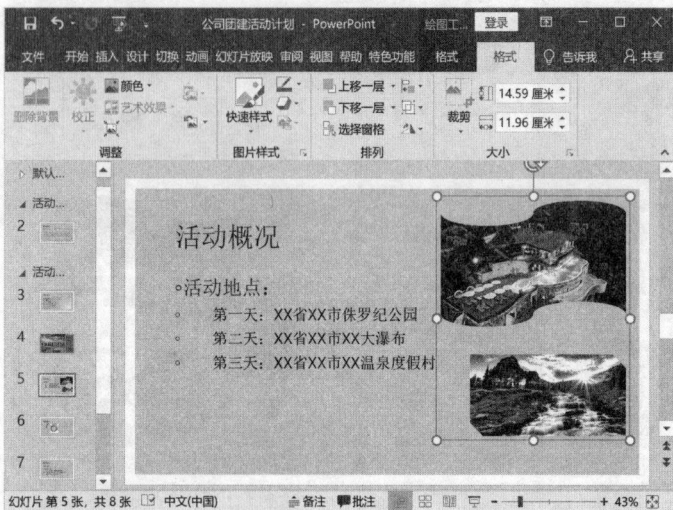

Step5：选中新组合的整体，切换到【格式】选项卡，在【排列】组中单击【旋转对象】按钮，在弹出的下拉列表中选择【水平翻转】选项。

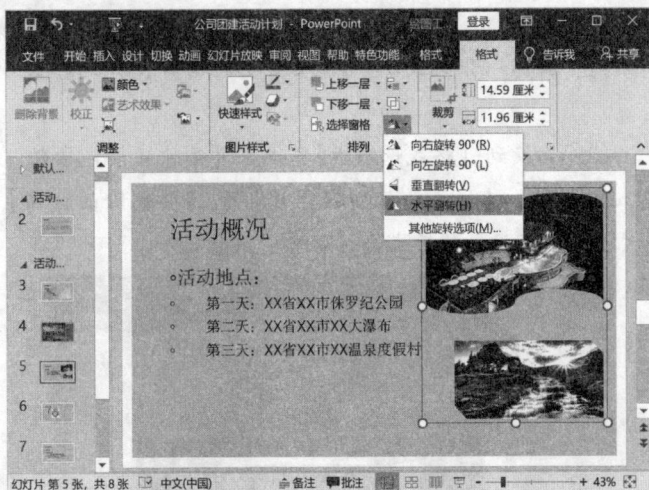

Step6：设置完毕，最终效果如图所示。

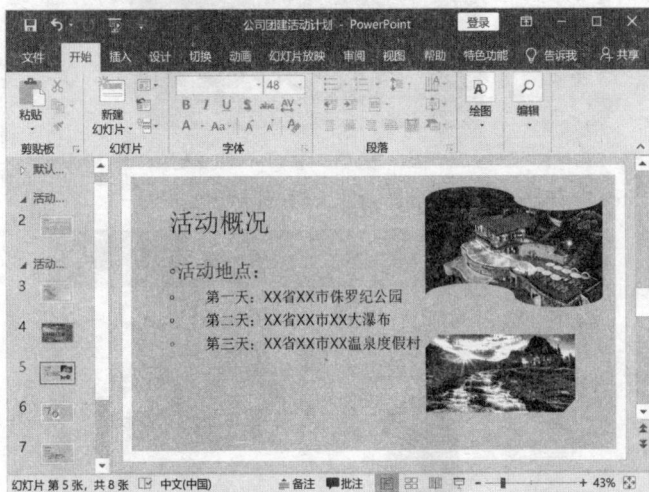

技巧升级：

快速抠图去背景

做 PPT 的时候你是否经常遇到喜欢的图，但是背景与 PPT 演示的场景又不搭的情况呢？下面就来看看该如何快速解决这个问题。

具体步骤

Step1：新建一张幻灯片，插入需要的图片，并调整大小和位置。

Step2：切换到【格式选项卡】，点击【删除背景】按钮。

Step3：点击【标记要保留的区域】和【要删除的区域】并在图片上进行标注，然后点击【保留更改】选项。

Step4：删除背景完毕，效果如图所示。

第7章

高级演示——动画

在日常工作中，特别是在重要的商务场合，PPT 的演示效果越来越重要，很多时候 PPT 的演示效果决定了一项工作的结果。而与 PPT 的演示效果最为相关的就是动画。

7.1 动画

动画其实是一种对象进入、强调或退出幻灯片的动作，使用动画会让幻灯片内容的先后次序得到更好的体现。它是一张幻灯片内不同元素的动态展现。

1. 设置动画效果

PPT 提供了包括进入、强调、退出、路径以及页面切换等多种形式的动画效果，为幻灯片添加这些动画特效，完全可以满足现代化办公的需要。

2. 设置进入动画

进入动画可以实现多种对象从无到有、陆续展现的动画效果。

具体步骤

Step1：打开"员工培训方案"的原始文件，在第 2 张幻灯片中选中"总体目标"内容部分的文本框，然后切换到【动画】选项卡，在【高级动画】组中单击【添加动画】按钮。

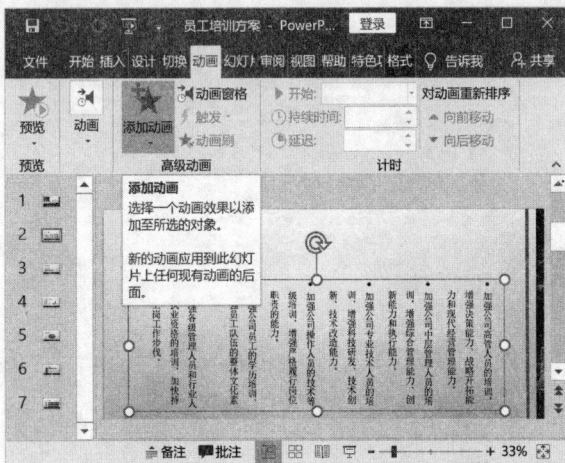

Step2：在弹出的下拉列表中选中【浮入】选项。

Step3：切换到【动画】选项卡，在【高级动画】组中单击【动画窗格】按钮。

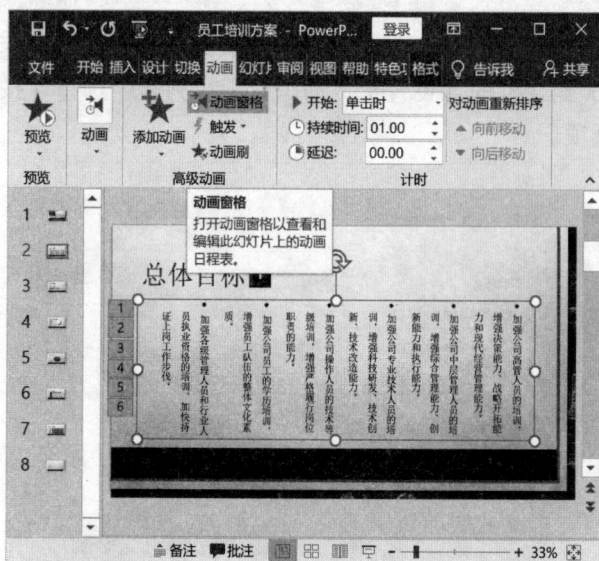

Step4：此时，即可在窗口的右侧弹出【动画窗格】任务栏，选中【动画1】，然后单击鼠标右键，在弹出的快捷菜单中选择【效果选项】。

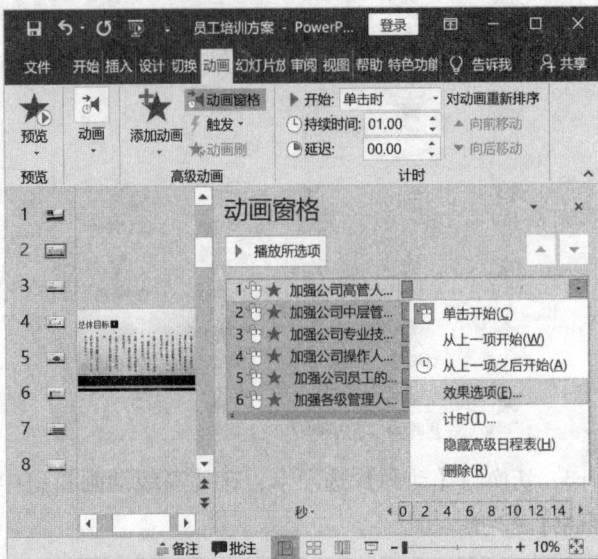

Step5：弹出【上浮】对话框，切换到【效果】选项卡，在【增强】组合框的【设置文本动画】下拉列表中选择【按词顺序】选项。

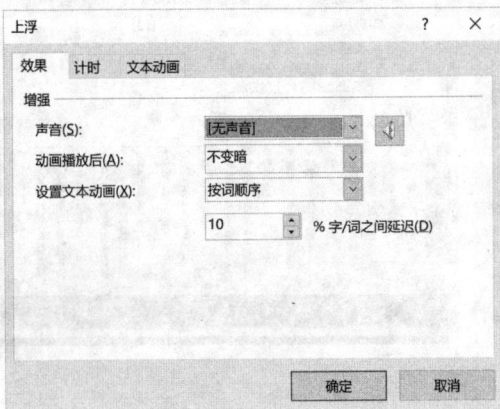

Step6：切换到【计时】选项卡，在【期间】下拉列表中选择【中速（2秒）】选项。

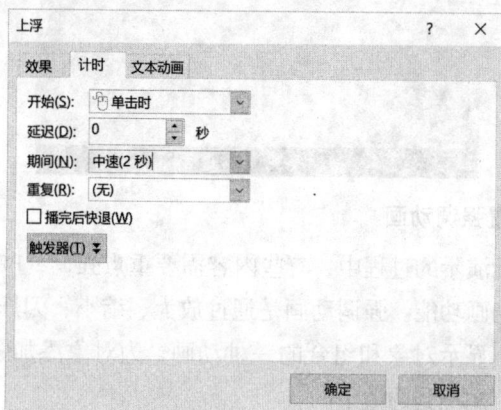

Step7：单击【确定】按钮返回演示文稿，关闭【动画窗格】任务栏，然后切换到【动画】选项卡，在【预览】组中单击【预览】按钮。

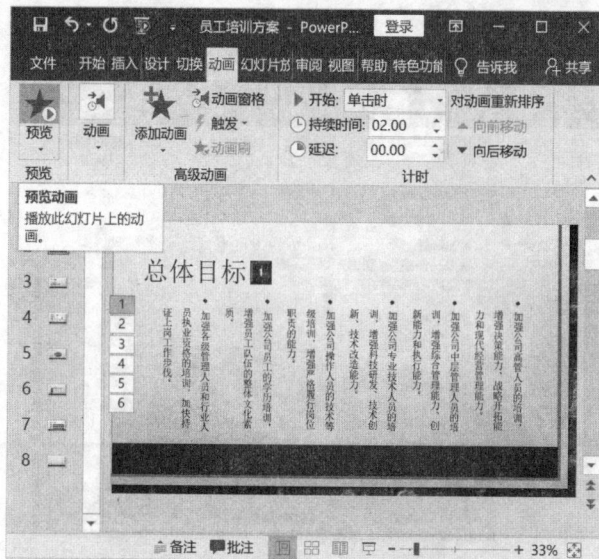

Step8：此时文本框的"浮入"效果如图所示。

3. 设置强调动画

在实际演示的过程中，有些内容需要重点强调，PPT 为此内置了强调动画功能。强调动画是通过放大、缩小、闪烁、陀螺旋等方式突出显示对象和组合的一种动画，为对象添加强调动画，可以收到意想不到的效果。

具体步骤

Step1：在第 3 张幻灯片中选中"原则与要求"内容部分的文本框，然后切换到【动画】选项卡，在【高级动画】组中单击【添加动画】按钮。

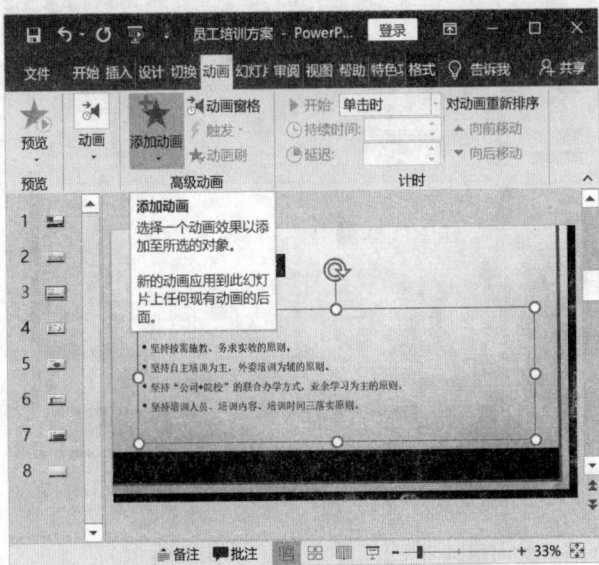

Step2：在弹出的下拉列表中选中【放大/缩小】选项。

Step3：切换到【动画】选项卡，在【高级动画】组中单击【动画窗格】按钮，在窗口的右侧弹出【动画窗格】任务栏，选中【动画1】，单击鼠标右键，在弹出的快捷菜单中选择【效果选项】菜单项。

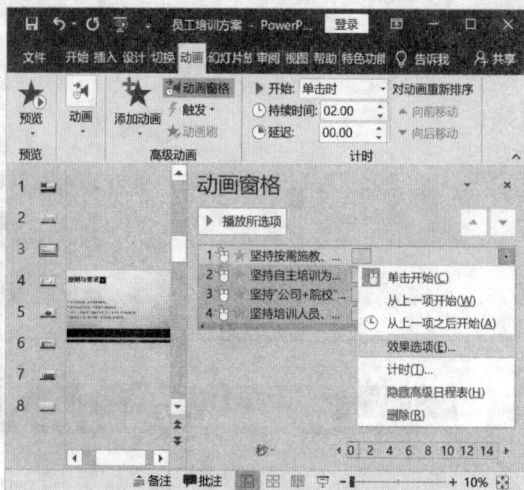

Step4：弹出【放大/缩小】对话框，切换到【计时】选项卡，在【重复】下拉列表中选择【2】选项。

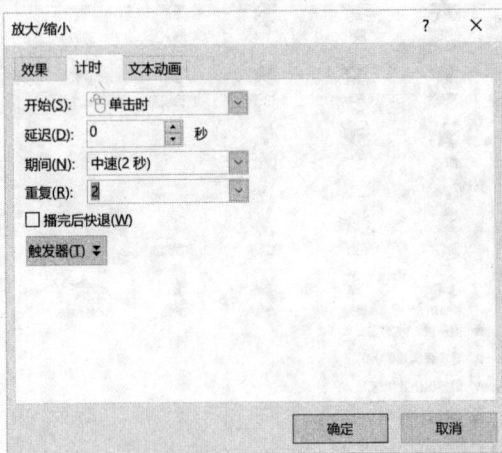

Step5：设置完毕，关闭【动画窗格】，然后在【动画】选项卡的【预览】组中单击【预览】按钮，"放大/缩小"的强调效果如图所示。

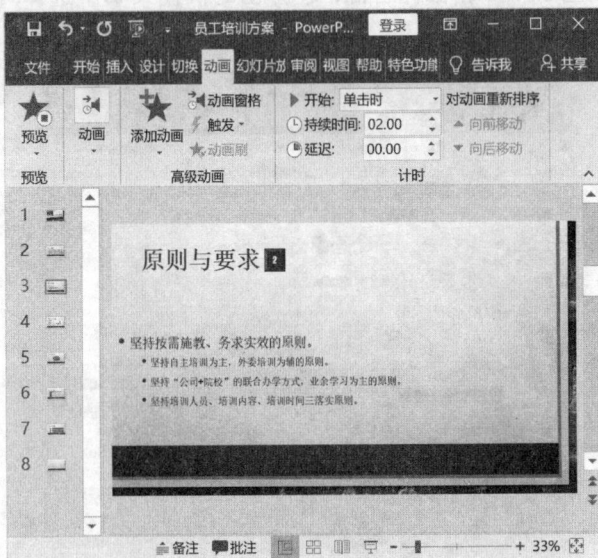

4. 设置路径动画

路径动画是让对象按照绘制的路径运动的一种高级动画效果，可以让 PPT 的演示效果千变万化。除了直接使用 PPT 内置的动画样式以外，用户还可以根据需要自定义动画路径，设计出绚丽多彩的动画效果。这样用户就可以根据实际的演示需要来设计与之相适应的动画效果了。从而突破了固有的动画效果，让演示效果更加多样。

具体步骤

Step1：在第 4 张幻灯片中选中"培训内容与方式"标题框，然后切换到【动画】选项卡，在【高级动画】组中单击【添加动画】按钮。

Step2：用户可以根据需要在弹出的下拉列表中选择合适的动作路径。

进入

| 出现 | 淡化 | 飞入 | 浮入 | 劈裂 |

| 擦除 | 形状 | 轮子 | 随机线条 | 翻转式由远… |

| 缩放 | 旋转 | 弹跳 |

强调

| 脉冲 | 彩色脉冲 | 跷跷板 | 陀螺旋 | 放大/缩小 |

| 不饱和 | 加深 | 变淡 | 透明 | 对象颜色 |

★ 更多进入效果(E)...
★ 更多强调效果(M)...
★ 更多退出效果(X)...
☆ 其他动作路径(P)...
⚙ OLE 操作动作(O)...

Step3：另外，用户也可以在弹出的下拉列表中选中【其他动作路径】选项。

进入

| 出现 | 淡化 | 飞入 | 浮入 | 劈裂 |

| 擦除 | 形状 | 轮子 | 随机线条 | 翻转式由远… |

| 缩放 | 旋转 | 弹跳 |

强调

| 脉冲 | 彩色脉冲 | 跷跷板 | 陀螺旋 | 放大/缩小 |

| 不饱和 | 加深 | 变淡 | 透明 | 对象颜色 |

★ 更多进入效果(E)...
★ 更多强调效果(M)...
★ 更多退出效果(X)...
☆ 其他动作路径(P)...
⚙ OLE 操作动作(O)...   显示更多动作路径(高级动画)

Step4：弹出【添加动作路径】对话框，下拉滑动条，在【特殊】组合框中选择【三角结】选项。

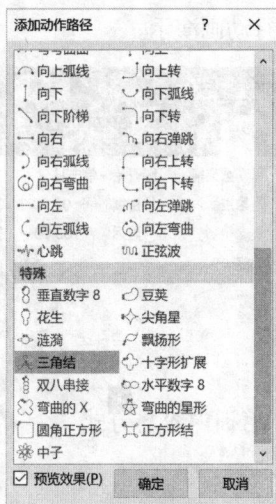

Step5：单击【确定】按钮，返回演示文稿，设置路径效果如图所示。

Step6：切换到【动画】选项卡，在【预览】组中单击【预览】按钮言，如图所示，此时，"培训内容与方式"标题就按照刚才设置的三角结进行动画演示。

5. 设置退出动画

退出动画是让对象从有到无、逐渐消失的一种动画效果。退出动画实现了画面切换的连贯过渡，是不可或缺的动画效果。

具体步骤

Step1：在第5张幻灯片中选中"员工培训层次分类"标题栏，然后切换到【动画】选项卡，在【高级动画】组中单击【添加动画】按钮。

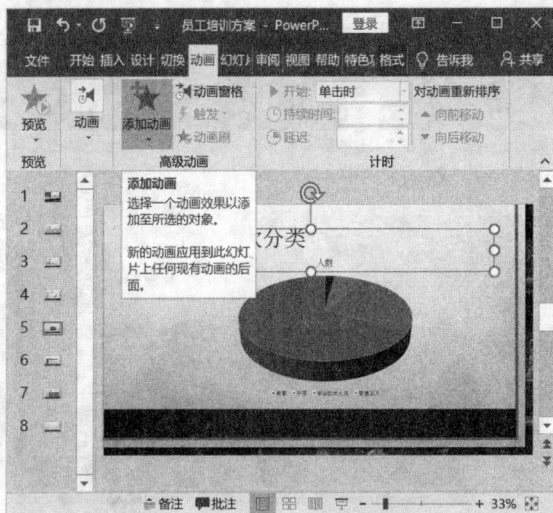

Step2：在弹出的下拉列表中下拉滑动条，选中【擦除】选项。

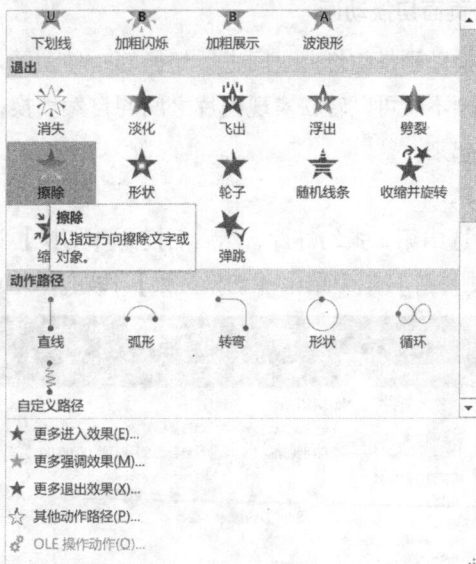

Step3：此时，即可为其添加"擦除"效果，然后切换到【动画】选项卡，在【预览】组中单击【预览】按钮。"擦除"

的退出效果如图所示，可见，标题逐渐被擦除消失不见了。

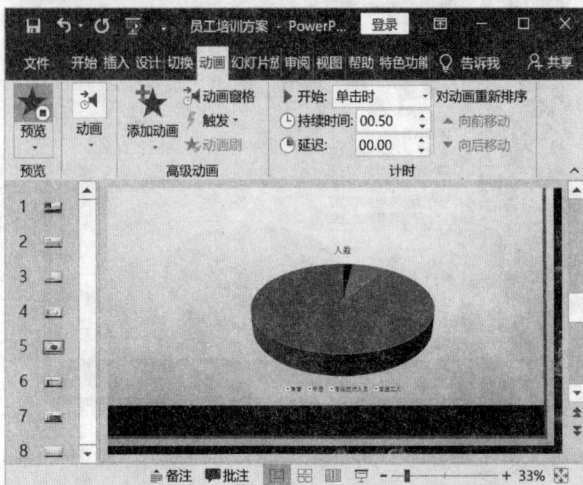

6. 设置页面切换动画

页面切换动画是幻灯片之间进行切换的一种动画效果。添加页面切换动画不仅可以轻松实现画片之间的自然切换，还可以使PPT真正动起来。

具体步骤

Step1：选中第2张幻灯片，然后切换到【切换】选项卡，在【切换到此幻灯片】组中单击【切换效果】按钮。

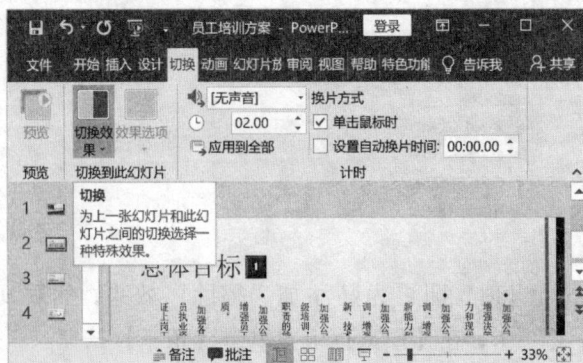

Step2：在弹出的下拉列表中选择【百叶窗】选项。

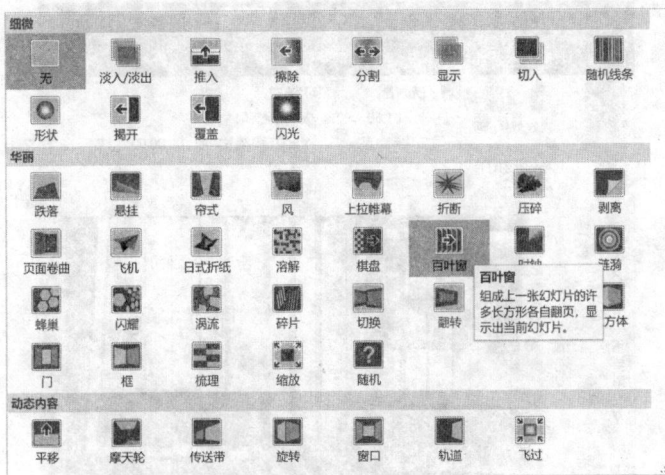

Step3：设置完毕，回到【切换】选项卡，在【预览】组中
单击【预览】按钮。

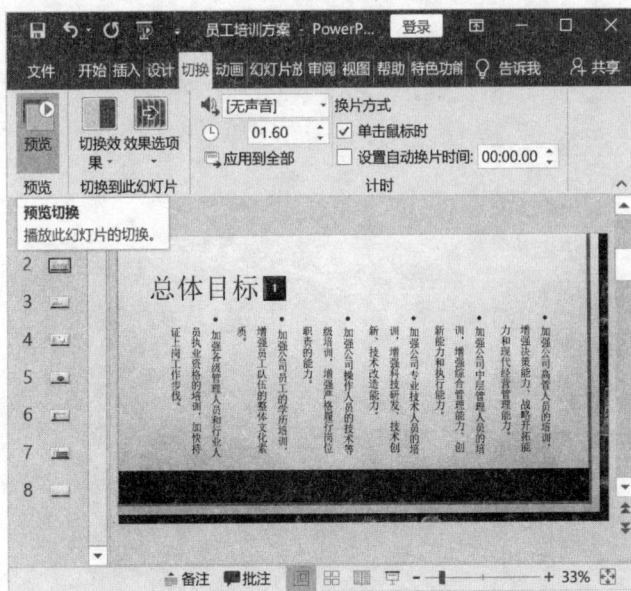

Step4："百叶窗"的页面切换效果如图所示。

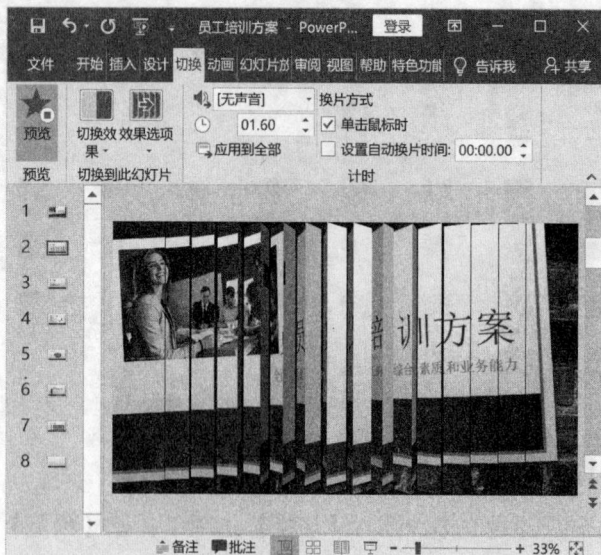

第 8 章

最终演示——幻灯片放映

相比于 Word 和 Excel 的最终目的是为了阅读或者打印，制作 PPT 演示文稿的最终目的则大都是为了放映，即通过投影仪或其他显示设备将文稿中的幻灯片播放出来。

8.1 幻灯片放映

1. 通过"开始放映幻灯片"选项卡放映

幻灯片通过"开始幻灯片放映"选项卡放映有以下 4 种不同的方式。

◆ "从头开始"放映

具体步骤

Step1：打开"员工培训方案"演示文稿，切换到【开始放映幻灯片】选项卡，点击【从头开始】按钮。

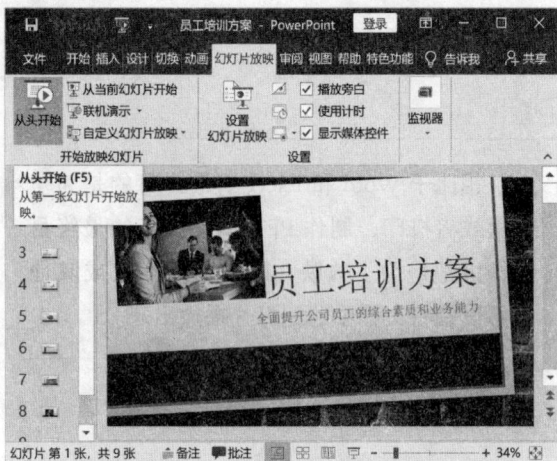

Step2：此时，将从第一张幻灯片开始放映，效果如图所示。

◆ "从当前幻灯片开始"放映

Step1：打开本实例演示文稿，点击第 2 张幻灯片，切换到【开始放映幻灯片】选项卡，点击【从当前幻灯片开始】按钮。

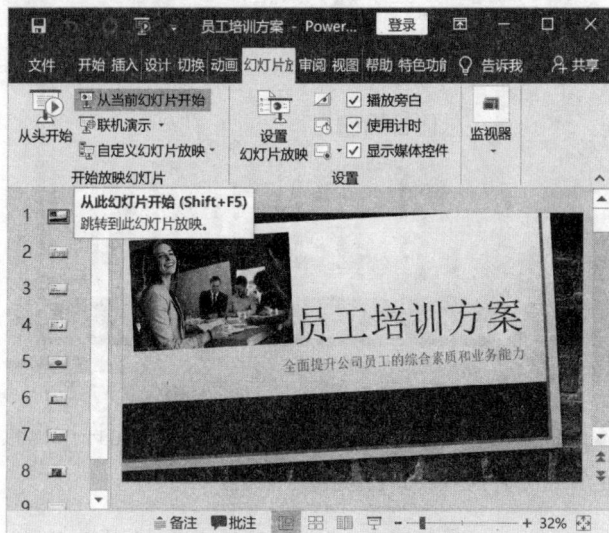

Step2：此时，将跳转到该幻灯片开始放映，效果如图所示。

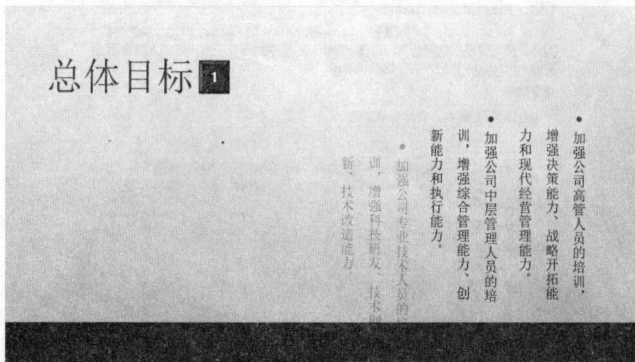

◆ "联机演示"放映

Step1：切换到【开始放映幻灯片】选项卡，点击【联机演示】按钮。

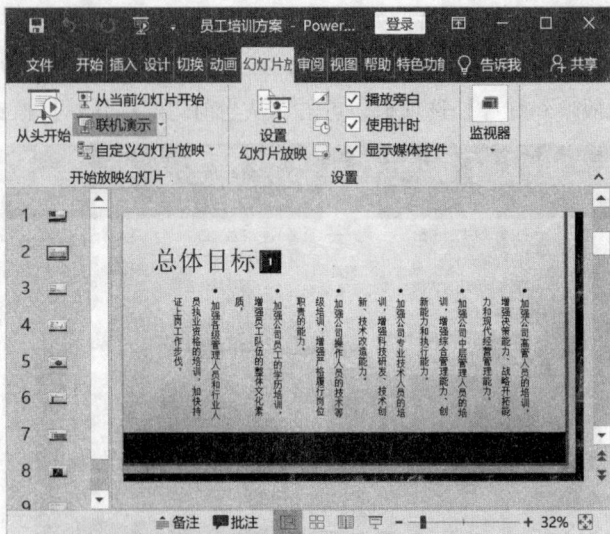

Step2：弹出【联机演示】对话框，勾选【允许远程查看者下载此演示文稿】，点击【连接】即可。

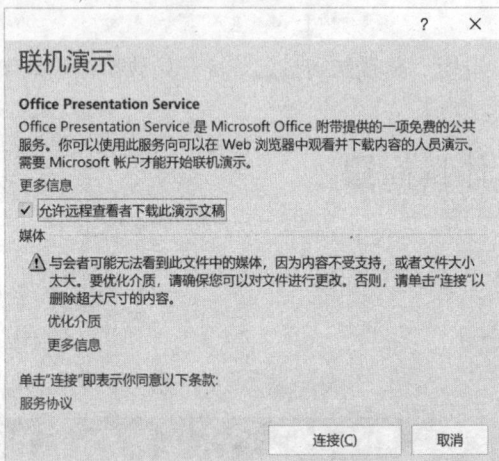

TIPS：

联机演示是微软提供的一项"视频会议"服务，需要在微软会员之间进行演示，接收方在浏览器中观看，演示效果受网络带宽和浏览器对媒体格式是否支持的影响。

◆ "自定义幻灯片放映"

Step1：打开本实例演示文稿，切换到【开始放映幻灯片】选项卡，点击【自定义幻灯片放映】选项，在下拉菜单中选择【自定义放映】。

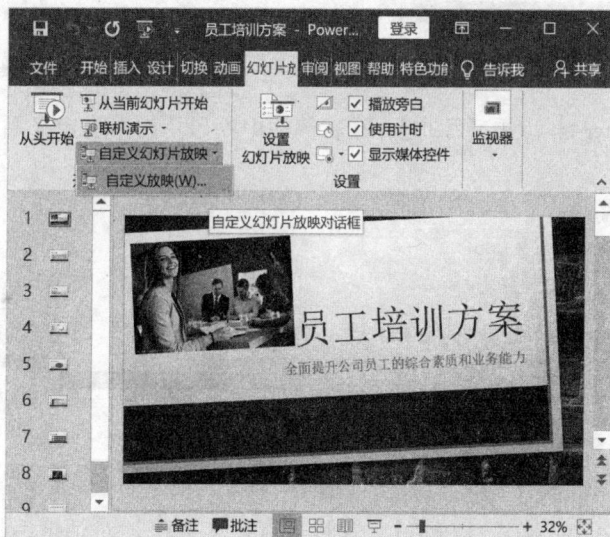

Step2：弹出【自定义放映】对话框，点击【新建】按钮。

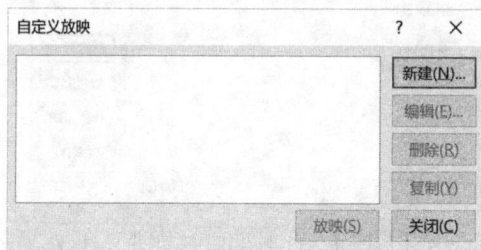

Step3：弹出【定义自定义放映】对话框，在【幻灯片放映名称】处填入【第一次试讲】，在左侧栏中，将需要放映的内容的复选框进行勾选。

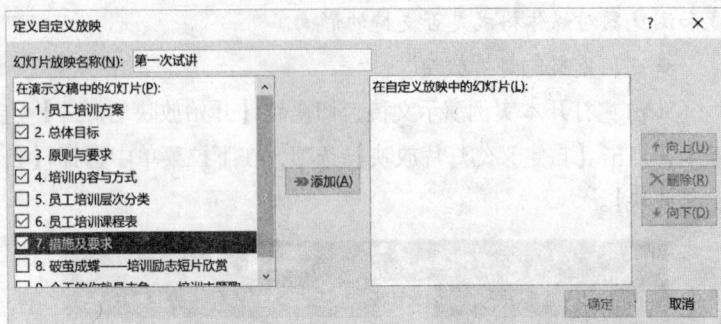

Step4：点击【添加】，在右侧栏中就显示出了自定义播放的幻灯片。

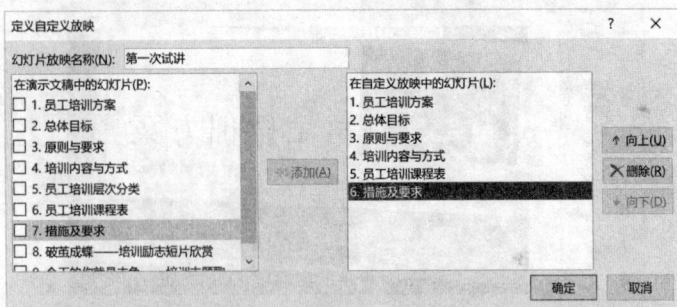

Step5：点击【确定】，返回【自定义放映】对话框，此时，栏中显示出了自定义播放幻灯片的名称"第一次试讲"。

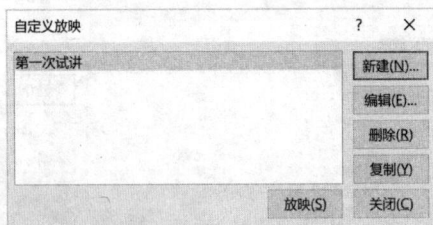

Step6：点击【放映】，此时幻灯片即从头开始播放自定义播放的幻灯片。

2. 通过状态栏中的"幻灯片放映"放映

Step1：打开本实例演示文稿，在状态中点击【幻灯片播放】。

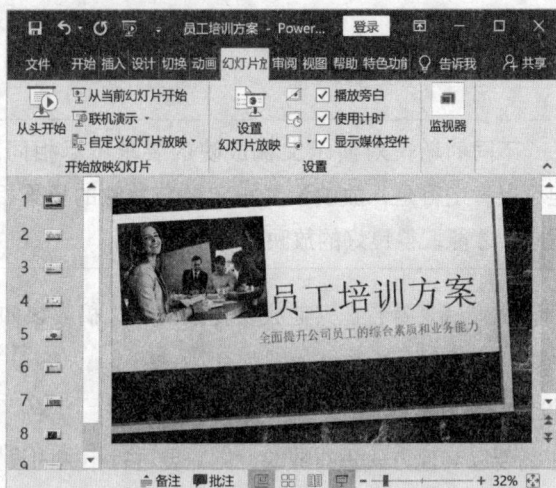

Step2：此时幻灯片即从头开始播放。

3. 通过快速访问栏中的"幻灯片放映"放映

Step1：打开本实例演示文稿，在快速访问栏中点击【从头开始】。

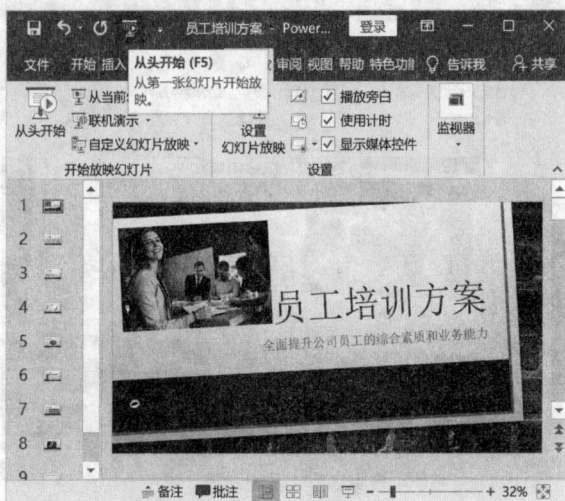

Step2：此时幻灯片即从头开始播放。

8.2 放映设置与自动放映

> 不同的场景对演示文稿放映的要求不尽相同，
> 但可以肯定得是，放映设置一定要与放映的场景相
> 适应，才能取得良好的放映效果。

下面，我们就来看看在其他放映场景演示文稿应该如何进行放映设置。

1. 设置幻灯片放映

如果需要以其他方式进行放映，则需要进行相关的设置。

具体步骤

Step1：切换到【幻灯片放映】选项卡，点击【设置幻灯片放映】按钮。

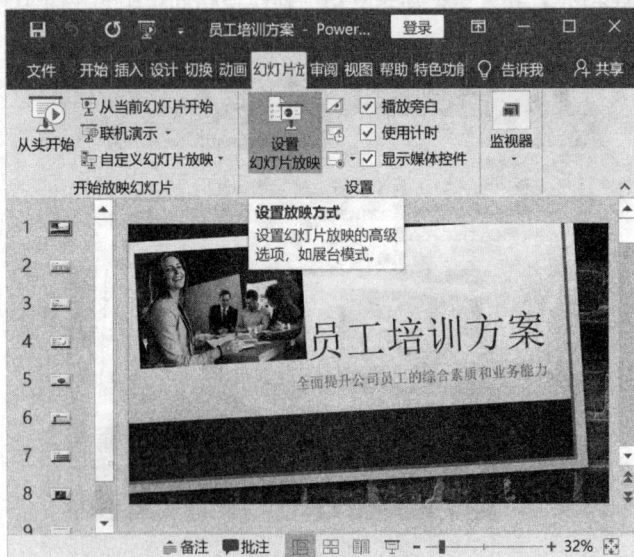

Step2：弹出【设置放映方式】对话框。

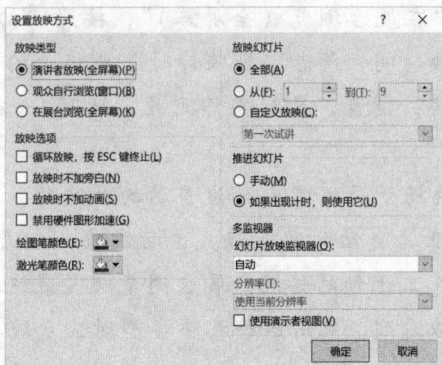

Step3：根据播放场景的需要，在【放映类型】组合框中勾选适合的放映类型的复选框即可。

TIPS：

"放映类型"有三个选项：

第一，"演讲者放映（全屏幕）"，这是全屏放映，鼠标、键盘皆可操作切换。

第二，"观众自行浏览（窗口）"，这是窗口式浏览，鼠标、键盘皆可操作切换，是专为交流演示场景所设计的，浏览窗口没有强制全屏模式，没有用户操作时幻灯片按照"计时器"的设置进行切换。"放映选项"一般选择"循环放映，按 ESC 键终止"这样，放映会自动循环，而不至于放映完后就终止。

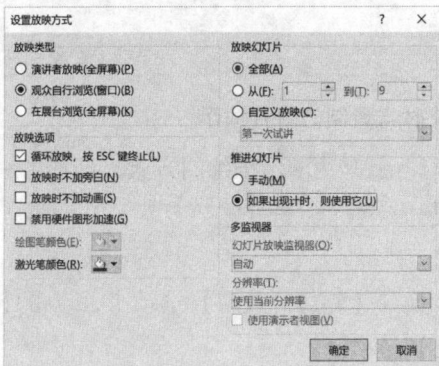

第三，"在展台浏览（全屏幕）"，按照"幻灯片切换"所确定的切换时间，或者"排练计时"所记录的时间进行自动放映、切换，键盘、鼠标操作无效，只有 Esc 键可以退出放映。

有些放映场景是不需要人为手动的放映的，只需设置好放映选项，让其自动放映就好。自动放映一般是针对演示、布景等无须人工干预的情况。展台浏览就是最适合自动放映的场景。可以看到，采用这种放映类型时，系统自动将"放映选项"设置为"循环放映，按 ESC 键终止"，且不允许修改。

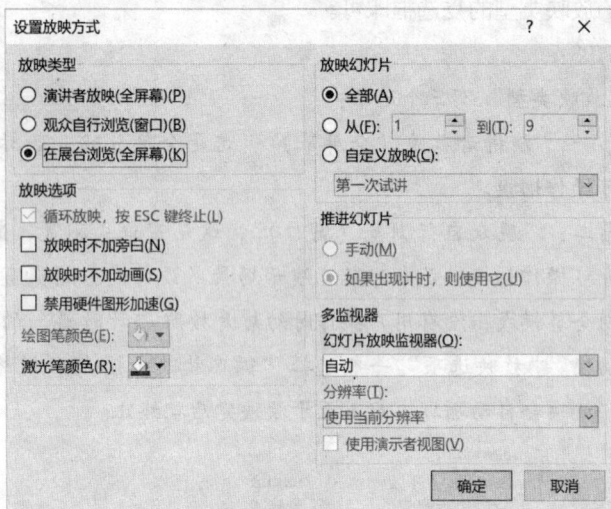

2. 排练计时与录制幻灯片演示

"排练计时"就是用演示排练的方式，设置每一页幻灯片的放映切换时间。

具体步骤

Step1：切换到【幻灯片放映】选项卡，点击【设置】组中的【排练计时】选项。

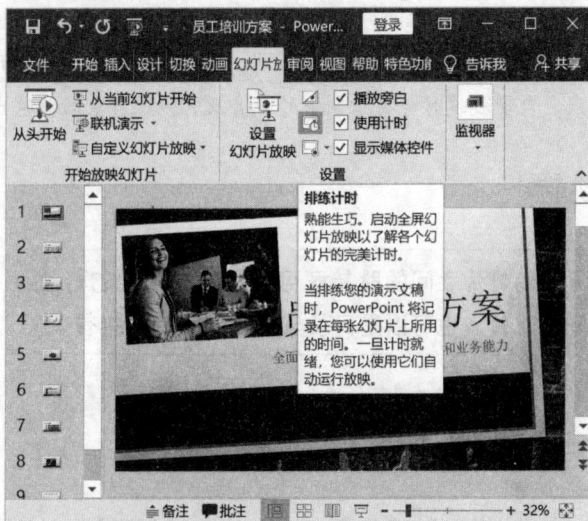

Step2：幻灯片进入全屏模式，从首页开始放映演示文稿。同时，在屏幕左上角会出现一个【录制】的浮动窗。通过操作【录制】浮动窗的按钮，即可控制每一张幻灯片中每一个对象的动画速度和幻灯片切换速度。

Step3：在录制完成后或者录制中途按【Esc】键退出时，系统弹出询问窗口，显示幻灯片放映共需多少时间，询问是否保留排练中的计时。如果保留，则各张幻灯片的切换时间都因此而改变。根据需要点击【是】或【否】即可。

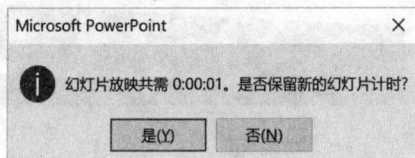

TIPS：

1. "排练计时"设置完成后，再次启动自动放映演示文稿时，幻灯片的动作和时间即会按照排练模式放映。

2. 要慎重操作"录制幻灯片演示"，因为这一操作会将演示过程录制下来，自动放映时会将录制中的声音及其他操作重新放映出来。

8.3 跳转

> 幻灯片之间的跳转既可以是相关内容幻灯片之间的跳转，也可以是目录与"节"之间的跳转。

实现幻灯片跳转有两种方式。

◆通过动作按钮跳转

具体步骤

Step1：切换到【插入】选项卡，点击【插图】，在下拉列表中点击【形状】按钮。

Step2：弹出下拉菜单，向下滑动滚动条，选择任意一个【动作按钮】即可。在此，我们选择【动作按钮：前进或下一项】。

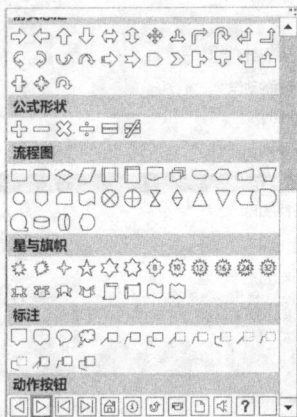

Step3：此时鼠标变为 **十**，点击鼠标左键并拖拽鼠标，将【动作按钮】放置到合适的位置，调整到适合的大小。

Step4：松开鼠标，弹出【操作设置】对话框。点出【超链接到】的下拉菜单，选择一个需要的选项即可。在此，我们选择【最后一张幻灯片】选项。

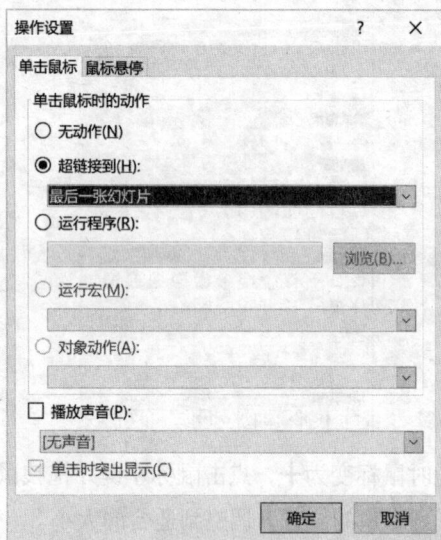

操作设置

单击鼠标　鼠标悬停

单击鼠标时的动作

○ 无动作(N)

◉ 超链接到(H):

　　最后一张幻灯片

○ 运行程序(R):

　　　　　　　　　　　　　　浏览(B)...

○ 运行宏(M):

○ 对象动作(A):

□ 播放声音(P):

　[无声音]

☑ 单击时突出显示(C)

　　　　　　　　　　确定　　取消

Step4：单击【确定】，返回 PPT 演示文稿。当放映到本页幻灯片时，单击设置的【动作按钮】，幻灯片即会按设置跳转到需要的位置。

◆通过超链接跳转

具体步骤

Step1：打开本实例原始演示文稿，在任意一张幻灯片上加入一个操作控制对象，文本框、图形、图片等皆可。我们在此插入一个【太阳形】。

Step2：选中【太阳形】，切换到【插入】选项卡，点击【链接】组中的【链接】按钮。

Step3：弹出【插入超链接】对话框，选择【本文档中的位置】，选择在文档中的位置，我们选择【7. 措施及要求】。此时，窗口右侧可预览超链接的幻灯片。

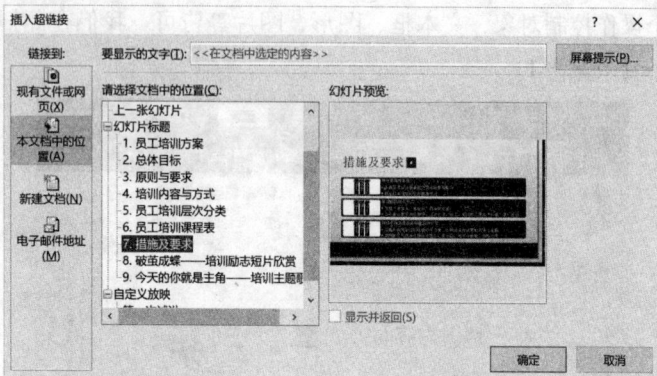

Step5：单击【确定】返回 PPT 演示文稿。当放映到本页幻灯片时，单击设置的操作控制对象，幻灯片即会按设置跳转到需要的位置。

技巧升级：

1. PPT 放映时如何息屏

在用 PPT 进行放映演示的时候，根据实际需要，经常会发生需要将 PPT 短暂息屏（黑屏）的情况发生。比如，老师在上课的时候，演示了一段时间后需要学生看书进行学习，为了避免放映的 PPT 分散学生的注意力，就需要息屏。该怎么办呢？特别简单，只需要在 PPT 放映状态中，直接按下 "B" 键即可。当需要继续放映时，再按下 "B" 键即可恢复正常。

2. 如何避免 PPT 放映时的误操作

你熬了一宿，精心制作的 PPT，正激情满怀地进行着某个项目的演示或介绍，却不小心由于鼠标左键的误操作导致幻灯片跳到了本不应该呈现的位置，或者本应按下鼠标左键切换到下一张，却由于按下了右键而呈现 1 个快捷菜谱，从而乱了阵脚，影响了演示效果，让努力大打折扣。这种情况是完全可以避免的，只要进行小小的设计就可以统统搞定。

具体步骤

Step1：切换到【切换】选项卡，将【计时】组中的【换片方式】下的【单击鼠标时】【设置自动换片时间】前的复选框中的对号去除。然后点击【应用到全部】。这样，以后只有通过键盘的方向键才能进行上一张或者下一张幻灯片的操作。

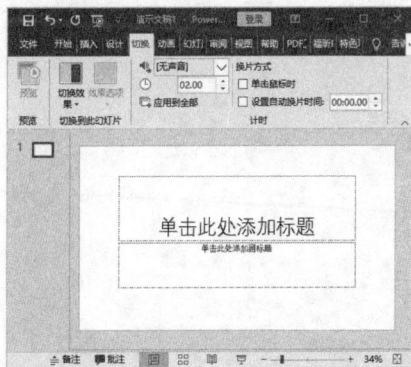

Step2：点击【文件】，进入【文件窗】，在左侧菜单中点击【选项】，弹出【PowerPoint 选项】对话框，选择【高级】，下来滚动条，在【幻灯片放映】组合框中，将【鼠标右键单击时显示菜单】前的复选框中的对号去除，点击【确定】即可。

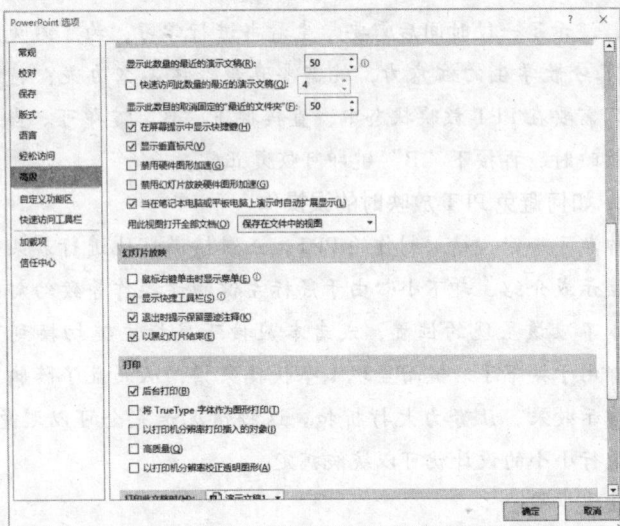

办公软件
从入门到精通
Excel 卷

▶ 谭立新 于思博 / 主编

汕頭大學出版社

图书在版编目（CIP）数据

办公软件从入门到精通. Excel 卷／谭立新，于思博
主编. -- 汕头：汕头大学出版社，2020.9（2022.7 重印）
　ISBN 978-7-5658-4102-6

　Ⅰ. ①办… Ⅱ. ①谭… ②于… Ⅲ. ①办公自动化 -
应用软件②表处理软件 Ⅳ. ①TP317.1

　中国版本图书馆 CIP 数据核字（2020）第 156173 号

办公软件从入门到精通. Excel 卷
BANGONG RUANJIAN CONG RUMEN DAO JINGTONG. Excel JUAN

主　　编：谭立新　于思博
责任编辑：黄洁玲
责任技编：黄东生
封面设计：松　雪
出版发行：汕头大学出版社
　　　　　广东省汕头市大学路 243 号汕头大学校园内　　邮政编码：515063
电　　话：0754 - 82904613
印　　刷：三河市宏顺兴印刷有限公司
开　　本：880mm × 1270mm　1/32
印　　张：18
字　　数：348 千字
版　　次：2020 年 9 月第 1 版
印　　次：2022 年 7 月第 3 次印刷
定　　价：128.00 元（全 3 册）
ISBN 978-7-5658-4102-6

版权所有，翻版必究
如发现印装质量问题，请与承印厂联系退换

前　言

Word、Power Point（简称 PPT）、Excel，不知何时，这些林林总总的办公软件已经成为当代职场工作人员的必备技能。

但是这些你会吗？你是否经常加班工作到深夜，文案改了一遍又一遍，最终却因为搞不定一个小小的办公软件而功亏一篑。入职时间越来越长，新人越来越多，感觉自己永远也跟不上时代的步伐，常被复杂的图表搞得晕头转向，怎么也搞不懂那些需要测算的数据，新人信手拈来的软件工作技巧，自己却苦苦摸不到头绪，特别是向领导汇报工作时，经常被批"懒人一个""做得太差了"。最终，只能看着新人一个个地高升，被后浪一次次地拍在沙滩上。

如何是好？

其实，只要搞定常用的办公软件，就会变得很简单。提升工作效率，得到领导赏识，升职加薪，一切都不是梦。

本套丛书将以用好最常用的办公组件 Word、Excel 和 PPT 为目标，采用图文并茂的方式，不仅介绍这些软件的基本功能，给出提高效率的方法，更重要的是，结合现代办公和职场的要求，教会读者优化和美化文稿、表格或者演讲幻灯片，使文稿、表格或者演讲幻灯片变得更加工整、漂亮，甚至令人耳目一新，让你在学习和工作中脱颖而出，占尽先机。

在编写上，本套丛书由浅入深、由易到难、详细且系统地讲解了三大组件的操作技巧，使初学者能够快速掌握 Word、Excel、

PPT 的使用方法、操作技巧、分析处理问题等技能。

在内容上，均以办公软件的实际操作为案例，且注重实用性，使读者在对实际案例进行操作的过程中能够学以致用，熟练掌握三大组件的操作与应用。

在体例上，本套丛书的操作步骤基本都配有具体的操作插图。使读者在学习的过程中，能够更直观、更清晰、更精准地掌握具体的操作步骤和方法，使得枯燥的知识更加有趣，增强了可读性。

同时，本套丛书还开设了"技巧升级"内容板块作为补充，从而大大提高了本书的实用性，助力读者轻松搞定常见的办公软件的应用问题。

总之，在本套丛书的编写过程中，编者竭尽所能地为读者提供更丰富、更全面、更易学的办公软件知识点和应用技能。希望本套丛书能够帮助读者，以最短的时间由入门级菜鸟晋升为商务办公高手。

2020 年 6 月

目 录

扫码点目录听本书

第1章 熟悉 Excel 用户页面

第2章 Excel 基础入门——制作员工信息明细

第3章 编辑和美化工作表——制作办公用品清单

第4章 管理数据——制作车辆使用明细

第 *1* 章

熟悉 Excel 用户页面

相比 Word 的入手简单，许多用户对 Excel 有着不自觉的畏难情绪，一打开它的编辑页面，看着满满的表格，就觉得心里发怵，无从下手。其实，学过 Word 后，再来对比一下 Excel，你会发现二者的用户页面其实很相似，也并不难学。下面，我们就来看看 Excel 的用户页面。

扫码收听全套图书　　扫码点目录听本书

1.1 开始窗

> 无论是从 Windows 开始菜单还是其他位置的快捷方式打开 Excel，用户首先看到的就是如下图所示的开始窗，界面与 Word 基本相同。

通常，我们可以把它看作是一个"打开和新建工作簿"的窗口，其主要的功能有：

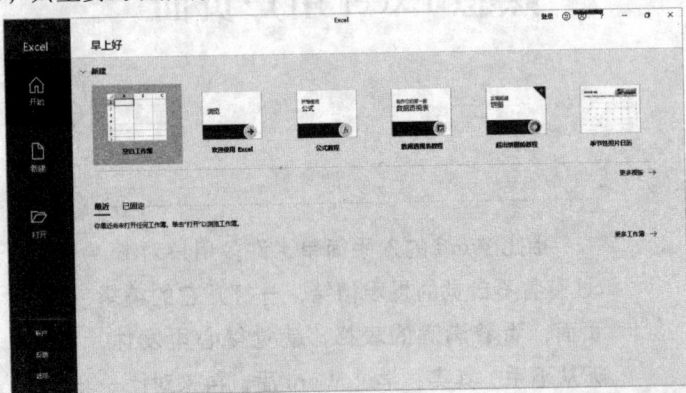

◆新建：即新建空白工作簿，此处列出了"季节性照片日历"模板，供用户快捷使用。点击【更多模板】，用户可以看见更多的形式各样的模板，如果 Excel 所提供的模板还不能满足用户的使用需求，还可以在联网的情况下，搜索微软或第三方提供的文档模板。此外，为了方便用户能够尽快地熟练使用 Excel，此处还提供了"公示教程""数据透视表教程""超出饼图的教程"供用户学习。

◆最近：按照时间模式的形式列出最近使用的工作簿，点击任何最近使用的工作簿，即会进入这一工作簿的编辑页。用户还可以点击【更多工作簿】，根据存储路径去找寻已储存的工作簿。

◆已固定：固定所需工作簿，方便以后查找。鼠标悬停在某个工作簿上方时，单击显示的图钉图标。

◆登录：单击"登录"，即会进入 Microsoft 账号的登录界面，用户输入自己的账号后，可以使用一些联网的功能，比如云共享。

1.2 编辑界面

> 打开已建立的工作簿，或者新建空白工作簿后，即可进入"编辑界面"。与 Word 相同，这也是 Excel 最重要的工作界面，日常的主要工作均在这一界面上进行。

这一界面提供了工作簿浏览、编辑与各种操作控件选择与切换的窗口。

◆表格显示区：这是工作的主空间，即窗口中间的表格区域，这个区域文字或数据等其他对象的显示比例也同样受缩放比例的影响。

◆迷你工具栏：在表格显示区选定文字或其他对象时，Excel会自动弹出一个跟随式工具栏，这个工具栏由与选定对象相关的常用选项的操作控件构成。

◆右键菜单：点击鼠标右键，系统即会弹出与选中的对象或光标停留处相匹配的操作菜单，其中包含了更为丰富的常用选项功能。同时也会弹出迷你工具栏。

◆文件标签：这是"文件窗"的标签。"文件窗"是一个Excel文档操作的集成平台，不仅提供正在操作的Excel文档的基本信息展示，还给出了"新建""保存""另存为""打印"等操作功能，并且提供了"保护工作簿""检查工作簿""管理工作簿"以及组件"选项"等操作的入口。

◆快速访问工具栏：包括"保存""撤销"等按钮，可自定义。当用户点击旁边的下拉按钮时即可新增"新建""打开""打印预览"等功能。

◆功能区选项卡：提供各种快捷操作功能按钮、选择框等，以便用户进行更为复杂的操作和设置。各式各样的控件被仔细分类和分组后放在了不同的选项卡中，我们点击相应的"功能区选项卡"，即可打开拥有不同功能控件的选项卡。由于功能区占用了4行多的显示空间，一般采用"自动隐藏"模式。因此，如果功能区中某个功能常用，可以在其上单击鼠标右键，将其"添加到快速访问工具栏"，从而简化操作。

◆对话框启动器：点击后弹出一个详细的相关选项设置窗口，显示选项卡相关模块更多的选项。选项卡的大多数"组"都具有自己的对话框启动器。

◆状态栏：显示工作簿或其他被选定的对象的状态，主窗口页面设置状态。

◆视图切换：切换文字（数据）显示区的视图模式。

◆显示比例：可以根据需求调整文字（数据）显示区的显示比例，便于阅读与编辑。

第*2*章

Excel 基础入门
——制作员工信息明细

员工信息明细是人力资源管理中的基础表格之一。好的员工信息明细，有利于实现员工基本信息的管理和更新，有利于实现员工工资的调整和发放，以及各类报表的绘制和输出。接下来以制作员工信息明细为例，介绍如何在 Excel 中进行工作簿和工作表的基本操作。

2.1 工作簿的基本操作

工作簿是 Excel 工作区中一个或多个工作表的集合。Excel 对工作簿的基本操作包括新建、保存、打开、关闭、保护以及共享等。

2.1.1 新建工作簿

用户既可以新建一个空白工作簿，也可以创建一个基于模板的工作簿。

1. 新建空白工作簿

具体步骤

Step1：通常情况下，每次启动 Excel 后，系统会默认进入【开始窗】，点击【空白工作簿】即会新建一个名为"工作簿1"的空白工作簿，其默认扩展名为".xlsx"。

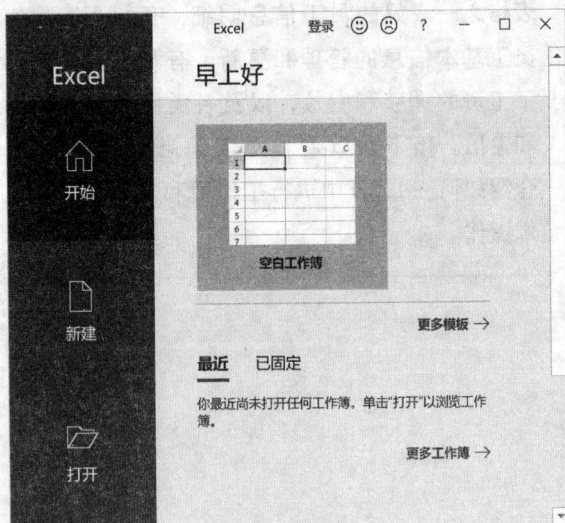

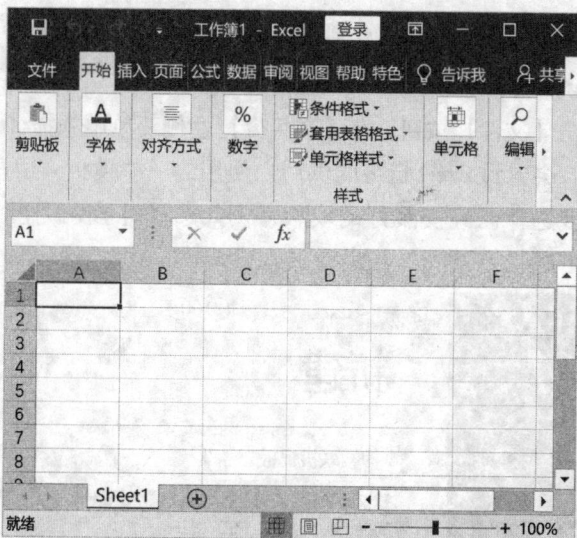

Step2：单击【文件】按钮，在【文件窗】左侧菜单中选择【新建】菜单项，在【可用模板】列表框中选择【空白工作簿】选项，也可以新建一个空白工作簿。

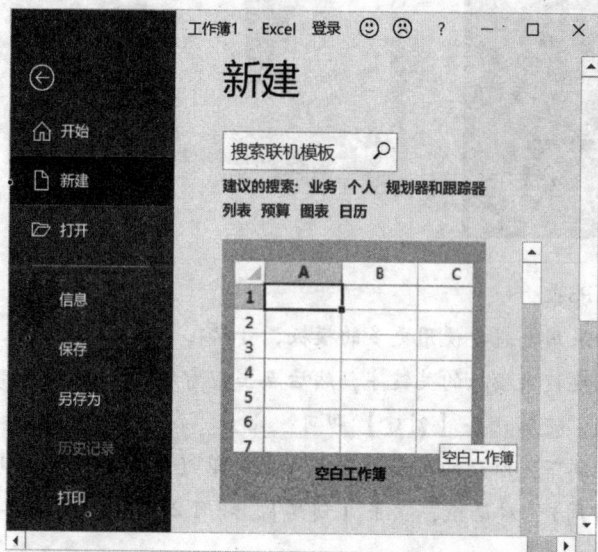

2. 创建基于模板的工作簿

具体步骤

单击【文件】按钮，在【文件窗】左侧菜单中选择【新建】菜单项，会看到 Excel 自带的供用户使用的一些模板，用户可以根据需要选择已经安装好的模板，例如选择【公司月度预算】模板。

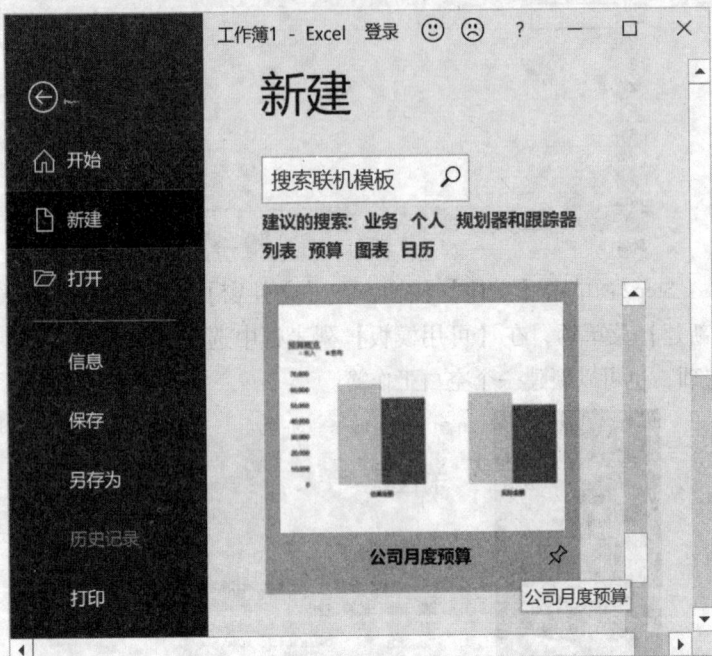

TIPS：

如果用户想要使用更多的模板，可以在"搜索联机模板"中输入想要搜索模板的关键字，然后点击搜索按钮即可搜索出相关的模板，随后点击【创建】即可。比如，我们搜索"工时单"，即可得到下图所示的模板。点击【工时单（每周）】弹出"工时单（每周）"对话框，点击【创建】，即可以创建"工时单（每周）"工作簿。

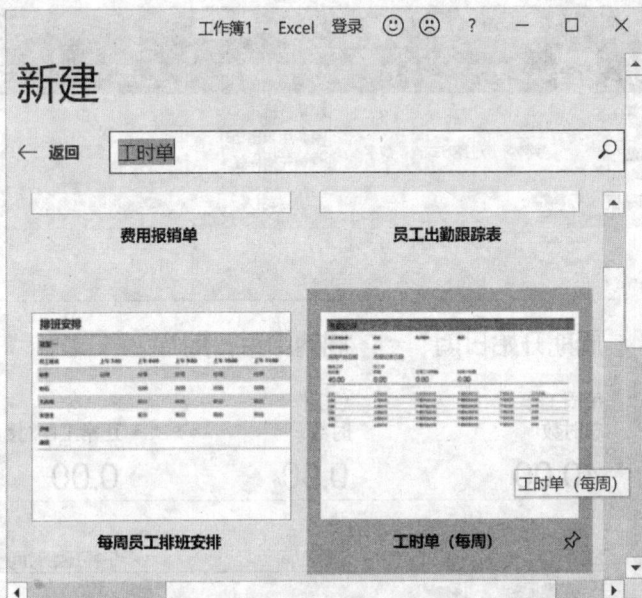

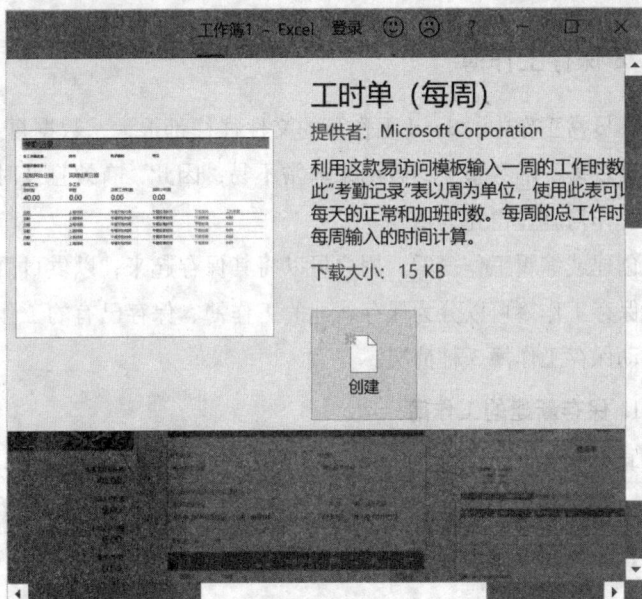

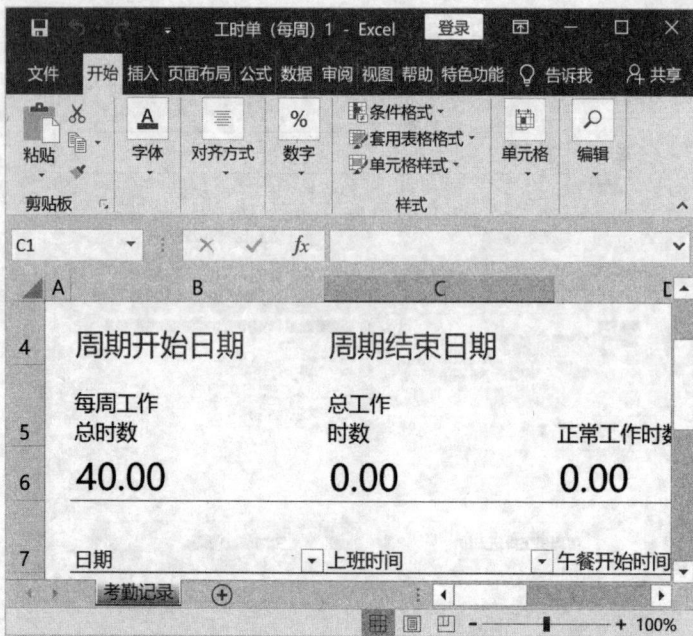

2.1.2 保存工作簿

在日常工作中，Excel 工作簿的文件往往都很大，数据复杂，格式设置多、函数繁复，做出来非常不易，因此，有效且及时的保存工作簿就显得尤为重要。

创建或编辑工作簿后，用户可以将其保存起来，以供日后查阅，保存工作簿可以分为保存新建的工作簿、保存已有的工作簿和自动保存工作簿 3 种情况。

1. 保存新建的工作簿

具体步骤

Step1：新建一个空白工作簿，单击【文件】按钮，在【文件窗】左侧菜单中选择【保存】菜单项。

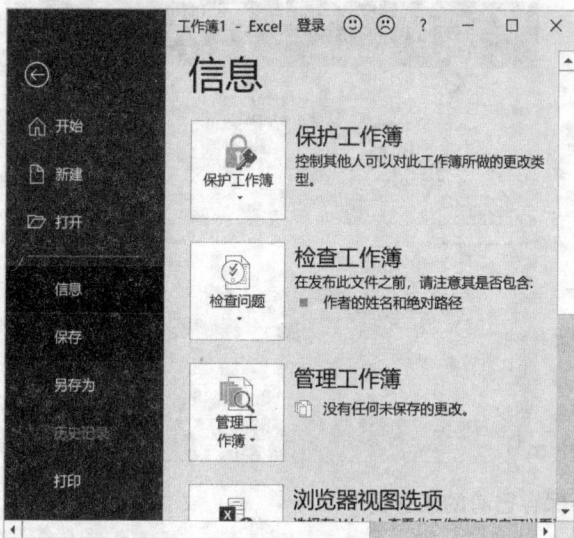

Step2：弹出【另存为】对话框，在右侧的【保存位置】列表框中选择保存位置，在【文件名】文本框中输入文件名"员工信息表"。

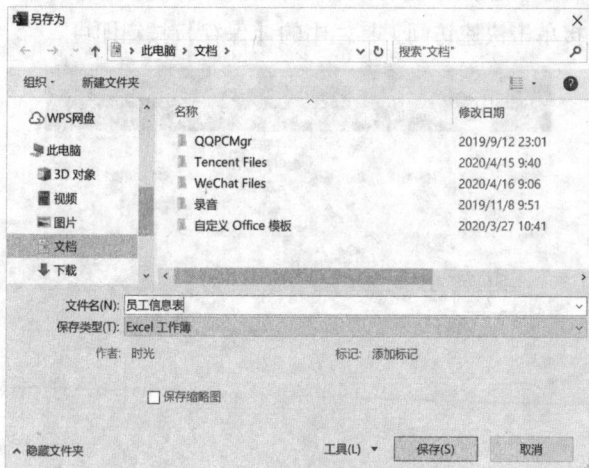

Step3：设置完毕，单击【保存】按钮即可。

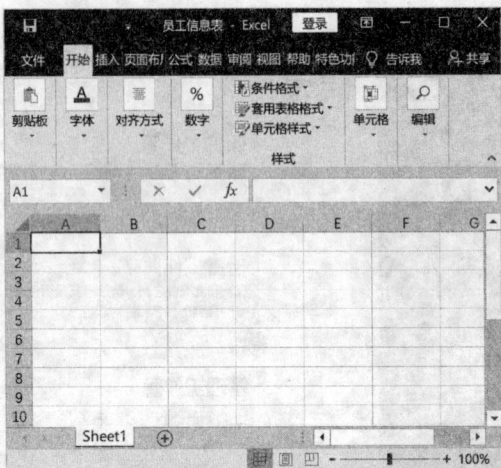

2. 保存已有的工作簿

如果用户对已有的工作簿进行了编辑操作，也需要进行保存。对于已存在的工作簿，用户既可以将其保存在原来的位置，也可以将其保存在其他位置。

Step1：如果用户想将工作簿保存在原来的位置，方法很简单，直接单击快速访问工具栏中的【保存】按钮即可。

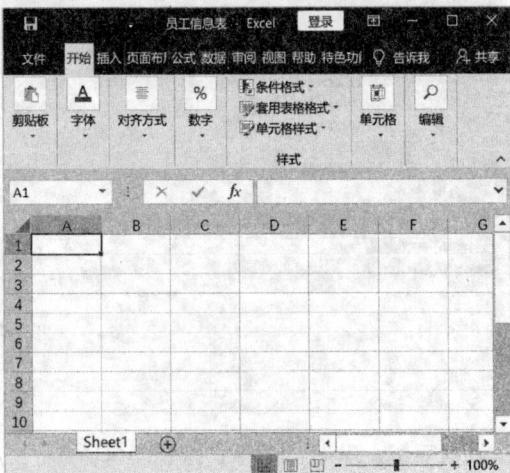

Step2：如果用户想将工作簿保存到其他位置，可以单击【文件】按钮，在【文件窗】左侧菜单中选择【另存为】菜单项。

Step3：弹出【另存为】对话框，从中设置工作簿的保存位置和保存名称。例如，将工作簿的名称更改为"职工信息表"。设置完毕，单击【保存】按钮即可。

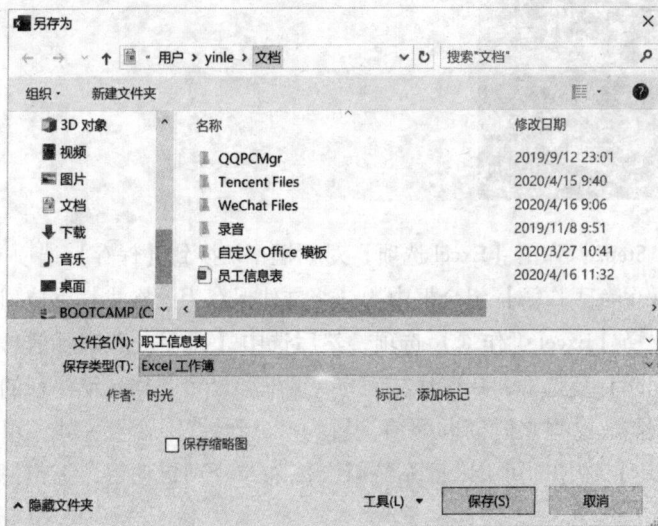

3. 自动保存

自动保存就是工作簿的"保护伞",可以在突发情况下将工作簿保存下来,比如,使用 Excel 提供的自动保存功能,可以在断电或死机的情况下最大限度地减小损失。

具体步骤

Step1:单击【文件】按钮,在【文件窗】的左侧菜单中选择【选项】菜单项。

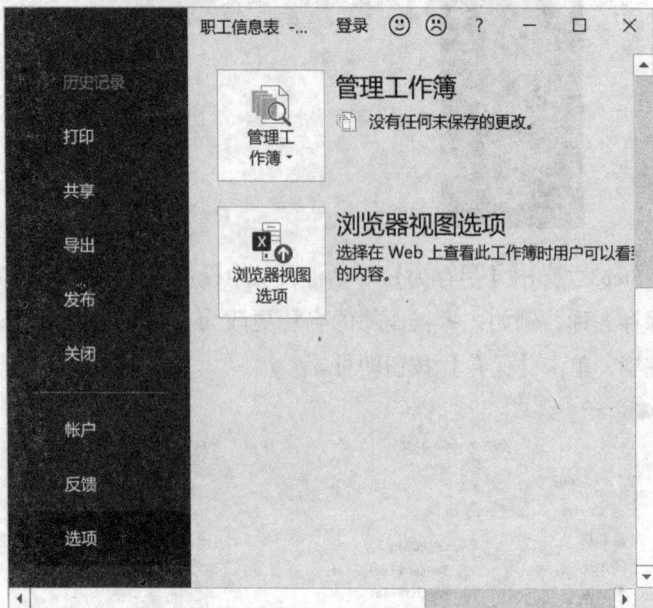

Step2:弹出【Excel 选项】对话框,切换到【保存】选项卡,在【保存工作簿】组合框中的【将文件保存为此格式】下拉列表中选择【Excel 工作簿】选项,然后选中【保存自动恢复信息时间间隔】复选框,并在其右侧的微调框中设置文档自动保存的时间间隔,这里将时间间隔值设置为"5 分钟"。设置完毕,单击【确定】按钮即可,以后系统就会每隔 5 分钟自动将该工作簿保存一次。

2.1.3 保护和共享工作簿

在日常办公中，为了保护公司机密，防止机密外泄或被盗，用户可以对相关的工作簿设置保护；随着科技的发展，移动、协同办公已逐渐成为不可或缺的一种工作形式，为了实现数据共享，还可以设置共享工作簿。本小节设置的密码均为"ABCDFG"。

1. 保护工作簿

用户既可以对工作簿的结构和窗口进行密码保护，也可以设置工作簿的打开和修改密码。

◆保护工作簿的结构和窗口

具体步骤

Step1：打开本实例的原始文件，切换到【审阅】选项卡，单击【更改】组中的【保护工作簿】按钮。

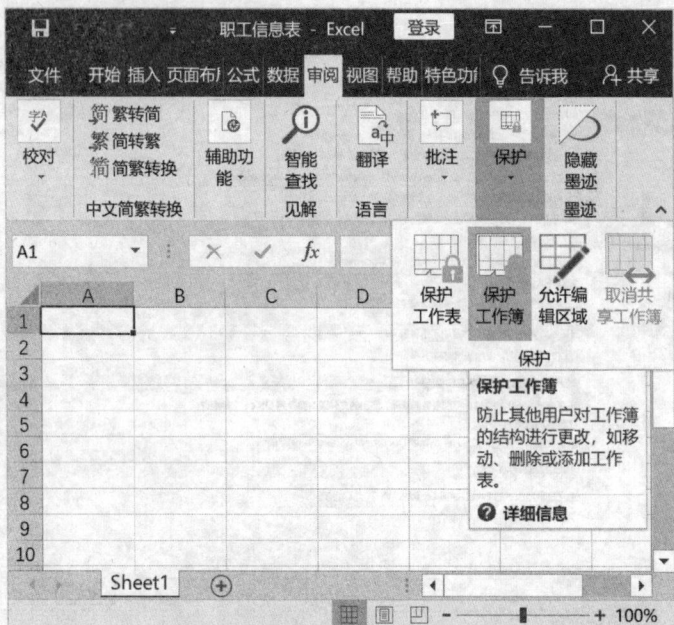

Step2：弹出【保护结构和窗口】对话框，选中【结构】复选框，然后在【密码】文本框中输入"ABCDFG"。

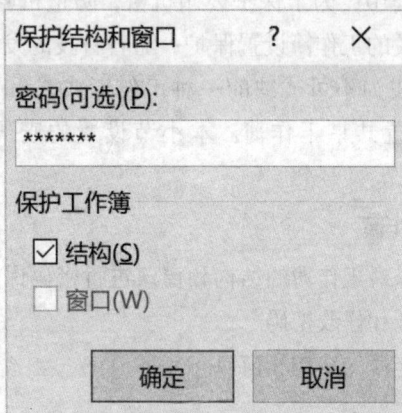

Step3：单击【确定】按钮，弹出【确认密码】对话框，在【重新输入密码】文本框中输入"ABCDFG"，然后单击【确定】

按钮即可。

| 确认密码 | ? | × |

重新输入密码(R):

******

警告: 如果丢失或忘记密码，则无法将其恢复。建议将密码及其相应工作簿和工作表名称的列表保存在安全的地方(请记住，密码是区分大小写的)。

| 确定 | 取消 |

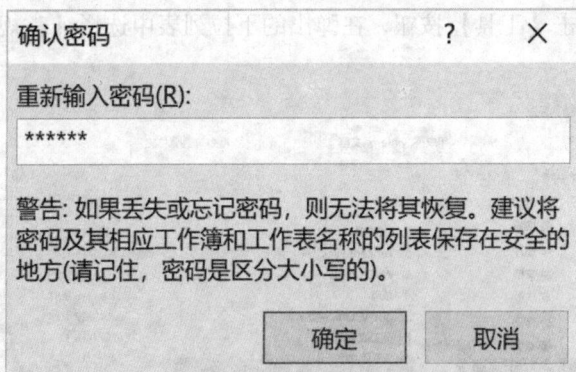

◆设置工作簿的打开和修改密码

具体步骤

Step1：单击【文件】按钮，在【文件窗】左侧菜单中选择【另存为】菜单项。

Step2：弹出【另存为】对话框，从中选择合适的保存位置，然后单击【工具】按钮，在弹出的下拉列表中选择【常规选项】选项。

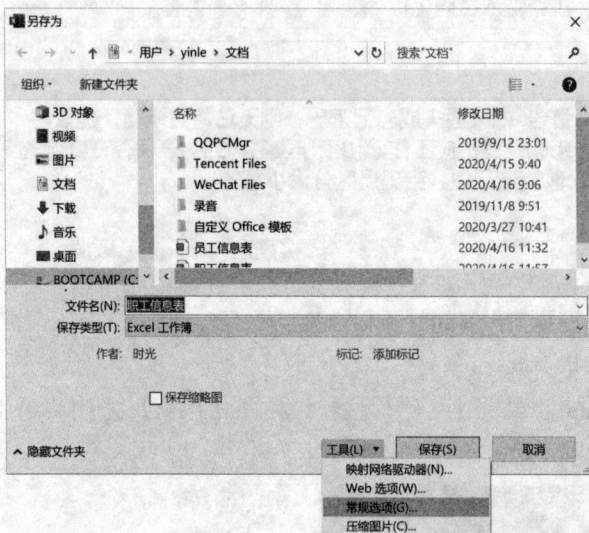

Step3：弹出【常规选项】对话框，在【打开权限密码】和【修改权限密码】文本框中均输入"ABCDEFG"然后选中【建议只读】复选框。

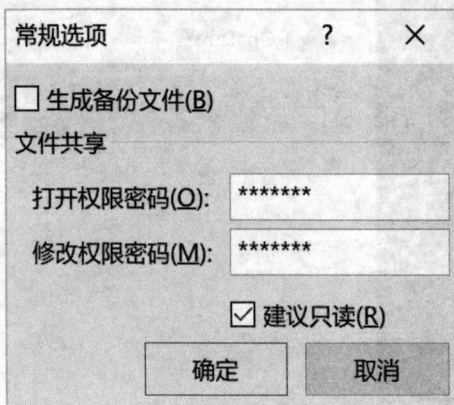

Step4：单击【确定】按钮，弹出【确认密码】对话框，在【重新输入密码】文本框中输入"ABCDEFG"。

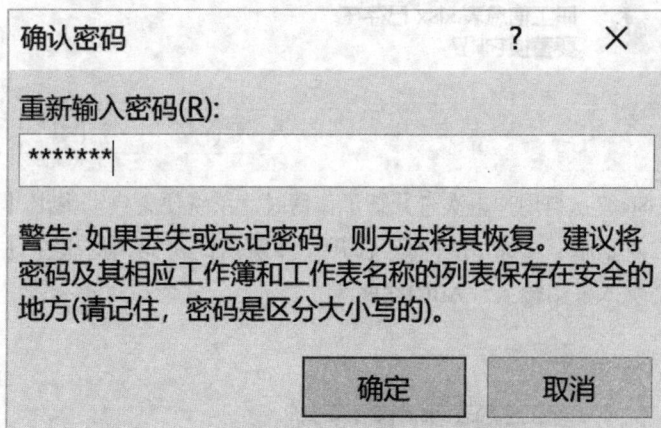

确认密码	?	×

重新输入密码(R):

****

警告: 如果丢失或忘记密码，则无法将其恢复。建议将密码及其相应工作簿和工作表名称的列表保存在安全的地方(请记住，密码是区分大小写的)。

确定	取消

Step5：单击【确定】按钮，弹出【确认密码】对话框，在【重新输入修改权限密码】文本框中输入"ABCDEFG"。

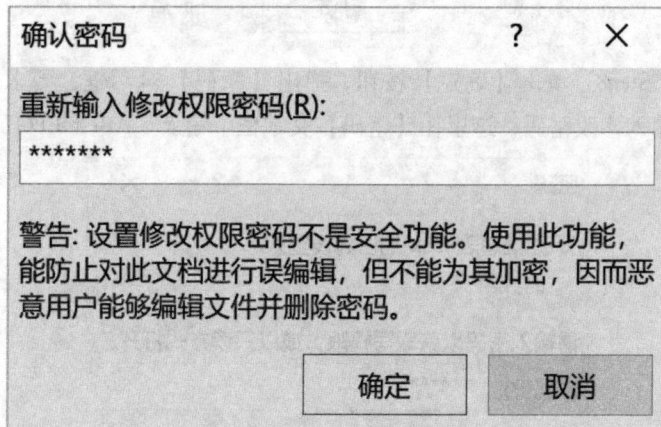

确认密码	?	×

重新输入修改权限密码(R):

****

警告: 设置修改权限密码不是安全功能。使用此功能，能防止对此文档进行误编辑，但不能为其加密，因而恶意用户能够编辑文件并删除密码。

确定	取消

Step6：单击【确定】按钮，返回【另存为】对话框，然后单击【保存】按钮，弹出【确认另存为】对话框，然后单击【是】按钮即可。

确认另存为

⚠ 职工信息表.xlsx 已存在。
要替换它吗？

是(Y)　　否(N)

Step7：当用户再次打开该工作簿时，系统便会自动弹出【密码】对话框，要求用户输入打开文件所需的密码，这里在【密码】文本框中输入"ABCDEFG"。

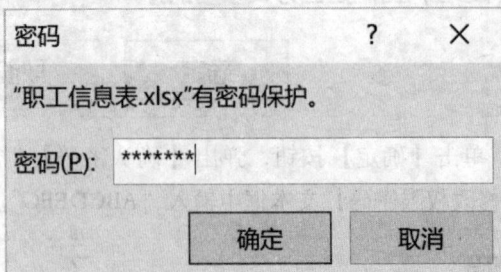

密码　　　　　　　　　　　　？　　×

"职工信息表.xlsx"有密码保护。

密码(P)：　*******

确定　　　取消

Step8：单击【确定】按钮，弹出【密码】对话框，要求用户输入修改密码，这里在【密码】文本框中输入"ABCDEFG"。

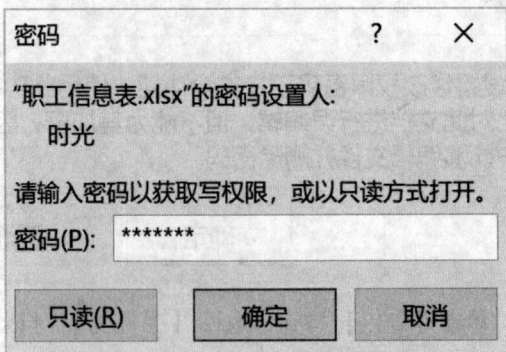

密码　　　　　　　　　　　　？　　×

"职工信息表.xlsx"的密码设置人：
　　时光

请输入密码以获取写权限，或以只读方式打开。

密码(P)：　*******

只读(R)　　确定　　　取消

Step9：单击【确定】按钮，弹出【Microsoft Excel】对话框，并提示用户"作者希望您以只读方式打开'职工信息表'，除非您需要进行更改。是否以只读方式打开?"此时单击【否】按钮即可打开并编辑该工作簿。

2. 撤销保护工作簿

如果用户不需要对工作簿进行保护,可以予以撤销。

◆撤销对结构和窗口的保护

具体步骤

Step1:切换到【审阅】选项卡,单击【保护】组中的【保护工作簿】按钮。

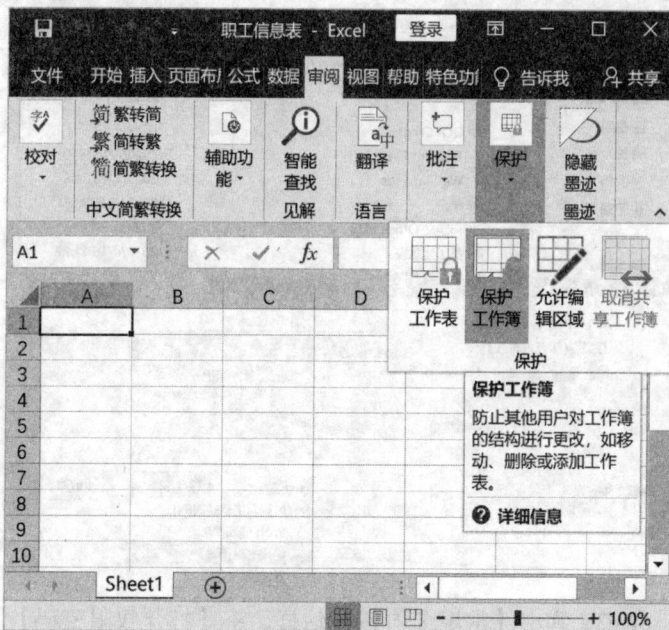

Step2:弹出【撤销工作簿保护】对话框,在【密码】文本

框中输入"ABCDEFG"，然后单击【确定】按钮即可。

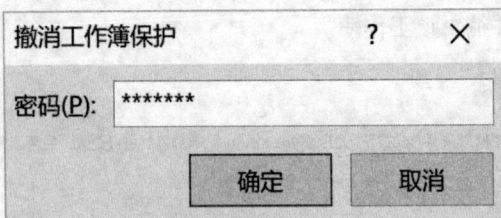

◆撤销对整个工作簿的保护

具体步骤

Step1：单击【文件】按钮，在弹出的下拉菜单中选择【另存为】菜单项，弹出【另存为】对话框，从中选择合适的保存位置，然后单击【工具】按钮，在弹出的下拉列表中选择【常规选项】选项。

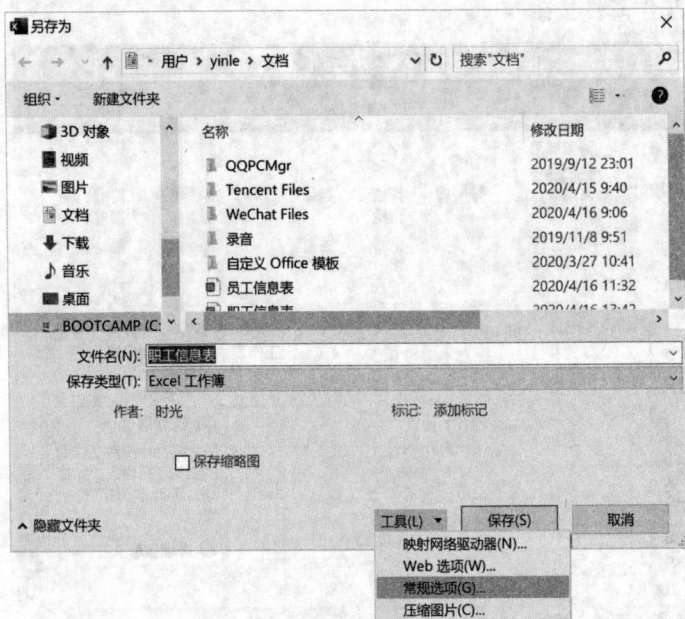

Step2：弹出【常规选项】对话框，将【打开权限密码】和【修改权限密码】文本框中的密码删除，然后撤选【建议只读】

复选框。

常规选项　　　　　　？　　×

☐ 生成备份文件(B)

文件共享

打开权限密码(O)：　□□□□□□□□

修改权限密码(M)：　□□□□□□□□

　　　　　　　　☐ 建议只读(R)

　　　确定　　　　　取消

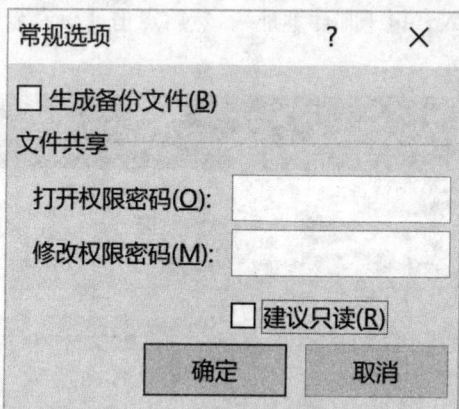

Step3：单击【确定】按钮，返回【另存为】对话框，然后单击【保存】按钮，弹出【确认另存为】对话框，单击【是】按钮即可。

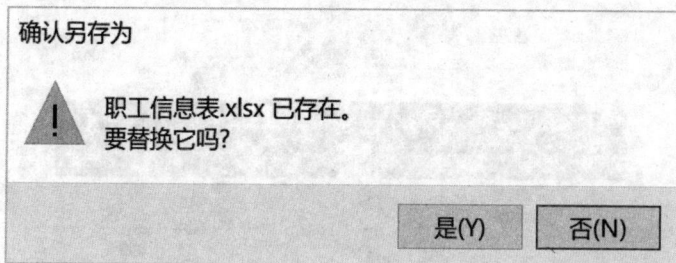

确认另存为

⚠　职工信息表.xlsx 已存在。
　　要替换它吗？

　　　　　　　　　　　　　　　是(Y)　　　否(N)

3. 设置共享工作簿

当工作簿的信息量较大时，可以通过共享工作簿实现多个用户对信息的同步录入或编辑。"共享工作簿"是一个较旧的功能，可让您与多人协作处理工作簿。此功能具有许多限制，已被"共同创作"取代。

你和你的同事可打开并处理同一个 Excel 工作簿。这称为共同创作。如果共同进行创作，可以在数秒钟内快速查看彼此的更改。对于某些版本的 Excel，你将看到其他人在不同颜色中的选择。如果你使用支持共同创作的 Excel 版本，请在右上角选择"共享"，键入"电子邮件地址"，然后点击【保存到云】选择一个云位置即可。

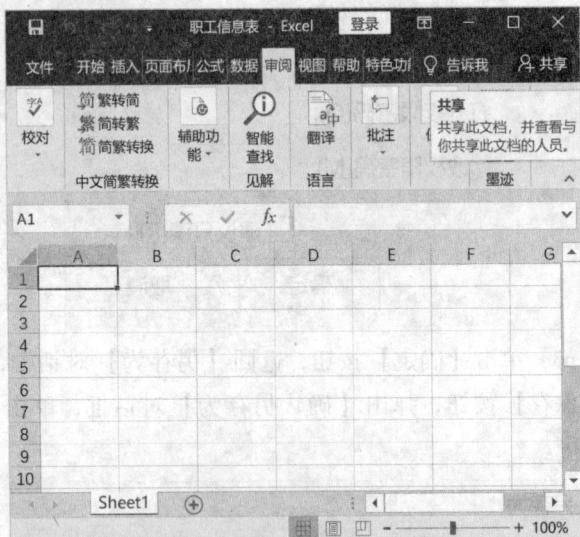

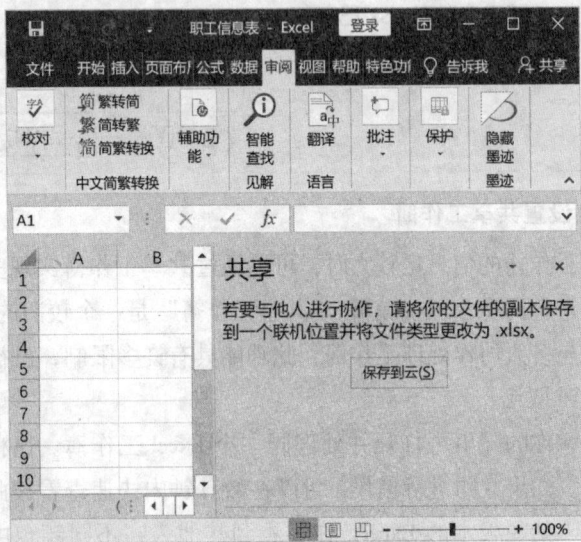

2.2 工作表的基本操作

工作表是 Excel 的基本单位，用户可以对其进行插入或删除、隐藏或显示、移动或复制、重命名、设置工作表标签颜色以及保护工作表等基本操作。

2.2.1 插入和删除工作表

工作表是工作簿的组成部分，用户可以根据工作需要插入或删除工作表。

1. 插入工作表

具体步骤

Step1：打开本实例的原始文件，在工作表标签"Sheet1"上单击鼠标右键，然后从弹出的快捷菜单中选择【插入】菜单项。

Step2：弹出【插入】对话框，切换到【常用】选项卡，然后选择【工作表】选项。

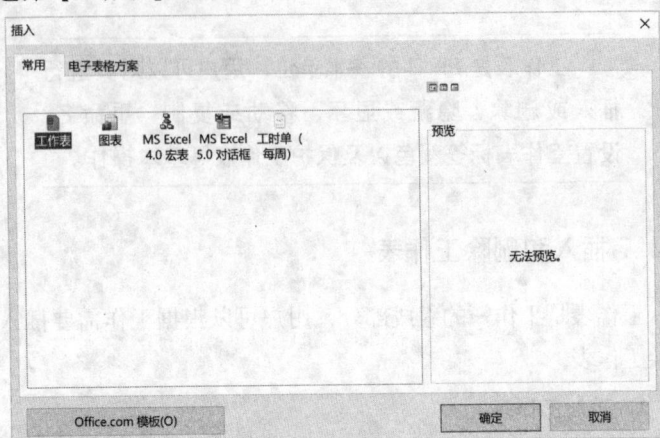

Step3：单击【确定】按钮即可在工作表"Sheet1"的左侧插入一个新的工作表"Sheet2"。

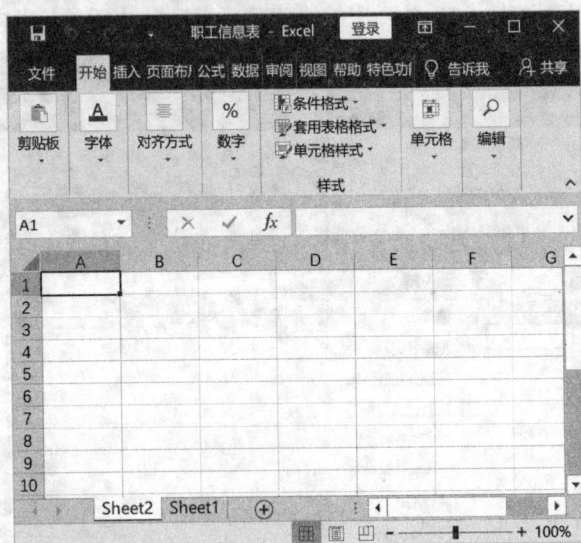

Step4：除此之外，用户还可以在工作表列表区的右侧单击【新工作表】按钮，即可在工作表列表区的右侧插入新的工作表。

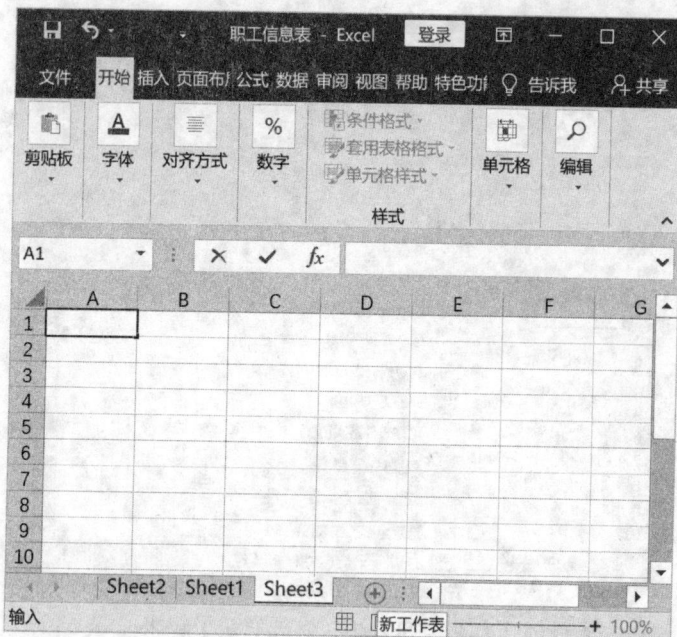

2. 删除工作表

删除工作表的操作非常简单，选中要删除的工作表标签，然后单击鼠标右键，在弹出的快捷菜单中选择【删除】菜单项即可。

2.2.2 隐藏和显示工作表

为了防止他人查看工作表中的数据，用户可以将工作表隐藏起来，当需要时再将其显示出来。

1. 隐藏工作表

具体步骤

Step1：打开本实例的原始文件，选中要隐藏的工作表标签"Sheet1"，然后单击鼠标右键，在弹出的快捷菜单中选择【隐藏】菜单项。

Step2：此时工作表"Sheet1"就被隐藏了起来。

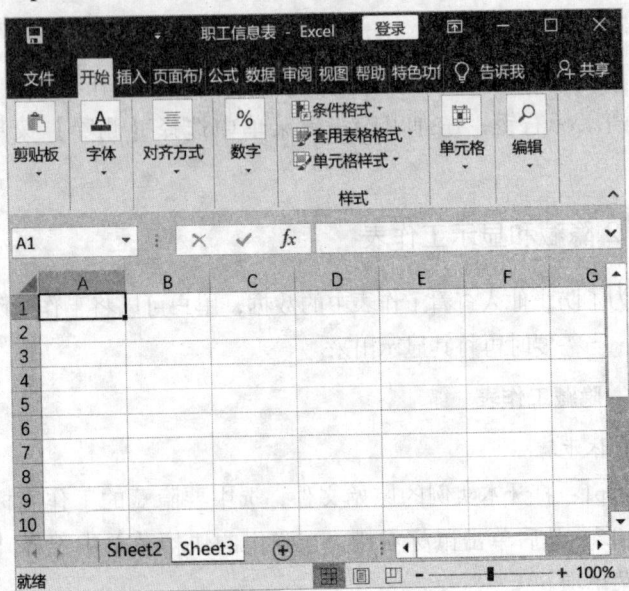

2. 显示工作表

当用户想查看某个隐藏的工作表时，首先需要将它显示出来。

具体步骤

Step1：在任意一个工作表标签上单击鼠标右键，在弹出的快捷菜单中选择【取消隐藏】菜单项。

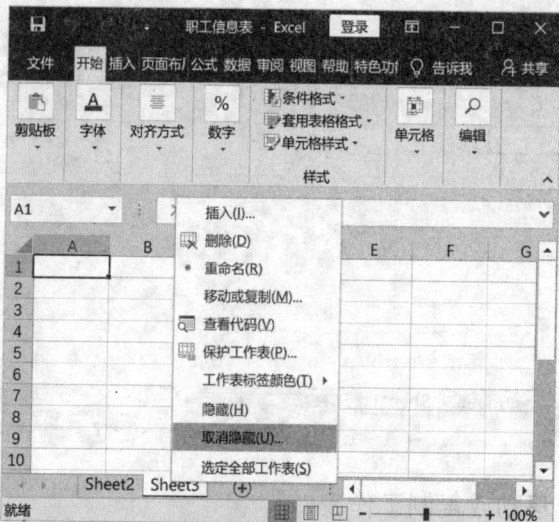

Step2：弹出【取消隐藏】对话框，在【取消隐藏工作表】列表框中选择要显示的隐藏工作表"Sheet1"。

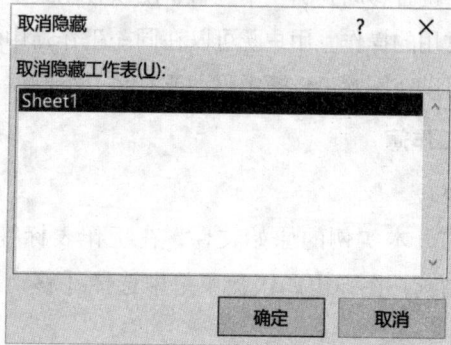

Step3：选择完毕，单击【确定】按钮，即可将隐藏的工作表"Sheet1"显示出来。

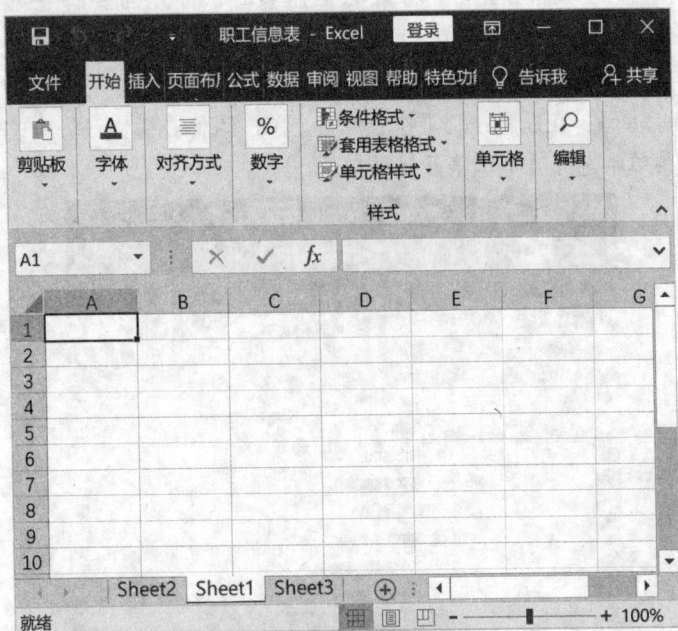

2.2.3 移动或复制工作表

在日常工作中，经常需要输入相同的数据（文字）或将一部分内容从一个位置移动到另一个位置，所以移动或复制工作表是日常办公中常用的操作。用户既可以在同一工作簿中移动或复制工作表，也可以在不同工作簿中移动或复制工作表。

1. 同一工作簿

具体步骤

Step1：打开本实例的原始文件，在工作表标签"Sheet1"，上单击鼠标右键，在弹出的快捷菜单中选择【移动或复制】菜单项。

Step2：弹出【移动或复制工作表】对话框，在【将选定工作表移至工作簿】下拉列表中默认选择当前工作簿【职工信息表】选项，在【下列选定工作表之前】列表框中选择【移至最后】选项，然后选中【建立副本】复选框。

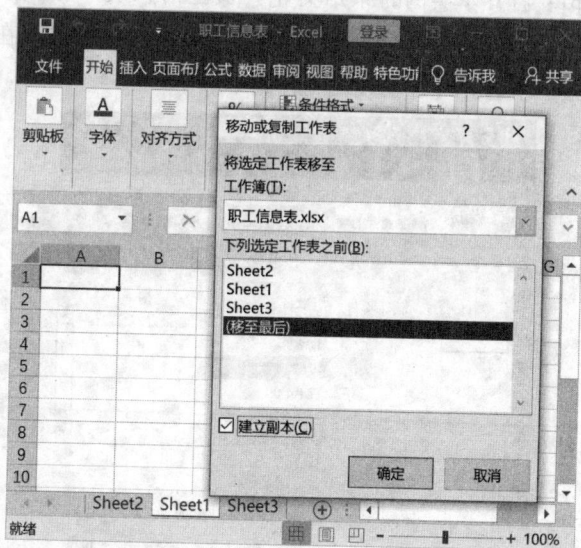

Step3：单击【确定】按钮，此时工作表"Sheet1"就被复制到了最后，并建立了副本"Sheet1（2）"。

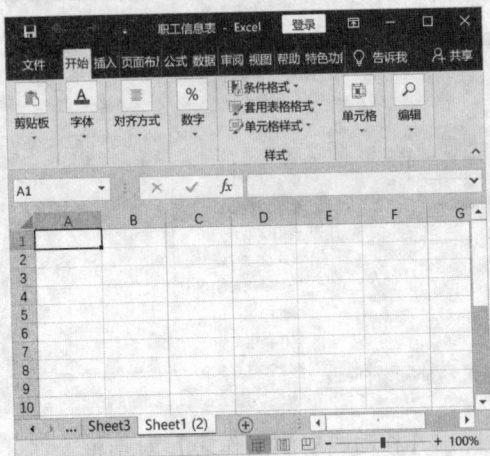

2. 不同工作簿

具体步骤

Step1：打开本实例的原始文件"员工信息表"和"职工信息表"，在工作表标签"Sheet1（2）"上单击鼠标右键，在弹出的快捷菜单中选择【移动或复制】菜单项。

Step2：弹出【移动或复制工作表】对话框，在【将选定工作表移至工作簿】下拉列表中选择【员工信息表】选项，然后在【下列选定工作表之前】列表框中选择【移至最后】选项。

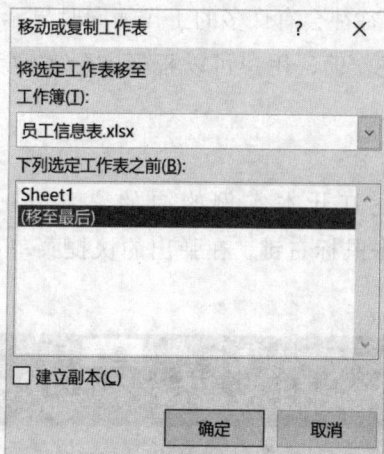

Step3：单击【确定】按钮，此时，工作簿"职工信息"中的工作表"Sheet1（2）"就被移动到了工作簿"员工信息表"中的工作表"Sheet1"之后。

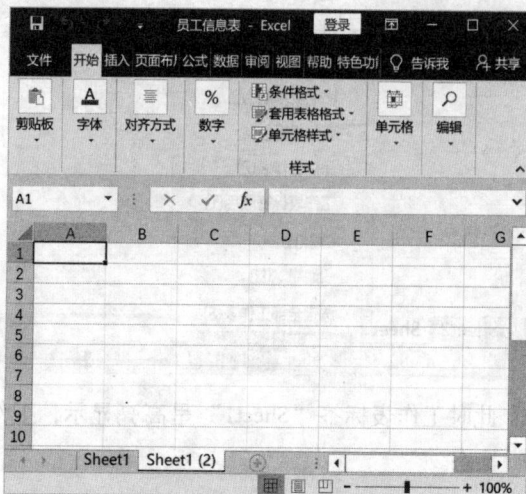

2.2.4 重命名工作表

默认情况下，工作簿中的工作表名称为 Sheet1、Sheet2 等。在日常办公中，往往会有许多的工作簿同时显示，为了能够更加清晰地识别工作簿，用户可以根据实际需要为工作表重新命名。

具体步骤

Step1：首先打开本实例的原始文件，在工作表标签"Sheet1"上单击鼠标右键，在弹出的快捷菜单中选择【重命名】菜单项。

Step2：此时工作表标签"Sheet1"呈高亮显示，工作表名称处于可编辑状态。

Step3：输入合适的工作表名称，在这里我们输入"职工工龄统计表"，然后按下【Enter】键，效果如图所示。

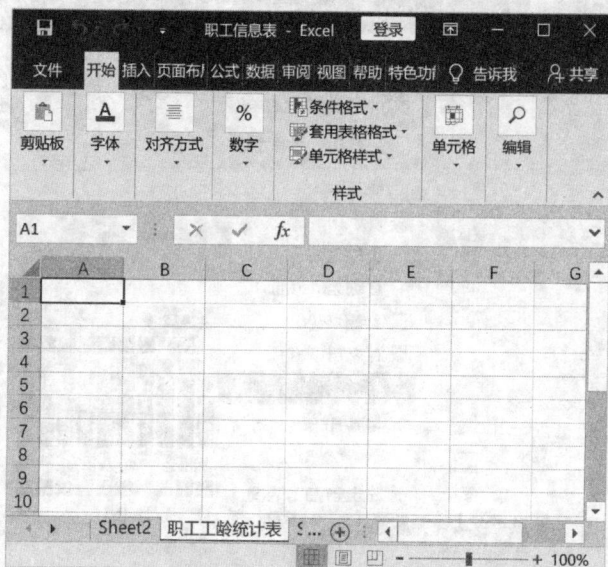

TIPS：

用户还可以在工作表标签上双击鼠标，快速地为工作表重命名。

2.2.5 设置工作表标签颜色

当一个工作簿中有多个工作表时，为了提高观感效果，同时也为了方便对工作表的快速浏览，用户可以将工作表标签设置成不同的颜色。

具体步骤

Step1：打开本实例的原始文件，在工作表标签"职工工龄统计表"上单击鼠标右键，在弹出的快捷菜单中选择【工作表标签颜色】菜单项。在弹出的级联菜单中列出了各种标准颜色，从中选择自己喜欢的颜色即可，例如选择【蓝色】选项。

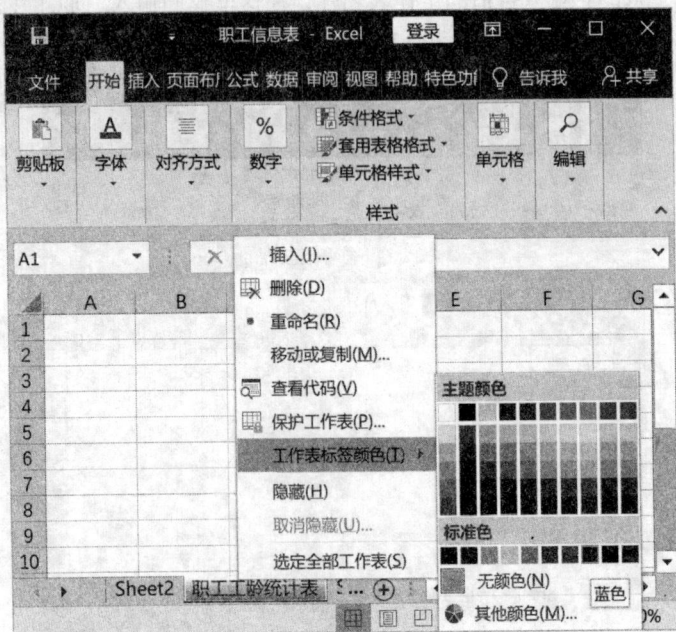

Step2：设置效果如图所示。

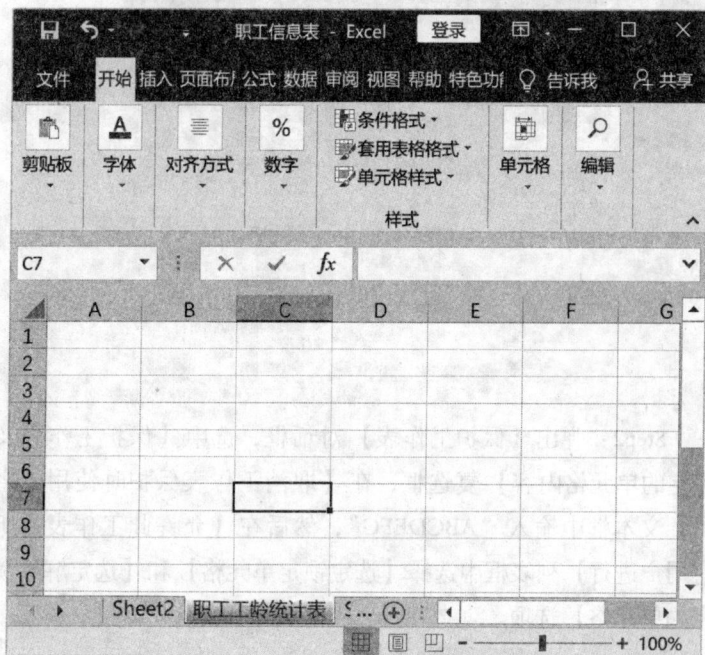

2.2.6 保护工作表

随着信息的发展，数据安全变得越来越重要。多少人因为不懂得数据保护而损失惨重，退一步讲，就算是简单的数据篡改也会让所有的努力都付之东流。为了防止他人随意更改工作表，用户也可以为工作表设置保护。

1. 保护工作表

具体步骤

Step1：打开本实例的原始文件，在工作表"职工工龄统计表"中，切换到【审阅】选项卡，单击【保护】组中的【保护工作表】按钮。

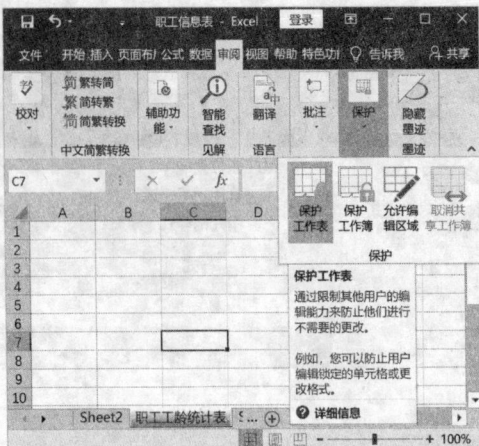

Step2：弹出【保护工作表】对话框，选中【保护工作表及锁定的单元格内容】复选框，在【取消工作表保护时使用的密码】文本框中输入"ABCDEFG"，然后在【允许此工作表的所有用户进行】列表框中选择【选定锁定单元格】和【选定解除锁定的单元格】选项。

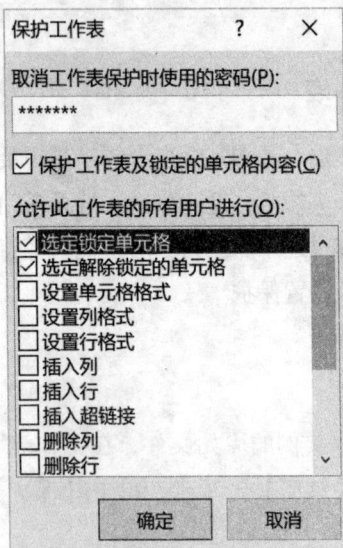

Step3：单击【确定】按钮，弹出【确认密码】对话框，在【重新输入密码】文本框中输入"ABCDEFG"。设置完毕，单击【确定】即可。

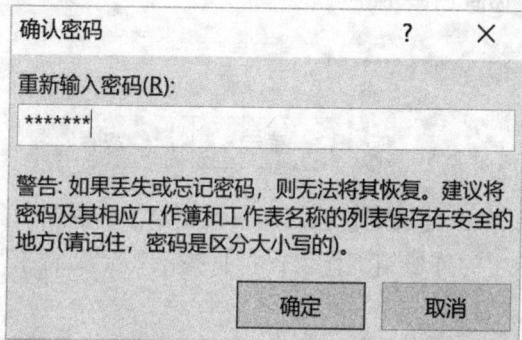

2. 撤销工作表的保护

具体步骤

Step1：在工作表"职工工龄统计表"中，切换到【审阅】选项卡，单击【保护】组中的【撤销工作表保护】按钮。

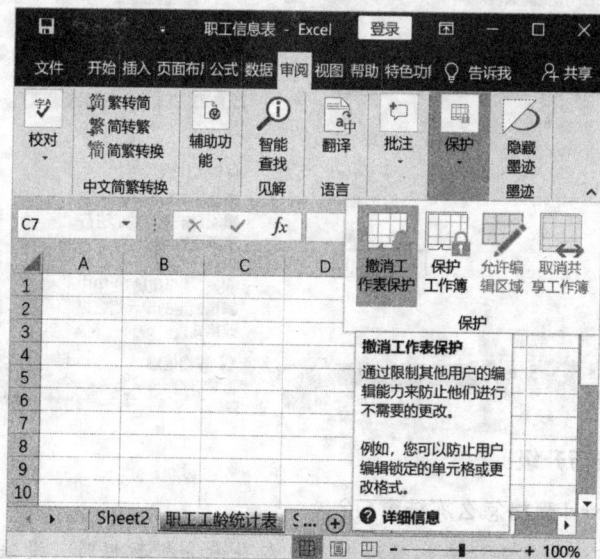

Step2：弹出【撤销工作表保护】对话框，在【密码】文本框中输入"ABCDEFG"。

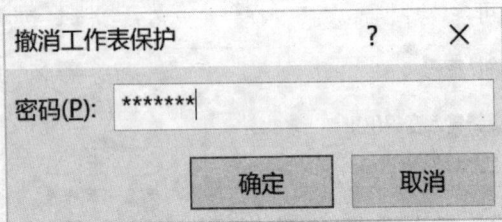

Step3：单击【确定】按钮即可撤销对工作表的保护，此时【保护】组中的【撤销工作表保护】按钮则会变成【保护工作表】按钮。

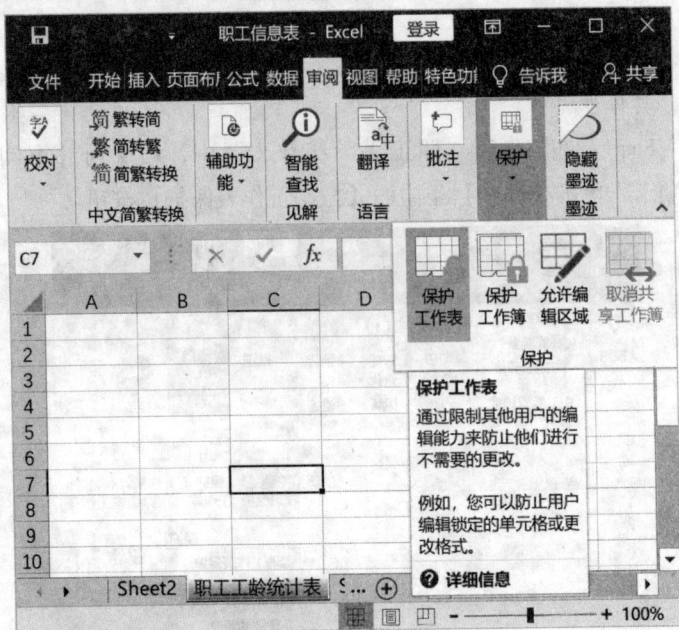

技巧升级：

Excel 表格怎么冻结窗口？

有没有遇到过表格数据太多，在查看分析数据时，没法看到表头标题部分，给工作带来非常多的不便的情况？其实，我们可以通过 Excel 冻结窗口来固定表头，这样，无论我们怎么向下滚动数据，表头依然固定在那不动。

◆冻结首行首列

具体步骤

切换到【视图】选项卡，点击【窗口】，然后点击【冻结窗格】，在下拉菜单中点击【冻结首行】，就可以直接固定首行的表头。

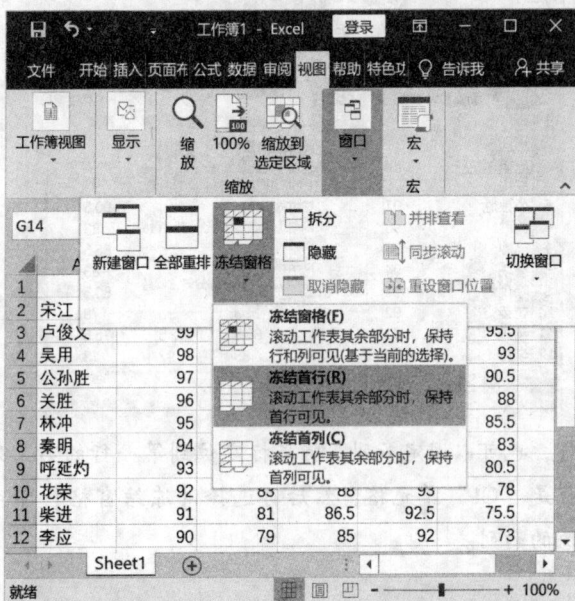

TIPS：

选择【冻结首列】能够固定住最左列。

点击【取消冻结窗格】可以取消之前的冻结。

◆冻结多行多列

除了冻结首行和首列外，还能够冻结多行、多列。例如：这里需要同时冻结 2 行。

具体步骤

首先，将光标定位到第一列的第三行单元格，也就是"A3"单元格，然后切换到【视图】选项卡，点击【窗口】，然后点击【冻结窗格】，在下拉菜单中点击【冻结窗格】。此时，我们就已经冻结了第一行和第二行。

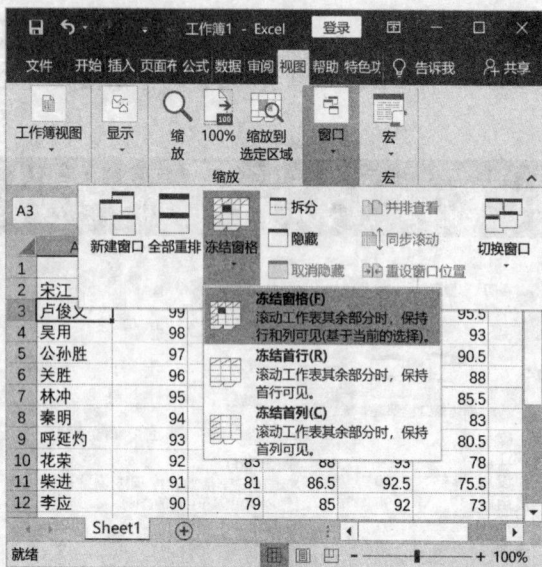

同样，也可以固定多列。将光标定位到第一行的第三列单元格，也就是"C1"单元格，然后再选择【冻结窗格】即可固定住最左侧的两列。

第*3*章

编辑和美化工作表
——制作办公用品清单

办公用品管理是企业日常办公中的一项基本工作。科学合理地管理和使用办公用品，有利于实现办公资源的合理配置，节约成本，提高办公效率。接下来以制作办公用品清单为例，介绍如何在 Excel 中编辑和美化工作表，实现办公用品的有效管理。

3.1 编辑数据

创建工作表后的第一步就是向工作表中输入各种数据。工作表中常用的数据类型包括文本型数据、货币型数据、日期型数据等。

3.1.1 输入文本型数据

文本型数据是最常用的数据类型之一，是指字符或者数值和字符的组合。

具体步骤

Step1：打开本实例的原始文件，选中要输入文本的单元格A1，然后输入"日期"，输入完毕按下【Enter】键即可。

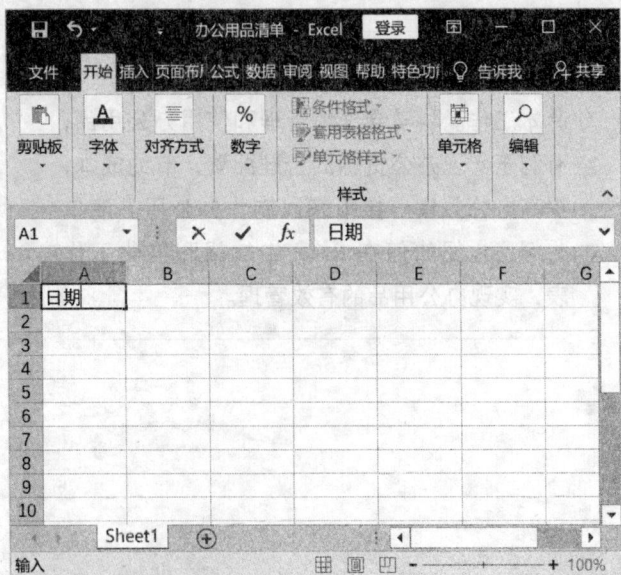

Step2：使用同样的方法输入其他的文本型数据即可。

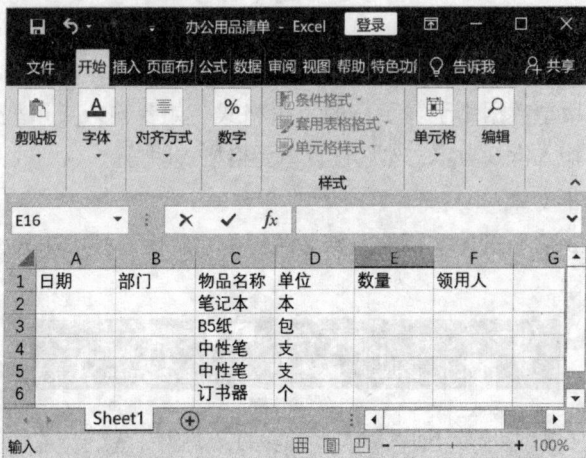

3.1.2 输入常规数字

Excel 默认状态下的单元格格式为"常规"，此时输入的数字没有特定格式。

具体步骤

打开本实例的原始文件，在"领用数量"栏中输入相应的数字，在"领用人"栏中输入相应的人名，效果如图所示。

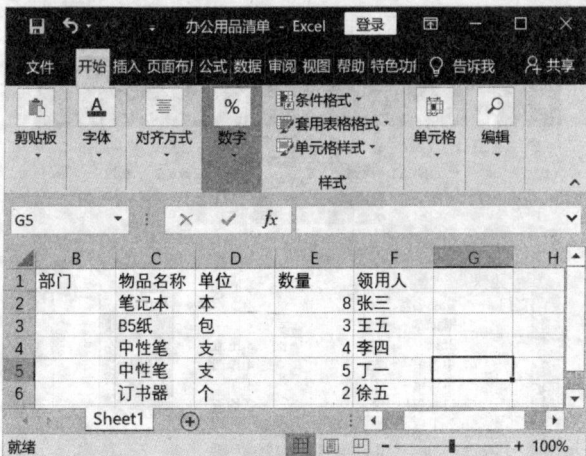

3.1.3 输入货币型数据

货币型数据用于表示一般货币格式。如要输入货币型数据，首先要输入常规数字，然后设置单元格格式即可。

具体步骤

Step1：打开本实例的原始文件，在"单价"栏中输入相应的常规数字。

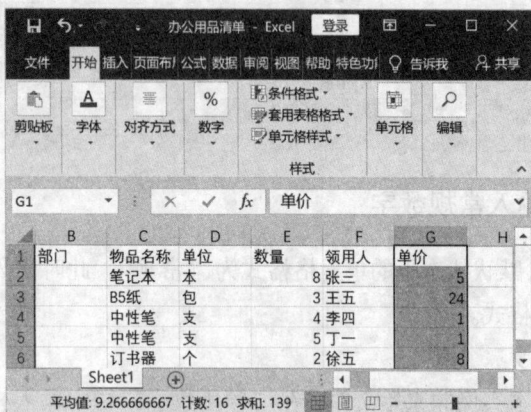

Step2：选中单元格区域 G2：G16，切换到【开始】选项卡，单击【数字】组中的【对话框启动器】按钮。

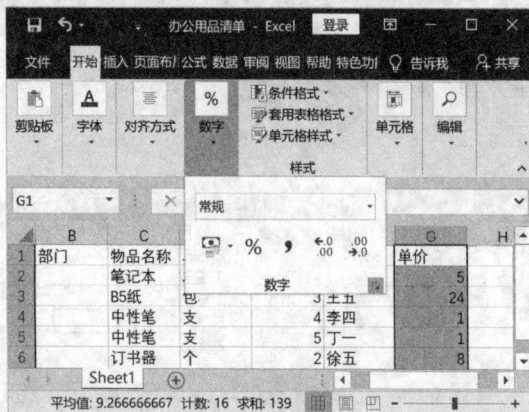

Step3：弹出【设置单元格格式】对话框，切换到【数字】选项卡，在【分类】列表框中选择【货币】选项。

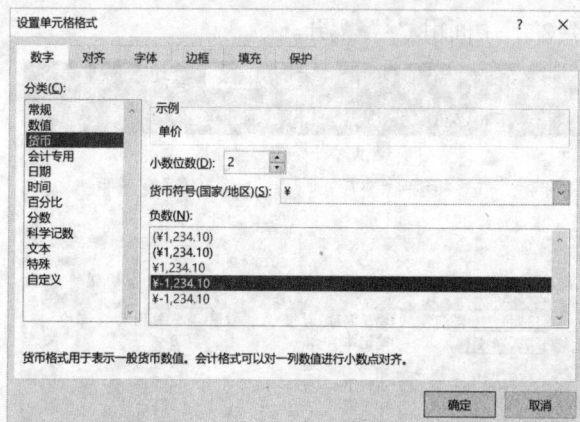

Step4：设置完毕，单击【确定】按钮即可。

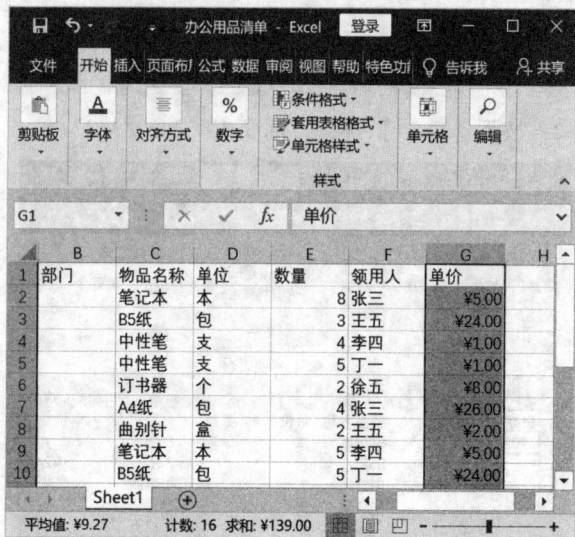

3.1.4 输入日期型数据

日期型数据是工作表中经常使用的一种数据类型。

具体步骤

Step1：打开本实例的原始文件，选中单元格 A2，输入"2020-4-2"，中间用"-"隔开。

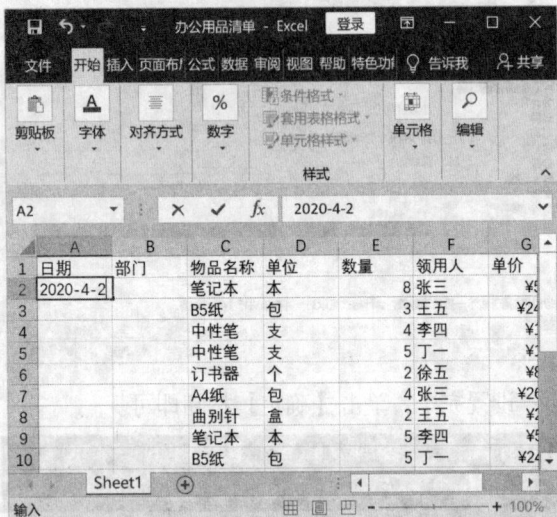

Step2：按下【Enter】键，日期变成"2020/4/2"。

Step3：使用同样的方法，输入其他日期即可。

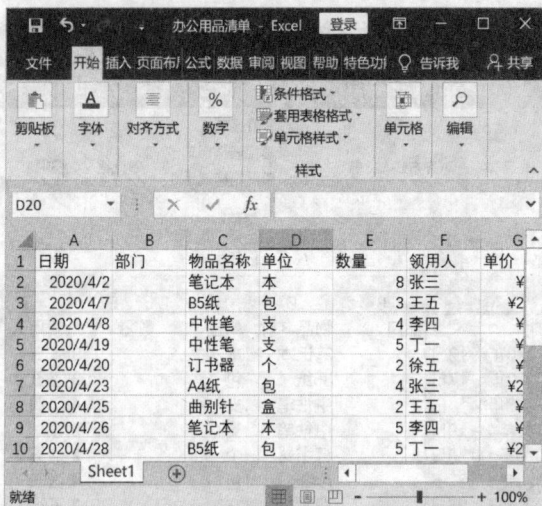

Step4：如果用户对日期格式不满意，可以进行自定义。选中单元格区域 A2：A16，切换到【开始】选项卡，单击【数字】组中的【对话框启动器】按钮，弹出【设置单元格格式】对话框，切换到【数字】选项卡，在【分类】列表框中选择【日期】选项，然后在右侧的【类型】列表框中选择【 ＊2012 年 3 月 14 日】选项。

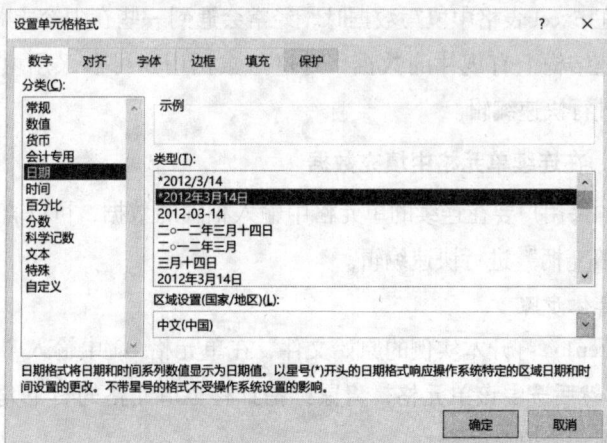

Step5：设置完毕，单击【确定】按钮，效果如图所示。

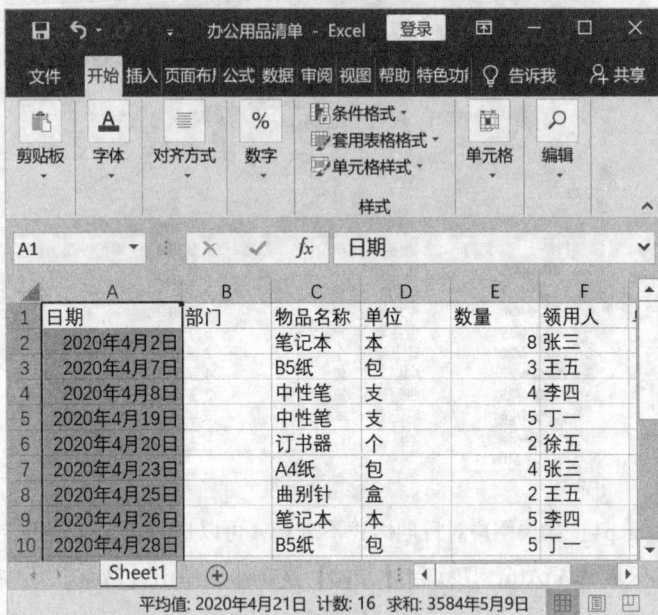

3.1.5 填充数据

在 Excel 表格中填写数据时，经常会遇到一些在内容上相同，或者在结构上有规律的数据，对这些数据用户可以采用填充功能，进行快速编辑。

1. 在连续单元格中填充数据

如果用户要在连续的单元格中输入相同的数据，可以直接使用"填充柄"进行快速编辑。

具体步骤

Step1：打开本实例的原始文件，在单元格 B3 中输入"编辑部"，然后选中该单元格，将鼠标指针移至单元格的右下角，此时出现一个填充柄**＋**。

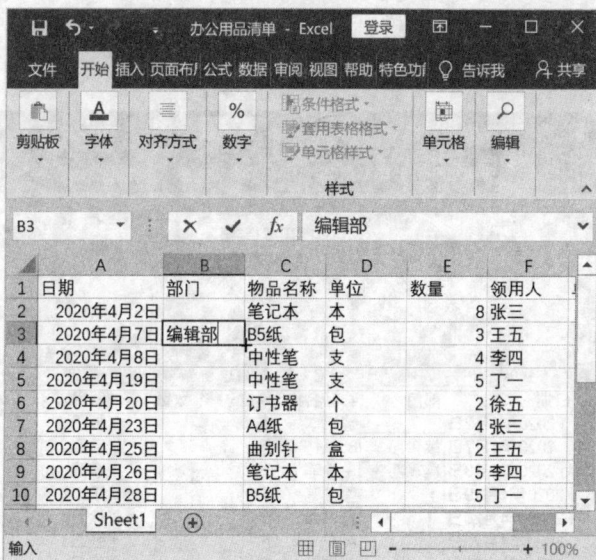

Step2：按住鼠标左键不放，将填充柄➕向下拖拽到单元格 B4。

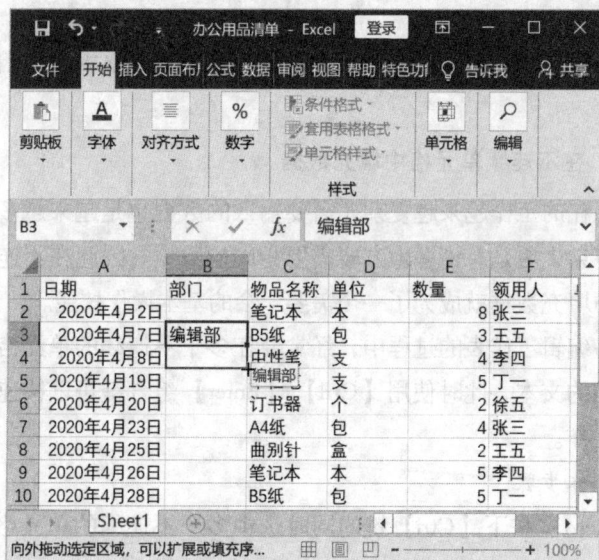

Step3：释放鼠标左键，此时，选中的单元格 B4 就填充了与单元格 B3 相同的数据。

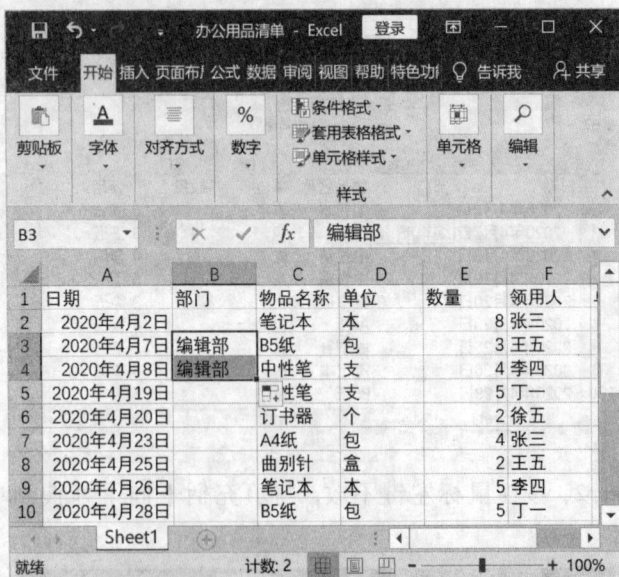

Step4：使用同样的方法，在其他的连续单元格中填充相同数据即可。

2. 在不连续单元格中填充数据

现在的工作越来越复杂，需要输入的数据也是越来越多、越来越复杂，更是有许多地方要需要相同的数据。因此在不连续单元格中填充数据就成为了一个需要学会的基本操作技能。

在编辑工作表的过程中，经常会在多个不连续的单元格中输入相同的文本，此时使用【Ctrl】+【Enter】组合键可以快速完成这项工作。

具体步骤

Step1：按下【Ctrl】键的同时选中多个不连续的单元格，然后在编辑框中输入"财务科"。

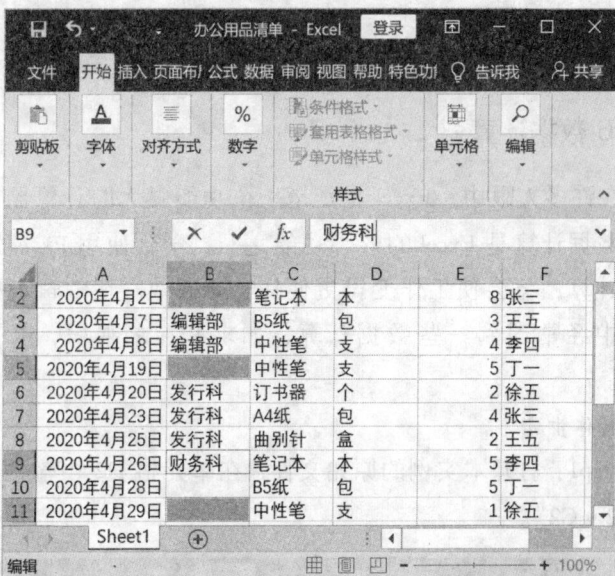

	A	B	C	D	E	F
2	2020年4月2日		笔记本	本	8	张三
3	2020年4月7日	编辑部	B5纸	包	3	王五
4	2020年4月8日	编辑部	中性笔	支	4	李四
5	2020年4月19日		中性笔	支	5	丁一
6	2020年4月20日	发行科	订书器	个	2	徐五
7	2020年4月23日	发行科	A4纸	包	4	张三
8	2020年4月25日	发行科	曲别针	盒	2	王五
9	2020年4月26日	财务科	笔记本	本	5	李四
10	2020年4月28日		B5纸	包	5	丁一
11	2020年4月29日		中性笔	支	1	徐五

Step2：按下【Ctrl】+【Enter】组合键，效果如图所示。

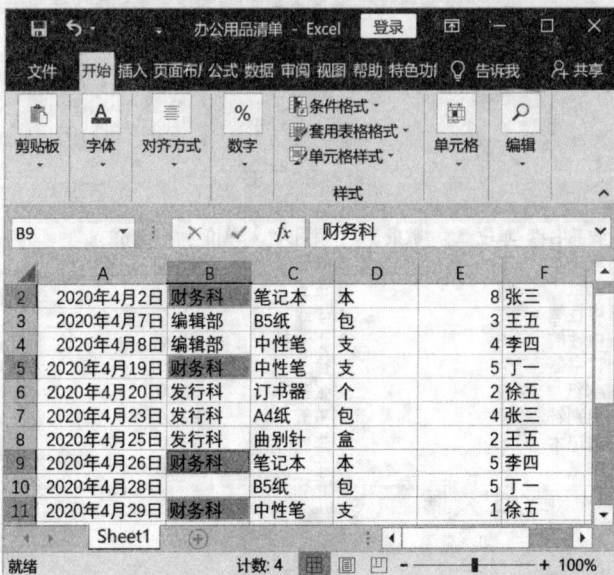

	A	B	C	D	E	F
2	2020年4月2日	财务科	笔记本	本	8	张三
3	2020年4月7日	编辑部	B5纸	包	3	王五
4	2020年4月8日	编辑部	中性笔	支	4	李四
5	2020年4月19日	财务科	中性笔	支	5	丁一
6	2020年4月20日	发行科	订书器	个	2	徐五
7	2020年4月23日	发行科	A4纸	包	4	张三
8	2020年4月25日	发行科	曲别针	盒	2	王五
9	2020年4月26日	财务科	笔记本	本	5	李四
10	2020年4月28日		B5纸	包	5	丁一
11	2020年4月29日	财务科	中性笔	支	1	徐五

Step3：使用同样的方法，在其他的不连续单元格中填充相同数据即可。

3.1.6 数据计算

在许多人眼中，Excel 无疑是一个功能强大的计算器。的确，数据计算是 Excel 的核心功能之一，学会使用 Excel 进行数据计算，将会使工作变得更便捷、更高效。在编辑表格的过程中经常遇到一些数据计算，如求和、求乘积、求平均值等。

具体步骤

Step1：打开本实例的原始文件，在单元格 H2 中输入公式"＝E2＊G2"。

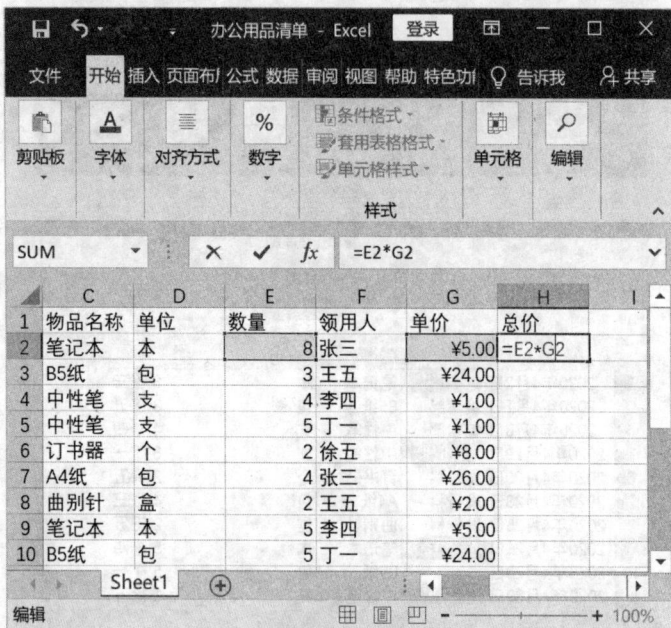

Step2：按下【Enter】键，此时即可将"总价"计算出来。

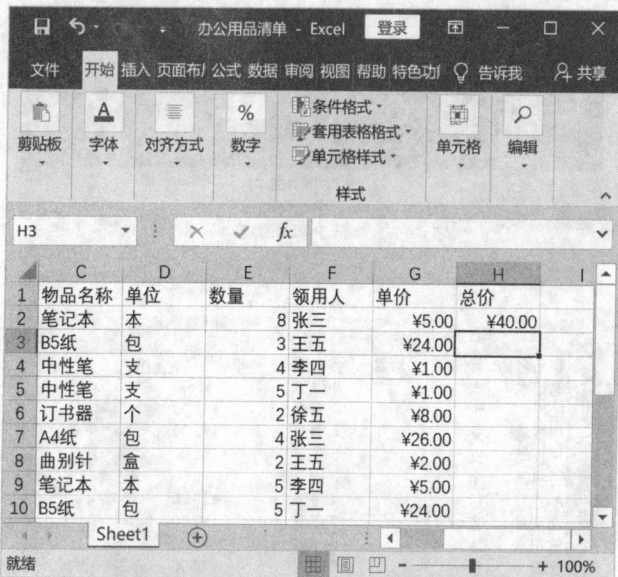

Step3：选中单元格 H2，将鼠标指针移至单元格的右下角，此时出现一个填充柄╋。

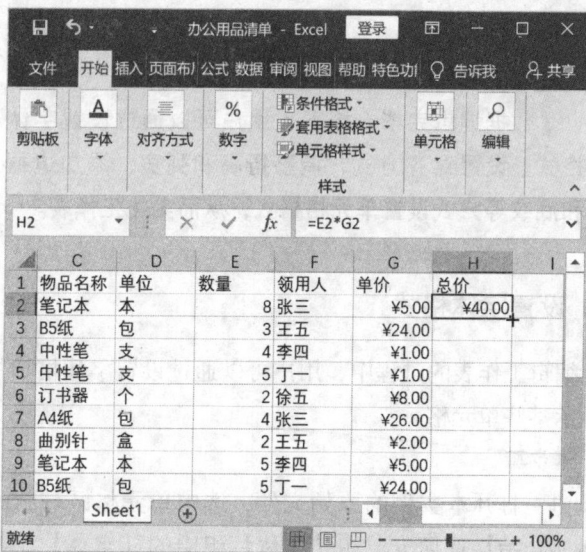

Step4：双击填充柄**十**，此时即可将本列中的所有数据的"金额"计算出来。

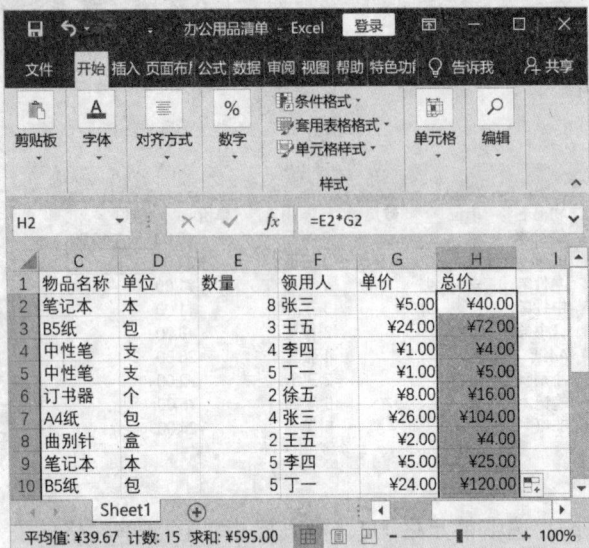

3.2 美化工作表

数据编辑完毕，接下来用户可以通过设置字体格式、设置对齐方式、调整行高和列宽、添加边框和底纹等方式设置单元格格式，从而美化工作表。

3.2.1 设置字体格式

在编辑工作表的过程中，用户可以通过设置字体格式的方式突出显示某些单元格。

具体步骤

Step1：打开本实例的原始文件，选中单元格区域 A1：H1，切换到【开始】选项卡，在【字体】组中的【字体】下拉列表中选择【微软雅黑】选项。

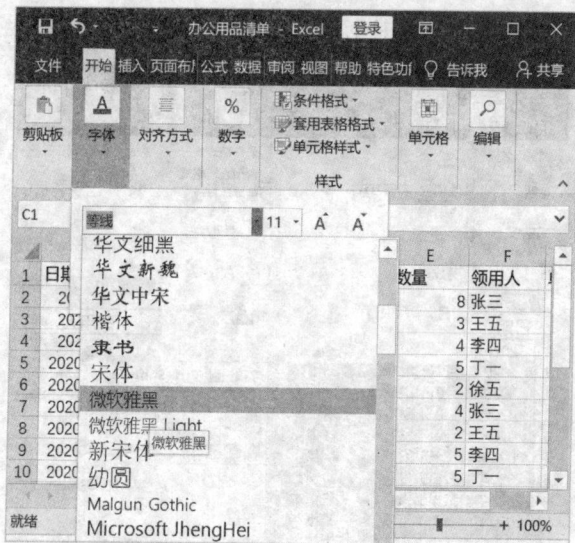

Step2：在【字体】组中的【字号】下拉列表中选择【12】
选项。

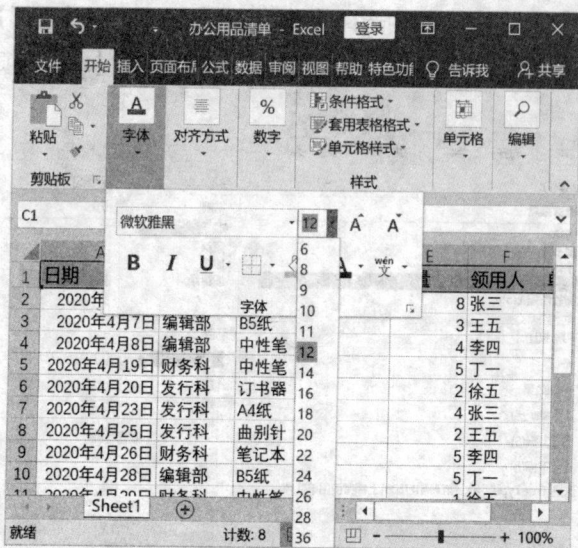

Step3：选中单元格区域 A2：H16，切换到【开始】选项卡，单击【字体】组中的【对话框启动器】按钮。

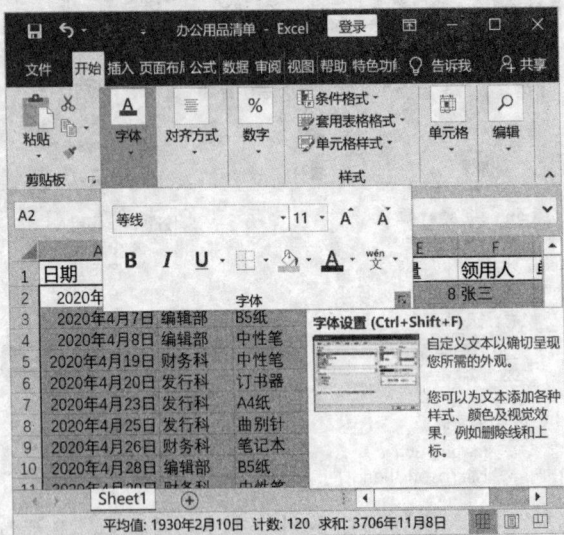

Step4：弹出【设置单元格格式】对话框，切换到【字体】选项卡，在【字体】列表框中选择【微软雅黑】选项，在【字形】列表框中选择【常规】选项，在【字号】列表框中选择【10】选项。

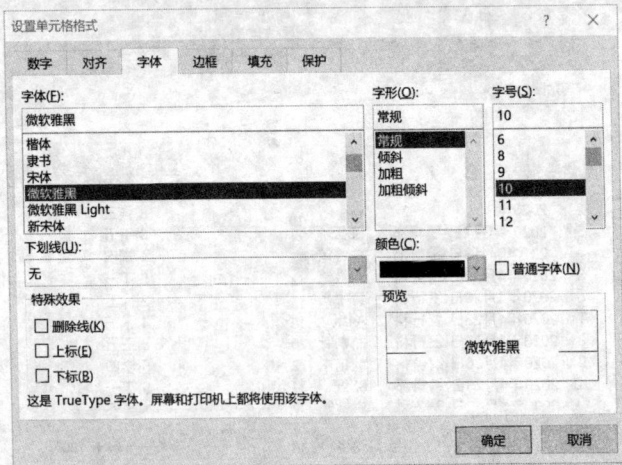

Step5：单击【确定】按钮返回工作表中，字体设置完毕，效果如图所示。

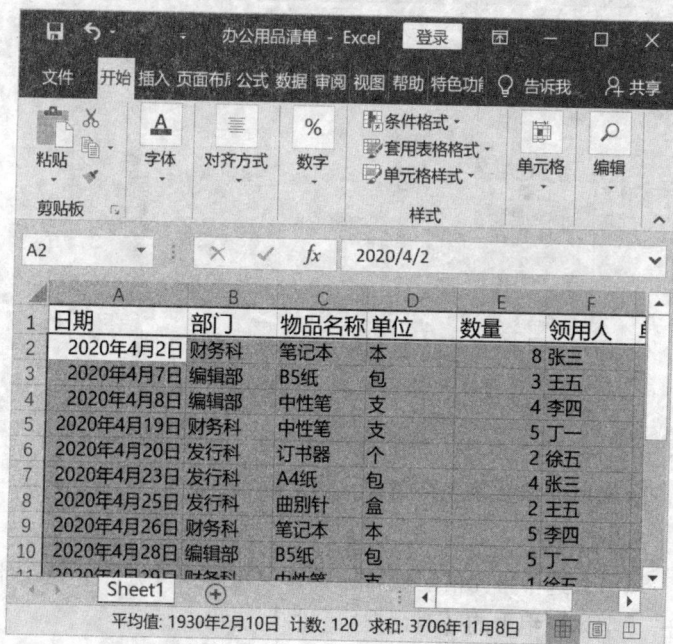

3.2.2 设置对齐方式

在 Excel 中，单元格的对齐方式包括文本左对齐、居中、文本右对齐、顶端对齐、垂直居中、底端对齐等多种方式，用户可以通过【开始】选项卡或【设置单元格格式】对话框进行设置。

1. 使用【开始】选项卡

具体步骤

打开本实例的原始文件，选中单元格区域 A1：H16，切换到【开始】选项卡，在【对齐方式】组中单击【垂直居中】按钮和【居中】按钮。

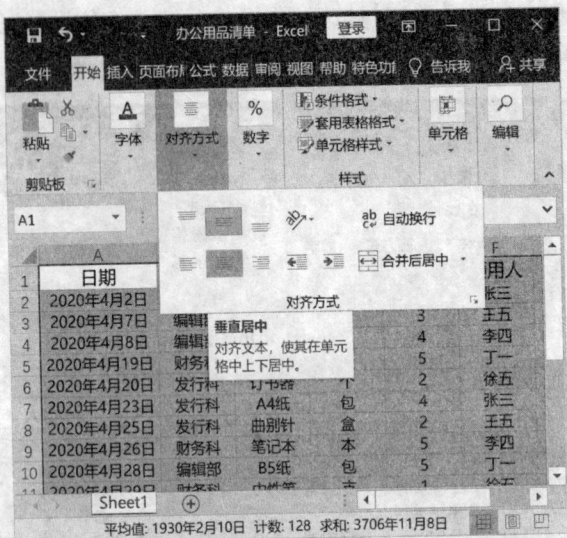

2. 使用【设置单元格格式】对话框

具体步骤

Step1：选中单元格区域 A2：G16，切换到【开始】选项卡，单击【字体】组中的【对话框启动器】按钮。

Step2：弹出【设置单元格格式】对话框，切换到【对齐】选项卡，然后在【水平对齐】下拉列表中选择【靠左（缩进）】选项。

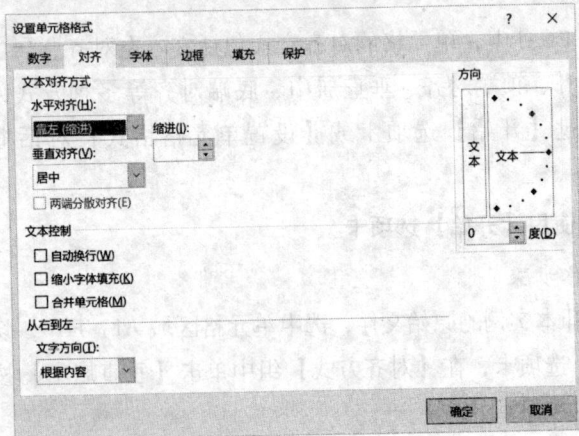

Step3：单击【确定】按钮返回工作表中，对齐方式设置完毕，效果如图所示。可以看到，每行每列内容无论是文字还是数字，均与所在单元格最左侧对齐。

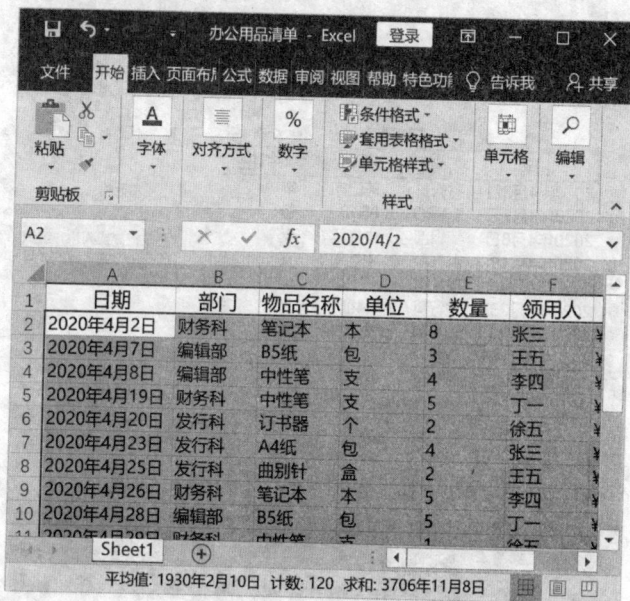

3.2.3 调整行高和列宽

工作的实际需要多种多样，有是为了让工作簿更易读，有时为了彰显公司的职业化或是为了使工作表看起来更加美观，用户可以通过【开始】选项卡或使用鼠标左键来调整行高和列宽。

1. 使用【开始】选项卡

具体步骤

Step1：打开本实例的原始文件，单击行标签按钮1，选中工作表中的第1行，切换到【开始】选项卡，在【单元格】组中单击【格式】按钮。

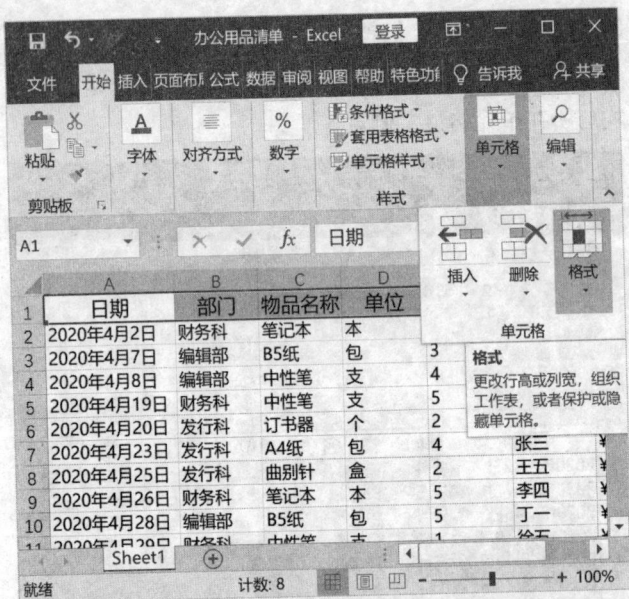

Step2：在弹出的下拉列表中选择【行高】选项。

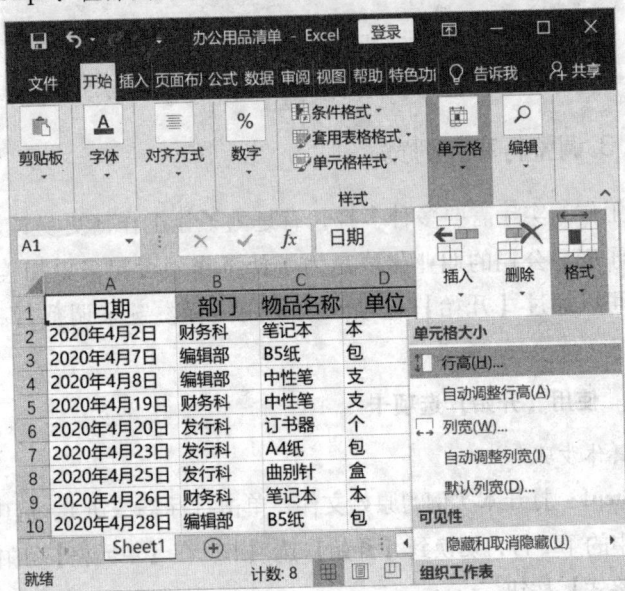

Step3：弹出【行高】对话框，在【行高】文本框中输入"22"。

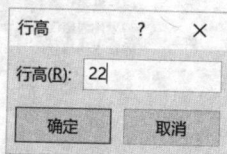

Step4：单击【确定】按钮返回工作表中，行高的设置效果如图所示。

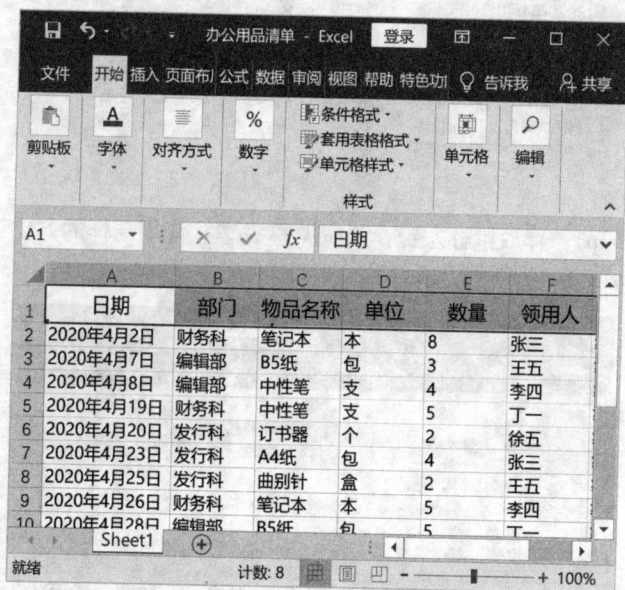

2. 使用鼠标左键

具体步骤

Step1：将鼠标指针放在要调整列宽的列标记右侧的分隔线上。

Step2：按住鼠标左键，此时可以拖动调整列宽，并在上方显示宽度值。

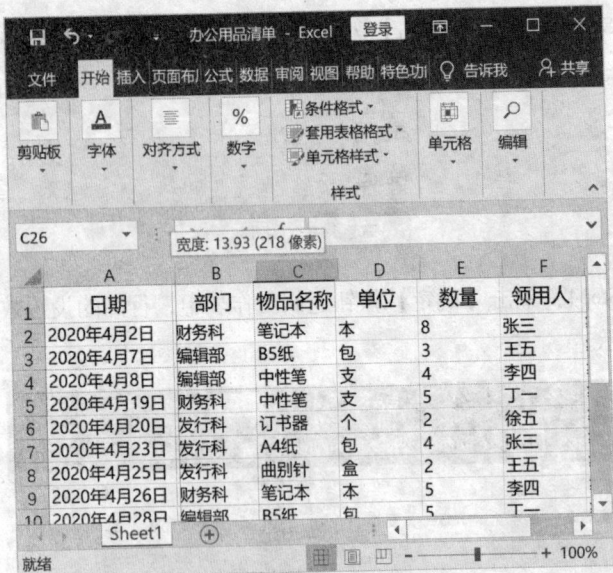

Step3：释放鼠标左键，列宽调整完毕。使用同样的方法调整其他列的列宽和行高即可，调整完毕，效果如图所示。

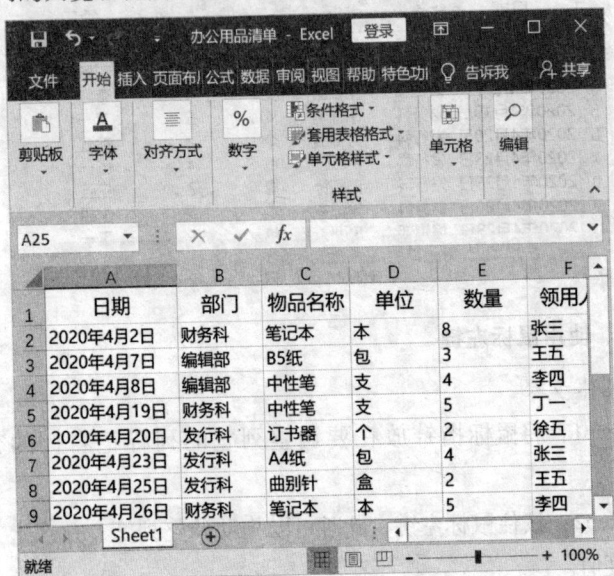

3.2.4 添加边框和背景色

在工作中，满目的表格和数据是极其容易使人烦燥和疲惫的。为了能够使自己更加轻松，使工作表看起来更加直观，可以为单元格或单元格区域添加边框和背景色。

1. 添加边框

具体步骤

Step1：选中单元格区域 A1：H17，然后单击鼠标右键，在弹出的快捷菜单中选择【设置单元格格式】菜单项。

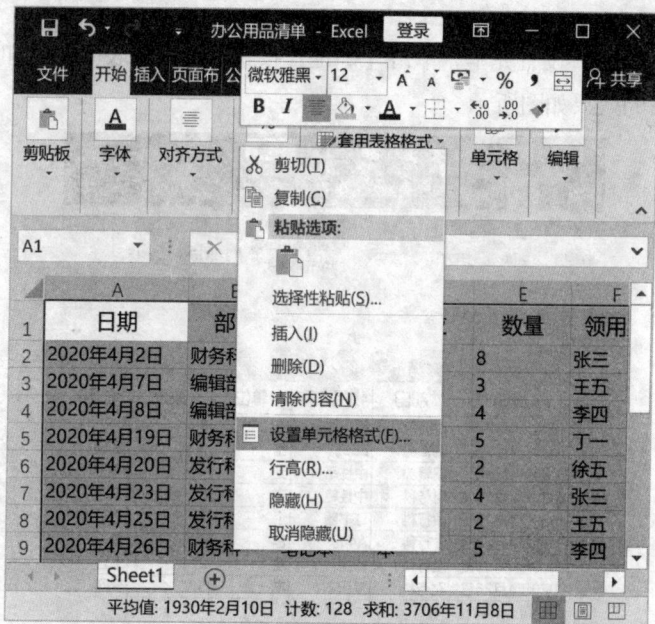

Step2：弹出【设置单元格格式】对话框，切换到【边框】选项卡，在【样式】组合框中选择【细直线】选项，然后在右侧的【预置】组合框中单击【外边框】按钮和【内部】按钮。

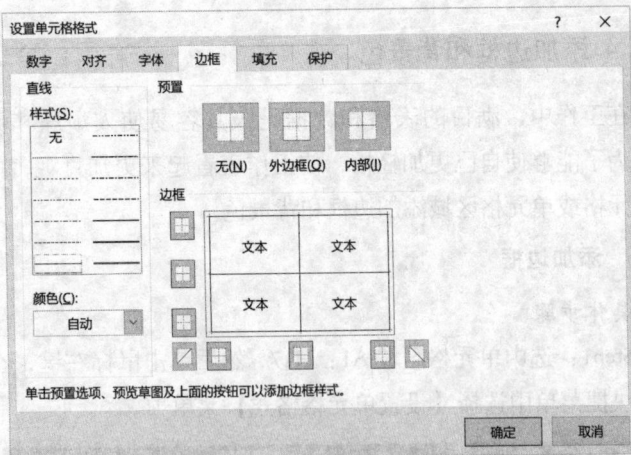

Step3：设置完毕，单击【确定】按钮返回工作表中，添加边框后的效果如图所示。

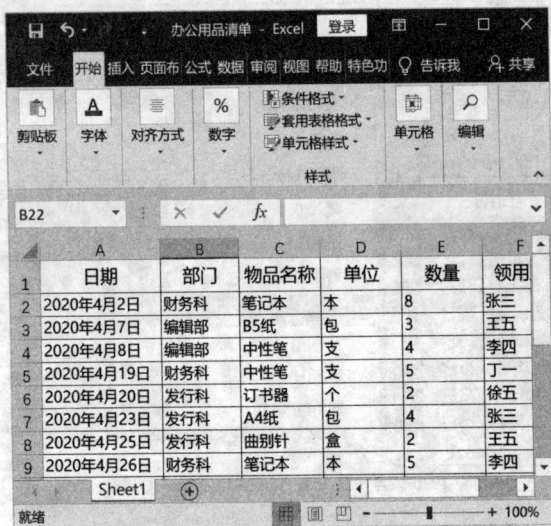

2. 添加背景色

具体步骤

Step1：选中单元格区域 A1：H1，切换到【开始】选项卡，在【字体】组中单击【填充颜色】按钮，在弹出的下拉列表中选择【蓝色，个性色5，深色25%】选项。

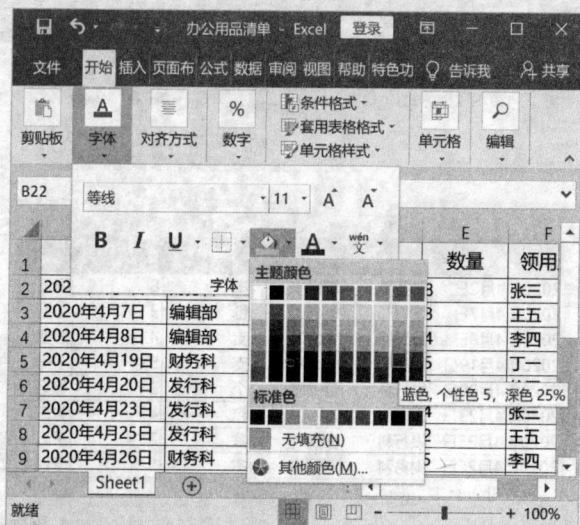

Step2：为了突出显示文字，在【字体】组中单击【字体颜色】按钮，在弹出的下拉列表中选择【浅灰色，背景2】选项。

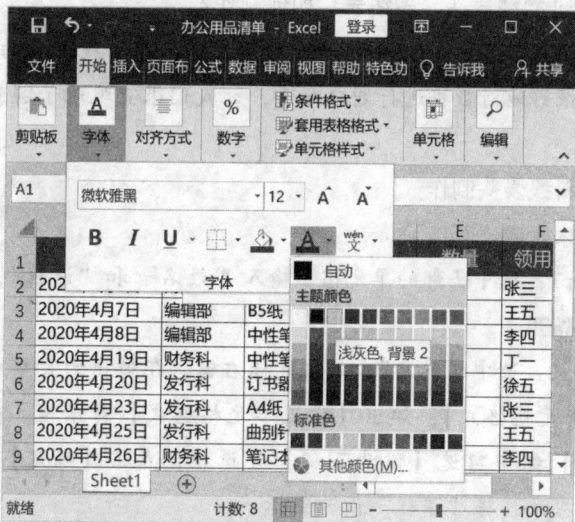

Step3：设置完毕，"办公用品清单"的最终效果如图所示。

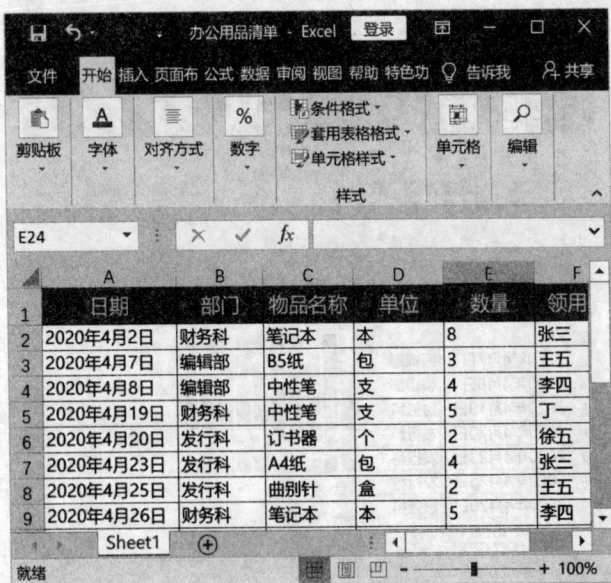

	A	B	C	D	E	F
1	日期	部门	物品名称	单位	数量	领用
2	2020年4月2日	财务科	笔记本	本	8	张三
3	2020年4月7日	编辑部	B5纸	包	3	王五
4	2020年4月8日	编辑部	中性笔	支	4	李四
5	2020年4月19日	财务科	中性笔	支	5	丁一
6	2020年4月20日	发行科	订书器	个	2	徐五
7	2020年4月23日	发行科	A4纸	包	4	张三
8	2020年4月25日	发行科	曲别针	盒	2	王五
9	2020年4月26日	财务科	笔记本	本	5	李四

技巧升级：

Excel 斜线表头、多线表头如何制作？

在日常工作中，做表格时经常会遇到需要斜线表头的情况，它可以很好地对数据进行划分分类，让我们很直观地了解到数据的类型。

◆斜线表头制作

具体步骤

Step1：选中头部的单元格，输入"姓名"和"课程"，中间用空格隔开。

Step2：选中"姓名"，点击鼠标右键，在弹出的菜单中选择【设置单元格格式】，弹出【设置单元格格式】对话框，在【特殊效果】组中勾选【设为下标】复选框，点击【确定】即可。同样的办法，将"课程"设为上标。

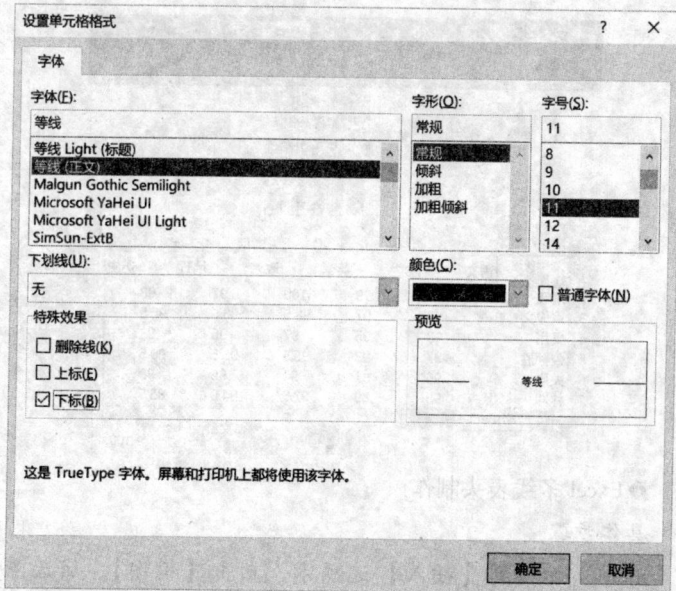

Step3：将字体放大一些。再次进入【设置单元格格式】对话框，切换到【边框】选项卡，单击一下【边框】组里的右下角的斜线按钮，点击【确定】即可添加完成。

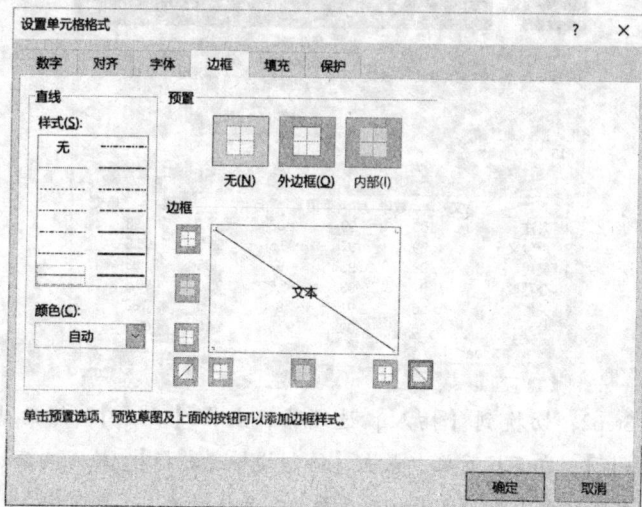

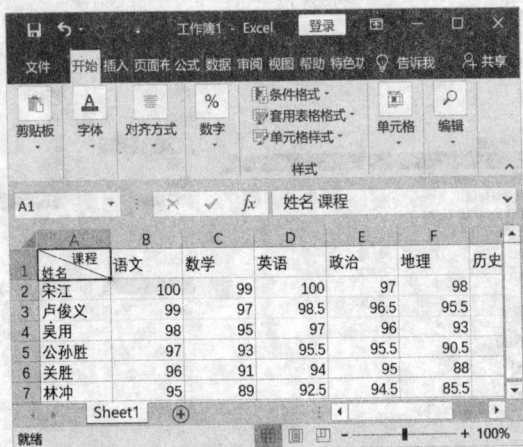

◆Excel 多线表头制作

具体步骤

Step1：切换到【插入】选项卡，点击【插图】，然后点击【形状】，在下拉菜单中点击【直线】，然后绘制一条斜线表头，然后复制一份直线，自行调整一下位置。

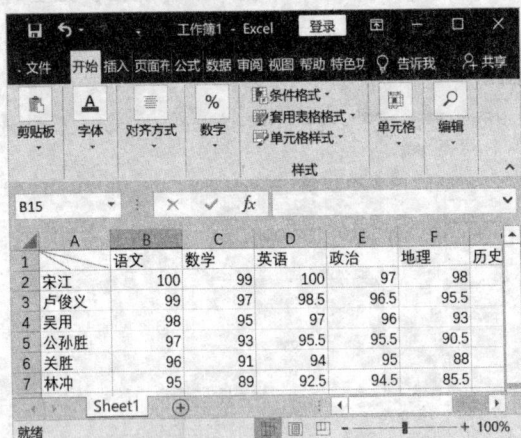

Step2：切换到【插入】选项卡，点击【文本】，然后点击【文本框】，在下拉菜单中点击【绘制横排文本框】，输入内容，然后调整字体大小及颜色等，最后再复制两份修改内容即可完成。

第*4*章

管理数据——制作车辆使用明细

车辆管理是企业日常管理中的一项重要工作。完善的车辆管理制度，有利于各种车辆更合理有效地被使用，最大限度地节约成本，最真实地反映车辆的实际情况。接下来使用 Excel 提供的排序、筛选以及分类汇总等功能，介绍车辆使用数据的管理与分析。

4.1 数据的排序

为了方便查看表格中的数据，用户可以按照一定的顺序对工作表中的数据进行重新排序。数据排序主要包括简单排序、复杂排序和自定义排序 3 种，用户可以根据需要选择。

4.1.1 简单排序

所谓简单排序就是设置单一条件进行排序。

下面，我们就按照"所在部门"的拼音首字母，对工作表中的车辆使用的明细数据进行升序排列。

具体步骤

Step1：打开本实例的原始文件，将光标定位在数据区域的任意一个单元格中，切换到【数据】选项卡，单击【排序和筛选】组中的【排序】按钮。

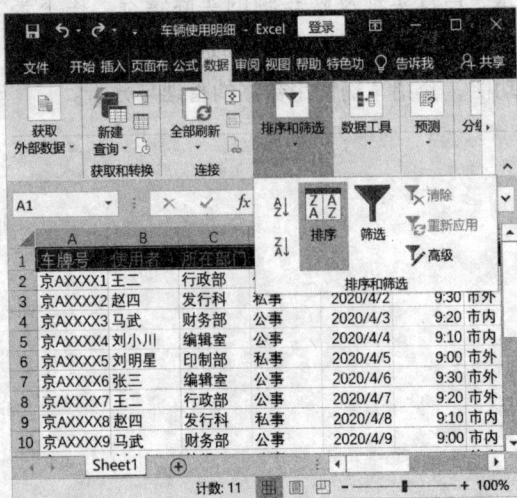

Step2：弹出【排序提醒】对话框，勾选【以当前选定区域排序】，然后点击【排序】按钮，弹出【排序】对话框，在【主要关键字】下拉列表中选择【所在部门】选项，在【排序依据】下拉列表中选择【单元格值】选项，在【次序】下拉列表中选择【升序】选项。

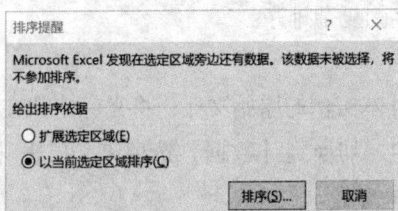

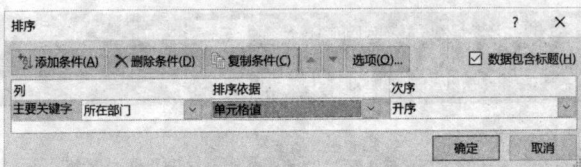

Step3：单击【确定】按钮，返回工作表中，此时表格中的数据根据 C 列中"所在部门"的拼音首字母进行升序排列。

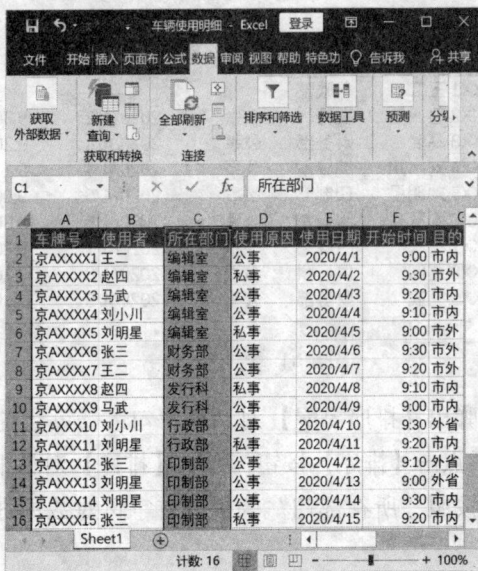

4.1.2 复杂排序

如果在排序字段里出现相同的内容，会保持着它们的原始次序。如果用户还要对这些相同内容按照一定条件进行排序，就用到了多个关键字的复杂排序。

具体步骤

Step1：打开本实例的原始文件，将光标定位在数据区域的任意一个单元格中，切换到【数据】选项卡，单击【排序和筛选】组中的【排序】按钮。

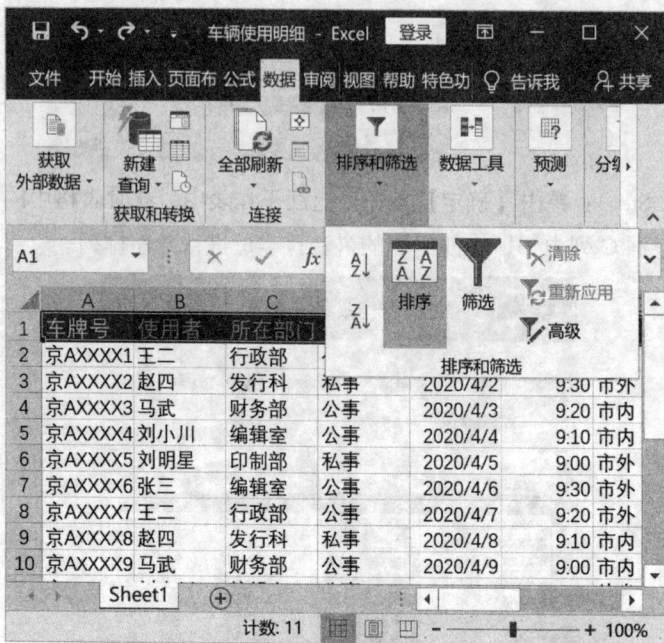

Step2：弹出【排序提醒】对话框，勾选【以当前选定区域排序】，然后点击【排序】按钮，弹出【排序】对话框，显示出前一小节中按照"所在部门"的拼音首字母对数据进行了升序排列。

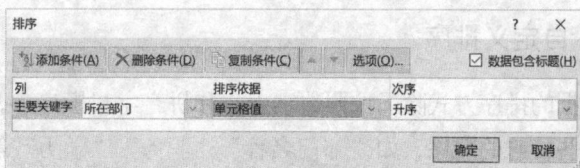

Step3：单击【添加条件】按钮，此时即可添加一组新的排序条件，在【次要关键字】下拉列表中选择【使用日期】选项，在【排序依据】下拉列表中选择【单元格值】选项，在【次序】下拉列表中选择【降序】选项。

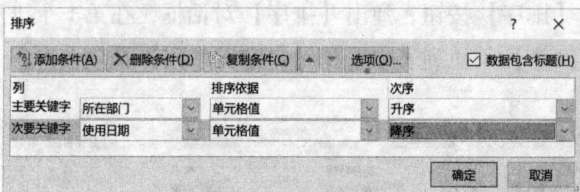

Step4：单击【确定】按钮，返回工作表中，此时表格中的数据在根据 C 列中"所在部门"的拼音首字母进行升序排列的基础上，按照 E 列中"使用日期"的数值进行了降序排列，排序效果如图所示。

4.1.3 自定义排序

数据的排序方式除了按照数字大小和拼音字母顺序外，还会涉及一些特殊的顺序，如"部门名称""职务""学历"等，此时就用到了自定义排序。

具体步骤

Step1：打开本实例的原始文件，将光标定位在数据区域的任意一个单元格中，切换到【数据】选项卡，单击【排序和筛选】组中的【排序】按钮，弹出【排序】对话框，在第1个排序条件中的【次序】下拉列表中选择【自定义序列】选项。

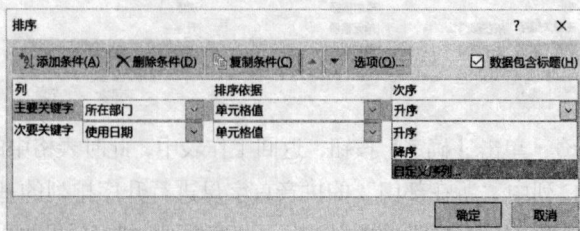

Step2：弹出【自定义序列】对话框，在【自定义序列】列表框中选择【新序列】选项，在【输入序列】文本框中输入"财务部，发行科，编辑室，行政部，印制部"，中间用英文半角状态下的逗号隔开。

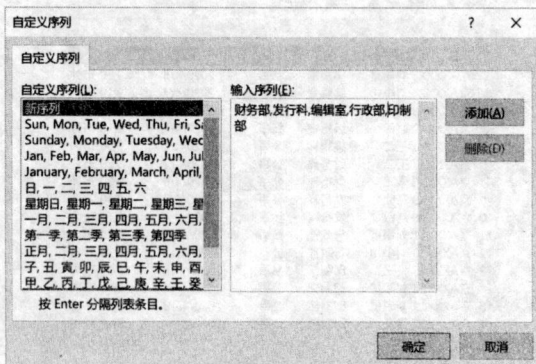

Step3：单击【添加】按钮，此时新定义的序列"财务部，发行科，编辑室，行政部，印制部"就添加在了【自定义序列】列表框中。

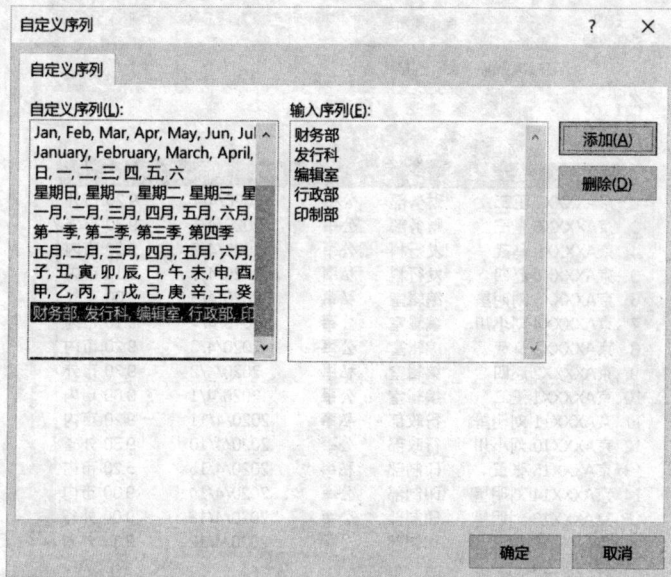

Step4：单击【确定】按钮，返回【排序】对话框，此时，第一个排序条件中的【次序】下拉列表自动选择【财务部，发行科，编辑室，行政部，印制部】选项。

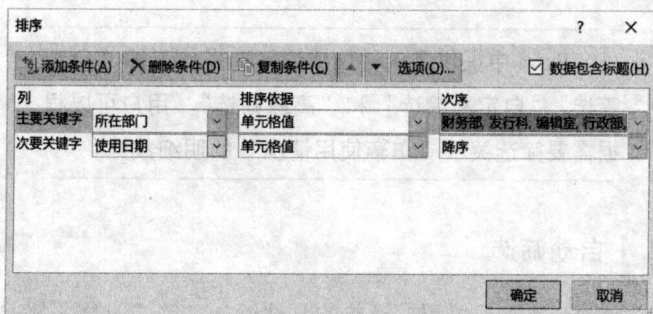

Step5：单击【确定】按钮，返回工作表，排序效果如图所示。

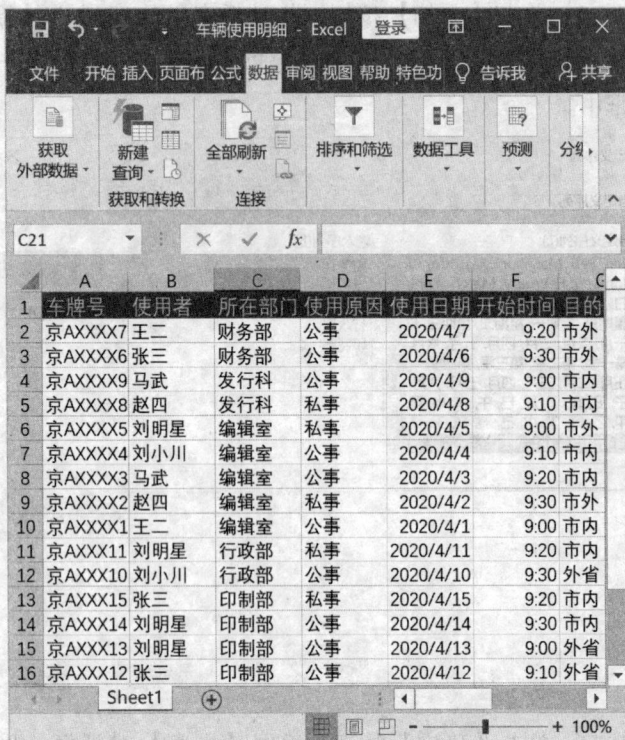

4.2 数据的筛选

Excel 中提供了 3 种数据的筛选操作，即"自动筛选""自定义筛选"和"高级筛选"。用户可以根据需要筛选关于"车辆使用情况"的明细数据。

4.2.1 自动筛选

"自动筛选"一般用于简单的条件筛选，筛选时将不满足条件的数据暂时隐藏起来，只显示符合条件的数据。

1. 指定数据的筛选

接下来筛选"所在部门"为"编辑室"和"印制部"的车辆使用明细数据。

具体步骤

Step1：打开本实例的原始文件，将光标定位在数据区域的任意一个单元格中，切换到【数据】选项卡，单击【排序和筛选】组中的【筛选】按钮，此时工作表进入筛选状态，各标题字段的右侧出现一个下拉按钮。

Step2：单击标题字段【所在部门】右侧的下拉按钮，在弹出的筛选列表中撤选【财务部】【发行科】和【行政部】复选框。

$A\downarrow$	升序(S)	
$Z\downarrow$	降序(O)	
	按颜色排序(T)	▶
⟍	从"所在部门"中清除筛选(C)	
	按颜色筛选(I)	▶
	文本筛选(F)	▶

搜索 🔍

- ■ (全选)
- ☑ 编辑室
- ☐ 财务部
- ☐ 发行科
- ☐ 行政部
- ☑ 印制部

确定　　取消

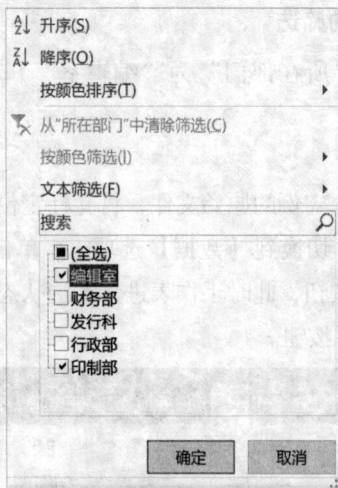

Step3：单击【确定】按钮，返回工作表，此时所在部门为"策划部"和"人力资源部"的车辆使用明细数据的筛选结果如图所示。

2. 指定条件的筛选

在实际工作中，对数据的筛选多种多样，有根据领导要求的，有根据客户要求的，还有根据时间的排序的，等等。这就要求用户学会指定条件的筛选。接下来筛选"车辆消耗费"排在前10位的车辆使用明细数据。

具体步骤

Step1：切换到【数据】选项卡，单击【排序和筛选】组中的【筛选】按钮，撤销之前的筛选，再次单击【排序和筛选】组中的【筛选】按钮，重新进入筛选状态，然后单击标题字段【车辆消耗费】右侧的下拉按钮。

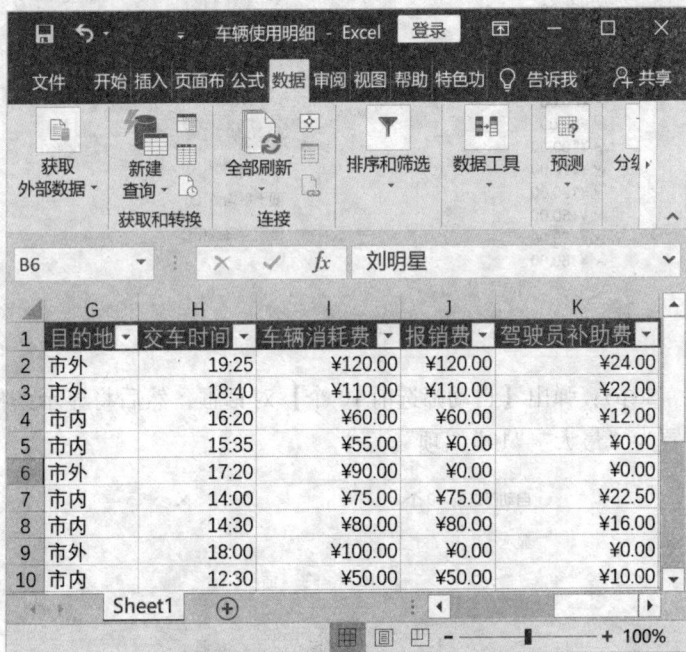

Step2：在弹出的下拉列表中选择【数字筛选】中的【前10项】选项。

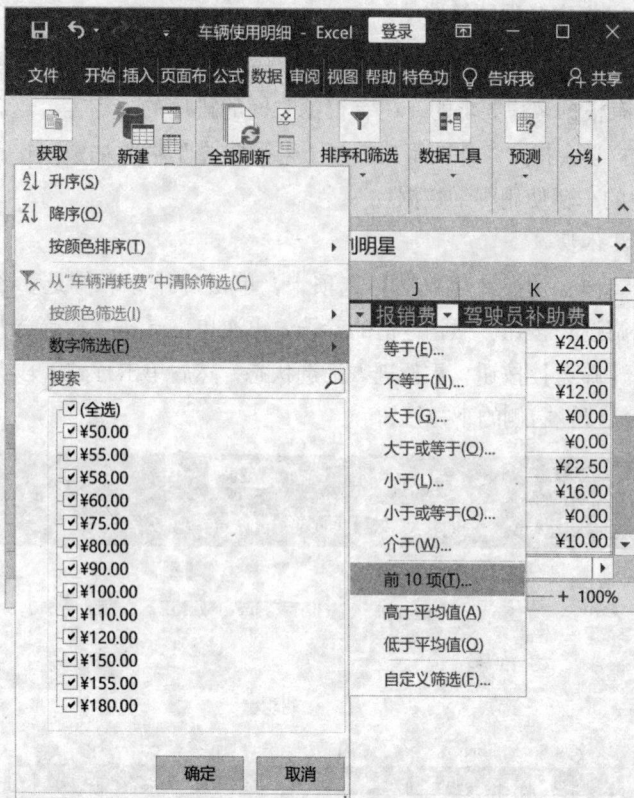

Step3：弹出【自动筛选前 10 个】对话框，然后将显示条件设置为"最大""10""项"。

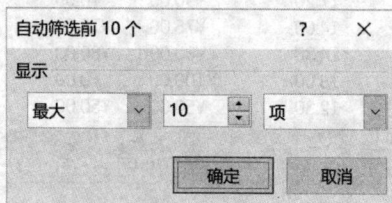

Step4：单击【确定】按钮返回工作表中，"车辆消耗费"排在前 10 位的车辆使用明细数据的筛选结果如图所示。

4.2.2 自定义筛选

如前所述，在实际工作中数据筛选的要求多种多样，除了前面所讲的自动筛选，用户还可以自定义筛选，即在对表格数据进行自动筛选时，用户可以设置多个筛选条件。

接下来自定义筛选"车辆消耗费"在"100"和"200"之间的车辆使用明细数据。

具体步骤

Step1：打开本实例的原始文件，切换到【数据】选项卡，单击【排序和筛选】组中的【筛选】按钮，撤销之前的筛选，再次单击【排序和筛选】组中的【筛选】按钮，重新进入筛选状态，然后单击标题字段【车辆消耗费】右侧的下拉按钮。

Step2：在弹出的下拉列表中选择【数字筛选】中的【自定义筛选】选项。

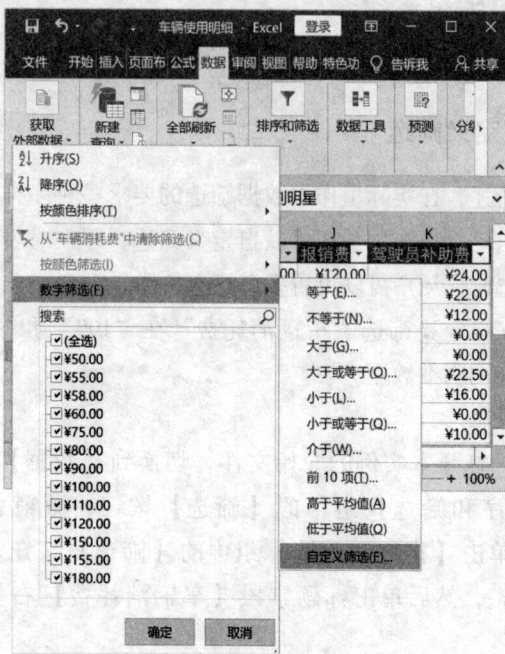

Step3：弹出【自定义自动筛选方式】对话框，然后将显示条件设置为"车辆消耗费大于100与小于200"。

Step4：单击【确定】按钮，返回工作表中，选效果如图所示。

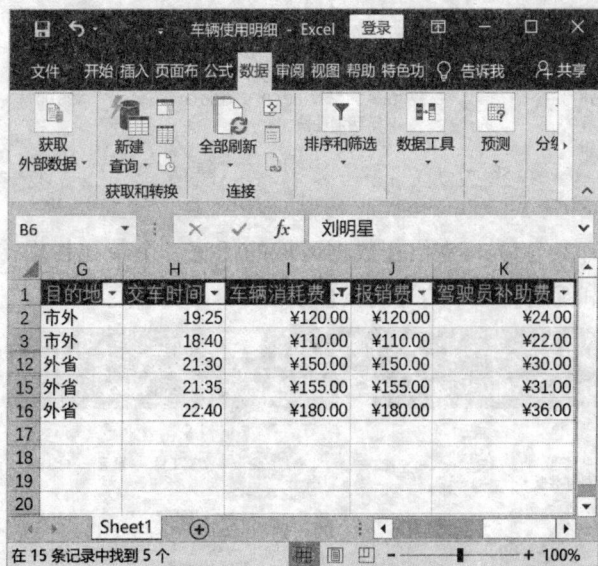

4.2.3 高级筛选

高级筛选一般用于条件较复杂的筛选操作，其筛选的结果可显示在原数据表格中，不符合条件的记录被隐藏起来；也可以在新的位置显示筛选结果，不符合条件的记录同时保留在数据表中而不会被隐藏起来，这样会更加便于进行数据比对。

具体步骤

Step1：打开本实例的原始文件，切换到【数据】选项卡，单击【排序和筛选】组中的【筛选】按钮撤销之前的筛选，然后在不包含数据的区域内输入一个筛选条件，例如在单元格 I17 中输入"车辆消耗费"，在单元格 I18 中输入" >100"。

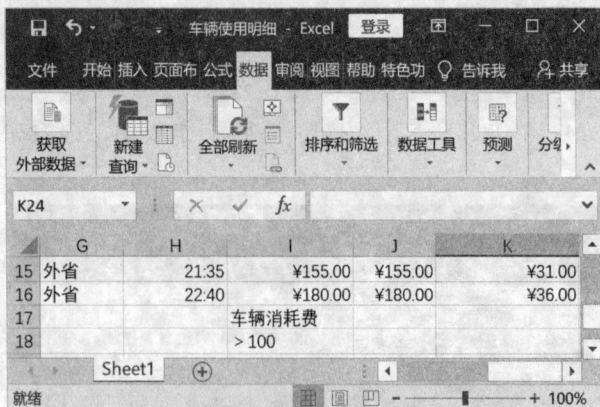

Step2：将光标定位在数据区域的任意一个单元格中，单击【排序和筛选】组中的【高级】按钮。

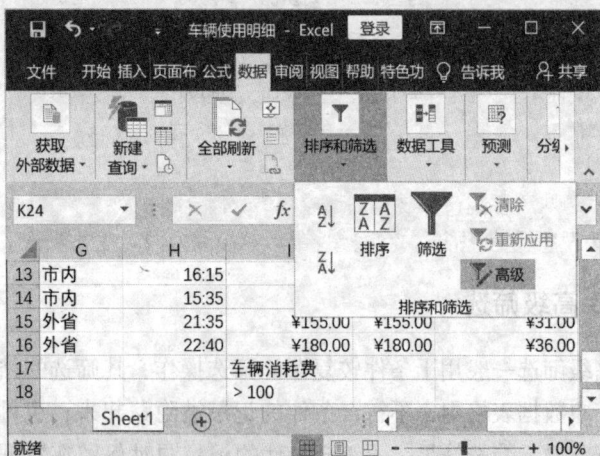

Step3：弹出【高级筛选】对话框，选中【在原有区域显示筛选结果】复选框，然后单击【条件区域】文本框右侧的【向上】按钮。

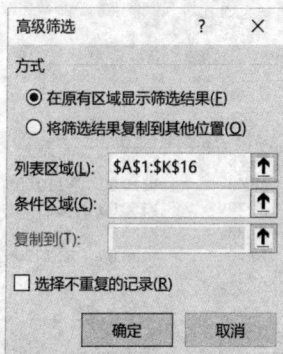

Step4：弹出【高级筛选－条件区域】对话框，然后在表格中选中 I17：I18。

Step5：选择完毕，单击【向下】按钮，返回【高级筛选】对话框，此时即可在【条件区域】文本框中显示出条件区域的范围。

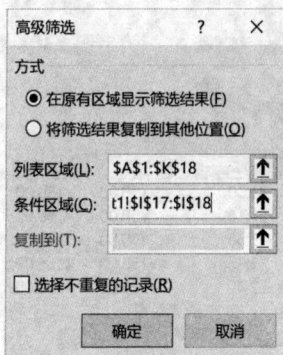

Step6：单击【确定】按钮返回工作表中，筛选效果如图所示。

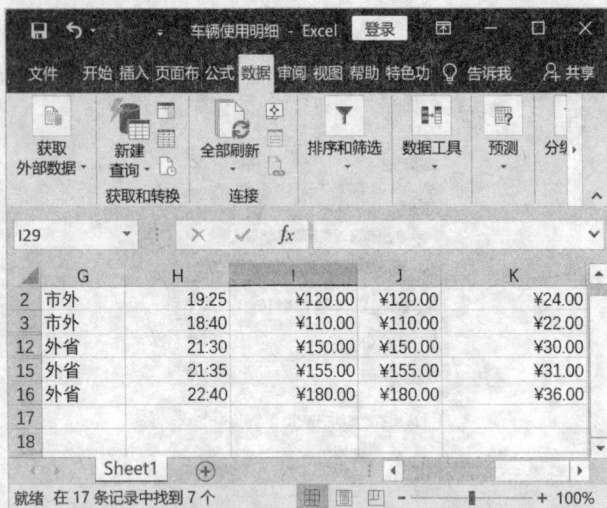

Step7：切换到【数据】选项卡，单击【排序和筛选】组中的【筛选】按钮，撤销之前的筛选，然后在不包含数据的区域内输入多个筛选条件，例如将筛选条件设置为"车辆消耗费 >100，且目的地为外省"。

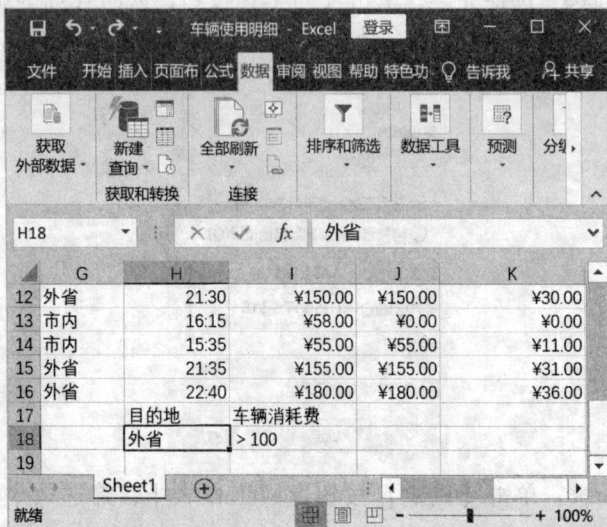

Step8：将光标定位在数据区域的任意一个单元格中，单击【排序和筛选】组中的【高级】按钮。

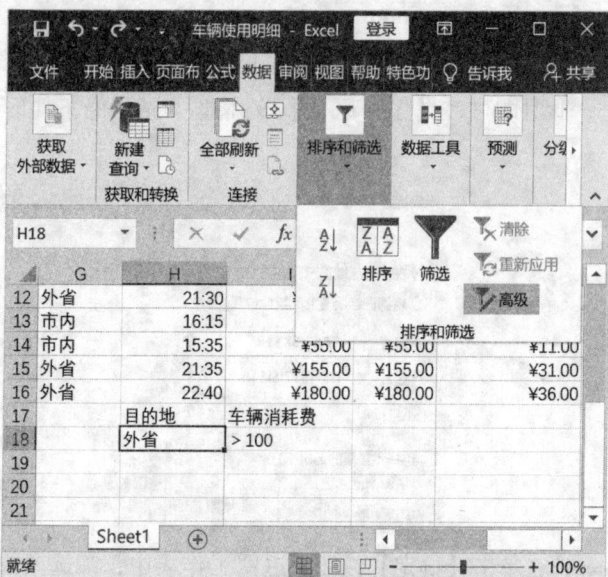

Step9：弹出【高级筛选】对话框，选中【在原有区域显示筛选结果】单选钮，然后单击【条件区域】文本框右侧的【向上】按钮。

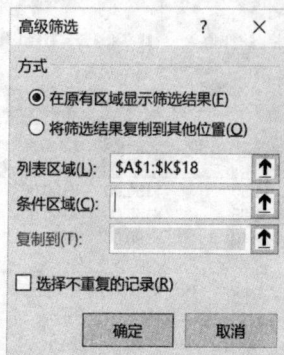

Step10：弹出【高级筛选－条件区域】对话框，然后在工作

表选择条件区域 H17：I18。

Step11：选择完毕，单击【向下】按钮，返回【高级筛选】对话框，此时即可在【条件区域】文本框中显示出条件区域的范围。

Step12：单击【确定】按钮，返回工作表中，筛选效果如图所示。

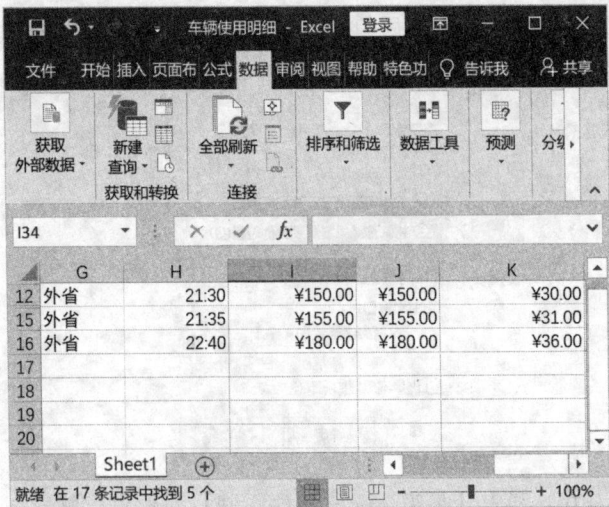

4.3 数据的分类汇总

分类汇总是按某一字段的内容进行分类，并对每一类统计出相应的结果数据。用户可以根据需要汇总关于"车辆使用情况"的明细数据，统计和分析每台车辆的使用情况、各部门的用车情况以及车辆运行里程和油耗等。

4.3.1 创建分类汇总

创建分类汇总之前，首先要对工作表中的数据进行排序。

具体步骤

Step1：打开本实例的原始文件，将光标定位在数据区域的任意一个单元格中，切换到【数据】选项卡，单击【排序和筛选】组中的【排序】按钮。

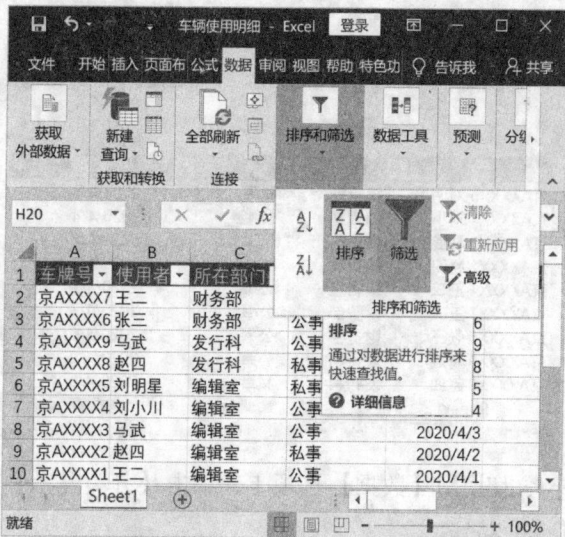

Step2：弹出【排序】对话框，在【主要关键字】下拉列表中选择【所在部门】选项，在【排序依据】下拉列表中选择【单元格值】选项，在【次序】下拉列表中选择【升序】选项。

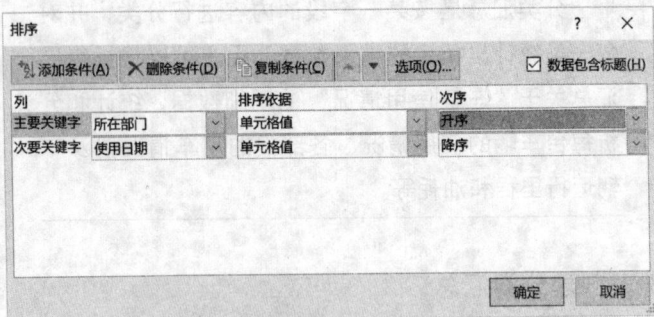

Step3：单击【确定】按钮，返回工作表中，此时表格中的数据即可根据 C 列中"所在部门"的拼音首字母进行升序排列。

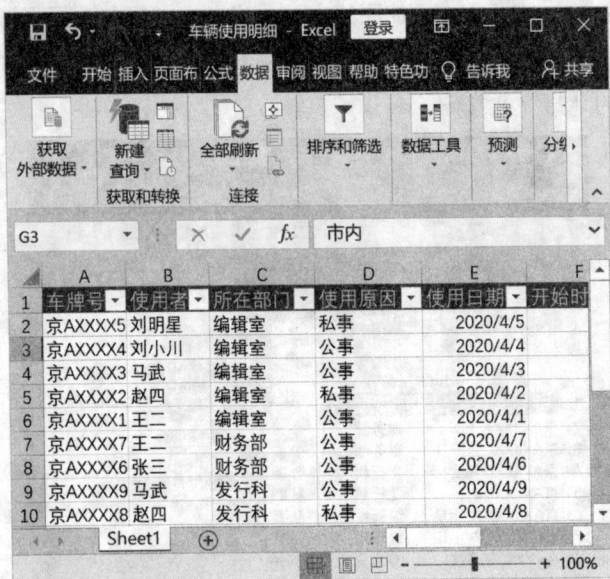

Step4：切换到【数据】选项卡，单击【分类显示】组中的【分类汇总】按钮。

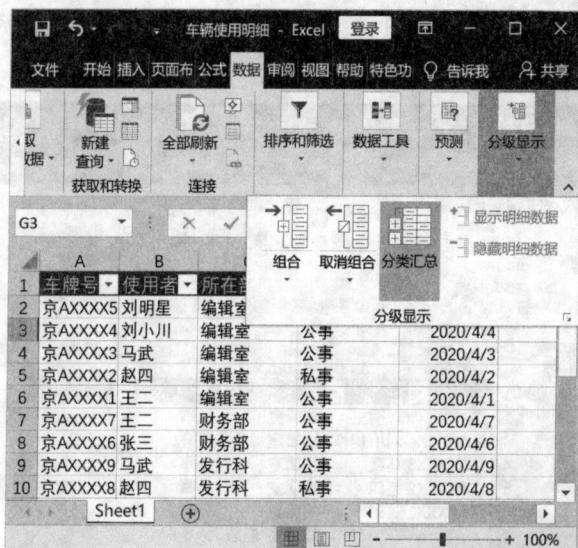

Step5：弹出【分类汇总】对话框，在【分类字段】下拉列表中选择【所在部门】选项，在【汇总方式】下拉列表中选择【求和】选项，在【选定汇总项】列表框中选中【车辆消耗费】复选框，然后选中【替换当前分类汇总】和【汇总结果显示在数据下方】复选框。

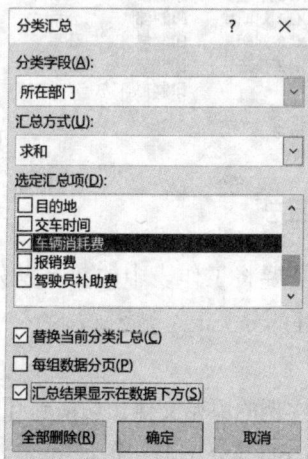

Step6：单击【确定】按钮，返回工作表中，汇总效果如图所示。

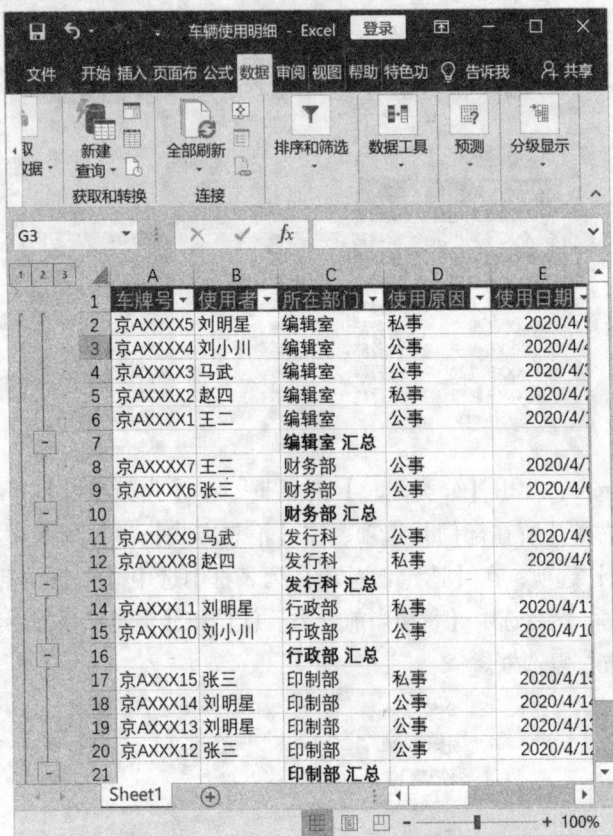

4.3.2 删除分类汇总

如果用户不再需要将工作表中的数据以分类汇总的方式显示，则可将刚刚创建的分类汇总删除。

具体步骤

Step1：打开本实例的原始文件，切换到【数据】选项卡，单击【分级显示】组中的【分类汇总】按钮。

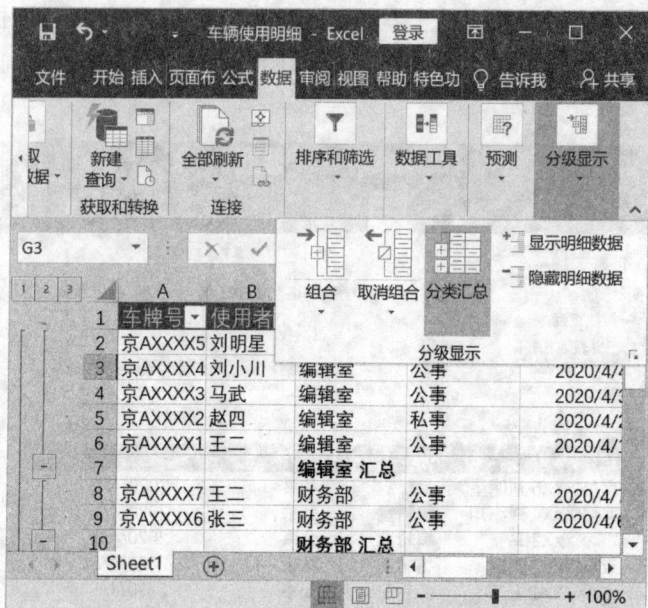

Step2：弹出【分类汇总】对话框。

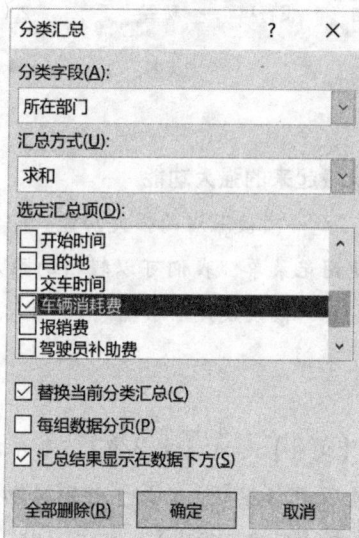

Step3：直接单击【全部删除】按钮，返回工作表中，此时即可将所创建的分类汇总全部删除，工作表恢复到分类汇总前的状态。

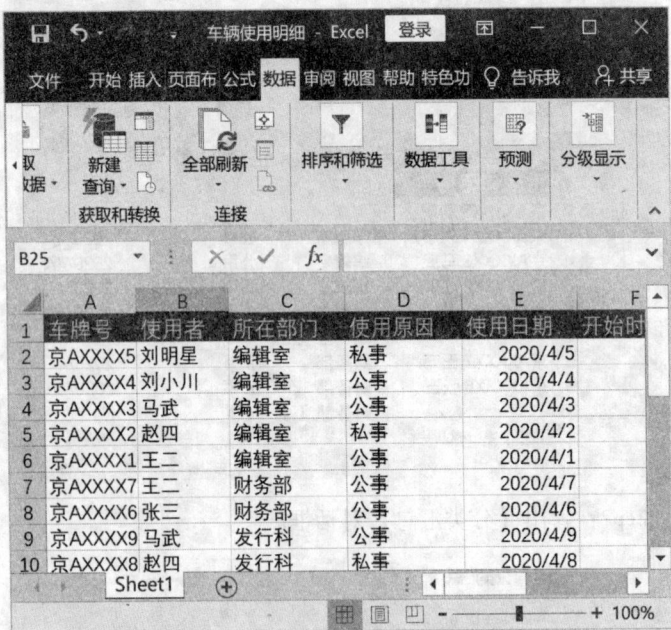

技巧升级：

记录单——隐藏起来的强大功能

Excel 记录单，是一项被深埋的强大功能，它可以显示一个完整记录对话框。使用记录单，我们可以轻松的录入数据、核对数据、按条件查找数据、修改及删除数据。

◆如何找出记录单

具体步骤

Step1：点击【文件】进入【文件窗】，在左侧菜单栏中点击【选项】进入【选项对话框】，点击【自定义功能区】，在右侧【主选项卡】中点击【新建选项卡】。

Step2：然后在左侧的【从下列位置选择命令】中选择【不在功能区中的命令】，在下面功能中找到【记录单】然后点击【添加】即可。

◆录入数据

具体步骤

将光标定位到头部任意有内容的单元格中（注意：如果将光标定位到空白单元格，该功能是无法开启），然后切换到【新建】选项卡，点击【记录单】，弹出【记录单】对话框。

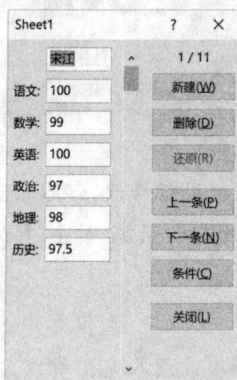

我们可以看到对话框中已经出现了我们的标题，我们只需在框中输入对应的内容，按【Tab】键可切换到下一条，按【回车】可直接新建，然后继续下一条的输入。利用"记录单"来录入数据，不仅方便快捷，而且错误率也会更低。

◆核对数据

在【记录单】对话框中，我们可以点击"上一条"和"下一条"来检查录入的数据信息，这种查看数据的方式要比我们直接在表格中查看要更容易。因为如果表格中数据太多，查看起来就会非常费劲。

◆按条件查找数据

在"记录单"中，我们可以使用任意条件快速找到我们想要的数据。进入【记录单】对话框，点击【条件】，然后，将你所要查找的信息输入到框中，点击【下一条】开始查找。

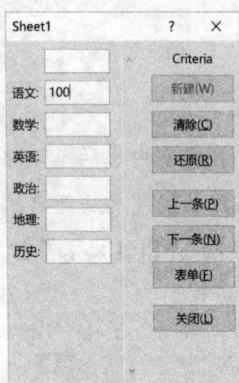

◆查找并修改数据

如果想对某一条数据进行修改，可以先输入条件，找到该条数据，然后在框中修改好，最后点击【新建】按钮即可完成修改。

◆继续录入数据

数据有时不可能一次性录入完，所以，当我们第一次录入数据后，第二次打开该表还想继续录入数据，此时记录单上会显示第一条的数据信息，怎么接着录入呢？

具体步骤

点击【新建】按钮，此时，记录单并不会将该条信息新增到表格中，而是会将记录单上所有选项全部清空，然后，开始录入新数据，录入完成后点击【Enter】键或者点击【新建】即可新增。

◆删除记录

要删除其中某一条记录，我们可以先找到该条记录，然后点击【清除】即可。

第 *5* 章

让图表说话——Excel 的高级制图

文不如表，表不如图，的确如此。Excel 具有许多高级的制图功能，可以直观地将工作表中的数据用图形表示出来，使其更具说服力。在日常办公中，可以使用图表表现数据间的某种相对关系，例如，数量关系、趋势关系、比例分配关系等。接下来将结合常用的办公实例，讲解在 Excel 中图表的高级应用。

5.1 常用图表

Excel 自带有各种各样的图表，如柱形图、折线图、饼图、条形图、面积图、散点图等。通常情况下，使用柱形图来比较数据间的数量关系；使用直线图来反映数据间的趋势关系；使用饼图来表示数据间的分配关系。

5.1.1 创建图表

在 Excel 中创建图表的方法非常简单，因为系统自带了很多图表类型，用户只需根据实际需要进行选择即可。创建了图表后，用户还可以设置图表布局，主要包括调整图表大小和位置，更改图表类型、设计图表布局和设计图表样式。

1. 插入图表

具体步骤

Step1：打开本实例的原始文件，选中单元格区域 A1：B13，切换到【插入】选项卡，单击【图表】组中的【柱形图】按钮，在弹出的下拉列表中选择【簇状柱形图】选项。

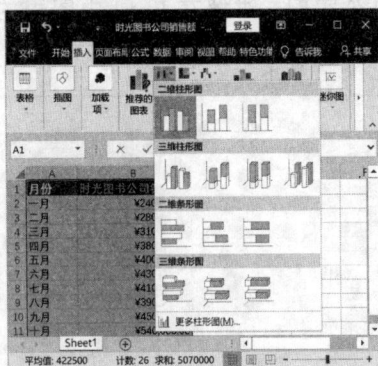

Step2：此时即可在工作表中插入一个簇状柱形图。

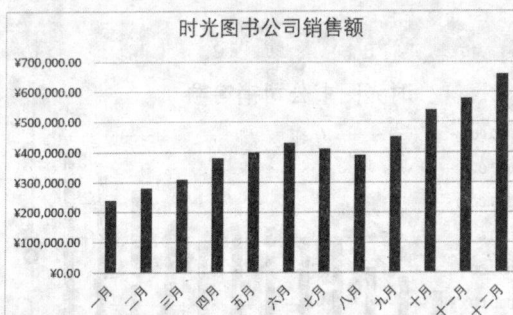

2. 调整图表大小和位置

为了使图表显示在工作表中的合适位置，用户可以对其大小和位置进行调整。

具体步骤

Step1：选中要调整大小的图表，此时图表区的四周会出现8个控制点，将鼠标指针移动到图表的右下角，按住鼠标左键可以向左上或右下拖动。

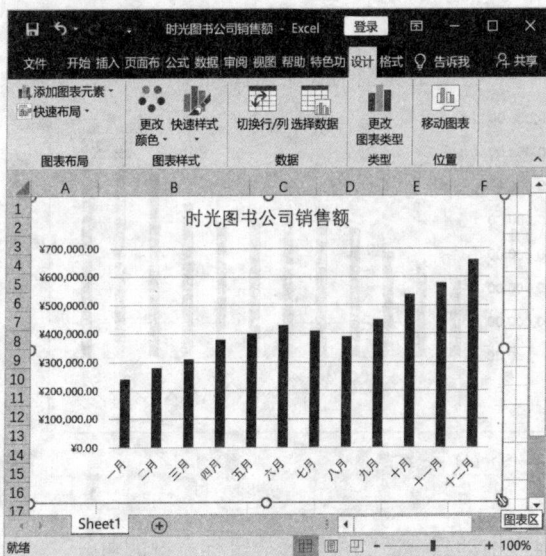

Step2：拖动到合适的位置释放鼠标左键即可。

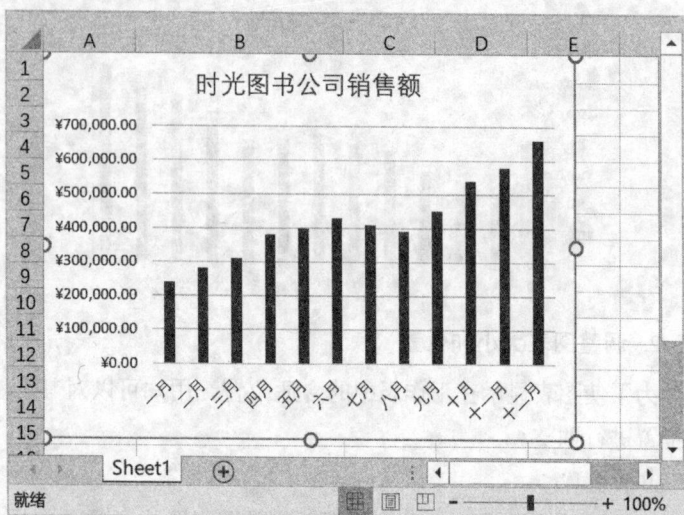

Step3：将鼠标指针移动到要调整位置的图表上，按住鼠标左键不放进行拖动。

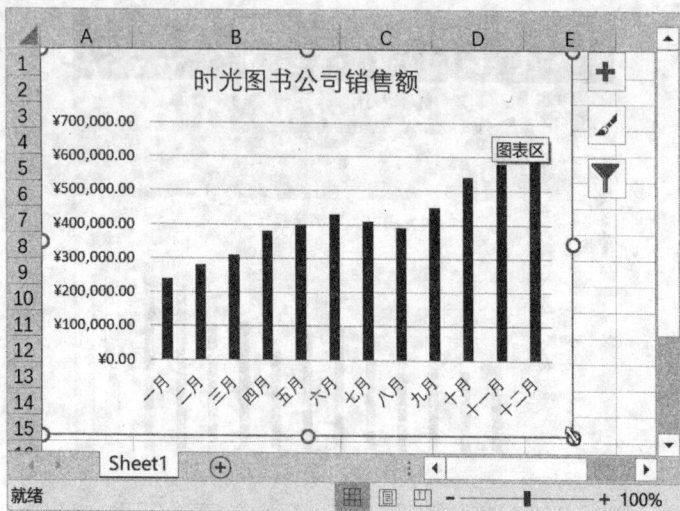

Step4：拖动到合适的位置释放鼠标左键即可。

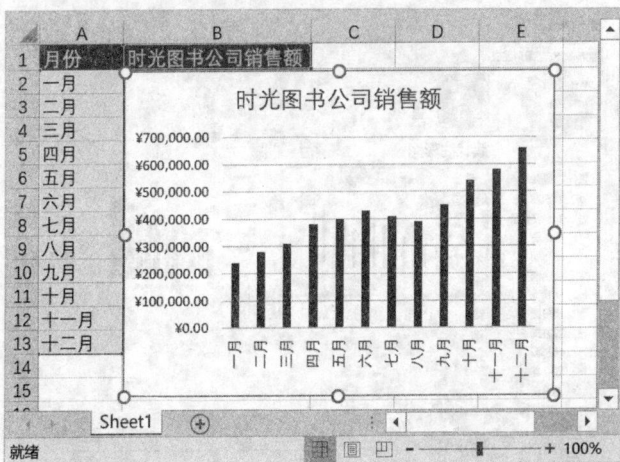

3. 更改图表类型

如果用户对创建的图表不满意，还可以更改图表类型。

具体步骤

Step1：选中柱形图，然后单击鼠标右键，在弹出的快捷菜单中选择【更改图表类型】菜单项。

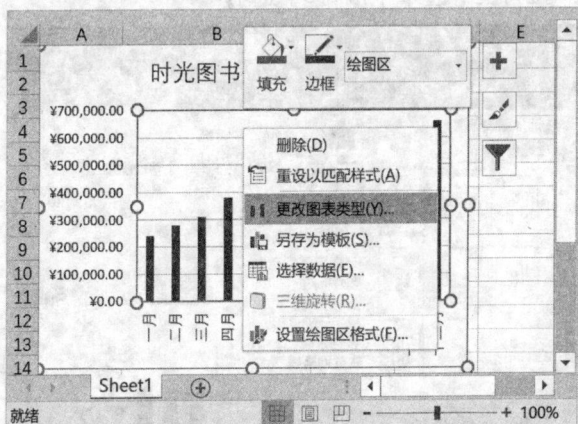

Step2：弹出【更改图表类型】对话框，从中选择要更改为的图表类型即可。

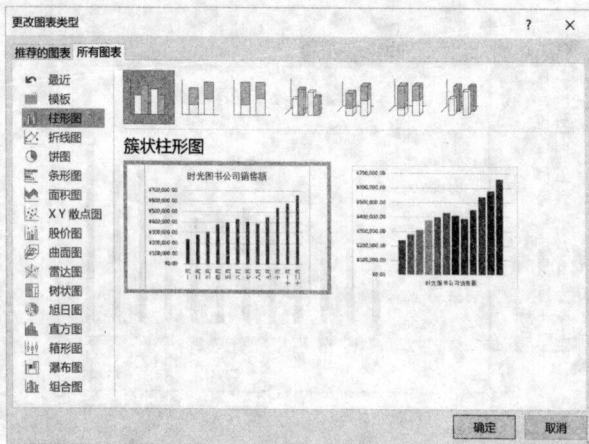

4. 设计图表布局

如果用户对图表布局不满意，也可以进行重新设计。

具体步骤

Step1：选中创建的图表，在【图表工具】栏中切换到【设计】选项卡，单击【图表布局】组中的【快速布局】按钮，在弹出的下拉列表中选择【布局3】选项。

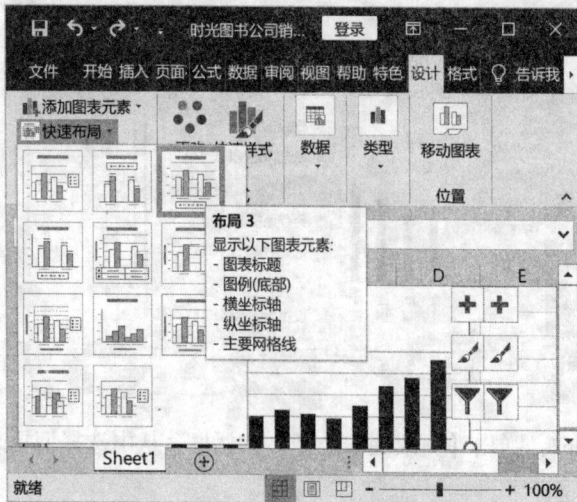

Step2：此时，即可将所选的布局样式应用到图表中。

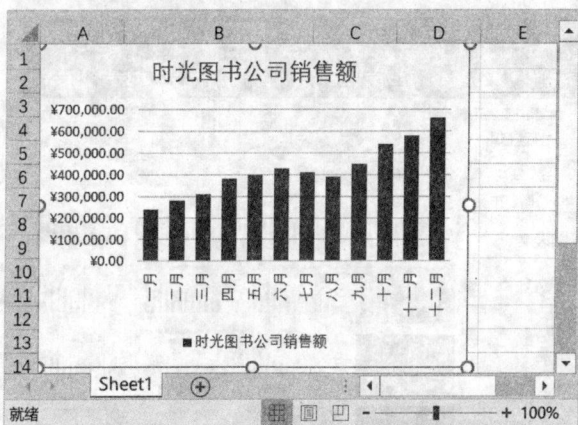

5. 设计图表样式

Excel 提供了很多图表样式，用户可以从中选择合适的样式，以便美化图表。

具体步骤

Step1：选中创建的图表，在【图表工具】栏中切换到【设计】选项卡，单击【图表样式】组中的【快速样式】按钮。

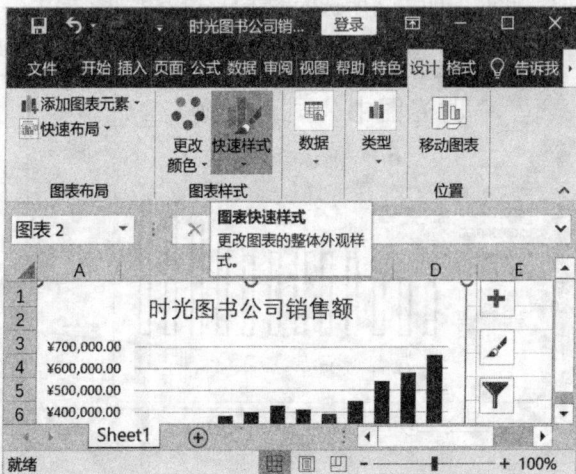

Step2：在弹出的下拉列表中选择【样式11】选项。

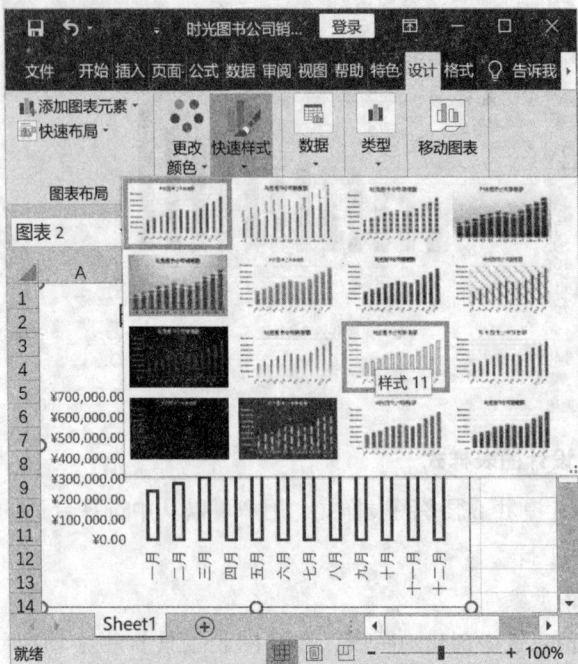

Step3：此时，即可将所选的图表样式应用到图表中。

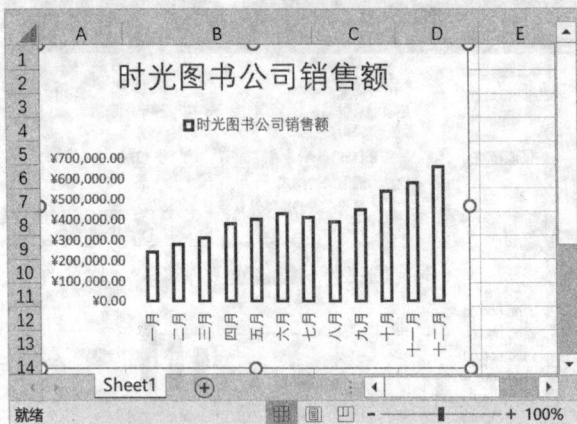

5.1.2 美化图表

为了使创建的图表看起来更加美观，用户可以对图表标题和图例、图表区域、数据系列、绘图区、坐标轴、网格线等项目进行格式设置。

1. 设置图表标题和图例

具体步骤

Step1：打开本实例的原始文件，选中图表标题，切换到【开始】选项卡；在【字体】下拉列表中选择【微软雅黑】选项；在【字号】下拉列表中选择【12】选项，然后单击【加粗】按钮，增加加粗效果。

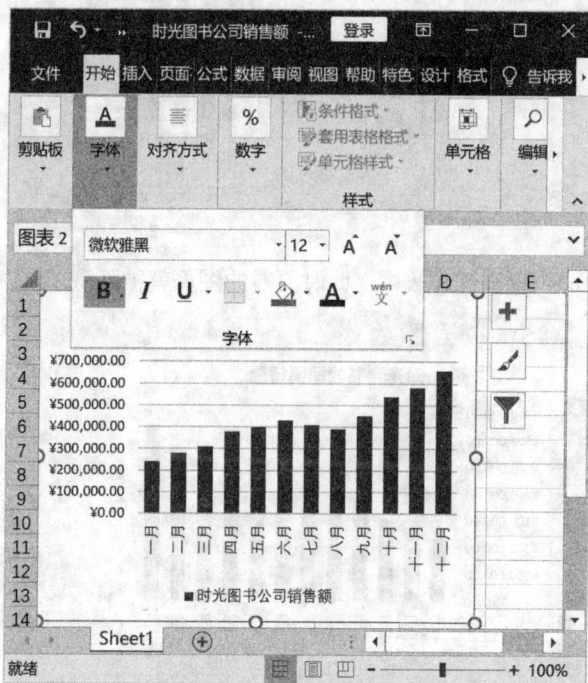

Step2：选中图表，切换到【设计】选项卡，在【图表布局】

组中，单击【添加图表元素】，在下拉菜单中单击【图例】按钮；
在弹出的下拉列表中选择【无】选项。

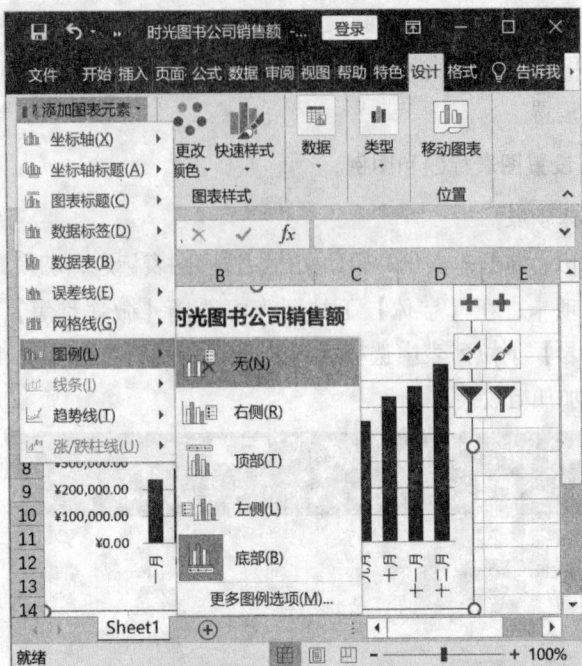

Step3：返回工作表中，此时原有的图例就被隐藏了。

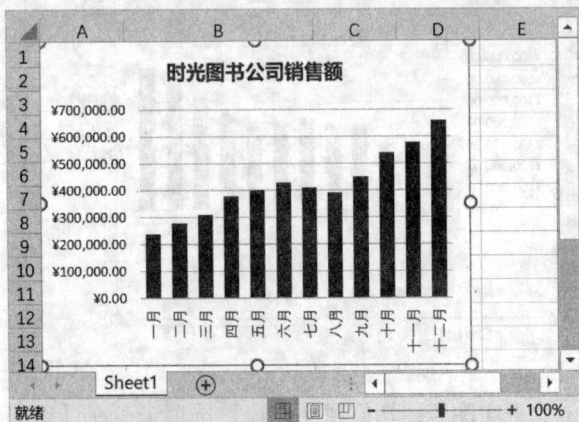

2. 设置图表区域格式

除了美观，为了更好的区分图表各部分的内容，还可以设置图表区域格式。

具体步骤

Step1：选中整个图表区域，然后单击鼠标右键，在弹出的快捷菜单中选择【设置图表区域格式】菜单项。

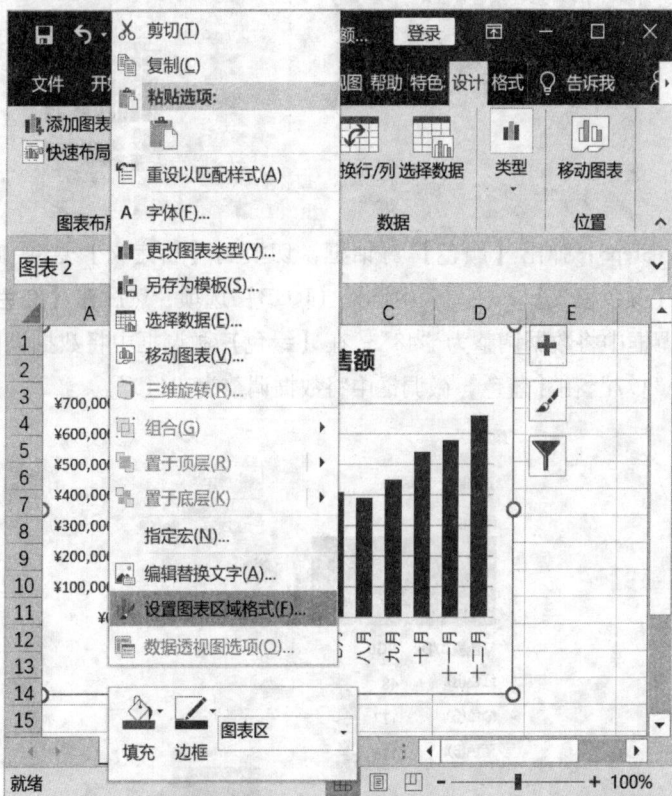

Step2：弹出【设置图表区格式】任务栏，点击【填充】，在下拉菜单中勾选【渐变填充】单选钮，然后在【颜色】下拉列表中选择【其他颜色】选项。

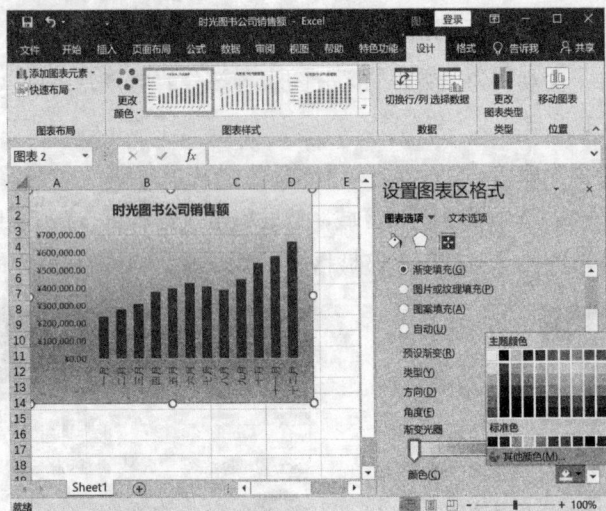

Step3：弹出【颜色】对话框，切换到【自定义】选项卡，在【颜色模式】下拉列表中选择【RGB】选项，然后在【红色】微调框中将数据调整为"48"，在【绿色】微调框中将数据调整为"177"在【蓝色】微调框中将数据调整为"115"。

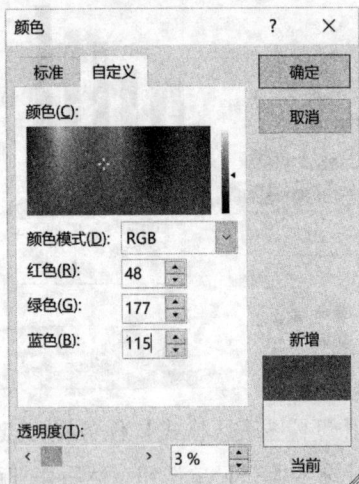

Step4：单击【确定】按钮，返回【设置图表区格式】任务

栏，在【角度】微调框中输入"320°"，然后单击【渐变光圈】组合框中的滑块，左右拖动滑块将渐变位置调整为"74%"。设置效果如图所示。

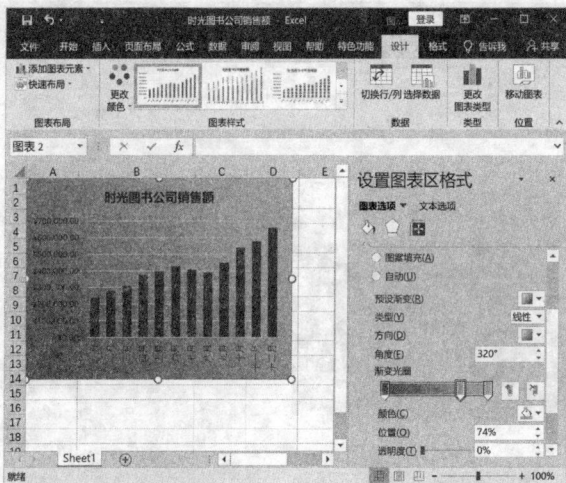

3. 设置绘图区格式

具体步骤

Step1：选中绘图区，然后单击鼠标右键，在弹出的快捷菜单中选择【设置绘图区格式】菜单项。

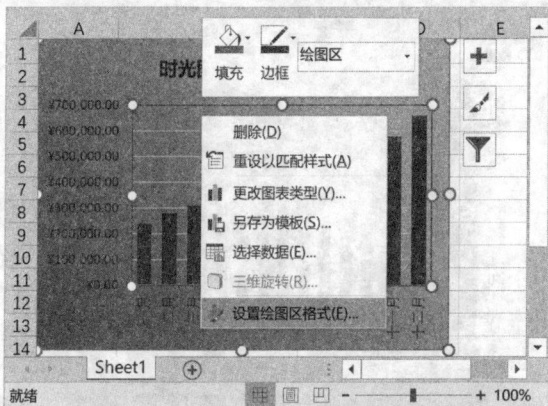

Step2：弹出【设置绘图区格式】任务栏，在【填充】选项下的菜单中选中【纯色填充】单选钮，然后在【颜色】下拉列表中选择【金色，个性色4，淡色40%】选项。设置效果如图所示。

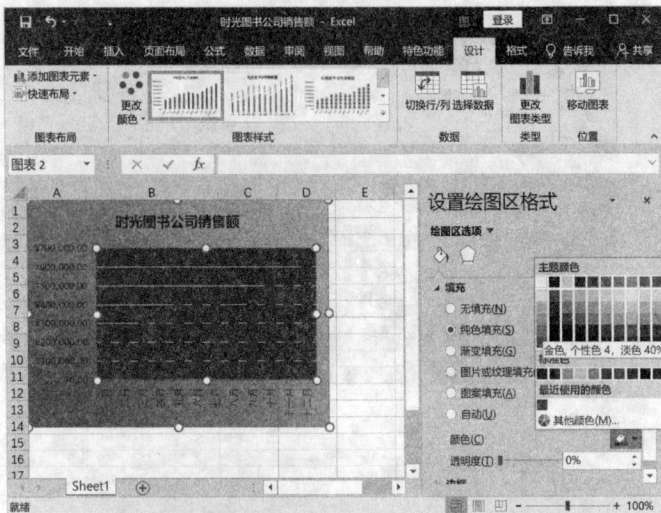

Step3：单击【关闭】按钮返回工作表中。

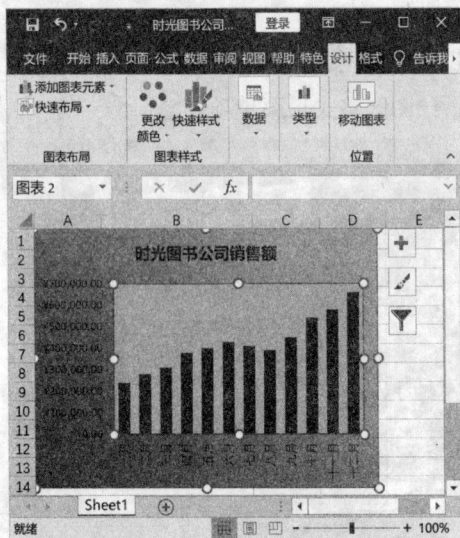

4. 设置数据系列格式

图表中最为重要的部分就是数据，所以一定要学会设置数据系列格式，让数据变得更加清晰明了。

具体步骤

Step1：选中数据系列，然后单击鼠标右键，在弹出的快捷菜单中选择【设置数据系列格式】菜单项。

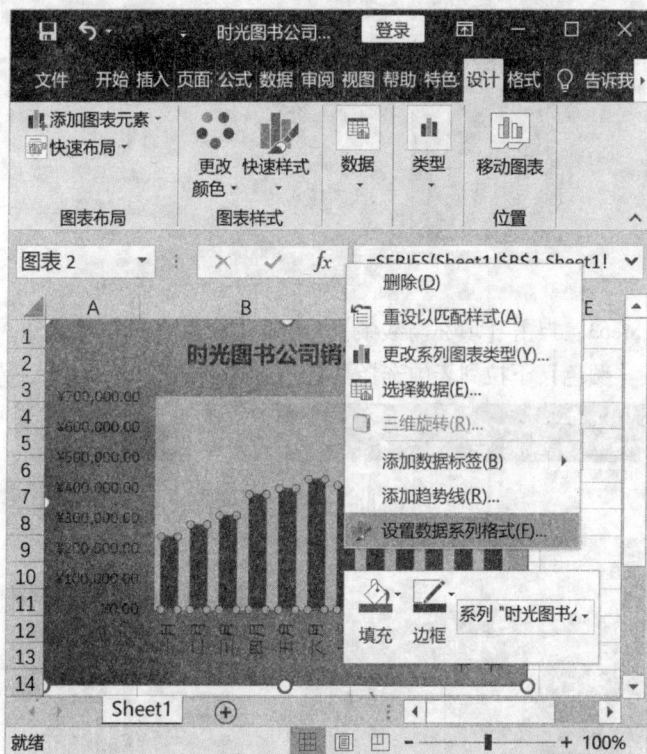

Step2：弹出【设置数据系列格式】任务栏，点击【系列选项】，单击【系列重叠】组合框中的滑块，左右拖动滑块将数据调整为"0%"，然后单击【间隙宽度】组合框中的滑块，左右拖动滑块将数据调整为"55%"。

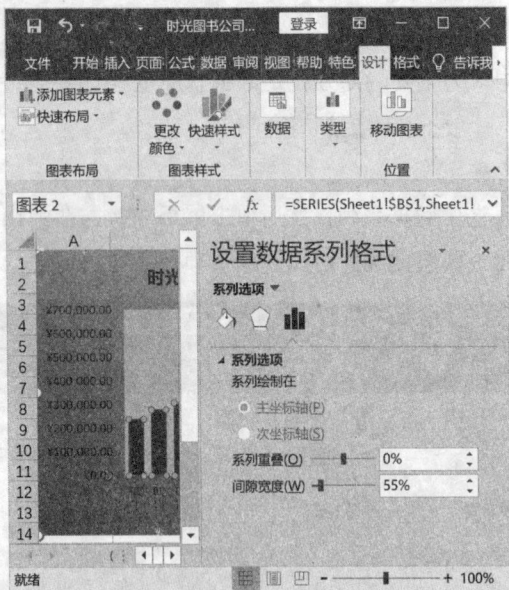

Step3：点击【填充与线条】，选中【纯色填充】单选钮，然后在【颜色】下拉列表中选择【红色】选项。

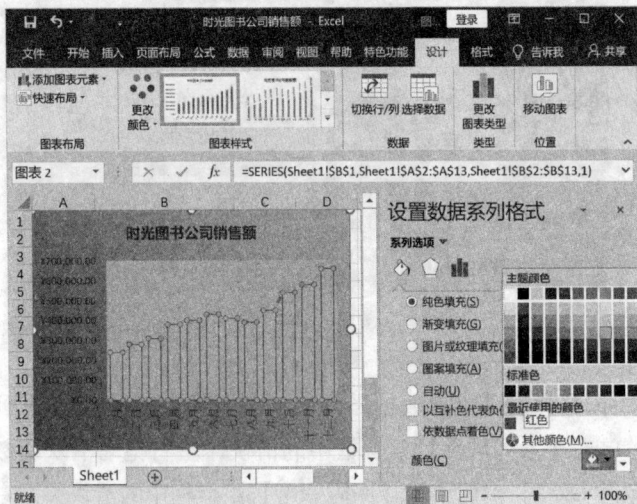

Step4：单击【关闭】按钮，返回工作表中，设置效果如图所示。

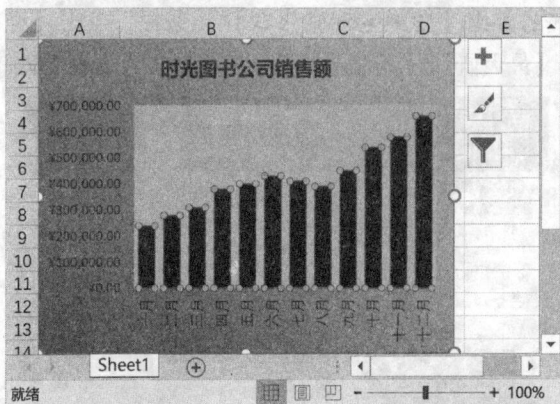

5. 设置坐标轴格式

具体步骤

Step1：选中纵向坐标轴，然后单击鼠标右键，在弹出的快捷菜单中选择【设置坐标轴格式】菜单项。

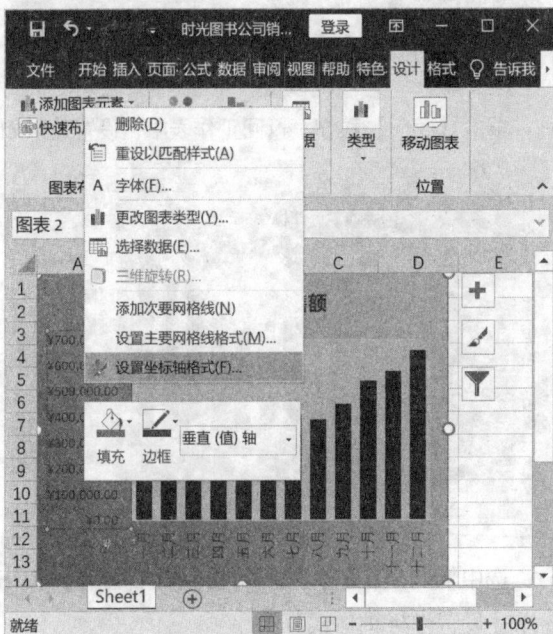

Step2：弹出【设置坐标轴格式】任务栏，点击【坐标轴选项】，在【最大值】右侧的空格里将"7000000"改成"660000"。

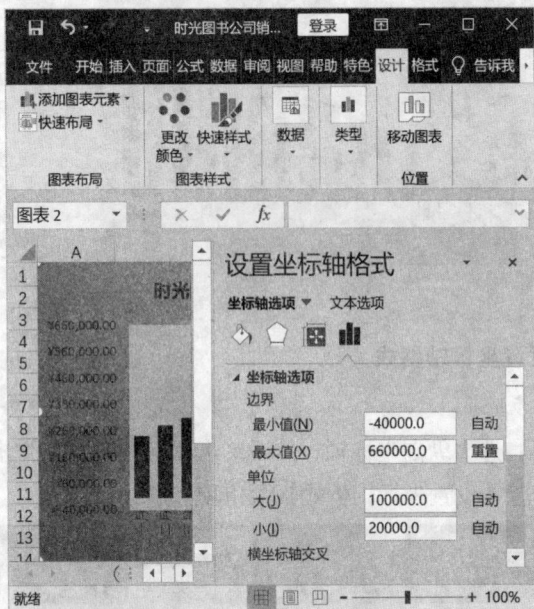

Step3：单击【关闭】按钮，返回工作表中，设置效果如图所示。

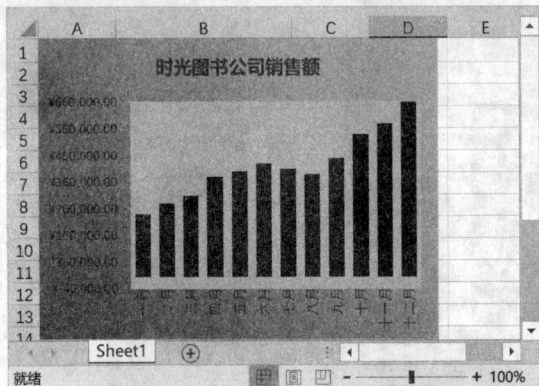

Step4：选中横向坐标轴，然后单击鼠标右键，在弹出的快捷菜单中选择【设置坐标轴格式】菜单项。

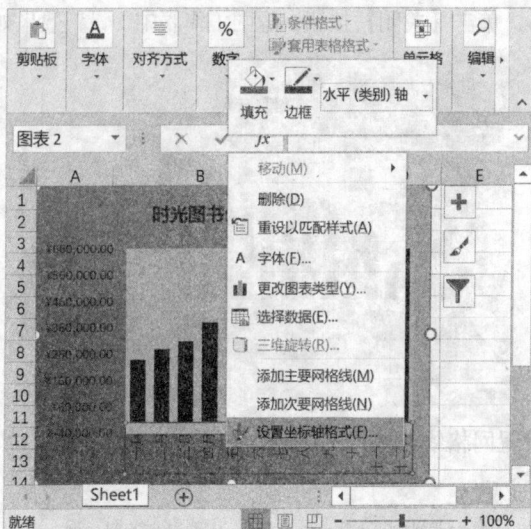

Step5：弹出【设置坐标轴格式】对话框，切换到【文本选项】选项，点击【文本框】在【文字方向】下拉列表中选择【竖排】选项。

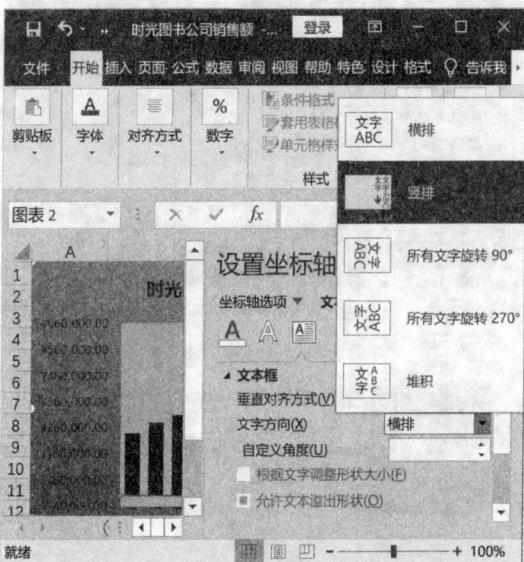

Step6：单击【关闭】按钮，返回工作表中，设置效果如图所示。

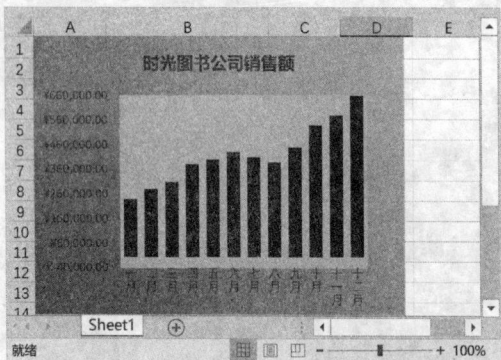

6. 设置网格线格式

具体步骤

Step1：选中柱状区域，在【设计】选项卡中，在【图表布局】组中，点击【添加图表元素】，在下拉菜单中选择【网格线】，在弹出的下拉列表中选择【主轴主要水平网格线选项】。

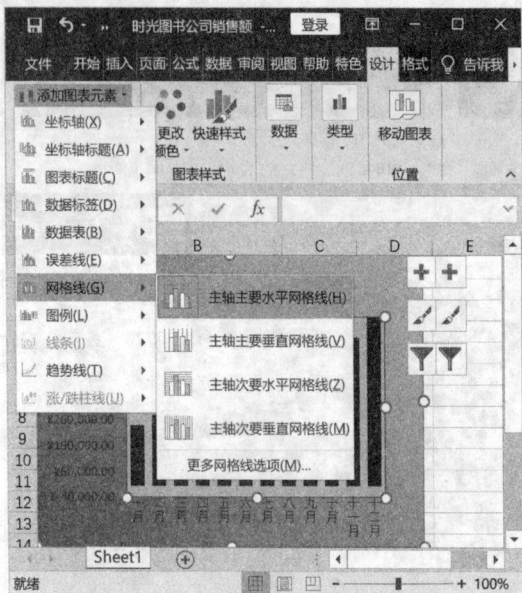

Step2：此时，绘图区中的网格线就被隐藏起来了，图表美化完毕，最终效果如图所示。

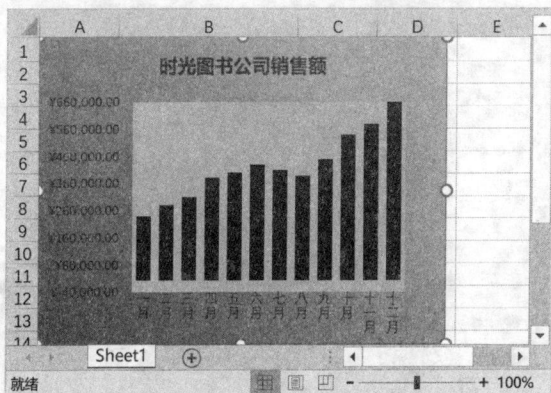

5.1.3 创建其他图表类型

在实际工作中，除了经常使用柱形图以外，还会用到折线图、饼图、条形图、面积图、雷达图等常见图表类型。

具体步骤

Step1：重新选中单元格区域 A1：B13，然后插入一个带数据标记的折线图并进行美化，效果如图所示。

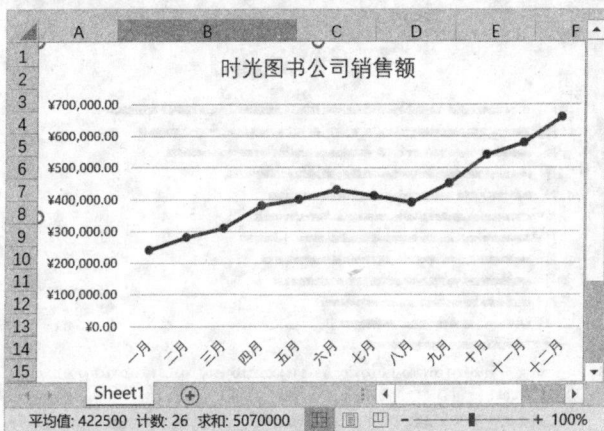

Step2：重新选中单元格区域 A1：B13，然后插入一个三维饼图并进行美化，效果如图所示。

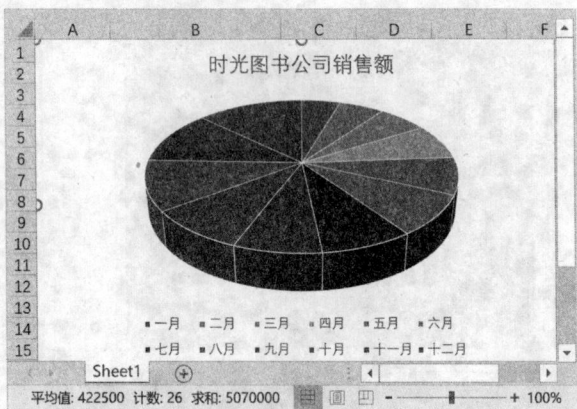

Step3：重新选中单元格区域 A1：B13，然后插入一个二维簇状条形图并进行美化，效果如图所示。

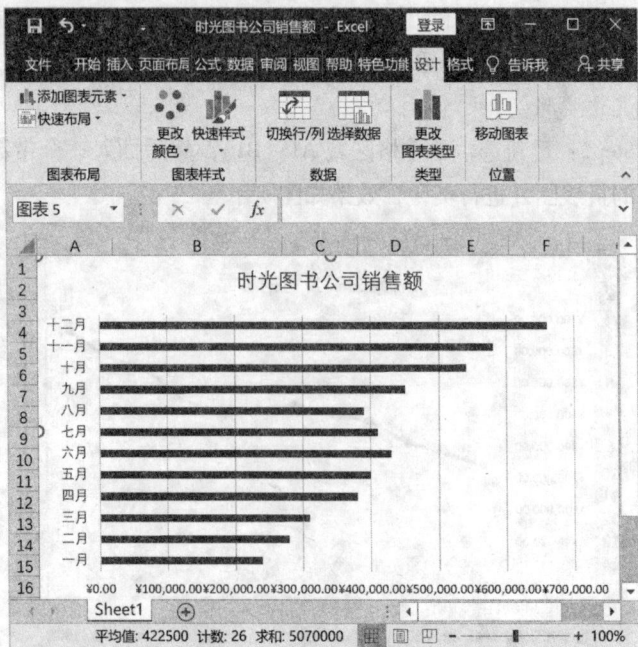

Step4：重新选中单元格区域 A1：B13，然后插入一个二维面积图并进行美化，效果如图所示。

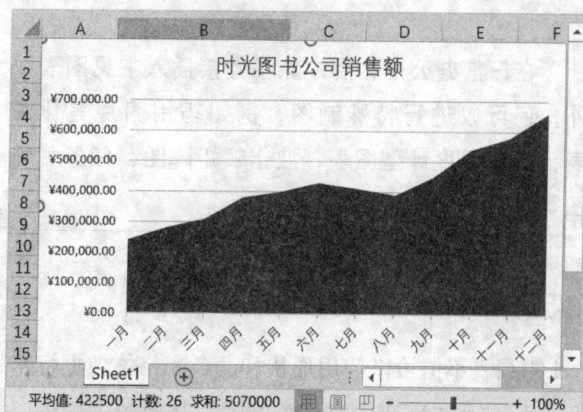

Step5：重新选中单元格区域 A1：B13，然后插入一个填充雷达图并进行美化，效果如图所示。

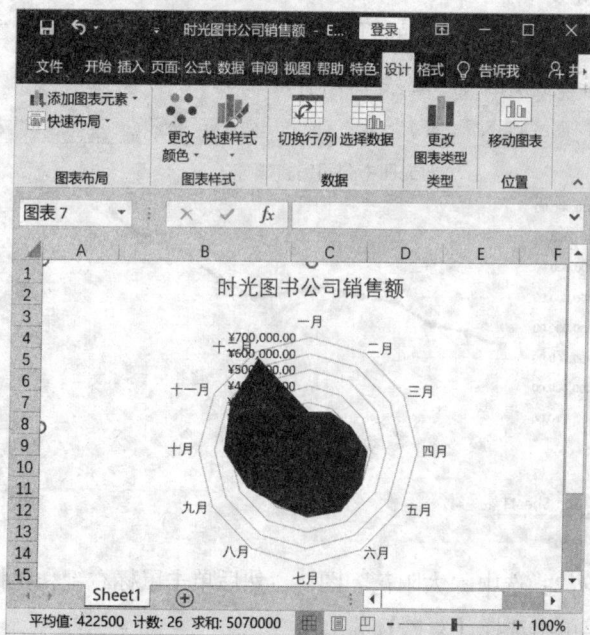

5.2 特殊制图

在日常办公中，用户除了直接插入常见图表以外，还可以进行特殊制图，例如巧用图片美化图表，制作温度计型图表、波士顿矩阵图、任务甘特图等。

5.2.1 巧用图片

Excel 的图表不但可以使用形状和颜色来修饰数据标记，还可以插入图片。使用与图表内容相关的图片替换数据标记，能够制作更加生动、可爱的图表。

具体步骤

Step1：打开本实例的原始文件，在工作表中插入一个"太阳花"的图片（也可以是其他任何图片）。

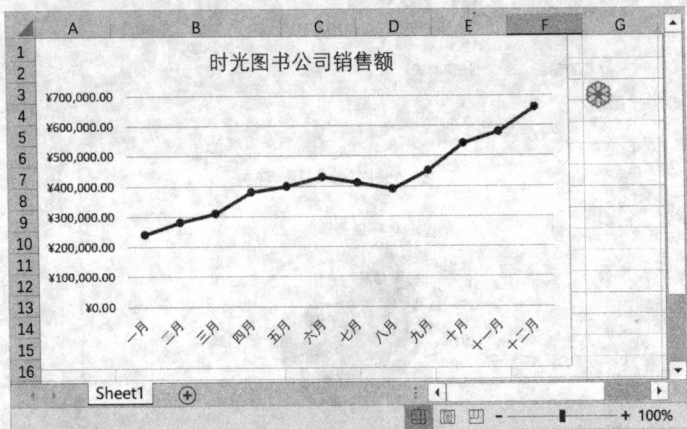

Step2：选中"太阳花"图片，然后单击鼠标右键，在弹出的快捷菜单中选择【复制】菜单项。

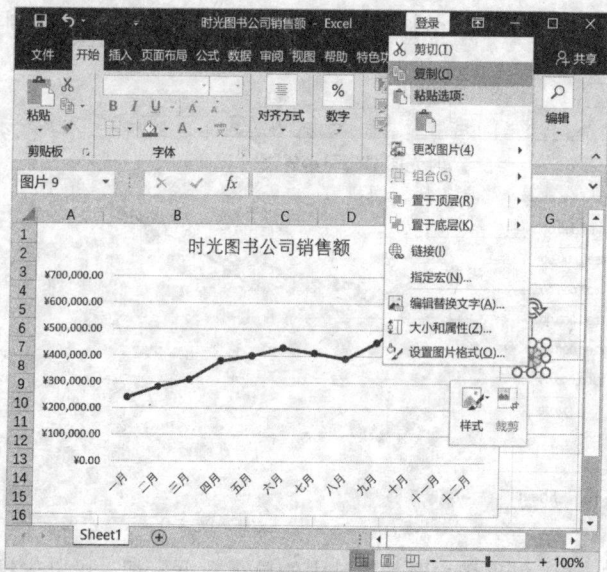

Step3：单击其中的任意一个数据标记，即可选中整个系列的数据标记。

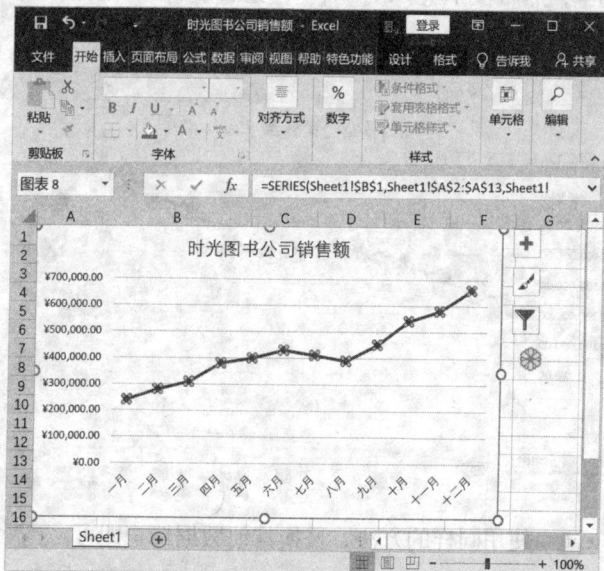

Step4：按下【Ctrl】+【V】组合键，即可将图片粘贴到数据标记上。

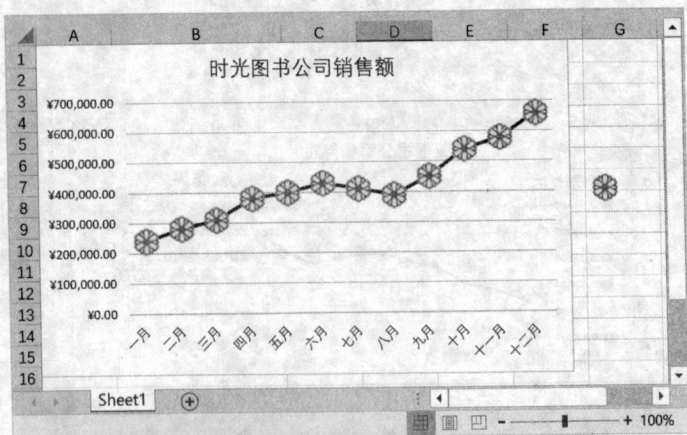

Step5：如果用户要替换其中的单个数据标记，可以先插入再复制一个其他的图片，然后两次间断单击要替换的数据标记即可将其选中，然后按下【Ctrl】+【V】组合键，即可将图片替换到该数据标记上。

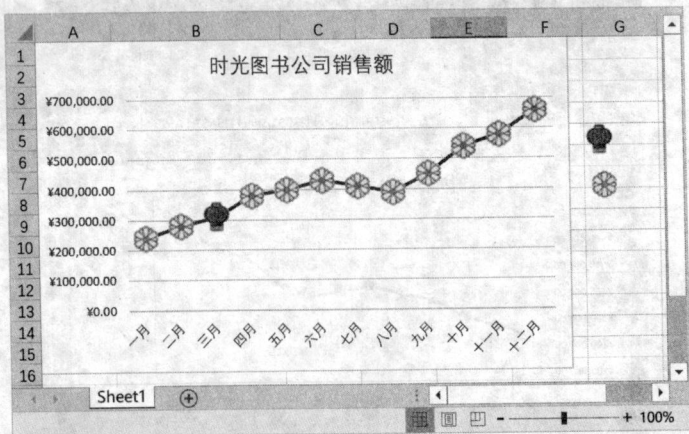

Step6：使用同样的方法，替换其他数据标记即可。

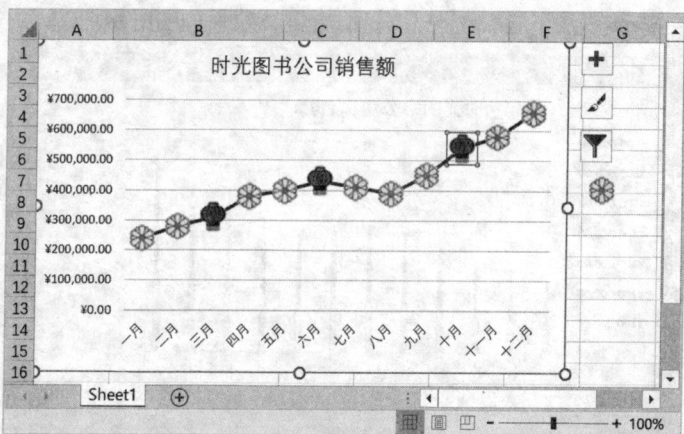

Step7：除了可以在折线图中使用图片外，还可以在柱形图中使用图片。首先复制"口红"图片，然后选中整个柱形图。

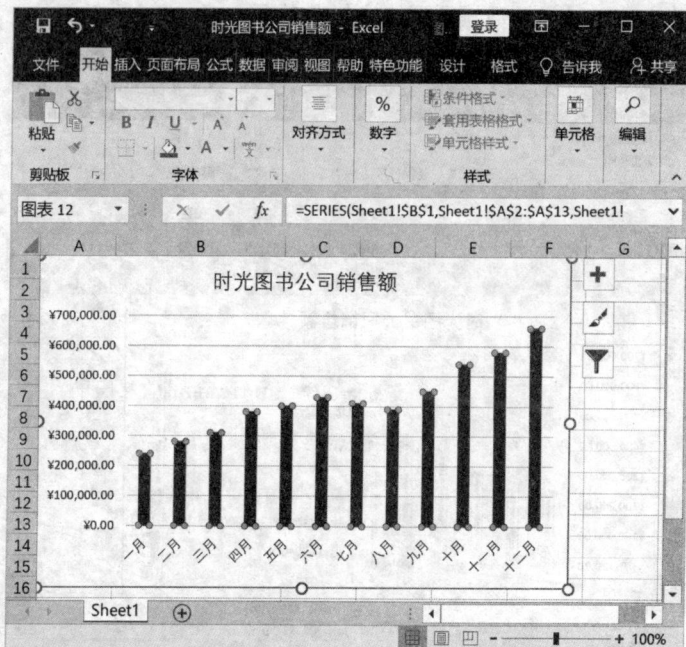

Step8：按下【Ctrl】+【V】组合键，效果如图所示。

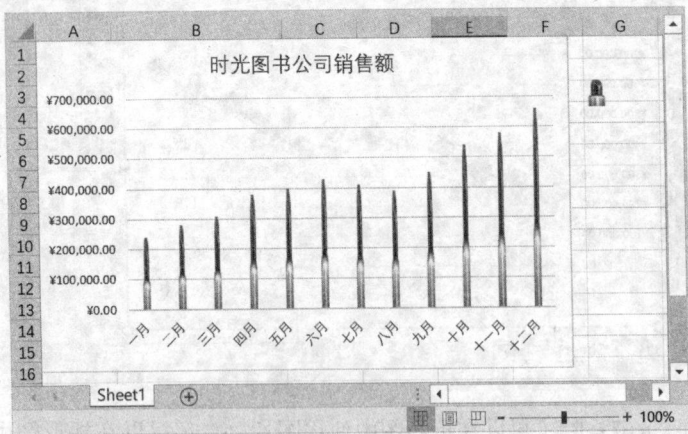

Step9：选中整个柱形图，然后单击鼠标右键，在弹出的快捷菜单中选择【设置数据系列格式】菜单项。

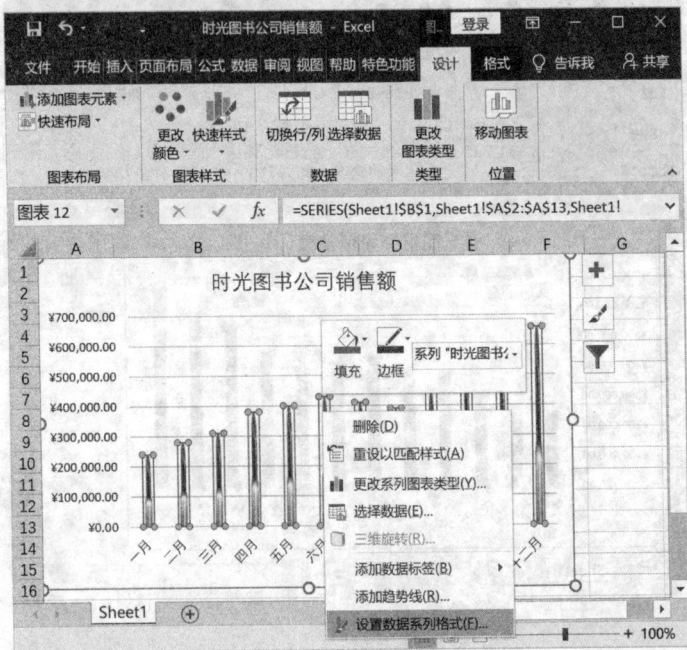

Step10：弹出【设置数据系列格式】任务栏，点击【填充与线条】选项，然后选中【层叠】单选钮。

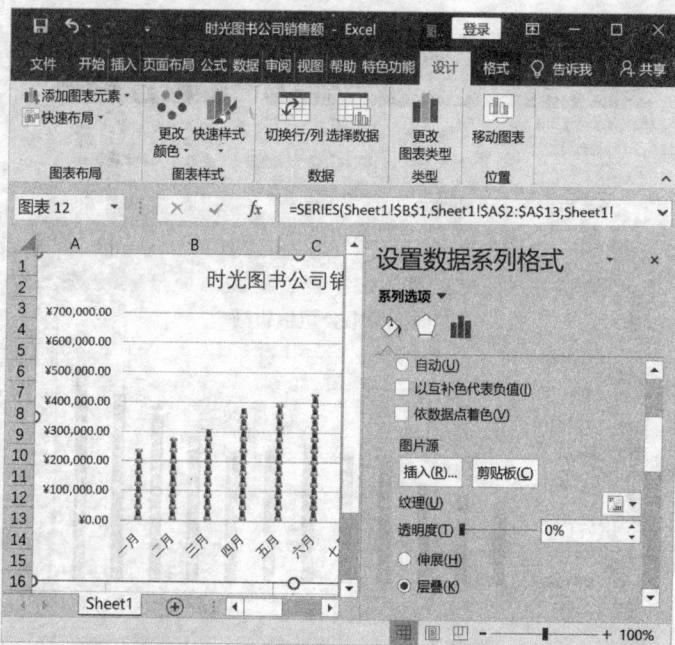

Step11：设置完毕，单击【关闭】按钮，返回工作表中，最终效果如图所示。

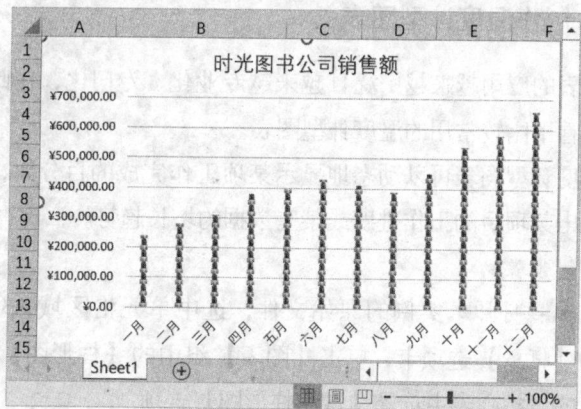

Step12：使用同样的方法，为柱形图应用其他图片即可，设置完毕，效果如图所示。

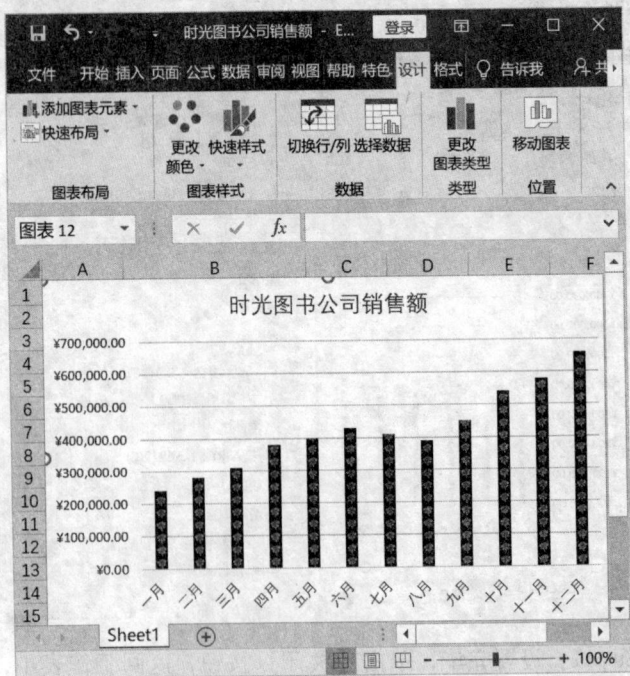

5.2.2 制作温度计型图表

图表的应用越来越广泛且越来越专业化、专门化，在此，我们就来看下比较常用的温度计型图表。

温度计型图表可以动态地显示某项工作完成的百分比，形象地反映出某项目的工作进度或某些数据的增长趋势。

具体步骤

Step1：打开本实例的原始文件，选中单元格区域 A3：B3，切换到【插入】选项卡，单击【图表】组中的【柱形图】按钮，在弹出的下拉列表中选择【堆积柱形图】选项。

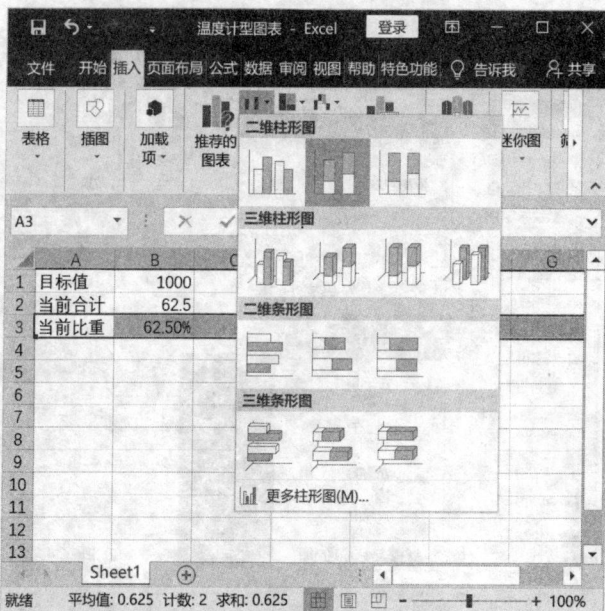

Step2：此时，在工作表中插入了一个堆积柱形图。

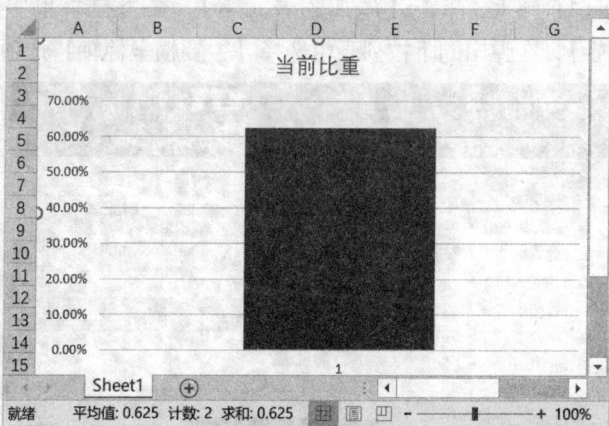

Step3：选中图表，在【设计】选项卡【图表布局】组中，单击【添加图表元素】，在下拉菜单中选择【图例】选项，在弹出的下拉列表中选择【无】选项。

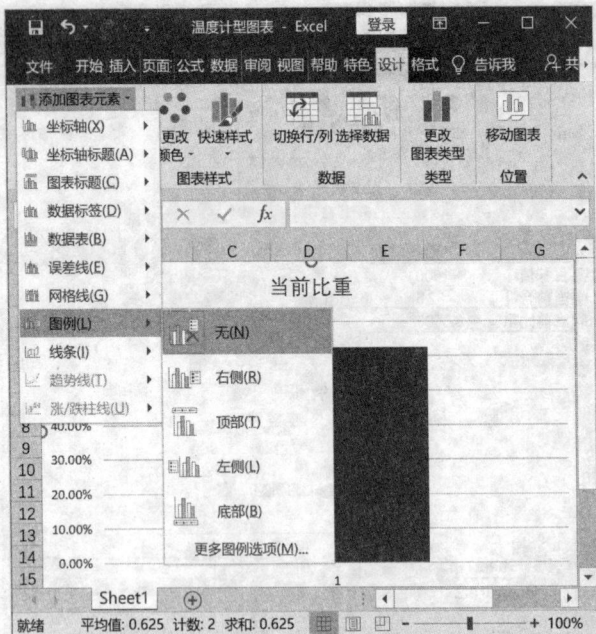

Step4：同上，单击【添加图表元素】，在下拉菜单中选择【坐标轴】，在弹出的下拉列表中选择【主要横坐标轴】选项。

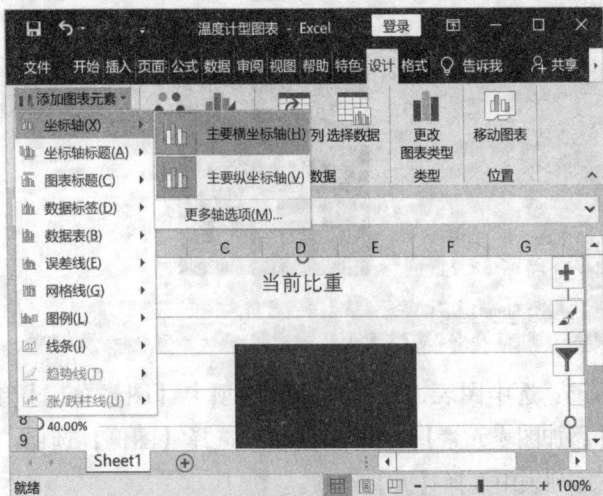

Step5：同样，点击【添加图表元素】，在下拉菜单中选择【网格线】，在弹出的下拉列表中点击【主要横水平网格线】。

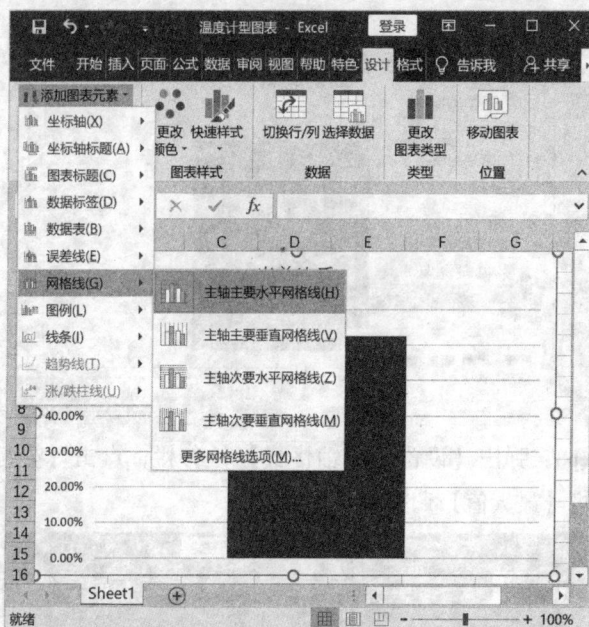

Step6：返回工作表中，将图表标题的字体格式设置为"微软雅黑-16 号-蓝色加粗"，设置效果如图所示。

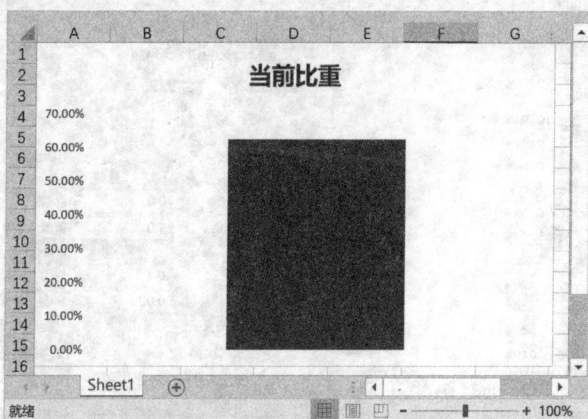

Step7：选中纵向坐标轴，然后单击鼠标右键，在弹出的快捷菜单中选择【设置坐标轴格式】菜单项。

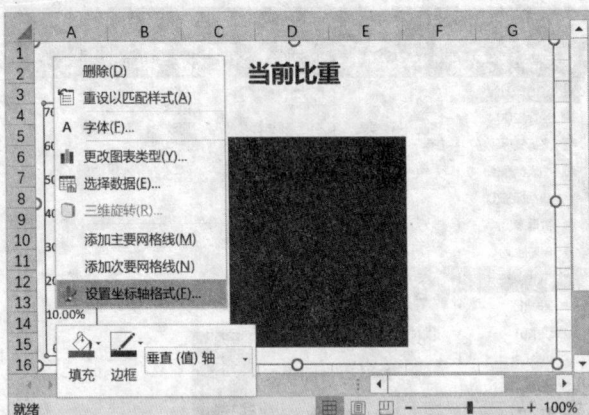

Step8：弹出【设置坐标轴格式】任务栏，点击【坐标轴选项】，将【最大值】调整为"1.0"。

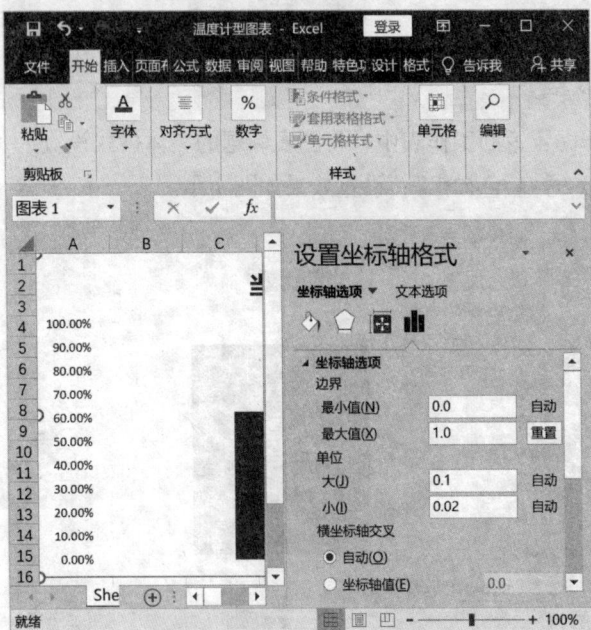

Step9：单击【关闭】按钮，返回工作表中，设置效果如图所示。

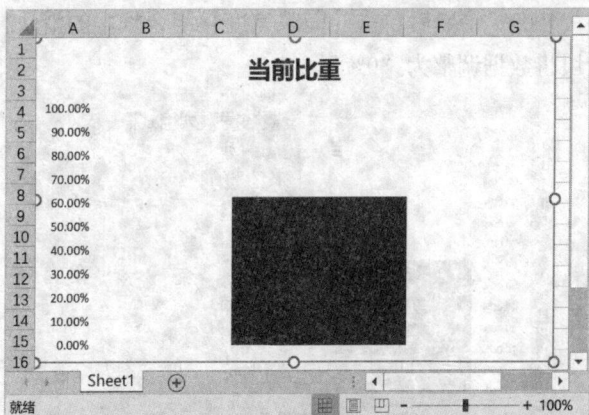

Step10：选中数据系列，然后单击鼠标右键，在弹出的快捷菜单中选择【设置数据系列格式】菜单项。

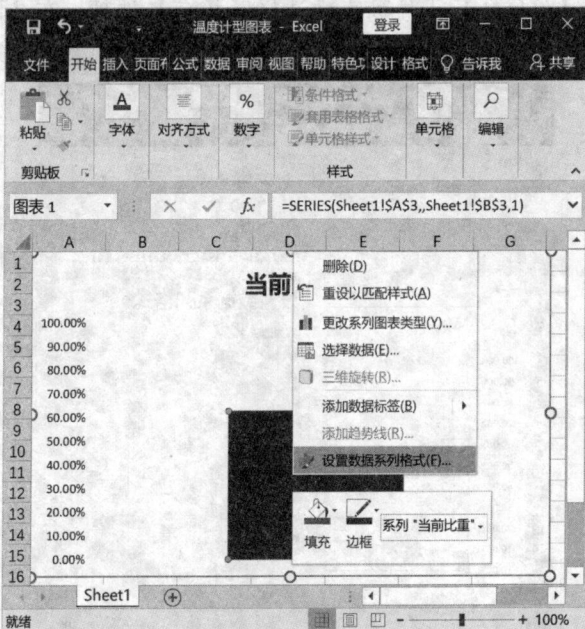

Step11：弹出【设置数据系列格式】任务栏，点击【系列选项】，单击【系列重叠】组合框中的滑块，左右拖动滑块将数据调整为"100%"，然后单击【间隙宽度】组合框中的滑块，左右拖动滑块将数据调整为"0%"。

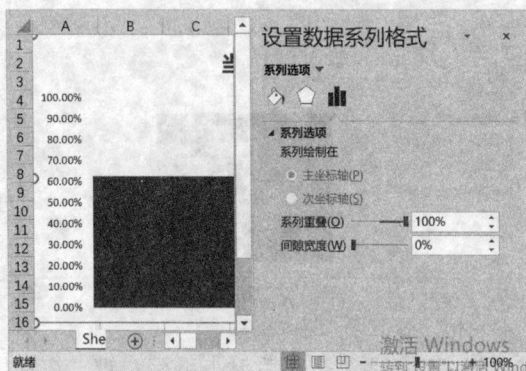

Step12：点击【填充与线条】，选中【图案填充】单选钮，然后在【前景色】下拉列表中选择【橙色】选项，在【图案】组合框中选择【横线：交替水平线】选项。

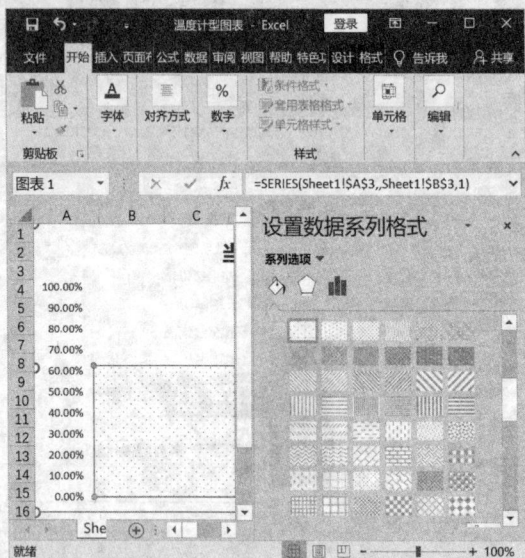

Step13：单击【关闭】按钮，返回工作表中，设置效果如图所示。

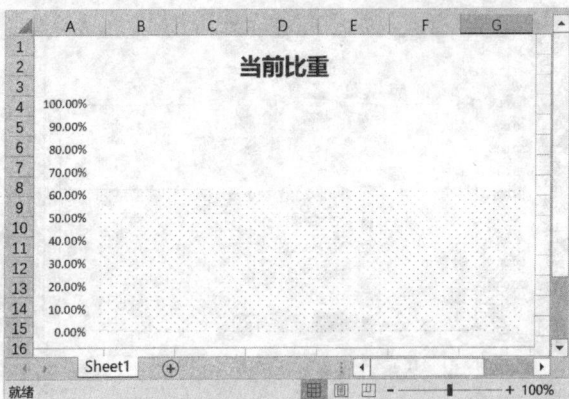

Step14：选中绘图区，在【图表工具】栏中，切换到【格式】选项卡，单击【形状样式】组中的【形状轮廓】按钮，在弹出的下拉列表中选择【红色】选项。

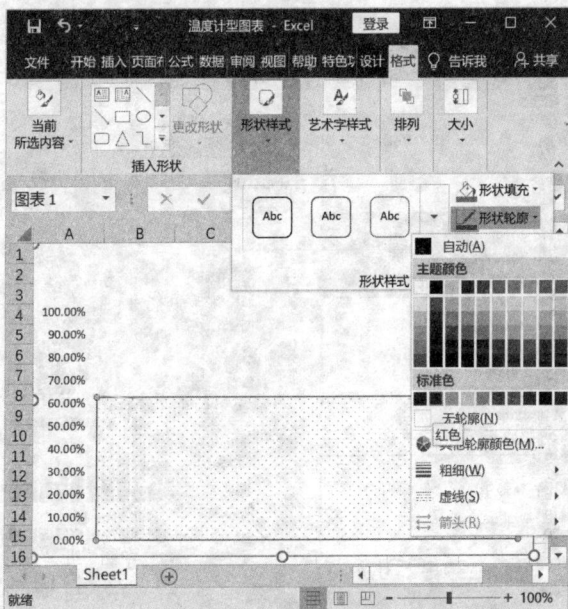

Step15：选中绘图区，然后单击鼠标右键，在弹出的快捷菜单中选择【设置绘图区格式】菜单项。

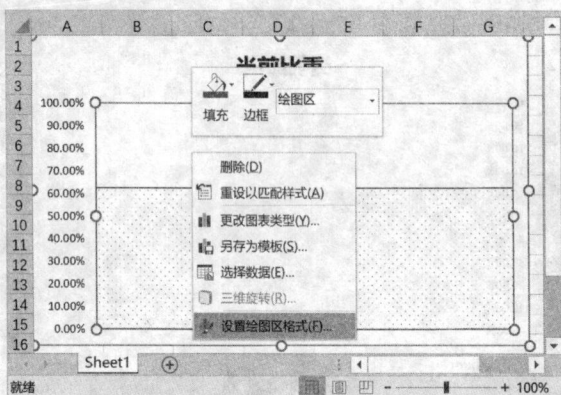

Step16：弹出【设置绘图区格式】任务栏，点击【填充】，选中【纯色填充】单选钮，然后在【颜色】下拉列表中选择【深红】选项。

Step17：单击【关闭】按钮返回工作表中，设置效果如图所示。

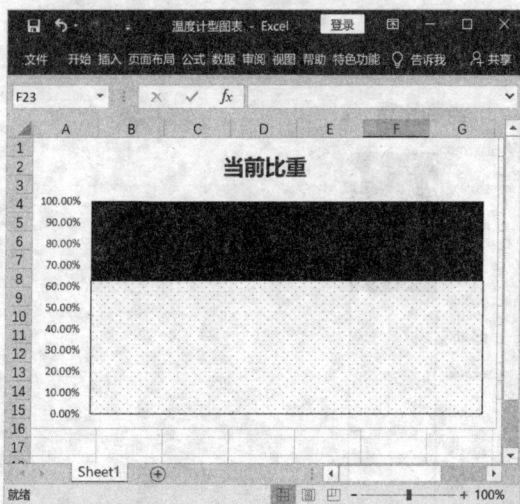

Step18：选中整个图表，此时图表区的四周会出现 8 个控制点，将鼠标指针移动到图表的右下角，按住鼠标左键向上、下、左、右进行拖动。

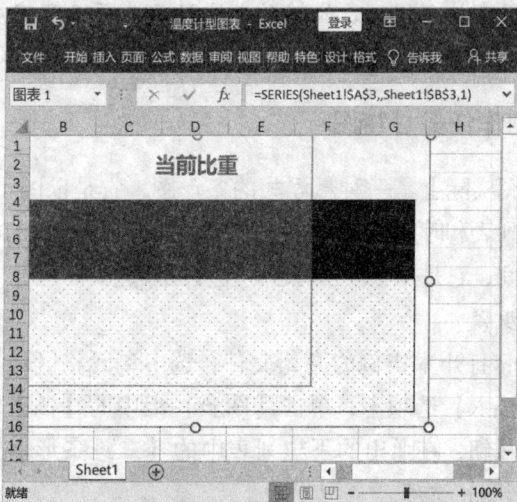

Step19：使用同样的方法，选中整个绘图区，拖动到合适的位置释放鼠标左键即可。设计完毕，温度计型图表的最终效果如右图所示。

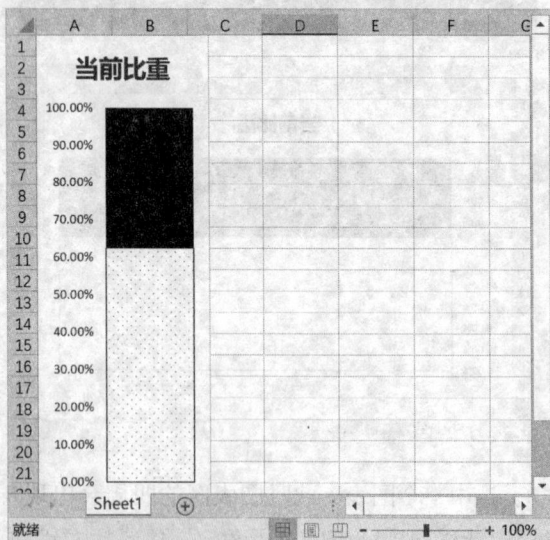

TIPS：

通过温度计型图表，能够动态地显示某项工程完成的百分比，形象地反映出某项目的工作进度或某些数据的增长趋势。

5.2.3 制作任务甘特图

甘特图实际上是一种悬浮式的条形图，它是以图示的方式，通过活动列表和时间刻度形象地表示出任何特定项目的活动顺序与持续时间，它是用于项目管理的主要图表之一。

具体步骤

Step1：打开本实例的原始文件，选中单元格区域 A1：C9，切换到【插入】选项卡，单击【图表】组中的【插入柱形图或条形图】按钮，在弹出的下拉列表中的【二维条形图】中选择【堆积条形图】选项。

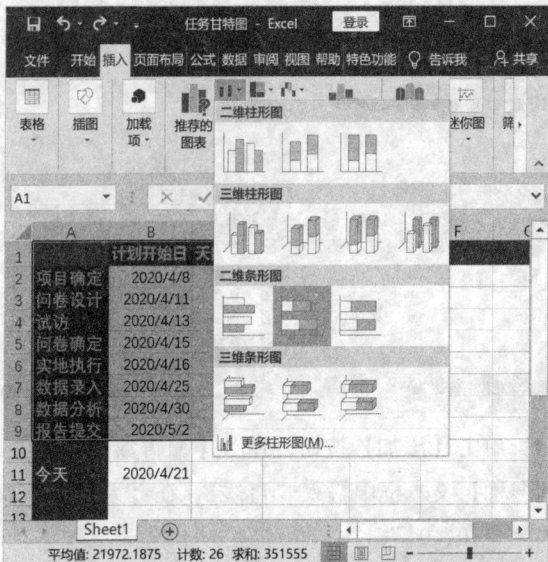

Step2：此时，工作表中插入了一个堆积条形图，选中该图表，然后单击鼠标右键，在弹出的快捷菜单中选择【选择数据】菜单项。

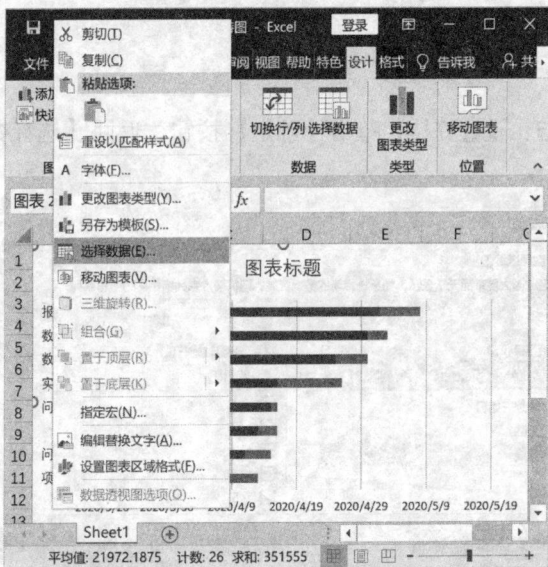

Step3：弹出【选择数据源】对话框。

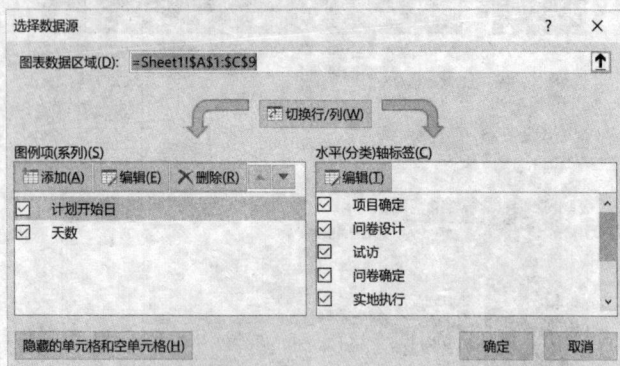

选择数据源

图表数据区域(D)：　=Sheet1!$A$1:$C$9

切换行/列(W)

图例项(系列)(S)
添加(A)　编辑(E)　×删除(R)　▲　▼
☑　计划开始日
☑　天数

水平(分类)轴标签(C)
编辑(T)
☑　项目确定
☑　问卷设计
☑　试访
☑　问卷确定
☑　实地执行

隐藏的单元格和空单元格(H)　　　　　　确定　　取消

Step4：单击【添加】按钮，弹出【编辑数据系列】对话框，在【系列名称】文本框中输入"直线"，在【系列值】文本框输入引用"＝{10，0}"。

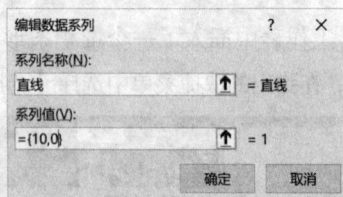

编辑数据系列

系列名称(N)：
直线　　　　　　　　　↑　＝直线
系列值(V)：
={10,0}　　　　　　　↑　＝1

确定　　取消

Step5：设置完毕，单击【确定】按钮，返回【选择数据源】对话框。

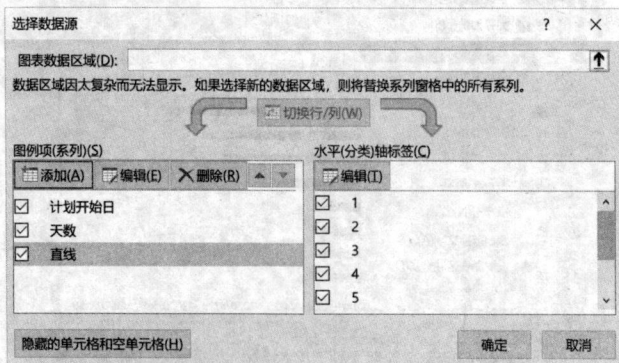

选择数据源

图表数据区域(D)：
数据区域因太复杂而无法显示。如果选择新的数据区域，则将替换系列窗格中的所有系列。

切换行/列(W)

图例项(系列)(S)
添加(A)　编辑(E)　×删除(R)　▲　▼
☑　计划开始日
☑　天数
☑　直线

水平(分类)轴标签(C)
编辑(T)
☑　1
☑　2
☑　3
☑　4
☑　5

隐藏的单元格和空单元格(H)　　　　　　确定　　取消

Step6：单击【确定】按钮，返回工作表，设置效果如图所示。

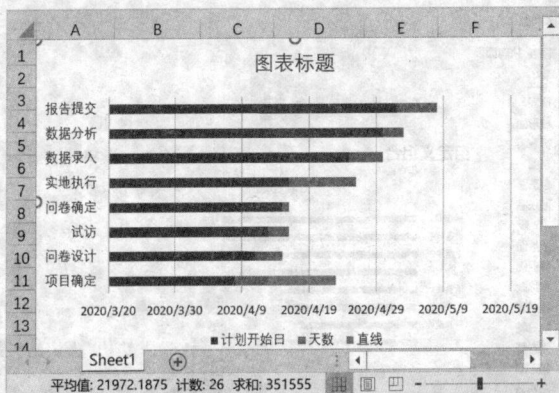

Step7：选中"直线"系列，然后单击鼠标右键，在弹出的快捷菜单中选择【更改系列图表类型】菜单项。

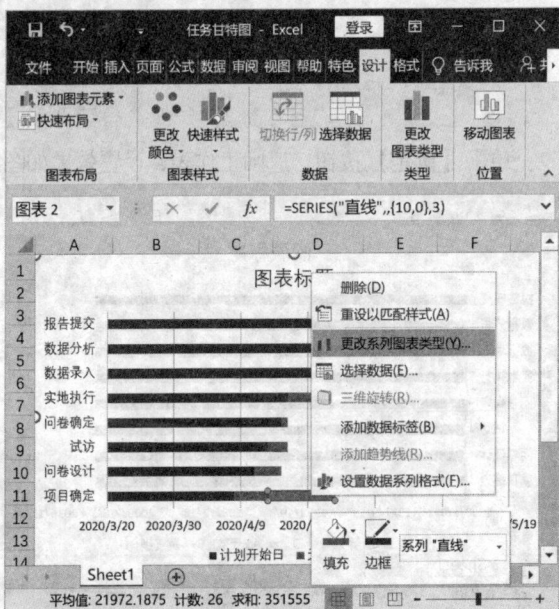

Step8：弹出【更改图表类型】对话框，在【直线】右侧的下落框里选择要更改为的图表类型，例如选择【带直线的散点

图】选项。

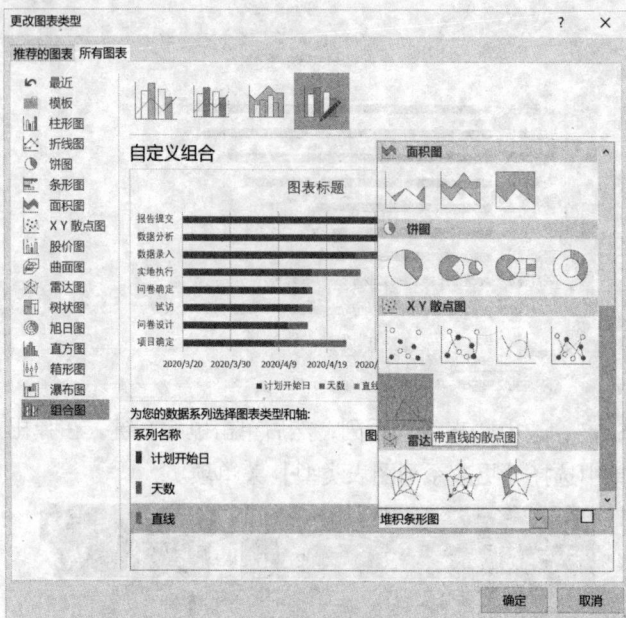

Step9：单击【确定】按钮，返回工作表，设置效果如图所示。

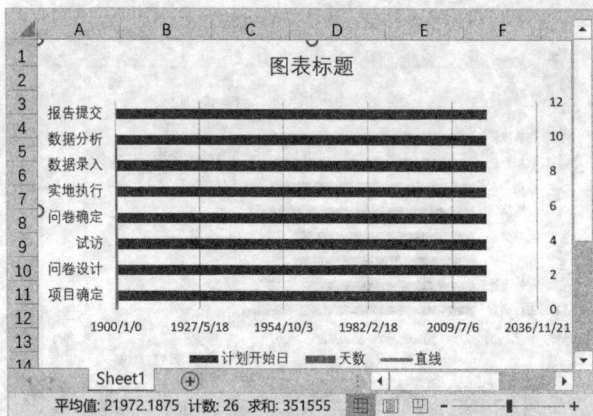

Step10：选中整个图表，然后单击鼠标右键，在弹出的快捷菜单中选择【选择数据】菜单项。

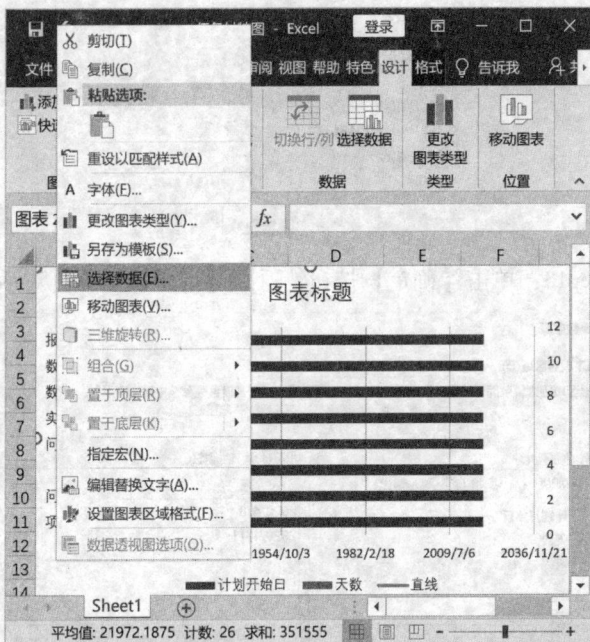

Step11：弹出【选择数据源】对话框，选中"直线"系列，然后单击【编辑】按钮。

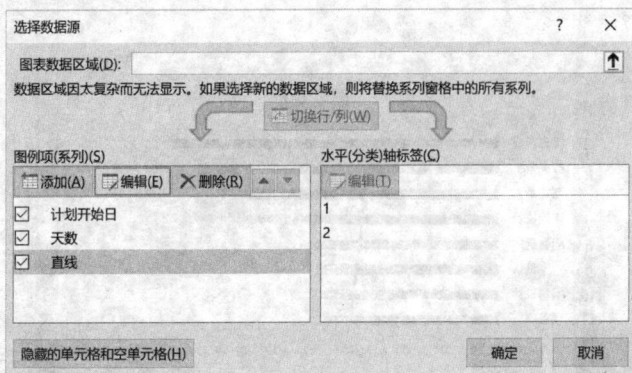

Step12：弹出【编辑数据系列】对话框，在【x 轴系列值】文本框中输入引用" = （ =Sheet1！ $B$2： $B$11）"。

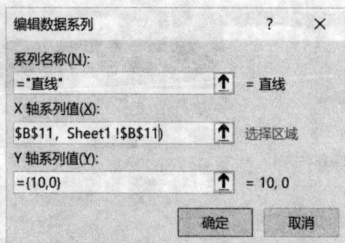

编辑数据系列   ?   ×

系列名称(N):
="直线"   ↑   = 直线
X 轴系列值(X):
$B$11, Sheet1 !$B$11)   ↑   选择区域
Y 轴系列值(Y):
={10,0}   ↑   = 10, 0

                    确定   取消

Step13：单击【确定】按钮，返回【选择数据源】对话框。

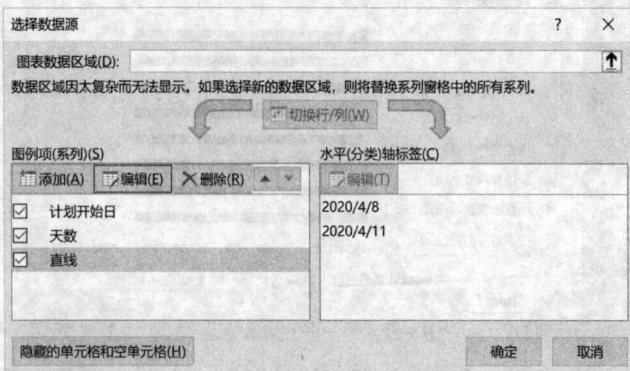

选择数据源   ?   ×

图表数据区域(D):   ↑

数据区域因太复杂而无法显示。如果选择新的数据区域，则将替换系列窗格中的所有系列。

                    ⇄切换行/列(W)

图例项(系列)(S)   水平(分类)轴标签(C)

添加(A) 编辑(E) ×删除(R) ▲ ▼   编辑(T)

☑ 计划开始日   2020/4/8
☑ 天数   2020/4/11
☑ 直线

隐藏的单元格和空单元格(H)   确定   取消

Step14：单击【确定】按钮，返回工作表中，设置效果如图所示。

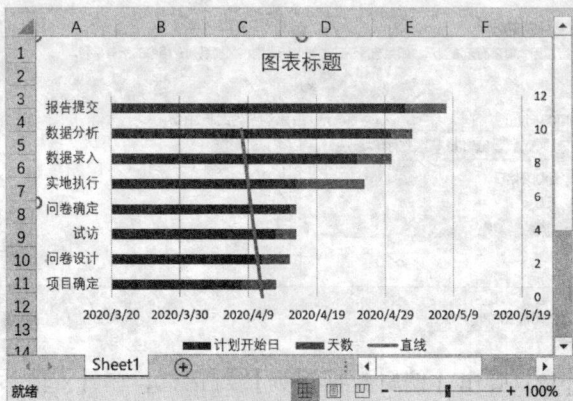

Step15：选中纵向主坐标轴，然后单击鼠标右键，在弹出的

快捷菜单中选择【设置坐标轴格式】菜单项。

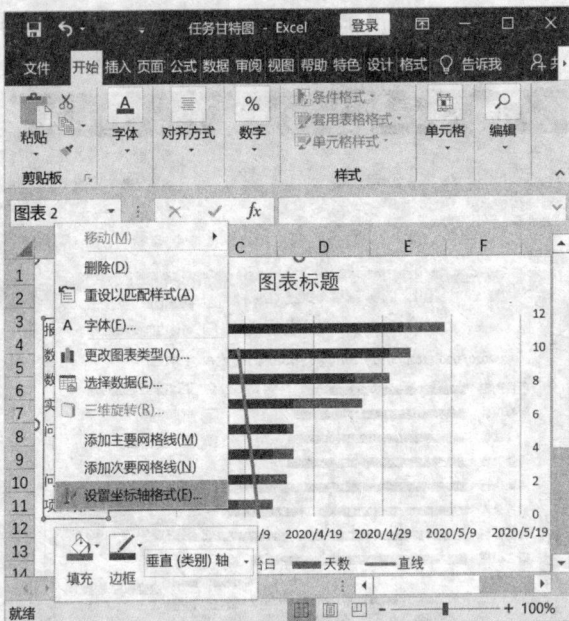

Step16：弹出【设置坐标轴格式】任务栏，点击【坐标轴选项】，选中【逆序类别】复选框，然后在【主要刻度线类型】下拉列表中选择【内部】选项。

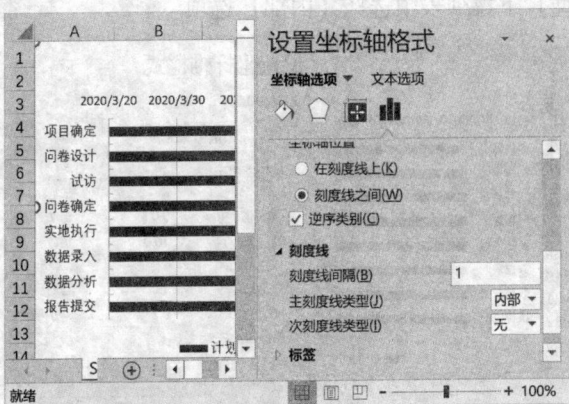

Step17：设置完毕，单击【关闭】按钮，返回工作表，选中
纵向次坐标轴，然后单击鼠标右键，在弹出的快捷菜单中选择
【设置坐标轴格式】菜单项。

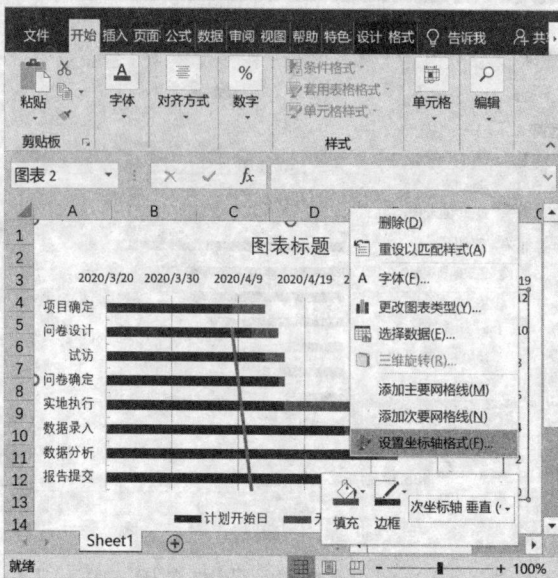

Step18：弹出【设置坐标轴格式】任务栏，点击【坐标轴选
项】，将【最大值】右侧数据调整为"10.0"，然后在【主要刻
度线类型】下拉列表中选择【内部】选项。

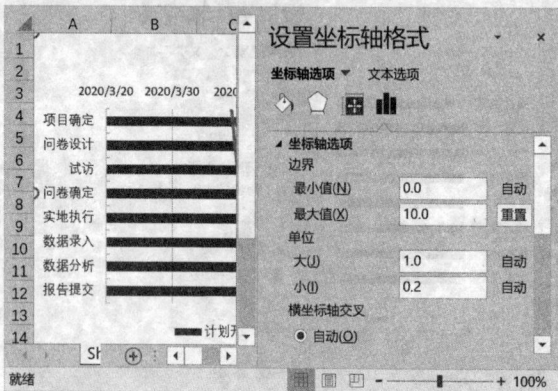

Step19：设置完毕，单击【关闭】按钮，返回工作表，选中横向坐标轴，然后单击鼠标右键，在弹出的快捷菜单中选择【设置坐标轴格式】菜单项。

Step20：弹出【设置坐标轴格式】任务栏，点击【坐标轴选项】，将【最小值】右侧的数据调整为"5/7"，将【最大值】右侧的数据调整为"6/8"。

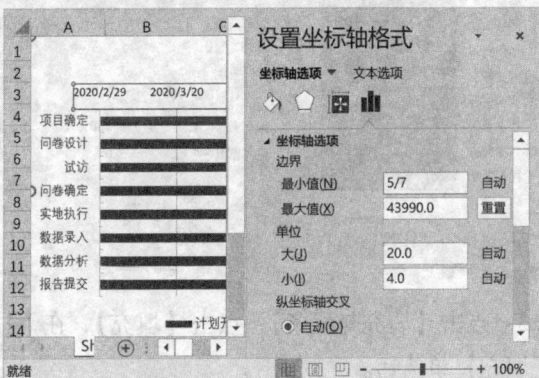

Step21：设置完毕，单击【关闭】按钮，返回工作表，选中"计划开始日"系列，然后单击鼠标右键，在弹出的快捷菜单中选择【设置数据系列格式】菜单项。

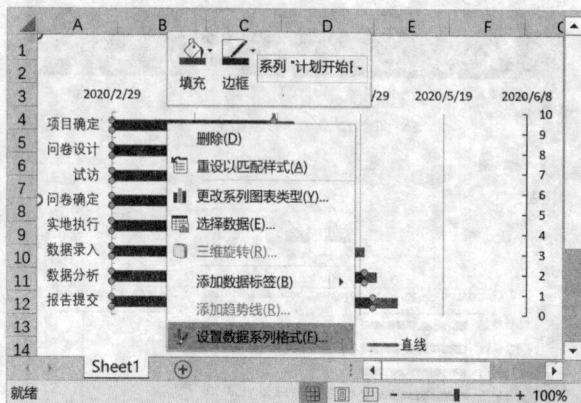

Step22：弹出【设置数据系列格式】任务栏，点击【系列选项】，单击【系列重叠】组合框中的滑块，左右拖动滑块将数据调整为"100%"，然后单击【间隙宽度】组合框中的滑块，左右拖动滑块将数据调整为"0%"。

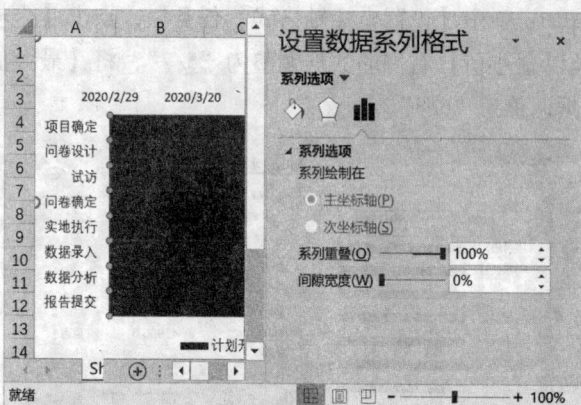

Step23：点击【填充与线条】，点击【填充】，在下拉菜单里选中【无填充】单选钮。

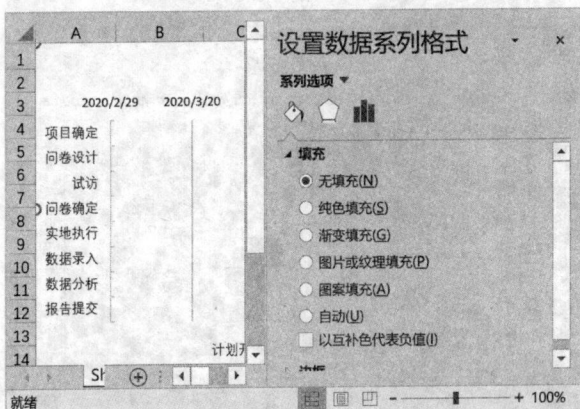

Step24：设置完毕，单击【关闭】按钮返回工作表，然后设置坐标轴值的字体格式并隐藏图例，效果如图所示。

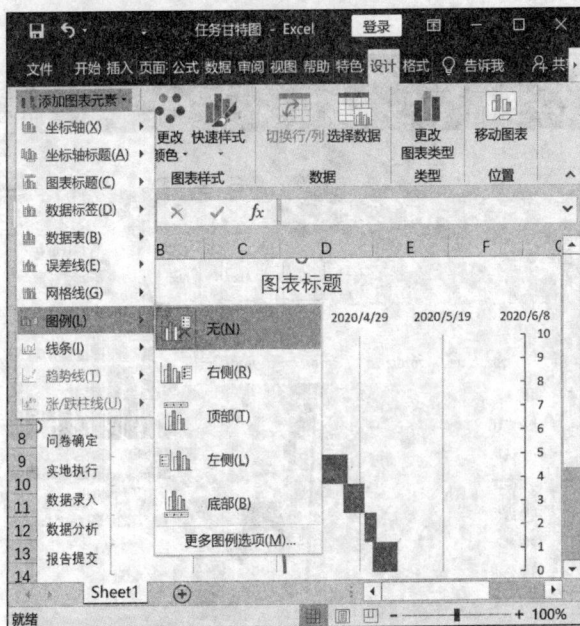

Step25：将绘图区填充为"浅黄"，将"天数"系列填充为"紫色"，效果如图所示。

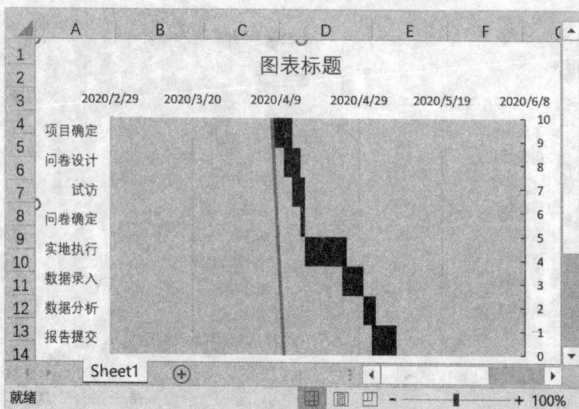

Step26：选中"直线"系列，切换到【格式】选项卡，在【形状样式】组中单击【形状轮廓】按钮，在弹出的下拉列表中选择【红色】选项。

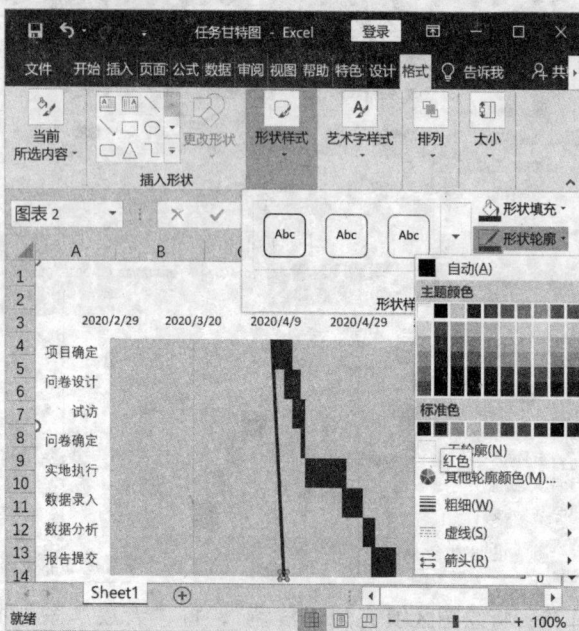

Step27：设置完毕，任务甘特图的最终效果如图所示。

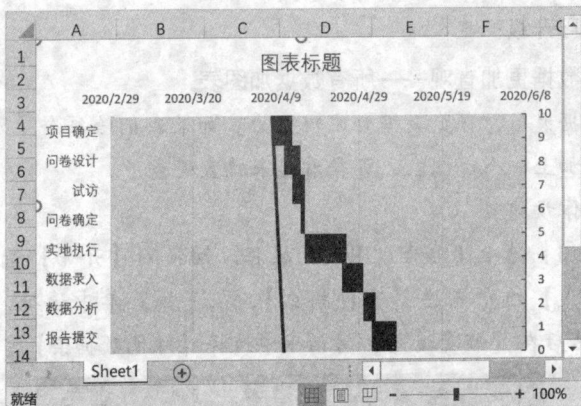

Step28：任务甘特图制作完毕，如果当前日期发生变化，此时，任务甘特图中表示项目进度的直线也会随之变化。例如，将当前日期更改为"2020/4/28"。

Step29：按下【Enter】键，此时即可通过任务甘特图清晰地展现当前日期的项目进度。

技巧升级：

让数据更加直观——所有数据加图表

数据太多，预览数据会比较吃力。如果我们给每个单元格数据都能加上一个小图表，那查看起来就直观多了。

具体步骤

Step1：选中想要生成图表的数据。切换到【开始】选项卡，在【样式】组中点击【条件格式】，在下拉菜单中选择【数据条】，然后在【渐变填充】对话框中选择【绿色数据条】。

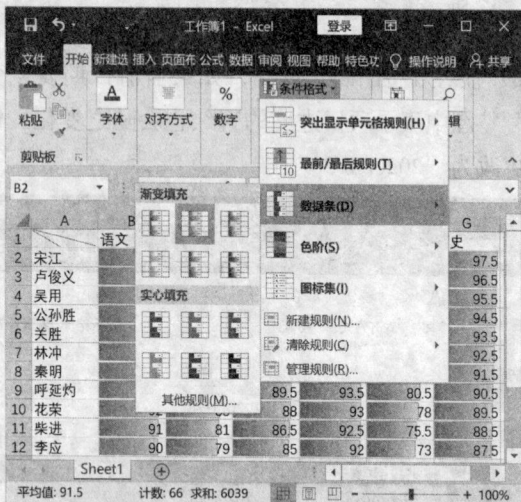

Step2：返回 Excel 表格中，设置效果如下图所示。

第*6*章

数据计算——公式与函数的应用

公式与函数是用来实现数据处理、数据统计以及数据分析的常用工具，具有很强的实用性与可操作性。接下来在 Excel 中，结合常用的办公实例，详细讲解公式与函数的高级应用。

6.1 公式的使用——产品报价表

公式是 Excel 工作表中进行数值计算和分析的等式。公式输入是以"="开始的。简单的公式有加、减、乘、除等，复杂的公式可能包含函数、引用、运算符和常量等。

6.1.1 输入公式

用户既可以在单元格中输入公式，也可以在编辑栏中输入公式。

具体步骤

Step1：打开本实例的原始文件，选中单元格 E2，输入"=C2"。

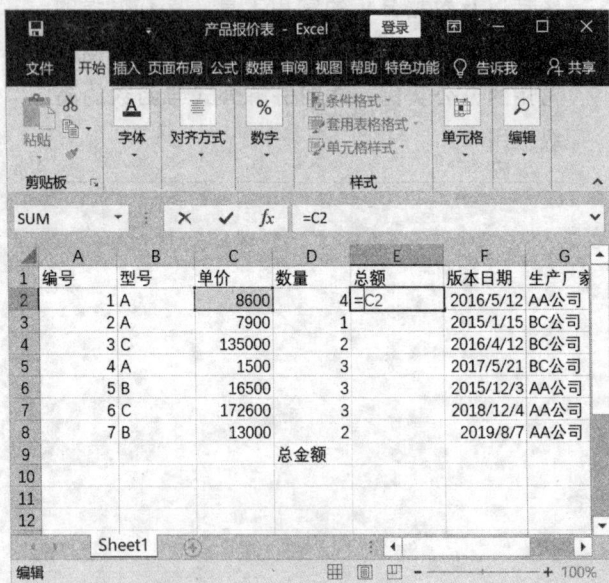

Step2：继续在单元格 E2 中输入 "＊"，然后选中单元格 D2。

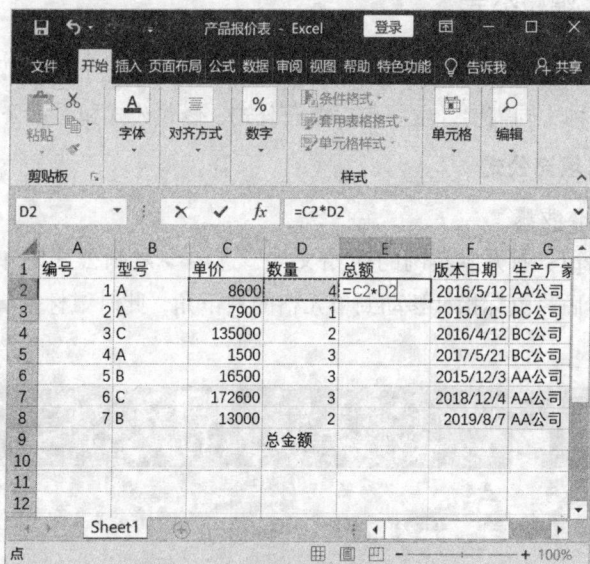

Step3：输入完毕，直接按下【Enter】键即可。

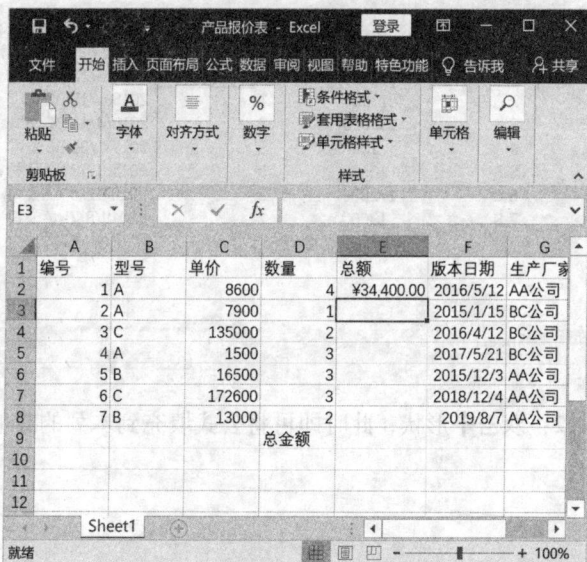

6.1.2 编辑公式

输入公式后,用户还可以对其进行编辑,以适应实际工作当中的各种不同需要,主要包括填充公式、修改公式和显示公式。

1. 填充公式

具体步骤

Step1:打开本实例的原始文件,选中要复制公式的单元格E2,然后将鼠标指针移动到单元格的右下角,此时鼠标指针变成十形状。

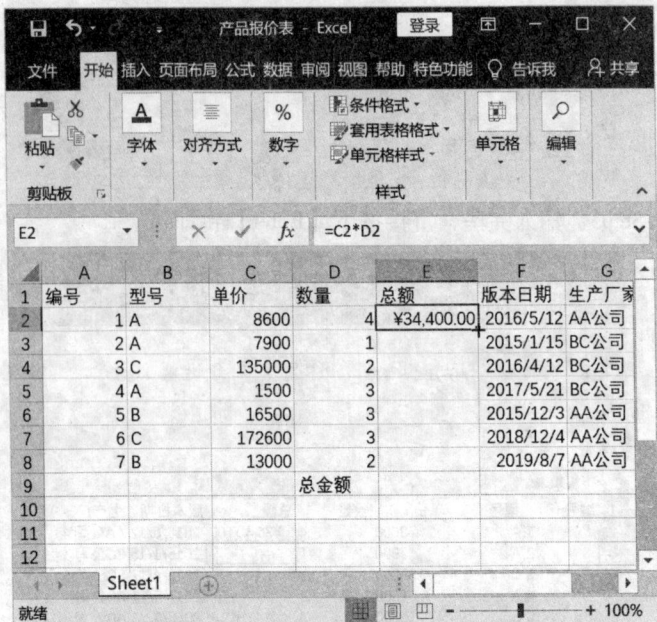

Step2:双击十形状,此时即可将公式填充到本列的其他单元格中。

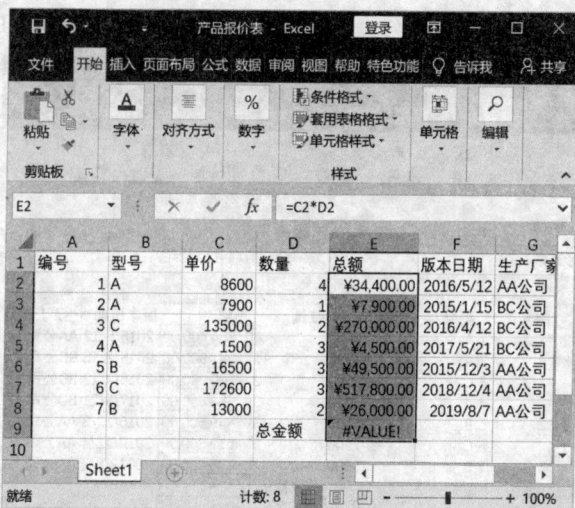

2. 修改公式

具体步骤

Step1：双击要修改公式的单元格 E9，此时公式进入修改状态。

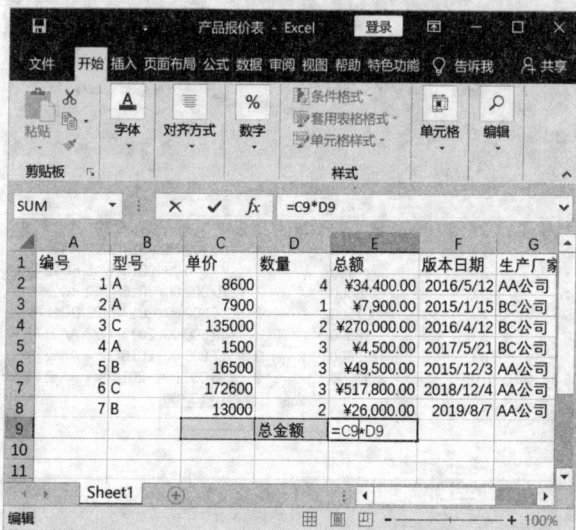

Step2： 输入正确的公式 " = E2 + E3 + E4 + E5 + E6 + E7 + E8"。

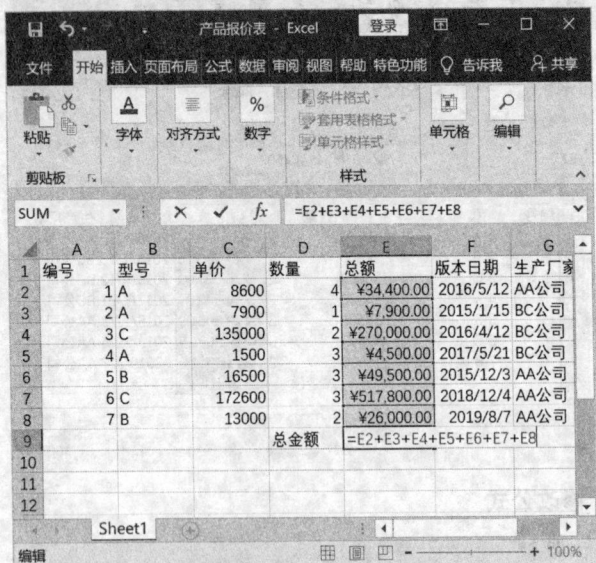

Step3： 输入完毕，直接按下【Enter】键即可。

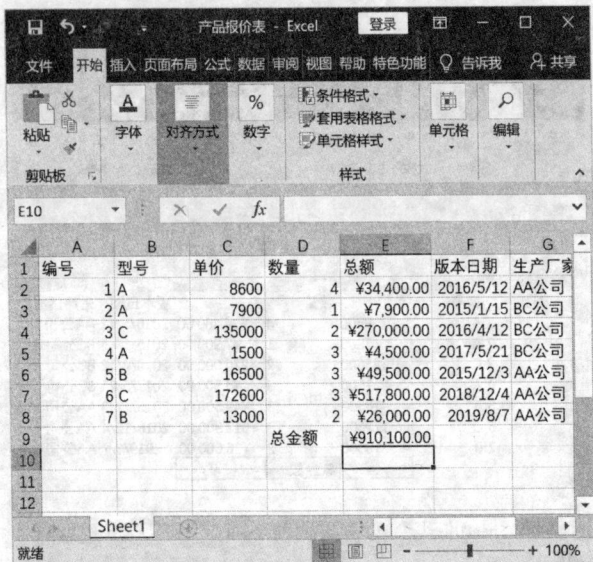

3. 删除公式

Excel 的填写过程是多变的，前一秒还需要公式，下一秒可能就不需要了。因此，用户还要学会删除公式。

具体步骤

删除公式的方法非常简单。双击要删除公式的单元格 E10，选中公式，然后按下【Delete】键即可。

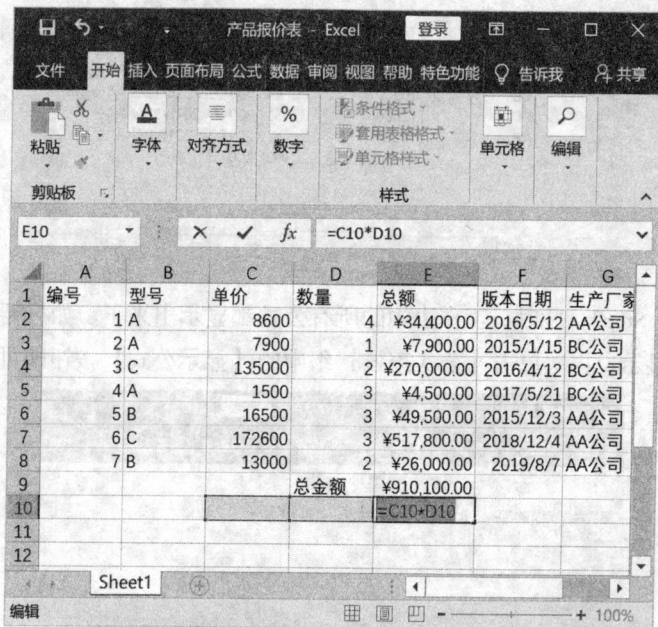

4. 显示公式

显示公式的方法主要有两种，除了直接双击要显示公式的单元格进行单个显示以外，还可以通过单击【显示公式】按钮，显示表格中的所有公式。

具体步骤

Step1：切换到【公式】选项卡，单击【公式审核】组中的【显示公式】按钮。

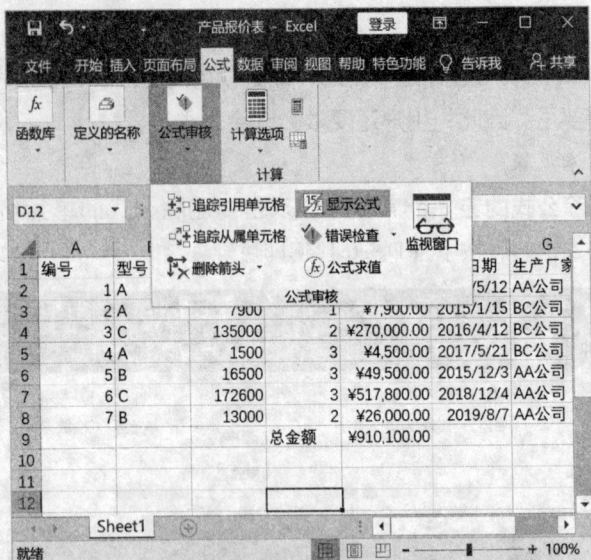

Step2：此时，工作表中的所有公式都显示出来了。如果要取消显示，再次单击【公式审核】组中的【显示公式】按钮即可。

Step3：设置完毕，产品报价表的最终效果如图所示。

	A	B	C	D	E	F	G	H
1	编号	型号	单价	数量	总额	版本日期	生产厂家	备注
2	1	A	8600	4	¥34,400.00	2016/5/12	AA公司	普通产品
3	2	A	7900	1	¥7,900.00	2015/1/15	BC公司	普通产品
4	3	C	135000	2	¥270,000.00	2016/4/12	BC公司	名牌产品
5	4	A	1500	3	¥4,500.00	2017/5/21	BC公司	普通产品
6	5	B	16500	3	¥49,500.00	2015/12/3	AA公司	普通产品
7	6	C	172600	3	¥517,800.00	2018/12/4	AA公司	名牌产品
8	7	B	13000	2	¥26,000.00	2019/8/7	AA公司	普通产品
9				总金额	¥910,100.00			
10								

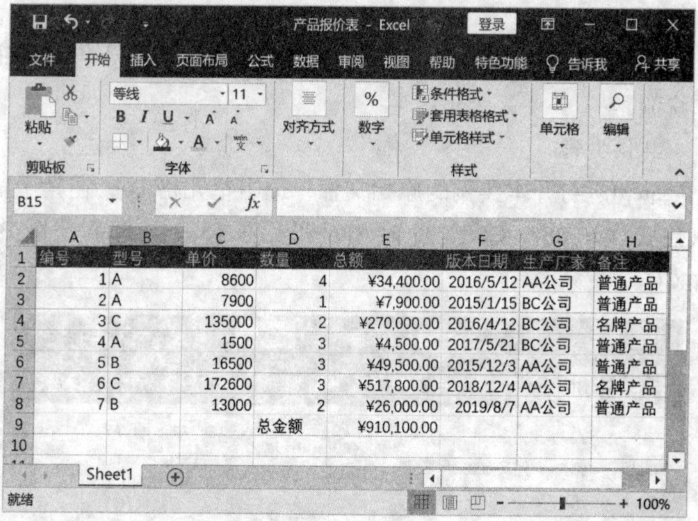

6.2 单元格的引用

单元格的引用是指用单元格所在的列标和行号表示其在工作表中的位置。单元格的引用包括绝对引用、相对引用和混合引用 3 种。

6.2.1 相对引用和绝对引用——计算增值税销项税额

单元格的相对引用是基于包含公式和引用的单元格的相对位置而言的。如果公式所在单元格的位置改变，引用也将随之改变，如果多行或多列地复制公式，引用会自动调整。默认情况下，新公式使用相对引用。

单元格中的绝对引用则总是在指定位置引用单元格（例如 $A$1）。如果公式所在单元格的位置改变，绝对引用的单元格也始终保持不变，如果多行或多列地复制公式，绝对引用将不做调整。

接下来，我们就使用相对引用和绝对引用计算一下增值税销项税额。

具体步骤

Step1：打开本实例的原始文件，选中单元格 E6，在其中输入公式" = B6 * C6"，此时相对引用了公式中的单元格 B6 和 C6。

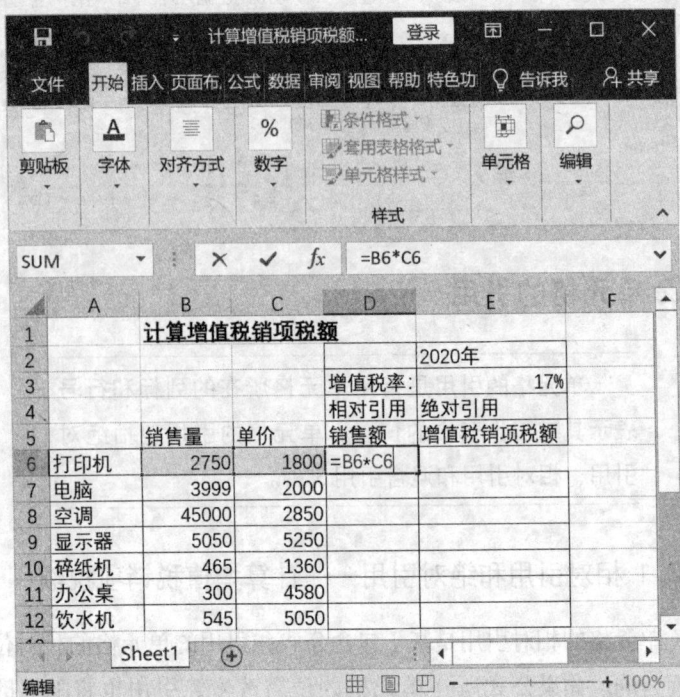

Step2：输入完毕，按下【Enter】键，选中单元格 D6，将鼠标指针移动到单元格的右下角，此时鼠标指针变成╋形状，然后双击╋形状，此时公式就填充到本列的其他单元格中。

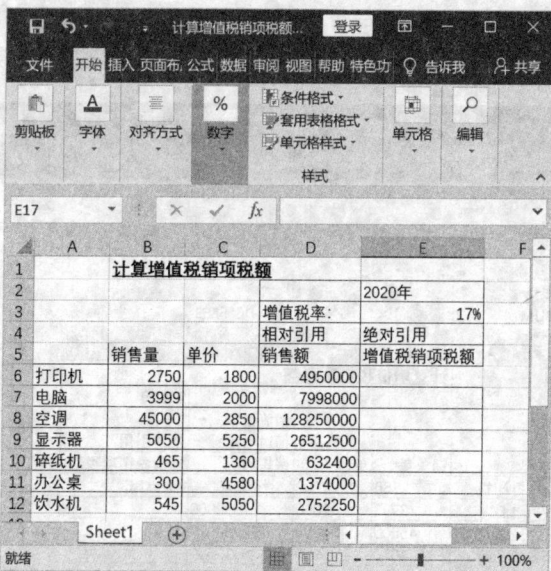

	A	B	C	D	E	F
1		**计算增值税销项税额**				
2					2020年	
3				增值税率:	17%	
4				相对引用	绝对引用	
5		销售量	单价	销售额	增值税销项税额	
6	打印机	2750	1800	4950000		
7	电脑	3999	2000	7998000		
8	空调	45000	2850	128250000		
9	显示器	5050	5250	26512500		
10	碎纸机	465	1360	632400		
11	办公桌	300	4580	1374000		
12	饮水机	545	5050	2752250		

Step3：多行或多列地复制公式，引用会自动调整，随着公式所在单元格的位置改变，引用也随之改变。

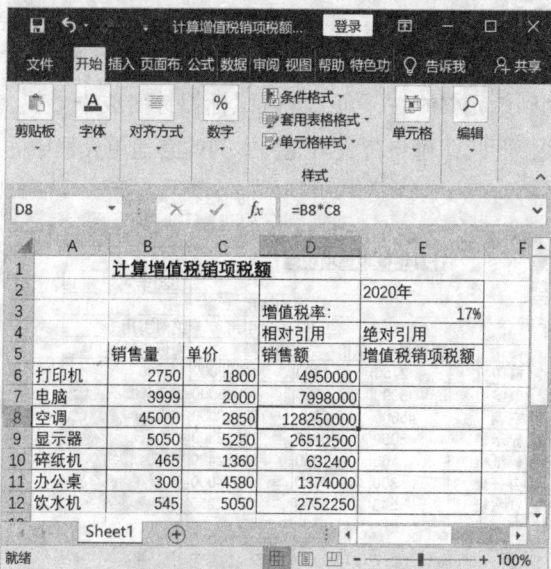

D8 =B8*C8

	A	B	C	D	E	F
1		**计算增值税销项税额**				
2					2020年	
3				增值税率:	17%	
4				相对引用	绝对引用	
5		销售量	单价	销售额	增值税销项税额	
6	打印机	2750	1800	4950000		
7	电脑	3999	2000	7998000		
8	空调	45000	2850	128250000		
9	显示器	5050	5250	26512500		
10	碎纸机	465	1360	632400		
11	办公桌	300	4580	1374000		
12	饮水机	545	5050	2752250		

Step4：选中单元格 E6，在其中输入公式"＝D6＊＄E＄3"，此时绝对引用了公式中的单元格 E3。

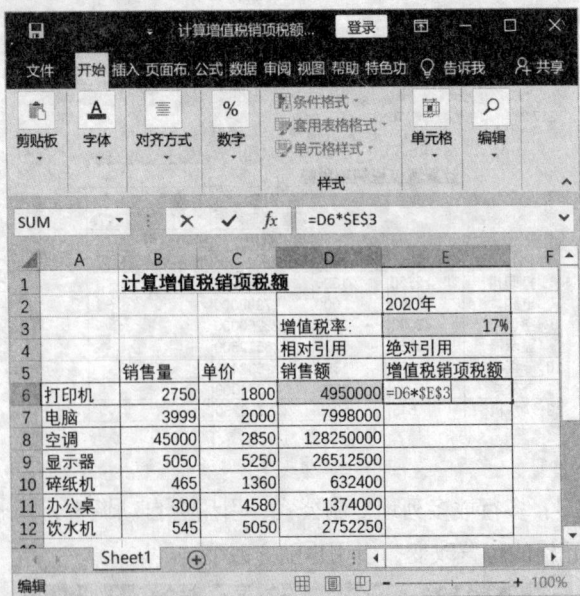

Step5：输入完毕按下【Enter】键，选中单元格 E6，将鼠标指针移动到单元格的右下角，此时鼠标指针变成╋形状，然后双击╋形状，此时即可将公式填充到本列的其他单元格中。

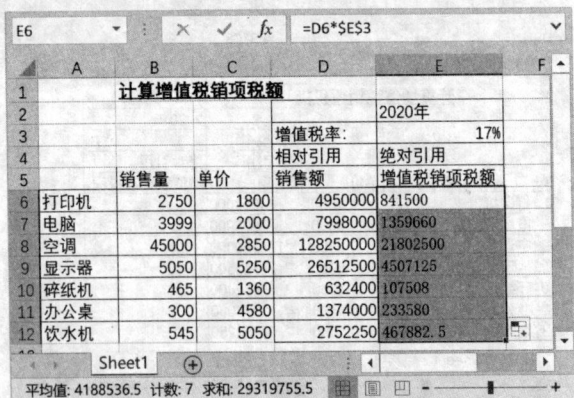

Step6：此时，公式中绝对引用了单元格 E3。如果多行或多列地复制公式，绝对引用将不做调整；如果公式所在单元格的位置改变，绝对引用的单元格 E3 始终保持不变。

6.2.2 混合引用计算普通年金终值

混合引用包括绝对列和相对行（例如 $B1 ），或是绝对行和相对列（例如 A$1 ）两种形式。如果公式所在单元格的位置改变，则相对引用改变，而绝对引用不变。如果多行或多列地复制公式，相对引用自动调整，而绝对引用不做调整。

具体步骤

Step1：打开本实例的原始文件，选中单元格 D5，在其中输入公式" = $B$4 *（1 + D$4）^$C5"，此时绝对引用公式中的单元格 B4，混合引用公式中的单元格 D4 和 C5。

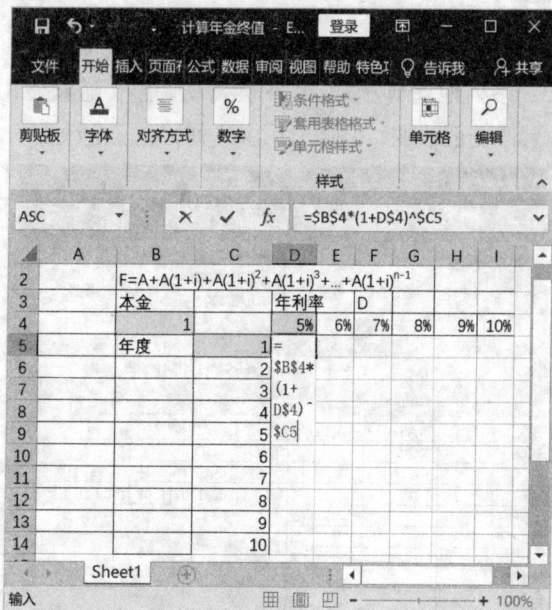

Step2：输入完毕，按下【Enter】键，选中单元格 D5，将鼠

标指针移动到单元格的右下角，此时鼠标指针变成**十**形状，然后按住鼠标左键不放，向右拖动到单元格 I5，释放左键，此时公式就填充到选中的单元格区域中。

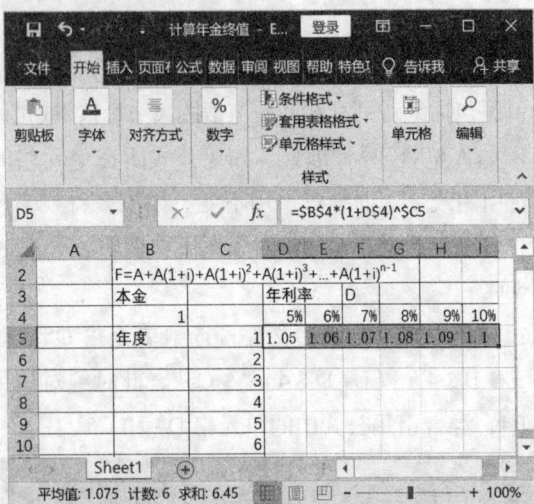

Step3：多列地复制公式，引用会自动调整，随着公式所在单元格的位置改变而改变，混合引用中的列标也随之改变。

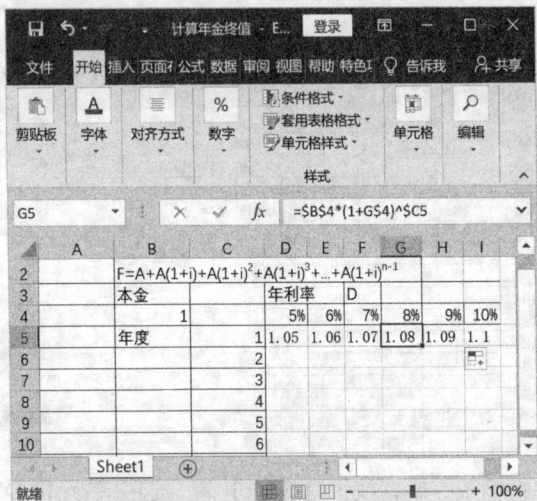

Step4：选中单元格 D5，将鼠标指针移动到单元格的右下角，此时鼠标指针变成╋形状，然后按住鼠标左键不放，向下拖动到单元格 D14，释放左键，此时公式就填充到选中的单元格区域中。

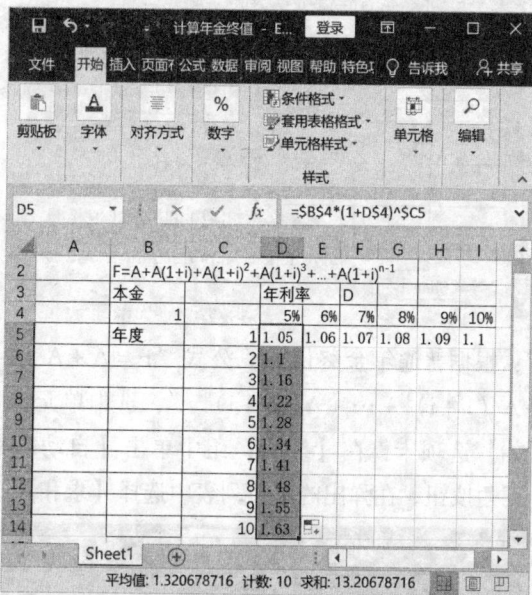

Step5：多行地复制公式，引用会自动调整，随着公式所在单元格的位置改变而改变，混合引用中的行标也随之改变。

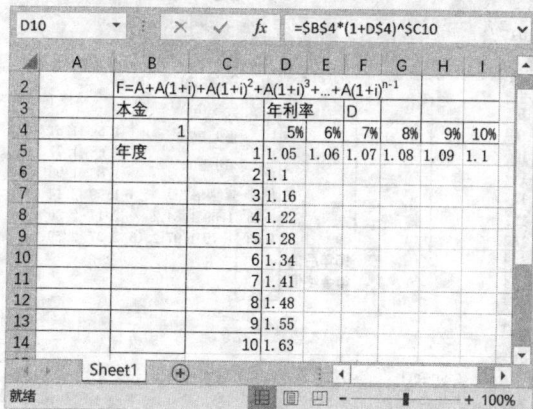

Step6：使用同样的方法计算其他普通年金终值系数即可。

Step7：根据普通年金终值计算公式"$F = A + A(1+i) + A(1+i)^2 + A(1+i)^3 + \cdots + A(1+i)^{n-1}$"，选中单元格 D15，切换到【开始】选项卡，在【编辑】组中单击【自动求和】按钮右侧的下三角按钮，在弹出的下拉列表中选择【求和】选项。

Step8：此时，单元格 D15 显示了参考公式"= SUM（D4：D14）"。

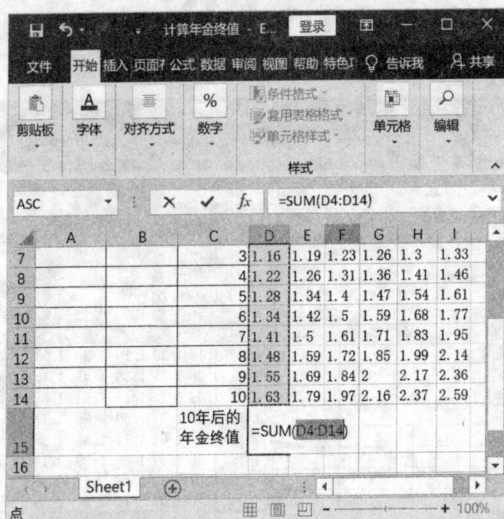

Step9：将单元格 D15 中的公式修改为"= SUM（D5：D14）"，按下【Enter】键。

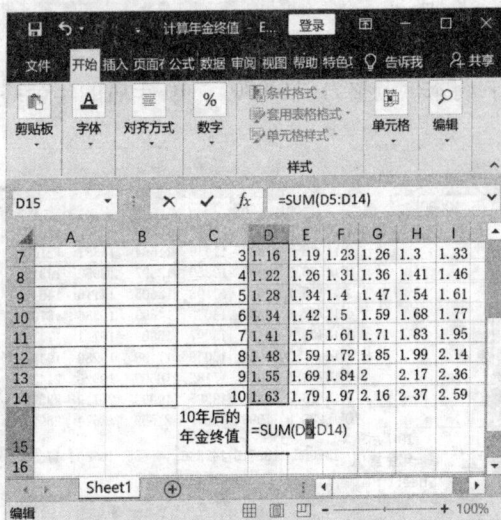

Step10：选中单元格 D15，将鼠标指针移动到单元格的右下角，此时鼠标指针变成┿形状，然后按住鼠标左键不放，向右拖动到单元格 I15，释放左键，此时公式就填充到选中的单元格区域，各种年利率下的 10 年后年金终值就计算出来了。

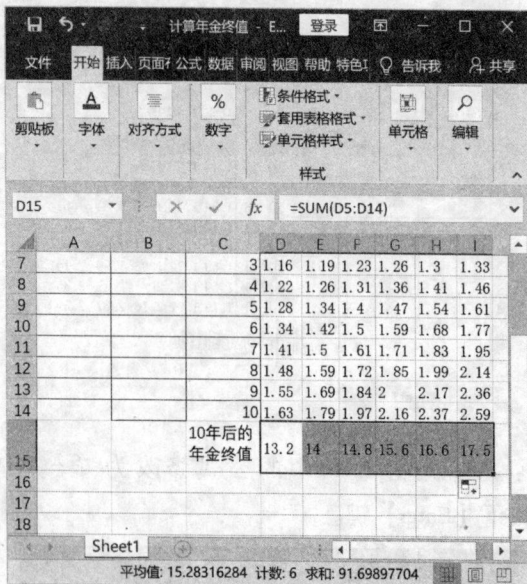

	A	B	C	D	E	F	G	H	I
7			3	1.16	1.19	1.23	1.26	1.3	1.33
8			4	1.22	1.26	1.31	1.36	1.41	1.46
9			5	1.28	1.34	1.4	1.47	1.54	1.61
10			6	1.34	1.42	1.5	1.59	1.68	1.77
11			7	1.41	1.5	1.61	1.71	1.83	1.95
12			8	1.48	1.59	1.72	1.85	1.99	2.14
13			9	1.55	1.69	1.84	2	2.17	2.36
14			10	1.63	1.79	1.97	2.16	2.37	2.59
15			10年后的年金终值	13.2	14	14.8	15.6	16.6	17.5

D15　=SUM(D5:D14)

平均值: 15.28316284　计数: 6　求和: 91.69897704

Step11：将本金调整为"10000"，10 年后的年金终值的计算结果如下。

	B	C	D	E	F	G	H	I
4	10000		5%	6%	7%	8%	9%	10%
5	年度	1	10500	10600	10700	10800	10900	11000
6		2	11025	11236	11449	11664	11881	12100
7		3	11576.3	11910	12250	12597	12950	13310
8		4	12155.1	12625	13108	13605	14116	14641
9		5	12762.8	13382	14026	14693	15386	16105
10		6	13401	14185	15007	15869	16771	17716
11		7	14071	15036	16058	17138	18280	19487
12		8	14774.6	15938	17182	18509	19926	21436
13		9	15513.3	16895	18385	19990	21719	23579
14		10	16288.9	17908	19672	21589	23674	25937
15	10年后的年金终值		132068	139716	147836	156455	165603	175312

6.3 名称的使用——地区销售排名

> 在使用公式的过程中，用户有时候还可以引用
> 单元格名称参与计算，从而达到事半功倍的效果。

【RANK】函数的功能是返回一个数值在一组数值中的排名，其语法格式为 RANK(number, ref, order)。参数 number 是需要计算其排名的一个数据；ref 是包含一组数字的数组或引用（其中的非数值型参数将被忽略）；order 为一个数字，指明排名的方式。

接下来使用名称和【RANK】函数对某产品第一季度各地区销售额进行排名。

1. 定义名称

具体步骤

Step1：打开本实例的原始文件，选中单元格区域 E4：E9，切换到【公式】选项卡，在【定义的名称】组中单击【定义名称】按钮下的【定义名称】下三角按钮，在弹出的下拉列表中选择【定义名称】选项。

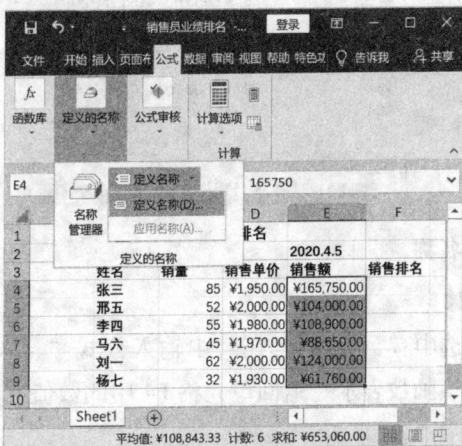

Step2：弹出【新建名称】对话框，在【名称】文本框中输入"销售额"。

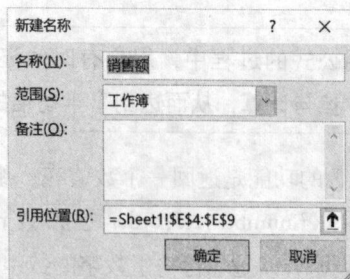

Step3：设置完毕，单击【确定】按钮返回工作表即可。

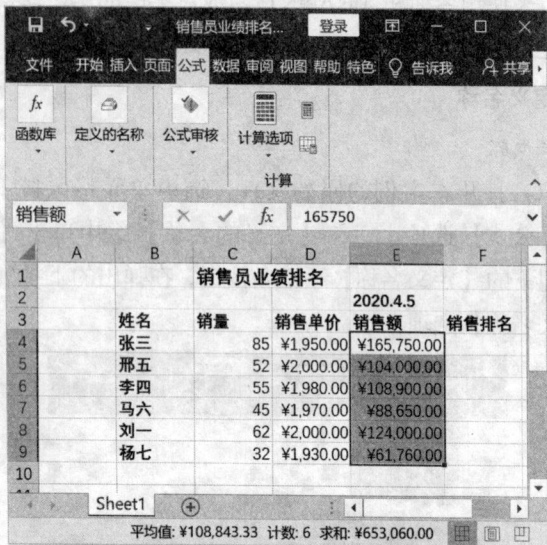

2. 应用名称

具体步骤

Step1：选中单元格 F4，在其中输入公式"＝RANK（E4，销售额）"。该函数表示"返回单元格 E4 中的数值在数组'销售额'中的降序排名"。

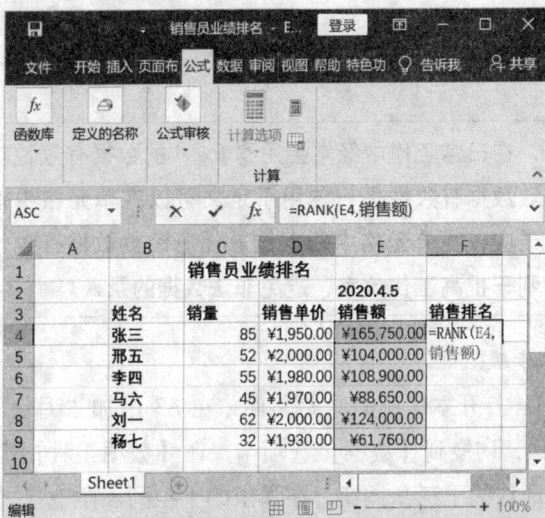

Step2：选中单元格 F4，将鼠标指针移动到单元格的右下角，此时鼠标指针变成十形状，然后按住鼠标左键不放，向下拖动到单元格 F9，释放左键，此时公式就填充到选中的单元格区域中。对销售额进行排名后的效果如图所示。

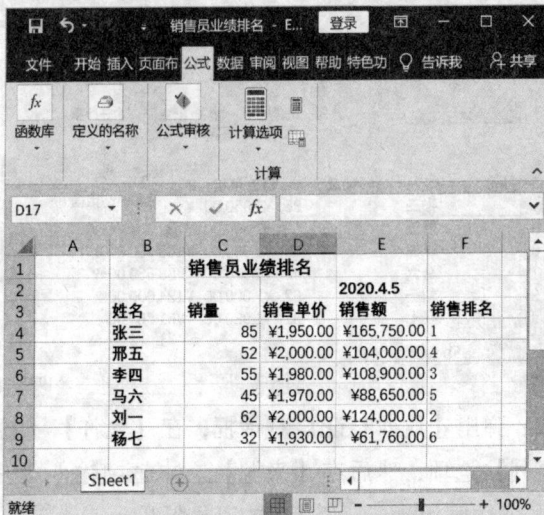

6.4 数据有效性的应用

在日常工作中经常会用到 Excel 的数据有效性功能。数据有效性是一种用于定义可以在单元格中输入或应该在单元格中输入的数据。设置数据有效性有利于提高工作效率，避免非法数据的录入。

具体步骤

Step1：打开本实例的原始文件，在 A3 添加"月份"，选中单元格 A4，切换到【数据】选项卡，在【数据工具】组中单击【数据验证】的下三角按钮，在弹出的下拉列表中选择【数据验证】选项。

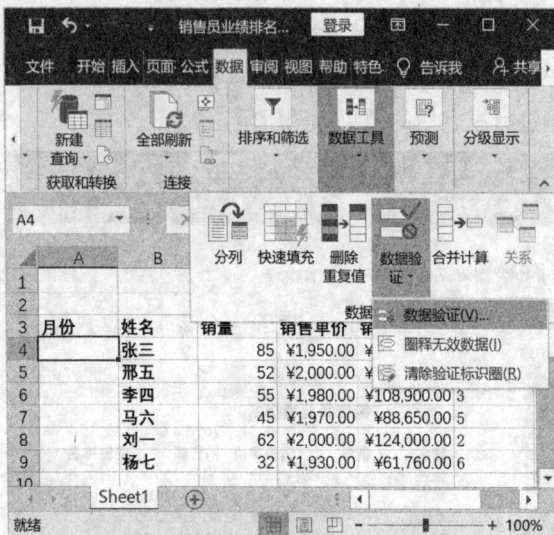

Step2：弹出【数据验证】对话框，在【允许】下拉列表中选择【序列】选项，然后在【来源】文本框中输入"一月，二月，三月"，中间用英文半角状态的逗号隔开。

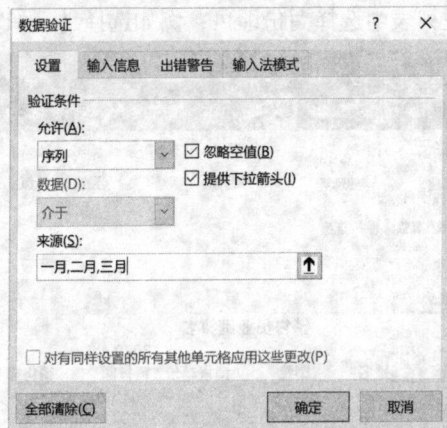

Step3：设置完毕，单击【确定】按钮返回工作表。此时，单元格 A4 的右侧出现了一个下拉按钮，将鼠标指针移动到单元格的右下角，此时鼠标指针变成╋形状。

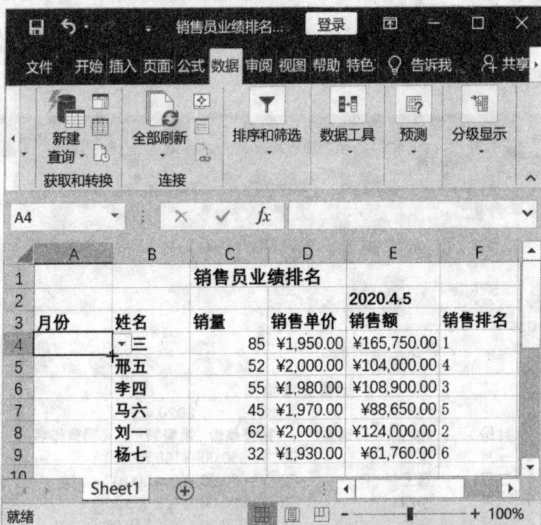

Step4：按住鼠标左键不放，向下拖动到单元格 A9，释放左键，此时数据有效性就填充到选中的单元格区域中，每个单元格的右侧都会出现一个下拉按钮。单击单元格 A4 右侧的下拉按钮，

在弹出的下拉列表中选择月份即可，例如选择【一月】选项。

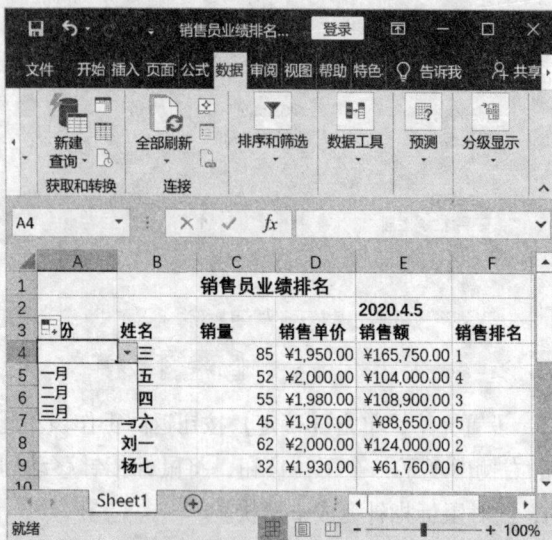

Step5：使用同样的方法可以在其他单元格中利用下拉列表快速输入月份。

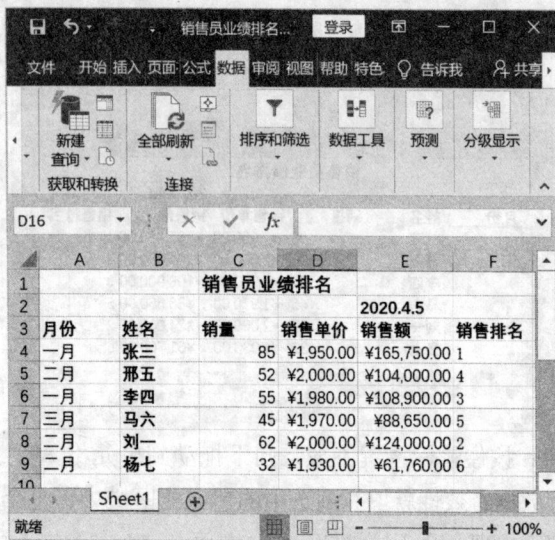

6.5 函数的应用

Excel 提供了各种各样的函数，将 Excel 函数的强大功能运用到实际工作中，从简单的数据分析到复杂的系统设置，不仅可以帮助工作人员轻松应对日常办公，而且能够对企业经营、管理以及战略发展提供数据支撑。

文本函数——计算员工出生日期

文本函数是指可以在公式中处理字符串的函数。

1. 提取字符函数

【LEFT】【RIGHT】【MID】等函数用于从文本中提取部分字符。【LEFT】函数从左向右取；【RIGHT】从右向左取；【MID】函数也是从左向右提取，但不一定是从第一个字符起，可以从中间开始。

【LEFT】【RIGHT】函数的语法格式分别为 LEFT(text,num_chars) 和 RIGHT(text,num_chars)。

参数 text 指文本，是从中提取字符的长字符串，参数 num_chars 是想要提取的字符个数。

【MID】函数的语法格式为 MID(text,start_num,num_.chars)。参数 text 的属性与前面两个函数相同，参数 star_num 是要提取的开始字符，参数 num_chars 是要提取的字符个数。

【LEN】函数的功能是返回文本串的字符数，此函数用于双字节字符，且空格也将作为字符进行统计。【LEN】函数的语法格式为 LEN(text)。参数 text 为要查找其长度的文本。如果 text 为"年/月/日"形式的日期，此时【LEN】函数首先运算"年 +

月＋日"，然后返回运算结果的字符数。

【TEXT】函数的功能是将数值转换为按指定数字格式表示的文本，其语法格式为：TEXT(value, format text)。参数 value 为数值、计算结果为数字值的公式，或对包含数字值的单元格的引用；参数 format_text 为"设置单元格格式"对话框中"数字"选项卡上"分类"框中的文本形式的数字格式。

2. 转换大小写函数

【LOWER】【PROPER】【UPPER】函数的功能是进行大小写转换。【LOWER】函数的功能是将一个字符串中的所有大写字母转换为小写字母；【UPPER】函数的功能是将一个字符串中的所有小写字母转换为大写字母；【PROPER】函数的功能是将字符串的首字母及任何非字母字符之后的首字母转换成大写，将其余的字母转换成小写。

接下来结合提取字符函数和转换大小写函数编制员工档案表，并根据身份证号码计算员工的出生日期、年龄等。

具体步骤

Step1：打开本实例的原始文件，选中单元格 B3，切换到【公式】选项卡，在【函数库】组中单击【插入函数】按钮。

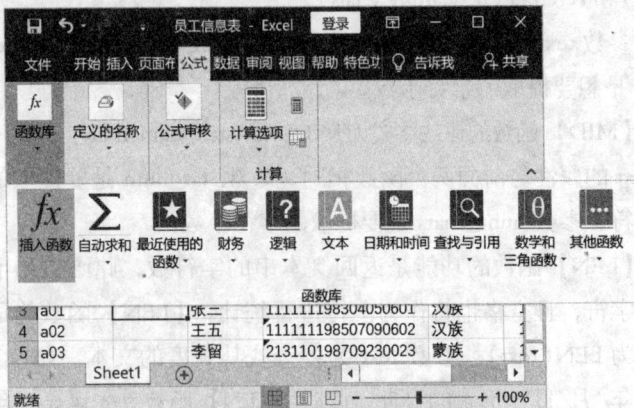

Step2：弹出【插入函数】对话框，在【或选择类别】下拉列表中选择【文本】选项，然后在【选择函数】列表框中选择【UPPER】函数。

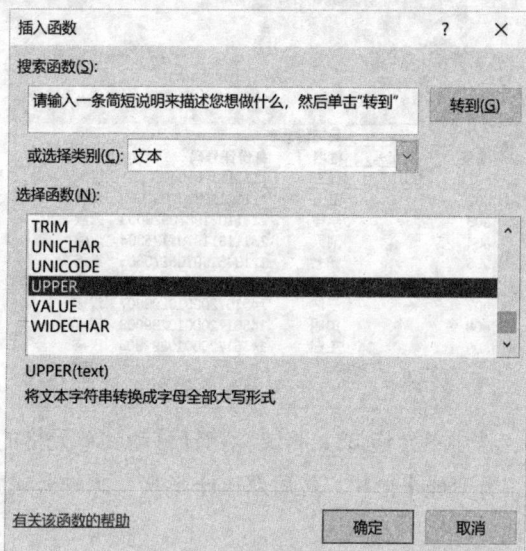

Step3：设置完毕，单击【确定】按钮，弹出【函数参数】对话框，在【Text】文本框中将参数引用设置为单元格"A3"。

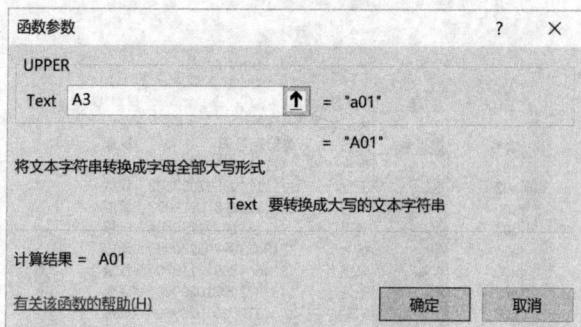

Step4：设置完毕，单击【确定】按钮返回工作表，此时计算结果中的字母变成了大写。

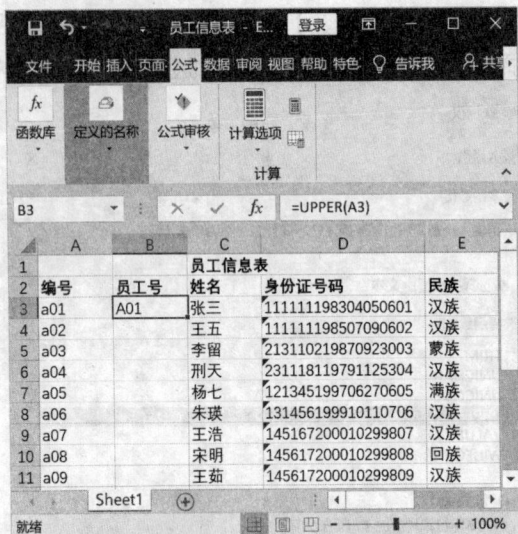

Step5：选中单元格 B3，将鼠标指针移动到单元格的右下角，此时鼠标指针变成 ✚ 形状，然后双击 ✚ 形状，此时公式就填充到本列的其他单元格中。

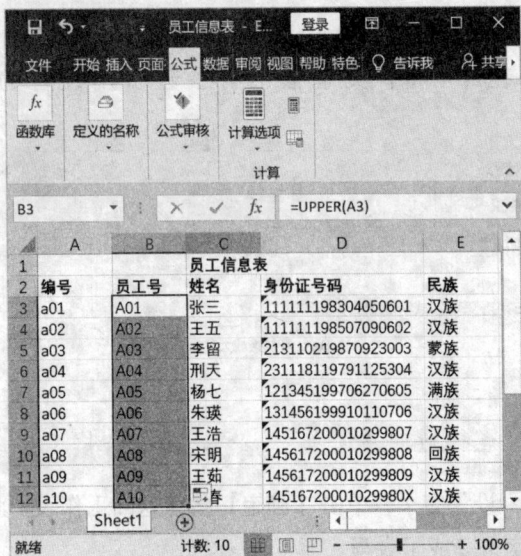

Step6：选中单元格 F3，然后输入函数公式 " = IF(D3 < > "" ,TEXT(LEN(D3) = 15) ∗ 19&MID(D3,7,6 + (LEN(D3) = 18) ∗ 2) ,"# − 00 − 00") + 0,) "，然后按下【Enter】键。该公式表示"从单元格 D3 中的 15 位或 18 位身份证号中返回出生日期"。

	C	D	E	F	G
1	员工信息表				
2	姓名	身份证号码	民族	出生日期	年龄
3		=IF(D3<> "",TEXT(LEN(D3)=15)* 19&MID(D3,7,6+(LEN(			
4		D3)=18)*2),"#-00-00")+0,)			
5	李留	213110219870923003	蒙族		
6	刑天	231118119791125304	汉族		
7	杨七	121345199706270605	满族		
8	朱瑛	131456199910110706	汉族		
9	王浩	145167200010299807	汉族		
10	宋明	145617200010299808	回族		

Sheet1

编辑　　　　　　　　　田 回 凹 ── ＋ 100%

Step7：选中单元格 F3，切换到【开始】选项卡，在【数字】组中的【数字格式】下拉列表中选择【短日期】选项。

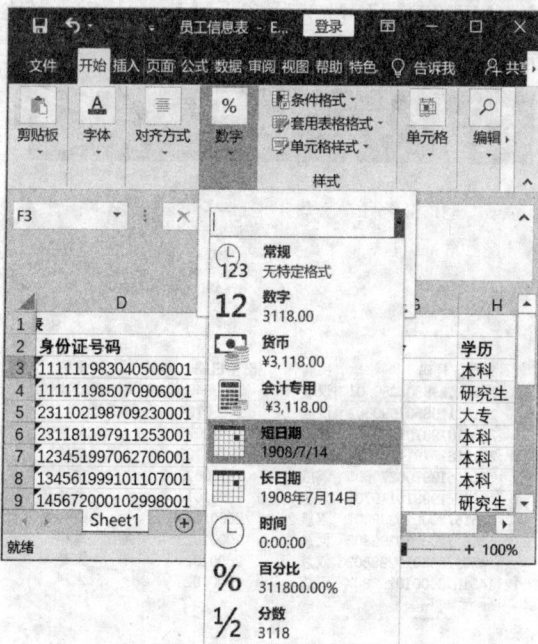

Step8：此时，员工的出生日期就根据身份证号码计算出来了，然后选中单元格 F3，将鼠标指针移动到单元格的右下角，此时鼠标指针变成➕形状，然后双击➕形状，此时公式就填充到本列的其他单元格中。

	D	E	F	G	H
1	表				
2	身份证号码	民族	出生日期	年龄	学历
3	111111198304050601	汉族	19830405		本科
4	111111198507090602	汉族	19850709		研究生
5	213110198709230023	蒙族	19870923		大专
6	231118197911253014	汉族	19791125		本科
7	121345199706270605	满族	19970627		本科
8	131456199910110706	汉族	19991011		本科
9	145167200010299807	汉族	20001029		研究生
10	145617200010299808	回族	20001029		本科
11	145617200010299809	汉族	20001029		大专
12	145167200010299980X	汉族	20001029		本科

Sheet1

就绪　　　　　　　　　　　　　　　　＋ 100%

Step9：选中单元格 G3，然后输入函数公式" = YEAR（NOWO）- MID（D3，7，4）然后按下【Enter】键。该公式表示"当前年份减去出生年份，从而得出年龄"。

員工信息表 - E...　　登录

文件　开始　插入　页面　公式　数据　审阅　视图　帮助　特色　告诉我　共享

剪贴板　字体　对齐方式　数字　　条件格式　套用表格格式　单元格样式　　单元格　编辑

样式

UPPER　　　×　✓　fx　=YEAR(NOWO)-MID(D3,7,4)

	D	E	F	G	H
1	表				
2	身份证号码	民族	出生日期	年龄	学历
3	111111198304050601	汉族	19830405	=YEAR(NOWO)-	
4	111111198507090602	汉族	19850709	MID(D3,7,4)	
5	213110198709230023	蒙族	19870923		大专
6	231118197911253014	汉族	19791125		本科
7	121345199706270605	满族	19970627		本科
8	131456199910110706	汉族	19991011		本科
9	145167200010299807	汉族	20001029		研究生
10	145617200010299808	回族	20001029		本科
11	145617200010299809	汉族	20001029		大专
12	145167200001029980X	汉族	20001029		本科

Sheet1

编辑　　　　　　　　　　　　　　　　＋ 100%

Step10：此时，员工的年龄就计算出来了。再次选中单元格G3，将鼠标指针移动到单元格的右下角，此时鼠标指针变成十形状，然后双击十形状，此时公式就填充到本列的其他单元格中。

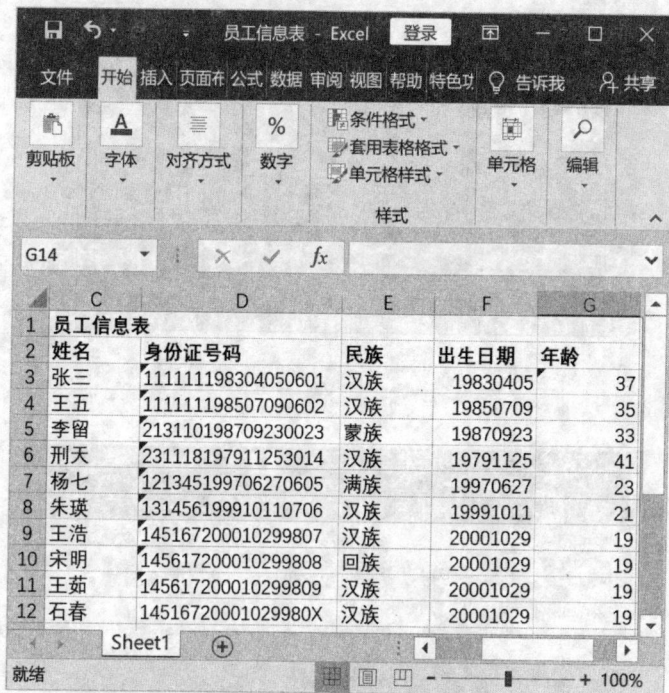

技巧升级：

如何行列转置？

工作中经常会遇到要将表格行列调转一下位置的情况，重做表格吗？那太麻烦了，耗时耗力的，其实用行列转置的办法，轻松可以搞定。

具体步骤

先将原先的表格【复制】，然后点击鼠标【右键】，选择【选择性粘贴】，勾选【转置】即可。前后对比如图所示。

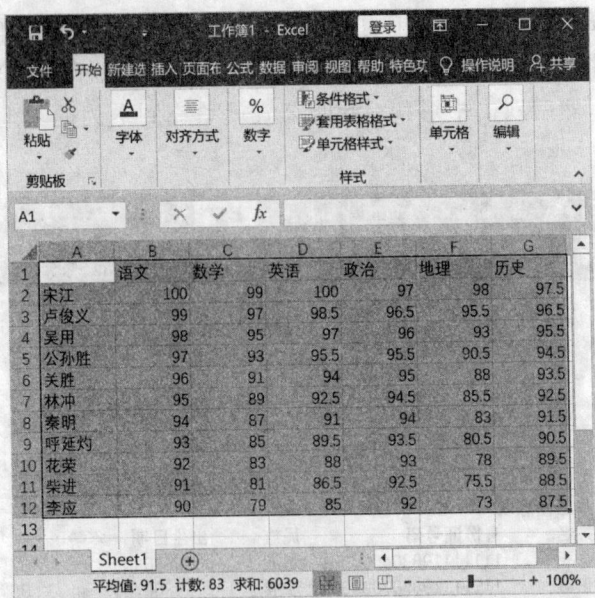

工作簿1 · Excel — 登录

文件　开始　新建选　插入　页面布　公式　数据　审阅　视图　帮助　特色功　操作说明　共享

A1

	语文	数学	英语	政治	地理	历史
宋江	100	99	100	97	98	97.5
卢俊义	99	97	98.5	96.5	95.5	96.5
吴用	98	95	97	96	93	95.5
公孙胜	97	93	95.5	95.5	90.5	94.5
关胜	96	91	94	95	88	93.5
林冲	95	89	92.5	94.5	85.5	92.5
秦明	94	87	91	94	83	91.5
呼延灼	93	85	89.5	93.5	80.5	90.5
花荣	92	83	88	93	78	89.5
柴进	91	81	86.5	92.5	75.5	88.5
李应	90	79	85	92	73	87.5

Sheet1

平均值: 91.5　计数: 83　求和: 6039　100%

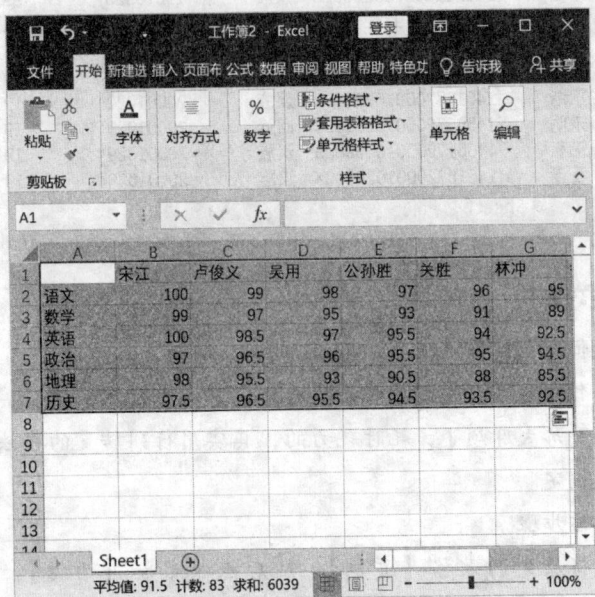

工作簿2 · Excel — 登录

文件　开始　新建选　插入　页面布　公式　数据　审阅　视图　帮助　特色功　告诉我　共享

A1

	宋江	卢俊义	吴用	公孙胜	关胜	林冲
语文	100	99	98	97	96	95
数学	99	97	95	93	91	89
英语	100	98.5	97	95.5	94	92.5
政治	97	96.5	96	95.5	95	94.5
地理	98	95.5	93	90.5	88	85.5
历史	97.5	96.5	95.5	94.5	93.5	92.5

Sheet1

平均值: 91.5　计数: 83　求和: 6039　100%